普通高等教育"十三五"规划教材
中国石油和化学工业优秀教材

基础化学实验教程

第2版

陈丽华　主编

肖朝虎　李海玲　哈斯其美格　副主编

JICHU HUAXUE
SHIYAN JIAOCHENG

化学工业出版社

·北京·

《基础化学实验教程》（第 2 版）保持了第一版的特色，根据实际教学需要对部分实验内容进行了替换或改进，对全书内容进行了完善。本书结合民族院校特色将普通化学实验、无机化学实验、分析化学实验、有机化学实验统一起来。以科学性、系统性为基础，强调实用性、内容衔接性、整体优化性而编写。内容包括：化学实验的基础知识；常用仪器简介；化学实验的基本技能操作；物质的制备、分离与提纯实验技术；物质的合成实验技术；验证性实验技术；滴定分析实验技术；仪器分析实验技术及综合、设计性实验技术等部分。为了减少对环境的污染和增强环境保护意识，还加入了微型和绿色实验。

《基础化学实验教程》（第 2 版）可作为化学、化工、生命、农学、环境以及预科（理科）等专业的基础化学实验教材，也可供相关专业技术人员参考。

图书在版编目（CIP）数据

基础化学实验教程/陈丽华主编. —2 版. —北京：化学工业出版社，2018.12（2022.9 重印）

普通高等教育"十三五"规划教材　中国石油和化学工业优秀教材

ISBN 978-7-122-33113-7

Ⅰ．①基…　Ⅱ．①陈…　Ⅲ．①化学实验-高等学校-教材　Ⅳ．①O6-3

中国版本图书馆 CIP 数据核字（2018）第 230375 号

责任编辑：刘俊之　　　　　　　　　　　　　　装帧设计：韩　飞
责任校对：边　涛

出版发行：化学工业出版社（北京市东城区青年湖南街 13 号　邮政编码 100011）
印　　装：北京建宏印刷有限公司
787mm×1092mm　1/16　印张 15¼　字数 404 千字　2022 年 9 月北京第 2 版第 3 次印刷

购书咨询：010-64518888　　售后服务：010-64518899
网　　址：http://www.cip.com.cn
凡购买本书，如有缺损质量问题，本社销售中心负责调换。

定　　价：35.00 元　　　　　　　　　　　　　　　　版权所有　违者必究

前　言

　　《基础化学实验教程》自 2015 年出版以来，受到了教师和学生的好评，也得到了同行们的认可，特别是为我校相关专业学生的必修实验课程的学习提供了方便。随着高等教育事业的发展和教学体系的更改，教材内容的局限逐渐显示出来。结合该教材使用者所反映的意见和要求，参考和借鉴近期国内出版的同类教材，我们进行了修订。我们对部分章节内容作了变动或补充，对第一版中一些欠准确之处进行了修正。修订后的教材基本保持原来的内容体系，更加突出了基础化学实验的实用性。

　　全书仍包括三部分内容，按基本知识，实验内容和附录三部分进行编写。上篇为基础化学实验基本知识，介绍化学实验的基础知识、实验室安全常识及常用化学软件应用，力求学生掌握化学实验基本知识、操作技能及实验室安全常识，为后续阶段的学习奠定良好的基础。中篇为基础化学实验，选编了无机化学、分析化学、有机化学中有关原理、性质、合成、表征等方面的实验。下篇为突出"设计性"与"研究性"的开放综合性实验。通过学习，使学生掌握相关的化学基本知识、基本原理及基本实验技能，了解这些知识、理论和技能的应用，培养分析和解决涉及化学实际问题的能力，为今后的学习和工作打下一定的基础。附录较系统全面地编排了基础化学实验中涉及的常用仪器、数据，可作为基础化学实验手册使用。

　　《基础化学实验教程》（第 2 版）由实验中心基础化学实验室策划并共同编写而成。在搜集相关资料方面，王满刚、曹忻、孙万虹、张麟文、孙豫及徐静老师提供了很多帮助。在编写方面，上篇和中篇的实验 1 至实验 28 由李海玲老师编写；中篇的实验 29 至实验 54、下篇及附录由肖朝虎老师编写，哈斯其美格老师负责全书的校对。陈丽华老师则负责从科学谋篇到整体布局、从开篇前言到内容细节的修改及全书统稿。本教程是全体编写人员集体劳动和智慧的结晶。

　　由于编者的学识水平有限，本次修订仍难免有疏漏和欠妥之处，恳请同行专家读者批评指正。

编者

2018 年 6 月

第一版前言

《基础化学实验教程》是依据"西北民族大学规划教材"主旨，结合高等民族院校特色，以科学性、系统性为基础，强调实用性、内容衔接性、整体优化性而编写的一门基础化学实验教材。

基础化学实验是以实验操作为主的技能课程，由传统的无机化学实验、分析化学实验和有机化学实验结合而成，同时融入综合化学实验的适量内容。基础化学实验既是一门独立课程，又与相应的理论课程——《无机化学》、《分析化学》、《有机化学》存在紧密联系。整个实验教材体系包括无机、分析、有机和综合开放实验四大板块，各板块间既明确分工，又紧密联系，每个大板块又分成若干存在内在规律的小板块，以更好体现学科渗透的特点。整个体系及各个板块均贯穿"基础、提高、综合、创新"这一特点。在"基础"阶段，着重进行基本知识、基本操作、基本技能的训练，即强调基础性；在"提高"阶段，突出教学对象的主动性和独立性；在"综合"阶段，强调化学实验的综合性和先进性；在"创新"阶段，强调化学实验的设计性和研究性。

全书按照基本知识、实验内容和附录三部分进行编写。上篇为基础化学实验基本知识，介绍化学实验的基础知识、实验室安全常识及常用化学软件应用，力求学生掌握化学实验基本知识、操作技能及实验室安全常识，为后续阶段的化学学习奠定良好的基础。中篇为基础化学实验，选编了无机化学、分析化学、有机化学中有关原理、性质、合成、表征等方面的实验，下篇为突出"设计性"与"研究性"的综合开放实验。通过中篇和下篇的学习，使学生掌握相关的化学基本知识、基本原理及基本实验技能，了解这些知识、理论和技能的应用，培养分析和解决涉及化学实际问题的能力，为今后的学习和工作打下一定的基础。附录则较系统全面地编排了基础化学实验中涉及的常用仪器、数据，可作为基础化学实验手册使用。

本教程由西北民族大学实验中心基础化学实验室策划并共同编写而成。在搜集相关资料、书籍方面，王满刚、曹忻、孙万虹、张麟文及徐静老师提供了很多的帮助。在教程编写方面，上篇、附录和中篇的实验1至实验16由李海玲老师编写；中篇的实验17至实验54由哈斯其美格老师编写；下篇由肖朝虎老师编写。陈丽华老师则从科学谋篇到整体布局、从全书统筹到内容细节的完善等方面进行了严格地把关。本教程是全体编写人员集体劳动和智慧的结晶，谨在此表示诚挚的谢意。

由于编者的水平有限，疏漏之处在所难免，恳请读者批评指正。

编者
2014 年 10 月

目　录

下篇　开放综合性实验

附　录

上篇 基础化学实验基本知识

第1章 绪 论

化学是一门实验学科,它将书本知识由微观变为宏观,由抽象变成具体,变无形为有形,使学生易于获取多方面的知识,巩固学习成果,培养学生的各种能力。实验教学同时激发了学生学习化学的兴趣,帮助学生形成化学概念、获得化学知识和实验技能、培养观察和实验能力,还有助于培养实事求是、严肃认真的科学态度和科学的学习方法。学生将在化学领域中探索化学世界的奥秘,施展自己的才华。在这一过程中,化学实验起着十分重要的作用。然而,同学们在做实验前,必须知道:化学实验的目的是什么?怎样才能做好化学实验?

1.1 化学实验课程的目的

化学是一门实验性的自然科学,而实验是人类研究自然规律的一种基本方法。化学实验既是化学科学的基石,又是化学科学的"试金石",即化学中的一切定律、原理、学说都是来源于实验,同时又受到实验的检验。化学实验课是传授知识和技能、训练科学思维方法、培养科学精神和职业道德、全面实施化学素质教育的最有效的形式。它不仅涉及理论的验证性,还涉及主观能动的探索性内容;不仅涉及产品的合成,还涉及操作训练的基础内容;不仅涉及性质实验的单一性,还涉及实验技术的综合性内容;不仅涉及方法的经典性,还涉及其先进性内容。

通过实验使学生正确地掌握化学实验的基本操作方法、技能和技巧,学会使用化学实验的仪器,具备设计安装简单实验装置的能力。

通过实验培养学生正确观察、记录和分析实验现象、合理处理实验数据、规范绘制仪器装置图、撰写实验报告、查阅文献资料等方面的能力。

通过实验培养学生实事求是的科学态度,准确、细致、整洁的良好实验习惯,科学的思维方法,以及处理实验中一般事故的能力。

在基本实验训练的基础上,开设综合设计实验,要求学生自己提出问题、查阅资料、设计实验方案、动手做实验、观察实验现象、测定数据,并加以正确地处理和概括,在分析实验结果的基础上正确表达。经过化学实验的全过程,使学生得到最有效的综合训练,从而使学生逐步具备分析问题、解决问题的独立工作能力。

在培养智力因素的同时，化学实验又是对学生进行良好科学素养培养的理想场所。在实验中不仅有利于学生形成整洁、节约、有条不紊等良好的实验素养，而且可以训练学生勤奋好学、乐于协作、实事求是、思考存疑等科学品德和科学精神，这是一个化学工作者获得成功不可缺少的素质。

1.2　化学实验室守则

（1）实验前要认真预习，明确实验目的和要求，弄懂实验原理，了解实验方法，熟悉实验步骤，写出预习报告。

（2）严格遵守实验室各项规章制度。

（3）实验前要认真清点仪器和药品，如有破损或缺少，应立即报告指导教师，按规定手续向实验室补领。实验时如有仪器损坏，应立即主动报告指导教师，进行登记，按规定价进行赔偿，再换取新仪器，不得擅自拿其他位置上的仪器。

（4）实验室要保持肃静，不得大声喧哗。实验应在规定的位置上进行，未经允许，不得擅自挪动。

（5）实验时要认真观察，如实记录实验现象，使用仪器时，应严格按照操作规程进行，药品应按规定量取用，无规定量的，应本着节约的原则尽量少用。

（6）爱护公物，节约药品、水、电、煤气。

（7）保持实验室整洁、卫生和安全。实验后应将仪器洗刷干净，将药品放回原处，摆放整齐，用洗净的湿抹布擦净实验台。实验过程中的废纸、火柴梗等固体废物，要放入废物桶（或箱）内，不要丢在水池中或地面上，以免堵塞水池或弄脏地面。规定回收的废液要倒入废液缸（或瓶）内，以便统一处理。严禁将实验仪器、化学药品擅自带出实验室。

（8）实验结束后，由同学轮流值日，清扫地面和整理实验室，检查水、煤气开关，以及门、窗是否关好，电源是否切断。得到指导教师许可后方可离开实验室，顺便把垃圾送入垃圾箱。

1.3　化学实验室安全守则

（1）不要用湿手、湿物接触电源，水、电、气使用完毕立即关闭。

（2）加热试管时，不要将试管口对着自己或别人，也不要俯视正在加热的液体，以防液体溅出伤害人体。

（3）嗅闻气体时，应用手轻拂气体，把少量气体扇向自己再闻，能产生有刺激性或有毒气体（如 H_2S、Cl_2、CO、NO_2、SO_2 等）的实验必须在通风橱内进行或注意实验室通风。

（4）具有易挥发和易燃物质的实验，应在远离火源的地方进行。操作易燃物质时，加热应在水浴中进行。

（5）有毒试剂（如氰化物、汞盐、钡盐、铅盐、重铬酸钾、砷的化合物等）不得进入口内或接触伤口。剩余的废液应倒在废液缸内。

（6）若带汞的仪器被损坏，汞液溢出仪器时，应立即报告指导老师，在老师指导下处理。

（7）洗液、浓酸、浓碱具有强腐蚀性，应避免溅落在皮肤、衣服、书本上，更应防止溅入眼睛内。

（8）稀释浓硫酸时，应将浓硫酸慢慢注入水中，并不断搅动，切勿将水倒入硫酸中，以免迸溅，造成灼伤。

（9）禁止任意混合各种试剂药品，以免发生意外事故。

（10）废纸、玻璃等物应扔入废物桶中，不得扔入水槽，保持下水道畅通，以免发生堵塞。

（11）反应过程中可能生成有毒或有腐蚀性气体的实验应在通风橱内进行，使用后的器皿应及时洗净。

（12）经常检查煤气开关和用气系统，如有泄漏，应立即熄灭室内火源，打开门窗，用肥皂水查漏，若估计一时难以查出，应关闭煤气总阀，立即报告指导老师。

（13）实验室内严禁吸烟、饮食，或把食具带进实验室。实验完毕，必须洗净双手。

（14）禁止穿拖鞋、高跟鞋、背心、短裤（裙）进入实验室。

1.4　化学实验室意外事故处理

1.4.1　化学灼烧处理

（1）酸（或碱）灼伤皮肤立即用大量水冲洗，再用碳酸氢钠饱和溶液（或 1%～2% 乙酸溶液）冲洗，最后再用水冲洗，涂敷氧化锌软膏（或硼酸软膏）。

（2）酸（或碱）灼伤眼睛时不要揉搓眼睛，立即用大量水冲洗，再用 3% 的硫酸氢钠溶液（或用 3% 的硼酸溶液）淋洗，然后用蒸馏水冲洗。

（3）碱金属氰化物、氢氰酸灼伤皮肤用高锰酸钾溶液冲洗，再用硫化铵溶液漂洗，然后用水冲洗。

（4）苯酚灼伤皮肤先用大量水冲洗，然后用 4∶1 的乙醇（70%）-氯化铁（1mol/L）的混合液洗涤。

1.4.2　割伤和烫伤处理

（1）割伤　若伤口内有异物，先取出异物后，用蒸馏水洗净伤口，然后用消毒纱布包扎，或贴上创可贴。

（2）烫伤　立即涂上烫伤膏，切勿用水冲洗，更不能把烫起的水泡戳破。

1.4.3　毒物与毒气误入口、鼻内感到不舒服时的处理

（1）毒物误入口后应立即内服 5～10mL 稀 $CuSO_4$ 温水溶液，再用手指伸入咽喉促使呕吐毒物。

（2）误吸入煤气、溴蒸气、氯气等有毒气体时，立即吸入少量酒精和乙醚的混合蒸气，以便解毒。

1.4.4　触电处理

触电后，立即拉下电闸，必要时进行人工呼吸。当所发生的事故较严重时，施救后应速送医院治疗。

1.4.5　起火处理

（1）小火用湿布、石棉布或砂子覆盖，大火应使用灭火器。不同的着火情况，选用不同的灭火器，必要时应报火警119。

（2）油类、有机溶剂着火切勿用水灭火，小火用砂子或干粉覆盖灭火，大火用二氧化碳灭火器灭火，亦可用干粉灭火器或1211灭火器灭火。

（3）精密仪器、电器设备着火应先切断电源，小火可用石棉布或湿布覆盖灭火，大火用四氯化碳灭火器灭火，亦可用干粉灭火器或1211灭火器灭火。

（4）活泼金属着火可用干燥的细砂覆盖灭火。

（5）纤维材质着火时，小火用水降温灭火，大火用泡沫灭火器灭火。

（6）衣服着火应迅速脱下衣服或用石棉覆盖着火处或卧地打滚。

1.5 化学实验室"三废"处理

化学实验室的"三废"种类繁多，实验过程产生的有毒气体和废水排放到空气中或下水槽，同样对环境造成污染，威胁人们的健康，如 SO_2、NO、Cl_2 等气体对人的呼吸道有强烈的刺激作用，对植物也有伤害作用；As、Pb 和 Hg 等化合物进入人体后，不易分解和排出，长期积累会引起胃出血、肾功能损伤等；氯仿、四氯化碳等能致肝癌；多环芳烃能致膀胱癌和皮肤癌；CrO 接触皮肤破损处会引起溃烂等。故须对实验过程中产生的有毒有害物质进行必要的处理。

1.5.1 常用的废气处理方法

（1）溶液吸收法 溶液吸收法即用适当的液体吸收剂处理气体混合物，除去其中有害气体的方法。常用的液体吸收剂有水、碱性溶液、酸性溶液、氧化剂溶液和有机溶液，它们可用于净化含有 SO_2、HF、SiF_4、HCl、Cl_2、NH_3、汞蒸气、酸雾、沥青烟和各种组分有机物蒸气的废气。

（2）固体吸收法 固体吸收法是使废气与固体吸收剂接触，废气中的污染物（吸收质）吸附在固体表面从而被分离出来。此法主要用于净化废气中低浓度的污染物质，常用的吸附剂及其用途见表1-1。

表 1-1 常用吸附剂及处理的吸附质

固体吸附剂	处理物质
活性炭	苯、甲苯、二甲苯、丙酮、乙醇、乙醚、甲醛、汽油、乙酸乙酯
浸渍活性炭	烯烃、胺、酸雾、硫醇、SO_2、Cl_2、H_2S、HF、HCl、NH_3、Hg
活性氧化铝	H_2O、H_2S、SO_2、HF
浸渍活性氧化铝	酸雾、Hg、HCl、$HCHO$
硅胶	H_2O、NO_x、SO_2、C_2H_2
分子筛	H_2O、NO_x、SO_2、CO_2、H_2S、NH_3、CS_2、C_mH_n、CCl_4
焦炭粉粒	沥青烟
白云石粉	沥青烟
蚯蚓类	恶臭类物质

1.5.2 常用的废水处理方法

（1）中和法 对于酸含量小于3%～5%的酸性废水或碱含量小于1%～3%的碱性废水，常采用中和处理方法。无硫化物的酸性废水，可用浓度相当的碱性废水中和；含重金属离子较多的酸性废水，可通过加入碱性试剂（如 $NaOH$、Na_2CO_3）进行中和。

（2）萃取法　采用与水不互溶但能良好溶解污染物的萃取剂，使其与废水充分混合，提取污染物，达到净化废水的目的。例如含酚废水就可采用二甲苯作萃取剂。

（3）化学沉淀法　在废水中加入某种化学试剂，使之与其中的污染物发生化学反应，生成沉淀，然后进行分离。此法适用于除去废水中的重金属离子（如汞、镉、铜、铅、锌、镍、铬等）、碱土金属离子（钙、镁）及某些非金属（砷、氟、硫、硼等）。如氢氧化物沉淀法可用 $NaOH$ 作沉淀剂处理含重金属离子的废水；硫化物沉淀法是用 Na_2S、H_2S、CaS_2、$(NH_4)_2S$ 等作沉淀剂除汞、砷；铬酸盐法是用 $BaCO_3$ 或 $BaCl_2$ 作沉淀剂除去废水中的 CrO 等。

（4）氧化还原法　水中溶解的有害无机物或有机物，可通过化学反应将其氧化或还原，转化成无害的新物质或易从水中分离除去的形态。常用的氧化剂主要是漂白粉，用于含氰废水、含硫废水、含酚废水及含氨氮废水的处理。常用的还原剂有 $FeSO_4$ 或 Na_2SO_3，用于还原六价铬；还有活泼金属如铁屑、锌粒等，用于除去废水中的汞。

此外，还有活性炭吸附法、离子交换法、电化学净化法等。

1.5.3　常用的废渣处理方法

废渣主要采用掩埋法。有毒的废渣必须先进行化学处理后深埋在远离居民区的指定地点，以免毒物溶于地下水而混入饮用水中；无毒废渣可直接掩埋，掩埋地点应有记录。

第2章 | 化学实验基本知识

2.1 普通化学实验常用玻璃仪器

化学实验室中使用大量玻璃仪器，这是因为玻璃具有一系列优良的性质，它有很高的化学稳定性、热稳定性，有很好的透明性、一定的机械强度和良好的绝缘性能。玻璃原料来源方便，并可用多种方法按需要制成各种不同形状的产品。用于制作玻璃仪器的玻璃称为仪器玻璃，用改变玻璃化学组成的方法可制出适应各种不同要求的玻璃。

玻璃的化学稳定性较好，但并非绝对不受侵蚀，而是其受侵蚀的量符合一定的标准。氢氟酸对玻璃有很强的腐蚀性，故不能用玻璃仪器进行氢氟酸的实验。碱液特别是浓的或热的碱液能明显地腐蚀玻璃。储存碱液的玻璃仪器如果是磨口的，碱液还会使磨口粘在一起无法打开，因此，玻璃容器不能长时间存放碱液。

化学实验室所用到的玻璃仪器种类很多，各专业的实验室还会用到一些特殊的玻璃仪器，这里仅对普通化学实验中涉及的一些常用玻璃仪器做简单的介绍（见表2-1）。

表 2-1　常用玻璃仪器图例和用法

仪 器	规格及表示法	一般用途	使用方法和注意事项	备注
试管、离心试管、试管架	试管:有刻度的按容积(mL)分;无刻度用管口直径(mm)×管长(mm)表示,如硬质试管 10mm×75mm 试管分普通试管和离心试管。又分硬质试管和软质试管。普通试管又有翻口、平口、有支管、无支管、有塞、无塞等几种 试管架有木质、铝制和塑料制等。有大小不同、形状不一的各种规格	1. 试管为反应容器,便于操作、观察,用药量少。也可用于少量气体的收集 2. 离心管用于沉淀分离 3. 试管架用于承放试管	1. 反应液体不超过试管容积的 1/2,加热时不超过 1/3 2. 加热前试管外面要擦干,加热时应用试管夹夹持 3. 加热液体时,管口不要对人,并将试管倾斜与桌面呈45°,同时不断振荡,火焰上端不能超过管里液面 4. 加热固体时,管口略向下倾斜 5. 离心管只能用于水浴加热 6. 硬质试管可以加热至高温,但不宜骤冷,软质试管在温度急剧变化时极易破裂 7. 一般大试管直接加热,小试管用水浴加热 8. 加热后的试管应以试管夹夹好悬放架上	1. 防止振荡液体溅出或受热溢出 2. 防止有水滴附着受热不匀,使试管破裂;防止烫手 3. 防止液体溅出伤人。扩大加热面防止爆沸。防止受热不均匀使试管破裂 4. 增大受热面,避免管口冷凝水流回灼热管底而引起破裂 5. 防止破裂
烧杯	玻璃质。以容积(mL)表示,如硬质烧杯 400mL。有一般型、高型,有刻度和无刻度几种	1. 反应容器,尤其在反应物较多时用,易混合均匀 2. 也用作配制溶液时的容器或简易水浴的盛水器	1. 反应液体不能超过烧杯用量的 2/3 2. 加热时放在石棉网上,使其受热均匀。刚加热后不能直接置于桌面上,应垫以石棉网	1. 防止搅动时液体溅出或沸腾时液体溢出 2. 防止玻璃受热不均匀而遭破裂

仪　器	规格及表示法	一般用途	使用方法和注意事项	备注
锥形烧瓶	以容积（mL）表示，有无塞、有塞、广口和细口和微型几种	1. 反应容器，加热时可避免液体大量蒸发 2. 振荡方便，用于滴定操作	1. 反应液体不能超过烧杯用量的2/3 2. 加热时放在石棉网上，使其受热均匀。刚加热后不能直接置于桌面上，应垫以石棉网	1. 防止搅动时液体溅出或沸腾时液体溢出 2. 防止玻璃受热不均匀而遭破裂
量筒	玻璃质。以所能量度的最大容积（mL）表示，上大下小的叫量杯	量取一定体积的液体	1. 不能作为反应容器，不能加热，不可量热的液体 2. 读数时视线应与液面水平，读取与弯月面最低点相切的刻度	1. 防止破裂，容积不准确 2. 读数准确
表面皿	以口径（cm）表示	1. 用来盖在蒸发皿、烧杯等容器上，以免溶液溅出或灰尘落入 2. 作为称量试剂的容器	1. 不能用火直接加热 2. 作盖用时，其直径应比被盖容器略大 3. 用于称量时应洗净烘干	防止破裂
吸量管和移液管　(a)　(b)	以所能量度的最大容积（mL）表示，分为分度吸管(a)和无分度吸管(b)两类	精确移取一定体积的液体	1. 将液体吸入，液面超过刻度，再用食指按住管口，轻轻转动放气，使液面降至刻度后，使食指按住管口，移往指定容器上，放开食指，使液体注入 2. 用时先用少量所移取液淋洗三次 3. 一般吸管残留的最后一滴液体，不要吹出（完全流出式应吹出） 4. 吸管用后立即清洗，置于吸管架(板)上，以免沾污 5. 具有精确刻度的量器，不能放在烘箱中烘干，不能加热 6. 读取刻度的方法同量筒	1. 确保量取准确 2. 确保所取液浓度或纯度不变
容量瓶	玻璃质。以容积（mL）表示，分量入式和量出式，塞子有玻璃、塑料两种	配制标准溶液	1. 溶质先在烧杯内全部溶解，然后移入容量瓶 2. 不能加热，不能用毛刷洗刷。不能代替试剂瓶用来存放溶液 3. 读取刻度的方法同量筒 4. 不能放在烘箱内烘干 5. 瓶的磨口瓶塞配套使用，不能互换	1. 配制准确 2. 避免影响容量瓶容积的精确度

仪　器	规格及表示法	一般用途	使用方法和注意事项	备注
吸滤瓶和布氏漏斗	布氏漏斗:磁制或玻璃制,以容量(mL)或斗径(cm)表示 吸滤瓶:以容积(mL)表示 过滤管:直径(mm)×管长(mm),磨口的以容积表示	两者配套,用于无机制备中晶体或粗颗粒沉淀的减压过滤。当沉淀量少时,用小号漏斗与过滤管配合使用	1. 滤纸要略小于漏斗的内径,才能贴紧 2. 先开抽气管,再过滤。过滤完毕后,先分开抽气管与抽滤瓶的连接处,后关抽气管 3. 不能用火直接加热 4. 注意漏斗与滤瓶大小配合 5. 漏斗大小与过滤的沉淀或晶体量的配合	1. 防止滤液由边上漏滤,过滤不完全 2. 防止抽气管水流倒吸 3. 防止玻璃破裂
漏　斗	以直径(cm)表示,有短颈、长颈、粗颈、无颈等几种	1. 过滤 2. 引导溶液入小口容器中 3. 粗颈漏斗用于转移固体	1. 不能用火直接灼烧 2. 过滤时,漏斗颈尖端必须紧靠承接滤液的容器壁 3. 长颈漏斗加液时漏斗颈应插入液面内	1. 防止破裂 2. 防止滤液漏出 3. 防止气体自漏斗泄出
称量瓶	以外径(cm)×高(cm)表示,分扁形、筒形	用于准确称量一定量的固体	1. 盖子是磨口配套的,不得丢失、弄乱 2. 用前应洗净烘干。不用时应洗净,在磨口处垫一小纸条 3. 不能直接用火加热	1. 易使药品沾污 2. 防止粘连,打不开玻璃盖 3. 玻璃破裂
酸式、碱式滴定管	滴定管分酸式、碱式两种,以容积(mL)表示;管身颜色为棕色或无色 滴定管架:金属制 滴定管夹:木质或金属制	1. 用于滴定或量取准确体积的液体 2. 滴定管夹夹持滴定管,固定在滴定管架上	1. 用前洗净,装液前用预装溶液淋洗三次 2. 使用酸式管滴定时,用左手开启旋塞,碱管用左手轻捏橡皮管内玻璃珠,溶液即可放出。碱管要注意赶净气泡 3. 酸管旋塞应擦凡士林,碱管下端橡皮管不能用洗液洗 4. 酸管、碱管不能对调使用 5. 酸液放在具有玻璃塞的滴定管中,碱液放在带橡皮管的滴定管中 6. 滴定管要洗净,溶液流下时管壁不得挂有水珠。活塞下部要充满液体,全管不得留有气泡 7. 滴定管用后应立即洗净 8. 不能加热及量取热的液体,不能用毛刷洗涤内管壁	1. 保证溶液浓度不变 2. 防止将旋塞拉出而喷漏,便于操作。赶出气泡是为读数准确 3. 旋塞旋转灵活;洗液腐蚀橡皮 4. 酸液腐蚀橡皮,碱液腐蚀玻璃,使旋塞粘住而损坏

仪 器	规格及表示法	一般用途	使用方法和注意事项	备注
滴管	由尖嘴玻璃管和橡胶乳头构成	吸取少量（数滴或1～2mL）试剂	1. 溶液不得吸进橡皮头 2. 用后立即洗净内、外管壁	
干燥管	以大小表示,有直形、弯形、U形几种	盛装干燥剂干燥气体	1. 干燥剂置球形部分,不宜过多。小管与球形交界处放少许棉花填充 2. 大头进气,小头出气	
洗气瓶	以容积表示	净化气体用,反接可作安全瓶(缓冲瓶)用	1. 接法要正确(进气管通入液体中) 2. 洗涤液注入容器高度的1/3,不得超过1/2	1. 接不对,达不到洗气目的 2. 防止洗涤液被气体冲出
干燥塔	以容积表示	净化干燥气体用	1. 塔体上室底部放少许玻璃棉,上面容器放干燥剂(固体) 2. 干燥塔下面进气,上面出气,球形干燥塔内管进气	
干燥器	以内径(cm)表示,分普通、真空干燥两种	1. 内放干燥剂。存放物品,以免物品吸收水汽 2. 定量分析时,将灼烧过的坩埚放在其中冷却	1. 灼烧过的物品放入干燥器前,温度不能过高,并在冷却过程中要每隔一定时间开一开盖子,以调节器内压力 2. 干燥器内的干燥剂要按时更换 3. 小心盖子滑动而打破	
洗瓶	以容积(mL)表示,有玻璃、塑料两种	1. 用蒸馏水洗涤沉淀和容器用 2. 塑料洗瓶使用方便、卫生 3. 装适当的洗涤液洗涤沉淀	1. 不能装自来水 2. 塑料洗瓶不能加热	
滴瓶	以容积(mL)表示,分无色、棕色两种	盛放液体试剂和溶液	1. 不能加热 2. 棕色瓶盛放见光易分解或不稳定的试剂 3. 取用试剂时,滴管要保持垂直,不接触接收容器内壁,不能插入其他试剂中	

仪　器	规格及表示法	一般用途	使用方法和注意事项	备注
细口瓶	以容积表示,有广口瓶、细口瓶两种,又分为磨口、无磨口、无色、棕色等	1. 广口瓶盛放固体试剂 2. 细口瓶盛放液体试剂和溶液	1. 不能直接加热 2. 取用试剂时,瓶盖应倒放在桌上,不能弄脏、弄乱 3. 有磨口塞的试剂瓶不用时应洗净,并在磨口处垫上纸条 4. 盛放碱液时用橡皮塞,防止瓶塞被腐蚀粘牢 5. 棕色瓶盛见光易分解或不太稳定物质的溶液或液体	1. 防止破裂 2. 防止沾污 3. 防止粘连,不易打开玻璃塞 4. 防止碱液与玻璃作用,使塞子打不开 5. 防止物质分解或变质
比色管	以最大容积表示,有无塞和有塞两种	在目视比色法中,用于比较溶液颜色的深浅	1. 一套比色管应由同一种玻璃制成,且大小、高度、形状应相同 2. 不能用试管刷刷洗,以免划伤内壁 3. 比色管应放在特制的、下面垫有白色瓷板或配有镜子的木架上	
普通圆底烧瓶 磨口圆底烧瓶 蒸馏烧瓶	以容积(mL)表示。有普通型和标准磨口型。磨口的还以磨口标号表示其口径大小,如10、14、19等 从形状分,有圆形、茄形、梨形;有细口、厚口、磨口;平底、圆底;长颈、短颈;二口、三口等	1. 圆底烧瓶:常温或加热条件下作反应容器,因圆形受热面积大,耐压大 2. 平底烧瓶:配制溶液或代替圆底烧瓶,还可作洗瓶,它不耐压,不能用于减压蒸馏 3. 梨形烧瓶:少量溶液时用 4. 三口烧瓶:用于需要搅拌的实验,中间插搅拌器,两边插温度计、加料管或滴液漏斗、冷凝管等 5. 蒸馏烧瓶:用于液体蒸馏,也可用作少量气体发生装置	1. 盛放液体量不能超过烧瓶容量的2/3,也不能太少 2. 固定在铁架台上,下垫石棉网加热,不能直接加热 3. 放在桌面上时,下面要有木环或石棉环,以防滚动而打破	1. 避免加热时喷溅或破裂 2. 避免受热不均匀而破裂

仪　器	规格及表示法	一般用途	使用方法和注意事项	备注
分液漏斗 滴液漏斗	以容积(mL)、漏斗颈长短表示,有球形、梨形、筒形、锥形几种	1. 用于液体分离、洗涤和萃取 2. 气体发生器装置中加液用 3. 滴液漏斗用于反应中滴加液体 4. 恒压漏斗可在上口塞紧的情况下滴加液体,用于滴加挥发性强、刺激性大的液体	1. 不能加热 2. 使用前,将活塞涂一薄层凡士林,插入转动直至透明。如凡士林少了,会造成漏液;太多会溢出沾污仪器和试液 3. 分液时,下层液体从漏斗管流出,上层液体从上口倒出 4. 装气体发生器时漏斗管应插入液面内(漏斗管不够长,可接管) 5. 漏斗间活塞应用细绳系于漏斗颈上,防止滑出跌碎 6. 萃取时,振荡时应放气数次,以免漏斗内气压过大	1. 防止玻璃破裂 2. 旋塞旋转灵活,又不漏水 3. 防止分离不清 4. 防止气体自漏斗管喷出
接头和塞子	磨口仪器	1. 接头可接不同规格的磨口 2. 搅拌头多用于装置搅拌棒,也可作温度计导管或气体导管	1. 不能加热 2. 使用前,将活塞涂一薄层凡士林,插入转动直至透明。如凡士林少了,会造成漏液;太多会溢出沾污仪器和试液 3. 漏斗间活塞应用细绳系于漏斗颈上,防止滑出跌碎	
冷凝管	以外套管长(cm)表示,分空气、直形、球形、蛇形冷凝管几种	1. 蒸馏操作中作冷凝用 2. 球形冷凝管冷却面积大,适用于加热回流 3. 直形、空气冷凝管用于蒸馏。沸点低于140℃的物质用直形;高于140℃的用空气冷凝管	1. 装配仪器时,先装冷却水橡皮管,再装仪器 2. 套管的下面支管进水,上面支管出水。开冷却水需缓慢,水流不能太大	

仪 器	规格及表示法	一般用途	使用方法和注意事项	备注
蒸馏头 加料管	磨口仪器	1. 蒸馏头用于简单蒸馏,上口装温度计,支管接冷凝管 2. 克式蒸馏头用于减压蒸馏,特别是易发生泡沫或暴沸的蒸馏。正口安装毛细管,带支管的瓶口插温度计 3. Y 形加料管接在三口瓶上呈四口,可与蒸馏头或蒸馏弯管合用,组成克式蒸馏头	1. 磨口处需洁净,不得有脏物 2. 注意不要让磨口结死,用后立即洗净	
尾接管	有磨口、普通两种,分单尾、双尾、三尾等	1. 承接液体用,上口接冷凝管,下口接接收瓶 2. 单尾接管可用于简单蒸馏,支管出尾气。也可用于减压蒸馏,支管连接减压系统 3. 双尾接管用于减压蒸馏,便于接收不同馏分	1. 磨口处需洁净,不得有脏物 2. 单尾接管的支管接橡皮管排尾气	
培养皿	以玻璃底盖外径(cm)表示	放置固体样品	1. 固体样品放在培养皿中,可放在干燥器或烘箱中烘干 2. 不能加热	
水分离器		分离不相互溶的液体,在脂化反应中分离微量水		
T 形管		1. 连接仪器 2. 导管		

2.2 化学实验室化学试剂的分类及保管

2.2.1 化学试剂的分类

化学试剂品种繁多,其分类方法目前国际上尚未统一标准。

（1）通用分类 化学试剂一般划分为标准试剂、生化试剂、电子试剂、实验试剂四个大类。

① 标准试剂（BZ） 按照国际规范和技术要求，已明确作为分析仲裁的标准物质。

② 生化试剂（SH） 用于生物化学检验和生物化学合成。

③ 电子试剂（DZ） 一般指电子资讯产业使用的化学品及材料，主要包括集成电路和分立器件用化学品，印制电路板配套用化学品、表面组装用化学品和显示器件用化学品等。

④ 实验试剂（SY） 按照"主含量"来确定的"合成用试剂"。实验试剂在化学实验室中用来合成制备、分离纯化以及能够满足合成工艺要求的普通试剂。

（2）按"用途-化学组成"分类 国外许多试剂公司，如德国伊默克（E. Merck）公司、瑞士佛鲁卡（FLuKa）公司、日本关东化学公司和我国的试剂经营目录，都采用这种分类方法。

我国1981年编制的化学试剂经营目录，将8500多种试剂分为十大类，每类下面又分若干亚类。

① 无机分析试剂（inorganic analytical reagents） 用于化学分析的无机化学品，如金属、非金属单质、氧化物、碱、酸、盐等试剂。

② 有机分析试剂（organic analytical reagents） 用于化学分析的有机化学品，如烃、醛、酮、醚及其衍生物等试剂。

③ 特效试剂（specific reagents） 在无机分析中测定、分离、富集元素时所专用的一些有机试剂，如沉淀剂、显色剂、螯合剂等。这类试剂灵敏度高，选择性强。

④ 基准试剂（primary standards） 主要用于标定标准溶液的浓度。这类试剂的特点是纯度高、杂质少、稳定性好、化学组成恒定。

⑤ 标准物质（standard substance） 用于化学分析、仪器分析时作对比的化学标准品，或用于校准仪器的化学品。

⑥ 指示剂和试纸（indicators and test papers） 用于滴定分析中指示滴定终点，或用于检验气体或溶液中某些存在的试剂。浸过指示剂或试剂溶液的纸条即是试纸。

⑦ 仪器分析试剂（instrumental analytical reagents） 用于仪器分析的试剂。

⑧ 生化试剂（biochemical reagents） 用于生命科学研究的试剂。

⑨ 高纯物质（high purity material） 用作某些特殊工业需要的材料（如电子工业原料、单晶、光导纤维）和一些痕量分析用试剂。其纯度一般在4个"9"（99.99%）以上，杂质控制在百万分之一甚至十亿分之一。

⑩ 液晶（liquid crystal） 液晶是液态晶体的简称，它既有流动性、表面张力等液体的特征，又具有光学各向异性、双折射等固态晶体的特征。

（3）按"用途-学科"分类 1981年，中国化学试剂学会提供试剂用途和学科分类，将试剂分为八大类和若干亚类。

① 通用试剂 分一般无机试剂、一般有机试剂、教学用试剂等8亚类。

② 高纯试剂 分普通高纯试剂、超净电子纯试剂、光刻胶高纯试剂、磨抛光高级试剂、液晶高纯试剂。

③ 分析试剂 下分基准及标准试剂、无机分析用灵敏试剂、有机分析用特殊试剂等11亚类。

④ 仪器分析专用试剂 下分色谱试剂、核磁共振仪用试剂、紫外及红外光谱试剂等7亚类。

⑤ 有机合成研究用试剂 下分基本有机反应试剂、保护基团试剂、相转移催化剂等8亚类。

⑥ 临床诊断试剂　下分一般试剂、生化检验用试剂、放射免疫检验用试剂等 7 亚类。

⑦ 生化试剂　下分生物碱、氨基酸及其衍生物等 13 亚类。

⑧ 新型基础材料和精细化学品　下分电子工业用化学品、光学工业用化学品、医药工业用化学品等 7 亚类。

此外，化学试剂还可按纯度分为高纯试剂、优级试剂、分析纯试剂和化学纯试剂或按试剂储存要求分为容易变质试剂、化学危险性试剂和一般保管试剂。

(4) 按杂质含量的多少分类

① 一级试剂为优质纯试剂，通常用 GR 表示；

② 二级试剂为分析纯试剂，通常用 AR 表示；

③ 三级试剂为化学纯试剂，通常用 CP 表示；

④ 四级试剂为实验或工业试剂，通常用 LR 表示。

2.2.2　化学试剂的保管

化学试剂的保管具有很强的科学性、技术性，工作涉及面广。保管不当很容易发生意外事故，保管化学药品主要做到如下几个方面。

(1) 防挥发

① 油封：氨水、浓盐酸、浓硝酸等易挥发无机液体，在液面上滴 10～20 滴矿物油，可以防止挥发（不可用植物油）。

② 水封：二硫化碳中加 5mL 水，便可长期保存。汞上加水，可防汞蒸气进入空气。汞旁放些硫粉，一旦洒落，散布硫粉使遗汞发生化学反应而消除。

③ 蜡封：乙醚、乙醇、甲酸等比水轻的或易溶性挥发液体，以及萘、碘等易挥发固体，紧密瓶塞，瓶口涂蜡。溴除进行原瓶蜡封外，应将原瓶置于具有活性炭的塑料桶内，桶口进行蜡封。

(2) 防潮

① 漂白粉、过氧化钠应该进行蜡封，防止吸水分解或吸水爆炸。氢氧化钠易吸水潮解，应该进行蜡封；硝酸铵、硫酸钠易吸水结块，倒不出来，甚至导致试剂瓶破裂；也应严密蜡封。

② 碳化钙、无水硫酸铜、五氧化二磷、硅胶极易吸水变质，红磷易被氧化，然后吸水生成偏磷酸，以上各物均应存放在干燥器中。

③ 浓硫酸虽应密闭，防止吸水，但因常用，故宜放于磨口瓶中，磨口瓶塞应该原配，切勿对调。

2.2.3　药品的取用

实验室中一般只储存固体试剂和液体试剂，气体物质都是需用时临时制备。在取用和使用任何化学试剂时，首先要做到"三不"，即不用手拿，不直接闻气味，不尝味道。此外还应注意试剂瓶塞或瓶盖打开后要倒放桌上，取用试剂后立即还原塞紧。否则会污染试剂，使之变质而不能使用，甚至可能引起意外事故。

(1) 固体试剂的取用　粉末状试剂或粒状试剂一般用药匙取用。药匙有动物角匙也有塑料药匙，且有大小之分。用量较多且容器口径又大者，可选大号药匙；用量较少或容器口径又小者，可选用小号药匙，并尽量送入容器底部。特别是粉状试剂容易散落或沾在容器口和壁上。可将其倒在折成的槽形纸条上，再将容器平置，使纸槽沿器壁伸入底部，竖起容器并轻抖纸槽，试剂便落入器底。

块状固体用镊子送入容器时，务必先使容器倾斜，使之沿器壁慢慢滑入器底。若实验中无规定剂量时，所取试剂量以刚能盖满试管底部为宜。取多了的试剂不能放回原瓶，也不能丢弃，应放在指定容器中供他人或下次使用。取用试剂的镊子或药匙务必擦拭干净，不能一匙多用。用后也应擦拭干净，不留残物。

（2）液体试剂的取用　用少量液体试剂时，常使用胶头滴管吸取。用量较多时则采用倾注法。从细口瓶中将液体倾入容器时，把试剂瓶上贴有标签的一面朝向手心，另一手将容器斜持，并使瓶口与容器口相接触，逐渐倾斜试剂瓶，倒出试剂。试剂应该沿着容器壁流入容器，或沿着洁净的玻璃棒将液体试剂引流入细口或平底容器内。取出所需量后，逐渐竖起试剂瓶，把瓶口剩余的液滴碰入容器中去，以免液滴沿着试剂瓶外壁流下。

若实验中无规定剂量时，一般取用 $1\sim2mL$。定量使用时，则可根据要求选用量筒、滴定管或移液管。取多的试剂也不能倒回原瓶，更不能随意废弃。应倒入指定容器内供他人使用。

若取用有毒试剂时，必须在教师指导下进行，或严格遵照规则取用。

2.2.4　部分特殊试剂的存放和使用

（1）易燃固体试剂

① 黄磷　又名白磷，应存放于盛水的棕色广口瓶里，水应保持将磷全部浸没；再将试剂瓶埋在盛硅石的金属罐或塑料筒里。取用时，因其易氧化，燃点又低，有剧毒，能灼伤皮肤。故应在水下面用镊子夹住，小刀切取。掉落的碎块要全部收口，防止抛撒。

② 红磷　又名赤磷，应存放在棕色广口瓶中，务必保持干燥。取用时要用药匙，勿近火源，避免和灼热物体接触。

③ 钠、钾　应存放于无水煤油、液体石蜡或甲苯的广口瓶中，瓶口用塞子塞紧。若用软木塞，还需涂石蜡密封。取用时切勿与水或溶液相接触，否则易引起火灾。取用方法与白磷相似。

（2）易发出有腐蚀气体的试剂

① 液溴　密度较大，极易挥发，蒸气极毒，皮肤溅上溴液后会造成灼伤。故应将液溴储存在密封的棕色磨口细口瓶内，为防止其扩散，一般要在溴的液面上加水起到封闭作用。且再将液溴的试剂瓶盖紧放于塑料筒中，置于阴凉不易碰翻处。取用时，要用胶头滴管伸入水面下液溴中迅速吸取少量后，密封放回原处。

② 浓氨水　极易挥发，要用塑料塞和螺旋盖的棕色细口瓶，储放于阴凉处。使用时，开启浓氨水的瓶盖要十分小心。因瓶内气体压强较大，有可能冲出瓶口使氨液外溅。所以要用塑料薄膜等遮住瓶口，使瓶口不要对着任何人，再开启瓶塞。特别是气温较高的夏天，可先用冷水降温后再启用。

③ 浓盐酸　极易放出氯化氢气体，具有强烈刺激性气味。所以应盛放于磨口细口瓶中，置于阴凉处，要远离浓氨水储放。取用或配制这类试剂的溶液时，若量较大，接触时间又较长者，还应戴上防毒口罩。

（3）易燃液体试剂　乙醇、乙醚、二硫化碳、苯、丙醇等沸点很低，极易挥发又易着火，故应盛于既有塑料塞又有螺旋盖的棕色细口瓶里，置于阴凉处。取用时勿靠近火种。其中常在二硫化碳的瓶中注少量水，起"水封"作用。因为二硫化碳沸点极低，为 $46.3\,^{\circ}\text{C}$，密度比水大，为 1.26g/cm^3，且不溶于水，水封保存能防止挥发。而常在乙醚的试剂瓶中，加少量铜丝，则可防止乙醚因变质而生成易爆的过氧化物。

（4）易升华的物质　易升华的物质有多种，如碘、干冰、萘、蒽、苯甲酸等。其中碘片升华后，其蒸气有腐蚀性，且有毒。所以这类固体物质均应存放于棕色广口瓶中，密封放置于阴凉处。

（5）剧毒试剂　剧毒试剂常见的有氰化物、砷化物、汞化合物、铅化合物、可溶性钡的化合物以及汞、黄磷等。这类试剂要求与酸类物质隔离，放于干燥、阴凉处，专柜加锁。取用时应在教师指导下进行。

实验时取用少量汞时，可用拉成毛细管的滴管吸取，倘若不慎将汞溅落在地面上，可先用涂上盐酸的锌片去黏结，汞可与锌形成锌汞齐，然后用盐酸或稀硫酸将锌溶解后，即可把汞回收。而残留在地面上的微量汞，应用硫黄粉逐一盖上或洒上氯化铁溶液将其除去，否则汞蒸气遗留在空气中将造成危害性事故。

(6) 易变质的试剂

① 固体烧碱。氢氧化钠极易潮解并可吸收空气中的二氧化碳而变质不能使用。所以应当保存在广口瓶或塑料瓶中，塞子用蜡涂封。特别要注意避免使用玻璃塞子，以防黏结。氢氧化钾的处理方法与此相同。

② 碱石灰、生石灰、碳化钙（电石）、五氧化二磷、过氧化钠试剂都易与水蒸气或二氧化碳发生作用而变质，它们均应密封储存。特别是取用后，注意将瓶塞塞紧，放置干燥处。

③ 硫酸亚铁、亚硫酸钠、亚硝酸钠等试剂具有较强的还原性，易被空气中的氧气等氧化而变质。要密封保存，并尽可能减少与空气的接触。

④ 过氧化氢、硝酸银、碘化钾、浓硝酸、亚铁盐、三氯甲烷（氯仿）、苯酚、苯胺等试剂受光照后会变质，有的还会放出有毒物质。它们均应按其状态保存在不同的棕色试剂瓶中，且避免光线直射。

2.3 化学实验常用指示剂

指示剂是用来判别物质的酸碱性、测定溶液酸碱度或容量分析中用来指示达到化学计量点的物质。指示剂一般都是有机弱酸或弱碱，它们在一定的 pH 范围内，变色灵敏，易于观察。故其用量很小，一般为每 10mL 溶液加入 1 滴指示剂。指示剂的种类较多，这里简单介绍常用的酸碱指示剂。

2.3.1 酸碱指示剂

(1) 指示剂的变色原理　酸碱指示剂一般是弱的有机酸、有机碱或两性物质，它们的共轭酸碱对具有不同结构，因而呈现不同的颜色。当溶液的 pH 改变，指示剂失去或得到质子（引起平衡移动），结构发生变化，各物质浓度发生改变，导致溶液颜色改变。现以甲基橙为例说明指示剂的变色原理。

甲基橙是一种双色指示剂，在水溶液中存在下列平衡：

$$(CH_3)_2N \!-\!\!\!\!\bigcirc\!\!\!\!-\!N\!=\!N\!-\!\!\!\!\bigcirc\!\!\!\!-\!SO_3^- + H_3O^+ \rightleftharpoons (CH_3)_2N^+\!=\!\!\!\!\bigcirc\!\!\!\!=\!N\!-\!\overset{H}{N}\!-\!\!\!\!\bigcirc\!\!\!\!-\!SO_3^- + H_2O$$

偶氮结构，黄色（碱色型）　　　　　　　　　　　醌式结构，红色（酸色型）

根据酸碱质子理论，上式中左边显黄色的物质是共轭碱，而右边显红色的物质是共轭酸。在溶液中，当 $c(H^+)$ 增大或 $c(OH^-)$ 减小，平衡向右移动，其共轭酸的浓度增大，此时甲基橙主要的存在形式为醌式结构，溶液呈红色；当 $c(H^+)$ 减小或 $c(OH^-)$ 增大，平衡向左移动，其共轭碱的浓度增大，此时甲基橙主要的存在形式为偶氮结构，溶液呈黄色。

(2) 指示剂的变色范围　由前述讨论得出，指示剂在不同 pH 的溶液中显不同颜色。但通常只有 c（碱）（共轭碱的浓度）与 c（酸）（共轭酸的浓度）的比值大于 10：1，才能观察到共轭碱（如甲基橙的分子）单独的颜色。同理只有 c（酸）与 c（碱）的比值大于 10：1，才能观察到共轭酸（如甲基橙的离子）单独的颜色。两者浓度之比为 1～10 时，观察到的是两种颜色的混合色。人们把指示剂显混合色时溶液的 pH 范围称为指示剂的变色范围。指示剂的种类不同，其变色范围也不同。

使用单一的指示剂，根据其变色范围可粗略地知道溶液的酸碱性。例如，在某溶液中滴加甲基红，溶液显红色，表明溶液的 pH 在 4.4 以下，为酸性溶液。如果溶液显黄色，表明溶液的 pH 大于 6.2，为中性或碱性溶液。如果溶液显橙黄色，表明溶液的 pH 为 4.4～6.2。如果需要比较精确地知道溶液的 pH 时，可使用混合指示剂（具有颜色互补、变色敏锐、变色范围狭窄等特点）或以此制成的广泛 pH 试纸和精密 pH 试纸。

2.3.2　金属指示剂

酸碱指示剂的颜色变化依赖于溶液的 pH，而有一类指示剂的颜色变化却依赖于金属离子的浓度，这类指示剂被称为金属指示剂。金属指示剂通常又是同时具有酸碱指示剂性质的有机染料。在一定 pH 范围内，当金属离子浓度发生突变时，指示剂颜色相应发生突变，以此来确定反应的计量点。金属指示剂能与某金属离子生成有别于本身颜色的配合物，由此可检查该金属离子存在与否。

2.3.3　普通化学实验常用的试纸

在实验室经常使用试纸来定性检验一些溶液的性质或某些物质是否存在。试纸使用起来操作简单、方便。

试纸的种类很多，实验室常用的有 pH 试纸、乙酸铅试纸和碘化钾-淀粉试纸。

（1）pH 试纸用以检验溶液的 pH，一般有两类：一类是广泛 pH 试纸，变色范围 pH 为 1～14，用来粗略检验溶液的 pH；另一类是精密 pH 试纸，这种试纸在 pH 变化较小时就有颜色的变化。它可用来较精细地检验溶液的 pH。精密 pH 试纸有很多种，如变色范围分别在 pH 为 2.7～4.7、3.8～5.4、5.4～7.0、6.9～8.4、8.2～10.0、9.5～13.0 等。

（2）乙酸铅试纸用以定性地检验反应中是否有 H_2S 气体产生（溶液中是否有 S^{2-} 存在）。该试纸曾在 $Pb(Ac)_2$ 溶液中浸泡过。使用时用蒸馏水湿润试纸，将待测溶液酸化，如有 S^{2-}，则生成 H_2S 气体逸出，遇到试纸，即溶于试纸上的水中，然后与试纸上的 $Pb(Ac)_2$ 反应，生成黑色的 PbS 沉淀，即

$$Pb(Ac)_2 + H_2S == PbS\downarrow + 2HAc$$

使试纸呈黑褐色并有金属光泽，有时颜色较浅，但一定有金属光泽，这是特征现象。溶液中 S^{2-} 的浓度若较小，用此试纸不易检出。

（3）碘化钾-淀粉试纸用以定性地检验氧化性气体（如 Cl_2、Br_2 等）。试纸曾在碘化钾-淀粉溶液中浸泡过。使用时用蒸馏水润湿试纸，当有氧化性气体溶于试纸上的水后，将 I^- 氧化为 I_2。

$$2I^- + Cl_2 == I_2 + 2Cl^-$$

I_2 立即与试纸上的淀粉作用，使试纸变为蓝紫色。

要注意的是强氧化性气体的氧化性很强且气体浓度较大时，则有可能将 I_2 继续氧化成 IO_3^-，而使试纸又褪色，这时不要误认为试纸没有变色，以致得出错误结论。

2.3.4　试纸的使用方法及注意事项

（1）pH 试纸。将一小块试纸放在点滴板上，用蘸有待测溶液的玻棒点试纸的中部，试纸即被待测溶液润湿而变色。不要将待测溶液滴在试纸上，更不要将试纸泡在溶液中。试纸变色后，与色阶板比较，得出 pH 或 pH 范围。

（2）乙酸铅试纸与碘化钾-淀粉试纸。将两小块试纸润湿后粘在玻棒的一端，然后用此玻棒将试纸放到试管口，如有待测气体逸出则变色。有时逸出的气体较少，可将试纸伸进试

管，但要注意，勿使试纸接触管壁和溶液。

使用试纸时要注意节约。可将试纸剪成小块，每次用两块。使用后的试纸应置于垃圾桶中，不能随意抛弃，更不能弃于水槽中。取出试纸后，应将装试纸的容器盖严，以免被实验室内的一些气体污染。

2.4 化学实验用水

化学实验中，洗涤仪器、配制溶液等都需用大量的水。不同的实验对水的纯度要求也不同。水的纯度直接影响实验结果的准确性。应根据实验内容的需要，正确选用不同纯度的水。

在实际工作中表示水的纯度的主要指标是水中的含盐量（水中各种阴、阳离子的数量）的大小。而含盐量的测定比较复杂，所以，目前通常用水的电阻率或电导率来表示。

化学实验中常用的水有自来水、蒸馏水、重蒸水和去离子水。实验中通常所说的纯水是指蒸馏水或去离子水，现分别简单介绍如下。

2.4.1 自来水

自来水是指一般城市生活用水。它是天然水（如河水、地下水等）经自来水厂人工处理后得到的。它含有 Na^+、K^+、Ca^{2+}、Mg^{2+}、Al^{3+}、Fe^{3+}、CO_3^{2-}、HCO_3^-、SO_4^{2-}、Cl^-等杂质离子，以及可溶于水的 CO_2、NH_3 等气体及某些有机物和微生物等。

由于自来水中杂质较多，在实验室中自来水的主要用途如下。

（1）初步洗涤仪器。

（2）某些无机物、有机物制备实验的起始阶段（因所用原料不纯，所以不必用更纯的水）。

（3）制备蒸馏水等更纯的水。

（4）其他方面，如实验中水浴加热用水、冷却用水等。

2.4.2 蒸馏水

利用液体混合物中各组分挥发度的差别，使 H_2O 汽化并随之使蒸汽部分冷凝分离而得的水。由于杂质离子不挥发，所以蒸馏水中所含杂质比自来水少得多，比较纯净。但其中仍含有少量杂质，这是因为：

（1）CO_2 溶于蒸馏水中，生成碳酸，使蒸馏水显弱酸性。

（2）冷凝管、接收容器本身的材料（一般是不锈钢、纯铝、玻璃等）可能或多或少地进入蒸馏水。

（3）蒸馏时少量液体呈雾状逸出，又进入蒸馏水。

尽管如此，蒸馏水仍是实验室最常用的较纯净的溶剂或洗涤剂，常用来清洗仪器、配制溶液、进行化学分析实验等。

如要用蒸馏法制备更纯的水，可在蒸馏水中加适量 $KMnO_4$ 固体（除去有机物）再进行蒸馏或用石英蒸馏器进行蒸馏，所得即为重蒸水。

2.4.3 去离子水

通过离子交换柱后所得到的水即去离子水（也称离子交换水）。离子交换柱中装有离子交换树脂，它是一种带有能交换的活性基团的高分子聚合物，根据活性基团不同可分为阳离子交换树脂和阴离子交换树脂两大类。阳离子交换树脂含有酸性基团（如磺酸基—SO_3H、羧酸基—COOH 等），它们的 H^+ 能与溶液中的阳离子进行交换。阴离子交换树脂含有碱性基团，如季铵基 [—R—$N(CH_3)_3Cl$]、氨基—NH_2 等，可与溶液中的阴离子进行交换。

市售的离子交换树脂中，阳离子多为钠型，阴离子多为氯型，而且树脂中还常混入一些低聚物、色素及灰砂等，所以使用时必须先用水漂洗（除去混入的杂质）并用酸碱分别处理阳、阴离子交换树脂，使之转为氢型和氢氧型。制备去离子水时，一般采用氢型强酸性阳离子交换树脂和氢氧型强碱性阴离子交换树脂。

进行交换时，将水先经过阳离子交换柱，水中的阳离子（如 Na^+、Ca^{2+} 等）被交换在树脂上，树脂上的 H^+ 进入水中。然后再经过阴离子交换柱，水中的阴离子（如 HCO_3^-、Cl^- 等）被交换，交换下来的 OH^- 进入水中，与交换下来的 H^+ 结合成 H_2O。最后再经过一个装有阴、阳离子交换树脂的混合柱，除去残存的阴、阳离子。这样得到的去离子水纯度较高。

离子交换树脂使用一段时间后，需经处理再生才能继续使用。再生时一般使用约 7% 的 HCl 溶液和约 8% 的 NaOH 溶液分别淋洗阳离子交换树脂和阴离子交换树脂，使被交换上去的阴阳离子被置换下来，恢复成氢型和氢氧型。

2.5　化学实验的学习方法

要达到实验目的，修好实验课程，不仅要有正确的学习态度，而且还要有正确的学习方法。学好大学基础化学实验需要掌握以下内容。

2.5.1　预习

认真阅读实验教材，明确实验目的和实验原理，熟悉实验内容、主要操作步骤及数据处理方法，并提出注意事项，合理安排时间。对实验中涉及的基本操作及有关仪器的使用，也要进行预习。实验前必须做到以下几点。

（1）钻研实验教材，阅读大学化学及其他参考资料的相应内容。弄懂实验原理，弄清做好实验的关键及有关实验操作的要领和仪器用法及注意事项等。能自行设计实验。

（2）合理安排好实验。例如，哪个实验反应时间长或需用干燥的器皿应先做，哪些实验先后顺序可以调动，从而避免等候使用公用仪器而浪费时间等，要做到心里有数。

（3）写出预习报告。内容包括：每项实验的标题（用简练的言语点明实验目的），用反应式、流程图等表明实验步骤，留出合适的位置记录实验现象，或精心设计一个记录实验数据和实验现象的表格等，切忌原封不动地照抄实验教材。总之，好的预习报告，应有助于实验的进行。

2.5.2　实验

按教材规定的实验内容规范操作，仔细观察实验现象，认真测定数据，将数据如实记录在预习报告中，不得随意更改、删减。这是建立良好科学习惯的重要环节。

实验中要勤于思考，细心观察，自己分析、解决问题。对实验现象有疑惑，或实验结果误差太大，要认真分析操作过程，努力找到原因。如果必要，可以在教师指导下，做对照实验、空白实验，或自行设计实验进行核实，以培养学生独立分析问题、解决问题的能力。如实验失败，要查明原因，经教师准许后重做实验。

2.5.3　实验报告

实验结束后，应严格根据实验记录，对实验现象作出解释，写出有关反应，或根据实验数据进行处理和计算，作出相应的结论，并对实验中的问题进行讨论，独立完成实验报告，及时交指导老师审阅。

（1）实验报告书写要点

实验报告是每次实验的记录、概括和总结，也是对实验者综合能力的考核。每个学生在做完实验后都必须及时、独立、认真地完成实验报告，交指导教师批阅。一份合格的实验报告应包括以下内容。

① 实验名称。通常作为实验题目出现。

② 实验目的。简述该实验所要达到的目的要求。

③ 实验原理。简要介绍实验的基本原理和主要反应方程式。

④ 实验所用的仪器、药品及装置。要写明所用仪器的型号、数量、规格，药品的名称、规格，装置示意图。

⑤ 实验内容、步骤。要求简明扼要，尽量用表格、框图、符号表示，不要照搬抄书。

⑥ 实验现象和数据的记录。在仔细观察的基础上如实记录，依据所用仪器的精密度，保留正确的有效数字。

⑦ 解释、结论和数据处理。化学现象的解释最好用化学反应方程式，如还不够完整应另加文字简要叙述；结论要精炼、完整、正确；数据处理要有依据，计算要正确。

⑧ 问题与讨论。对实验中遇到的疑难问题提出自己的见解。分析产生误差的原因，对实验方法、教学方法、实验内容、实验装置等提出意见或建议。

实验报告要做到语言通顺、字迹工整、图表清晰、形式规范。

（2）实验报告格式示例

① "常数测定实验"的实验报告格式示例

实验名称：醋酸解离度和解离常数的测定

一、实验目的（略）

二、实验原理（略）

三、实验步骤

1. 配制 HAc 系列标准溶液

HAc 标准溶液的浓度：____ mol/L

溶液编号	V_{HAc}/mL	V_{H_2O}/mL
1	3.00	45.00
2	6.00	42.00
3	12.00	36.00
4	24.00	24.00
5	36.00	0.00

2. 依次测定 HAc 溶液由稀到浓的 pH

四、记录和结果

测定时溶液的温度：____ ℃

溶液编号	$c(HAc)$/(mol/L)	测得溶液的 pH	$c(H^+)$/(mol/L)	K_{HAc}	α_{HAc}
1					
2					
3					
4					
5					
$\overline{K}_{HAc}=$					

五、讨论

② "化合物性质实验"的实验报告格式示例

实验名称：常见阳离子的分离与鉴定

一、实验目的（略）

二、实验原理（略）

三、实验步骤（仅列部分内容作示例）

1. 分析简表

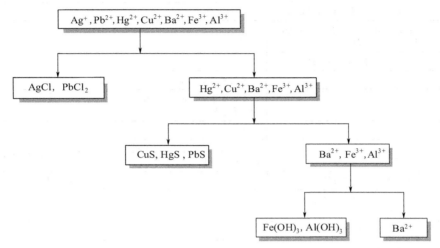

2. 分析步骤

四、讨论

③ "有机合成实验"的实验报告格式示例

实验名称：溴乙烷的制备

一、实验目的（略）

二、实验原理（略）

三、理化常数

名　称	分子量	熔点/℃	沸点/℃	相对密度	折射率	溶解度
乙醇	46	−117.3	78.4	0.79		∞
溴化钠	103					79.5(0℃)
硫酸	98	10.38	340(d)	1.83		∞
溴乙烷	109	−118.6	38.4	1.46		1.06(0℃),醇中∞
硫氢酸钠	120					50(50℃),100(100℃)
乙醚	74	−113	34.6	0.71		7.5(20℃),醇中∞
乙烯	28	−169	−103.7			

四、计算

名　称	实际用量	理论量	过量	理论产量
95%乙醇	8.0g,10mL,0.135mol	0.126mol	31%	
NaBr	13g,0.126mol			
硫酸(98%)	18mL,0.32mol	0.126mol	154%	
溴乙烷		0.126mol		13.7g

五、实验装置图（要画出标准磨口仪器的装置图）

六、实验流程

七、实验记录

日期： 年 月 日 室温： ℃ 大气压： mmHg

时间	步 骤	现 象	备 注
8:30	安装反应装置		接收器中盛 20mL 水,冷却
8:45	烧瓶中加 13g NaBr、9mL 水,振荡使其溶解	固体成碎粒状,未全溶	
8:55	加入 95％乙醇 10mL,混合均匀		
9:00	振荡下逐渐滴加浓硫酸 19mL,同时用水浴冷却	放热	
9:10	加入三粒沸石,开始加热		
9:20		出现大量细泡沫	
9:25		冷凝管中有馏出液,乳白色油状物沉在水底	
10:15		固体消失	
10:25	停止加热	馏出物中已无油滴,瓶中残留物冷却成无色晶体	用水试验是 NaHSO₄
10:30	用分液漏斗分出油层		油层 8mL
10:35	油层用水冷却,滴加 5mL 浓硫酸,振荡后静置	油层(上)变透明	
10:50	分去下层硫酸		
11:05	安装好蒸馏装置		
11:10	水浴加热,蒸馏油层		接收瓶 53.0g
11:18	开始有馏出液	38℃	接收瓶＋溴乙烷 63.0g
11:33	蒸完	39.5℃	溴乙烷 10.0g

八、产率计算

产品：溴乙烷,无色透明液体,沸程：38～39.5℃,产量：10.0g。

体积：6.8mL,相对密度：1.47,产率：73％。

九、讨论 （略）

④"物质提纯实验"的实验报告格式示例

实验名称：氯化钠的提纯

一、实验目的 （略）

二、实验原理 （略）

三、实验步骤

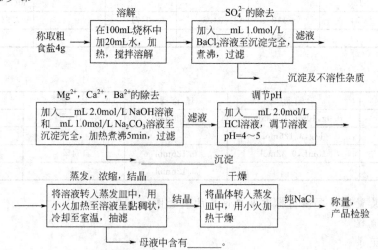

1. 提纯

纯 NaCl 晶体质量为 _____ g　　　　NaCl 的收率为 _____ %

2. 产品纯度检验

检验项目	检验方法	实验现象	
		粗食盐	纯 NaCl
SO_4^{2-}	加入 $BaCl_2$ 溶液		
Ca^{2+}	加入 $(NH_4)_2C_2O_4$ 溶液		
Mg^{2+}	加入 NaOH 溶液和镁试剂		

有关的离子方程式：（略）

四、问题与讨论（略）

2.6　化学实验误差及数据处理

2.6.1　研究误差的目的

一切物理量的测量，从测量的方式来讲，可分为直接测量和间接测量两类：测量结果可用实验数据直接表示的测量称为直接测量，如用米尺测量长度、停表记时间、压力表测气压、电桥测电阻、天平称质量等；若测量的结果不能直接得到，而是利用某些公式对直接测量量进行运算后才能得到所需结果的测量方法称为间接测量，测量结果称为"间接测量值"，例如某温度范围内水的平均摩尔汽化热是通过测量水在不同温度下的饱和蒸气压，再利用 Clausius-Clapeyron 方程求得；又如，用黏度法测聚合物的分子量，是先用毛细管黏度计测出纯溶剂和聚合物溶液的流出时间，然后利用作图法和公式计算求得分子量，这些都是间接测量。物理化学实验大多数测量属于间接测量。

不论是直接测量还是间接测量，都必须使用一定的实验仪器和实验手段，间接测量还必须运用某些理论公式进行数学处理，然而由于科学水平的限制，实验者使用的仪器、实验手段、理论及公式不可能百分之百的完善，因此测量值与真实值之间往往有一定的差值，这一差值称为测量误差。为此，必须研究误差的来源，使误差减少到最低程度。

研究误差的目的，不是要消除它，因为这是不可能的；也不是使它小到不能再小，这不一定必要，因为这要花费大量的人力和物力。研究误差的目的是：在一定的条件下得到更接近于真实值的最佳测量结果；确定结果的不确定程度；根据测量对象，选择合理的实验仪器、实验条件和方法，以降低成本和缩短实验时间。因此，我们除了认真仔细地做实验外，还要有正确表达实验结果的能力。这两者是同等重要的。仅报告结果，而不同时指出结果的不确定程度的实验是无价值的，所以我们要有正确的误差概念。

2.6.2　实验测量误差

（1）测量误差　在测定实验中，取同一试样进行多次重复测定，其结果常常会不完全一致。人们在进行测定实验时，不仅要掌握测定方法，还要对测定结果进行评价和判断，分析结果的准确性和误差的大小，查找产生误差的原因，以提高测定结果的准确性。

测定值与真实值符合的程度称为准确度。准确度的高低用误差来衡量，误差分为系统误差、偶然误差和过失误差。系统误差是测定时某些固定原因造成的，同一条件下重复测定时会重复出现。产生原因可能是由于测定方法不够完善引起的，也可能是由于测定时所用仪器不够准确或试剂纯度不够引起的，也可能是操作人员的主观因素如滴定管读数偏高或偏低、辨别终点颜色偏深或偏浅等带来的误差。偶然误差是难以预料的偶然因素造成的，可以通过增加平行测定次数来减少。过失误差是由于操作人员粗心大意、操作不当所产生的误差，如加错试剂、看错砝码、计算错误等，此类误差只要加强责任心即可避免。

（2）准确度与误差　误差分为绝对误差和相对误差。

$$绝对误差＝测定值－真实值$$

$$相对误差＝\frac{绝对误差}{真实值}×100\%$$

相对误差能反映出误差在真实值中所占的比例，这对于比较测定结果的准确度更合理，一般用相对误差来表示测定误差。

（3）精密度与偏差　精密度是指重复测定结果相互接近的程度，精密度的高低用偏差来衡量。

$$绝对偏差＝某次测定值－多次测定平均值$$

$$相对偏差＝\frac{绝对偏差}{平均值}×100\%$$

在测定工作中，精密度高不一定准确度高，但高精密度是获得高准确度的必要条件。若精密度低，说明测定结果不可靠。

一般情况下，真实值是无法知道的。因此，在实际测定中，往往在尽量减少系统误差的前提下，把多次重复测定的平均值作为真实值，把偏差作为误差，所以有时并不严格区分误差和偏差。

2.6.3　有效数字

在测定工作中，为了得到准确的测定结果和计算，不仅要准确地测定，而且还要正确地记录和计算，因此，必须了解有效数字的概念。

有效数字是指从仪器上直接读出的几位数字。例如，某物质在台秤上称量结果是3.8g，由于台秤可称准到0.1g，所以它的有效数字为2位。又如，某物质在万分之一的分析天平上称量为3.8126g，因为分析天平可称准至0.0001g，因此它的有效数字为5位数。有效数字的位数与仪器的精确度有关，其最后一位数字可以是估计的（可疑数字），其他数字是准确的，所以有效数字包括所有的准确数字和第一位可疑数字。

数字0～9都可作为有效数字，只是"0"有些特殊。它在第一个非零数字前均为非有效数字，只表示小数点的位置，是定位数字；它在非零数字后面时，均为有效数字。

在进行加减运算时，所得结果的有效数字的位数应与参加运算的数值中小数点后位数最少的相同。例如：16.3＋0.123＋3.5＝19.923，结果应写为19.9。在进行乘除运算时，所得结果的有效数字位数应与各数值有效数字位数最少的相同。例如：0.317×1.32×18.0134＝7.537527096，结果应写为7.54。进行较复杂的运算时，中间过程也可以先将各数简化，再进行计算。为了消除在简化数字中积累的误差，中间过程可多保留一位有效数字，但最后结果只能保留应有位数。

2.6.4　实验数据处理

在基础化学实验中，处理实验数据采用列表法和图解法。

（1）列表法　对一个物理量进行多次测量或研究几个量之间的关系时，往往借助于列表法把实验数据列成表格。其优点是，使大量数据表达清晰醒目，条理化，易于检查数据和发现问题，避免差错，同时有助于反映出物理量之间的对应关系。所以，设计一个简明醒目、合理美观的数据表格，是每一个同学都要掌握的基本技能。

列表没有统一的格式，但所设计的表格要能充分反映上述优点，应注意以下几点：

① 各栏目均应注明所记录的物理量的名称（符号）和单位；

② 栏目的顺序应充分注意数据间的联系和计算顺序，力求简明、齐全、有条理；

③ 表中的原始测量数据应正确反映有效数字，数据不应随便涂改，确实要修改数据时，应将原来数据画条杠以备随时查验；

④ 对于函数关系的数据表格，应按自变量由小到大或由大到小的顺序排列，以便于判断和处理。

（2）图解法　图线能够直观地表示实验数据间的关系，找出物理规律，因此图解法是数据处理的重要方法之一。图解法处理数据，首先要画出合乎规范的图线，其要点如下。

① 选择图纸　作图纸有直角坐标纸（即毫米方格纸）、对数坐标纸和极坐标纸等，根据作图需要选择。实验中比较常用的是毫米方格纸，其规格多为 $17cm \times 25cm$。

② 曲线改直　由于直线最易描绘，且直线方程的两个参数（斜率和截距）也较易算得。所以对于两个变量之间的函数关系是非线性的情形，在用图解法时应尽可能通过变量代换将非线性的函数曲线转变为线性函数的直线。下面为几种常用的变换方法。

$xy = c$（c 为常数）。令 $z = \dfrac{1}{x}$，则 $y = cz$，即 y 与 z 为线性关系。

$x = c\sqrt{y}$（c 为常数）。令 $z = x^2$，则 $y = \dfrac{1}{c^2}z$，即 y 与 z 为线性关系。

$y = ax^b$（a 和 b 为常数）。等式两边取对数得，$\lg y = \lg a + b\lg x$。于是，$\lg y$ 与 $\lg x$ 为线性关系，b 为斜率，$\lg a$ 为截距。

$y = ae^{bx}$（a 和 b 为常数）。等式两边取自然对数，得 $\ln y = \ln a + bx$。于是，$\ln y$ 与 x 为线性关系，b 为斜率，$\ln a$ 为截距。

③ 确定坐标比例与标度　合理选择坐标比例是作图法的关键所在。作图时通常以自变量作横坐标（x 轴），因变量作纵坐标（y 轴）。坐标轴确定后，用粗实线在坐标纸上描出坐标轴，并注明坐标轴所代表物理量的符号和单位。

坐标比例是指坐标轴上单位长度（通常为 1cm）所代表的物理量大小。坐标比例的选取应注意以下几点。

a. 原则上做到数据中的可靠数字在图上应是可靠的，即坐标轴上的最小分度（1mm）对应于实验数据的最后一位准确数字。坐标比例选得过大会损害数据的准确度。

b. 坐标比例的选取应以便于读数为原则，常用的比例为"1：1""1：2""1：5"（包括"1：0.1""1：10"…），即每厘米代表"1""2""5"倍率单位的物理量。切勿采用复杂的比例关系，如"1：3""1：7""1：9"等。这样不但不易绘图，而且读数困难。

c. 坐标比例确定后，应对坐标轴进行标度，即在坐标轴上均匀地（一般每隔 2cm）标出所代表物理量的整数值，标记所用的有效数字位数应与实验数据的有效数字位数相同。标度不一定从零开始，一般用小于实验数据最小值的某一数作为坐标轴的起始点，用大于实验数据最大值的某一数作为终点，这样图纸可以被充分利用。

④ 数据点的标出　实验数据点在图纸上用"＋"号标出，符号的交叉点正是数据点的位置。若在同一张图上作几条实验曲线，各条曲线的实验数据点应该用不同符号（如×、⊙等）标出，以示区别。

⑤ 曲线的描绘　由实验数据点描绘出平滑的实验曲线，连线要用透明直尺或三角板、曲线板等拟合。根据随机误差理论，实验数据应均匀分布在曲线两侧，与曲线的距离尽可能小。个别偏离曲线较远的点，应检查标点是否错误，若无误表明该点可能是错误数据，在连线时不予考虑。对于仪器仪表的校准曲线和定标曲线，连接时应将相邻的两点连成直线，整个曲线呈折线形状。

⑥ 注解与说明　在图纸上要写明图线的名称、坐标比例及必要的说明（主要指实验条件），并在恰当地方注明作者姓名、日期等。

⑦ 直线图解法求待定常数　直线图解法首先是求出斜率和截距，进而得出完整的线性方程。其步骤如下。

a. 选点。在直线上紧靠实验数据两个端点内侧取两点 $A(x_1, y_1)$、$B(x_2, y_2)$，并用不同于实验数据的符号标明，在符号旁边注明其坐标值（注意有效数字）。若选取的两点距离较近，计算斜率时会减少有效数字的位数。这两点既不能在实验数据范围以外取点，因为它已无实验根据，也不能直接使用原始测量数据点计算斜率。

b. 求斜率。设直线方程为 $y = a + bx$，则斜率为

$$b = \frac{y_2 - y_1}{x_2 - x_1}$$

c. 求截距。截距的计算公式为

$$a = y_1 - bx_1$$

2.7　化学软件 Origin 的应用

Origin 是美国 OriginLab 公司（其前身为 Microcal 公司）开发的图形可视化和数据分析软件，是科研人员和工程师常用的高级数据分析和制图工具。Origin 既可以满足一般用户的制图需要，也可以满足高级用户数据分析、函数拟合的需要，是公认的简单易学、操作灵活、功能强大的软件。Origin 有很多版本，目前最新的版本是 8.0。Origin 7.0 是一款非常实用的数据处理软件，因此作为一名化学工作者，熟练地掌握 Origin 7.0 的使用是非常必要的。此处采用 Origin7.0 的使用方法。

（1）打开 Origin 7.0　双击桌面上 Origin 7.0 的图标，或从开始/程序/Origin70/Origin 7.0 打开。

（2）熟悉 Origin 7.0 的操作界面　打开 Origin 7.0 的页面，如图 2-1 所示。顶部是菜单

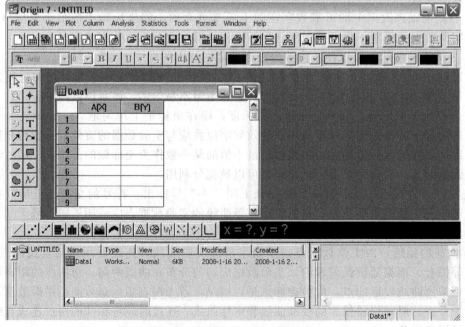

图 2-1　Origin 7.0 的操作界面

栏，一般来说可以实现大部分功能；菜单栏下面是工具栏，一般最常用的功能都可以通过此处实现；中部是绘图区，所有工作表、绘图子窗口等都在此处显示；下部是项目管理器，类似资源管理器，双击即可方便切换各个窗口等；底部是状态栏，标出当前的工作内容，以及鼠标指到某些菜单按钮时的说明。

（3）数据的输入　在工作表单元格中直接输入即可。如图 2-2 所示。

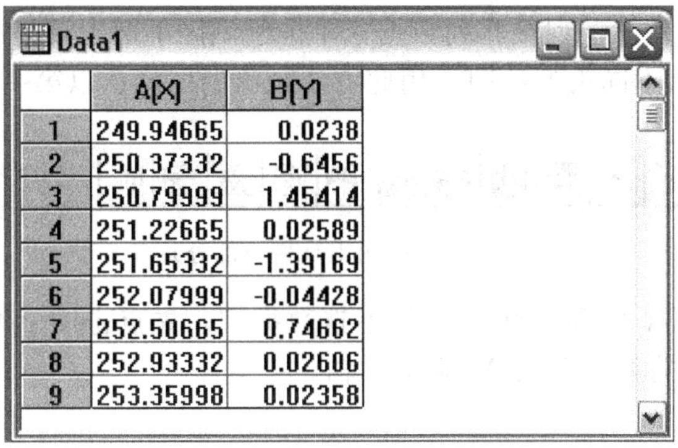

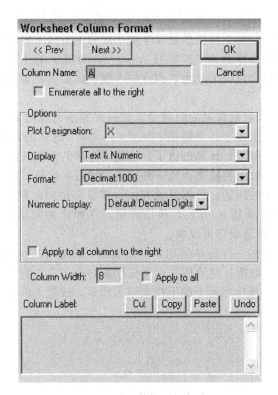

图 2-2　数据的输入

（4）设置数据列的名称　为了简单明了地表述某一数据列的意义，可以给数据列命名。将鼠标指向 $A(X)$，单击右键，在下拉菜单中选择 Properties，鼠标左键单击，出现如图 2-3 所示的页面。

图 2-3　设置数据列的名称

将鼠标移至最下面的空栏中，单击，输入想要输入的文字，例（wavelength/nm）。设置好之后在工作表中便会有显示。其他数据列的名称设置可参照 $A(X)$ 数据列。

（5）添加新的数据列　单击工具栏上的 图标，即可添加新的工具栏。

（6）设置数据列的属性（数据的计算）　关于在 Origin 7.0 中的数据计算，可以通过如下方法设置：将鼠标移至列首［例如 $C(Y)$ 处］，击右键，选择 set column values，单击。在弹出窗口中单击窗口左上角的 add function、add column 两个按钮来进行数据计算。

（7）画图表　选中任意一列或几列数据，单击绘图区下部工具栏中的任意一个图标（如图 2-4 所示），即可做出不同类型的图。用此方法画出的图默认以第一列数据为 X 轴。

图 2-4　绘图工具栏（部分）

若想自己随意设置 X 轴和 Y 轴，则先不选数据列，先点击图 2-4 中的任意图标，在弹出的窗口中可以设置任意数据列为 X 轴或 Y 轴。

（8）设置图表的细节

① 设置坐标轴样式　用鼠标双击坐标轴，即可在弹出的对话框中选择不同的标签，改变坐标轴的样式。常用的是改变数据范围，设定数值间隔。

② 设置数据点、线的样式　同样用鼠标双击数据点，在弹出的对话窗口中也可以选择不同的标签分别对数据点的样式、颜色和线的颜色进行设置等。其中还有很多功能，大家可以自己尝试。

③ 图表的细节，在左边一列的工具栏中，单击 或 后，将光标移到曲线上，对准数据点击鼠标左键，即可在右下角的黑地绿字的小屏幕上看到所索取数据点的坐标。

（9）线性拟合　将鼠标移至菜单栏中的 Analysis，单击，在下拉菜单中选择 Fit linear，用鼠标左键单击即可。拟合直线为红色，拟合的方程、标准误差等一般都可在右下角的新窗口中看到。

（10）显示数据　新学者最常见的问题是，有时候特别是经过数据列之间的计算后，发现有的单元格中间没有一个数字，全部是"＃＃＃＃＃＃"这样的乱码。出现这种情况时不要着急，这并不是程序出错或是计算出错了，而是因为你的数据长度太大。这种情况可以用两种办法解决：一种是将数据列拉宽；另一种则可以通过采取科学计数法和有效数字来避免由于数据太长而无法显示的问题。具体设置方法：将鼠标指向此数据列［例如 $A(X)$］，单击右键，在下拉菜单中选择 Properties，单击左键，在弹出的对话框中，通过调整 Fromat 和 Numeric display 的下拉选项即可成功。

以上就是 Origin 7.0 的一些简单的用法，事实上，Origin 7.0 所能做的远远不止这些，它是一款功能非常强大的数据处理软件。本文仅仅是 Origin 7.0 的使用入门，其他的功能大家可以通过看 Origin 7.0 操作界面上的下拉菜单去摸索，或是上网查询掌握。

第3章 化学基本操作训练

3.1 分析天平的称量练习

分析天平是定量分析中常用的精密仪器之一，每一项定量分析都直接或间接地需要使用天平。根据不同的精度和结构，可把天平分为工业天平和分析天平。工业天平指常见的托盘天平，常用的分析天平有普通天平、阻尼天平、机械加码的电光天平、单盘电光天平等。

3.1.1 基本原理

（1）分析天平的工作原理　　分析天平是根据杠杆原理设计的一种仪器。如图 3-1 所示，设一杠杆 AB，支点为 C，AC、CB 为杠杆的两臂。若在杠杆两端 A、B 上分别加上被称物体和砝码，其重力为 Q、P，当体系达到平衡时，两力矩相等，即 $Q \times AC = P \times BC$，因力臂相等，即 $AC = BC$，所以平衡时被称物体和砝码的重力相等。即

$$Q = P$$

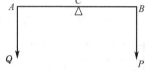

图 3-1　杠杆原理实验

设 m_1 为被称物体的质量，m_2 为砝码的质量，则上式可写成 $m_1 g_1 = m_2 g_2$，g 为重力加速度，由于在同一地点，因此 $g_1 = g_2$，也即平衡时 $m_1 = m_2$。

在同一地点，质量（单位为千克）的数值与用千克力为单位的重量的数值相同，因此习惯上将天平上称得的质量称为"重量"。

（2）天平的种类　　天平的种类如图 3-2 所示。

（a）半机械加码天平

（b）全机械加码天平

（c）电子天平

图 3-2　天平的种类

（3）天平的构造　　天平的构造如图 3-3 所示。

① 天平梁　　天平梁是天平的主要部件之一，梁上左、中、右各装有一个玛瑙刀口和玛瑙平板。装在梁中央的玛瑙刀刀口向下，支承于玛瑙平板上，用于支撑天平梁，又称支点刀。装在梁两边的玛瑙刀刀口向上，与吊耳上的玛瑙平板相接触，用来悬挂托盘。玛瑙刀口是天平很重要的部件，刀口的好坏直接影响称量的精确程度。玛瑙硬度大但脆性也大，易因碰撞而损坏，故使用时应特别注意保护玛瑙刀口。

② 指针　　固定在天平梁的中央，指针随天平梁摆动而摆动，从光幕上可读出指针的位置。

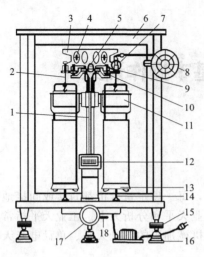
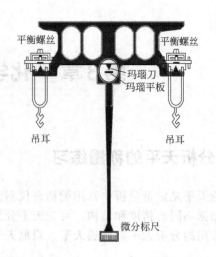

图 3-3 天平的构造

1—指针；2—吊耳；3—天平梁升；4—调零螺丝；5—感量螺丝；6—前面门；7—圈码；8—刻度盘；
9—支柱；10—托梁架；11—阻力盒；12—光屏；13—天平盘；14—盘托；15—垫脚螺丝；
16—脚垫；17—升降旋钮；18—光屏移动拉杆

③ 升降旋钮　是控制天平工作状态和休止状态的旋钮，位于天平正前方下部。

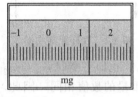

图 3-4　光幕

④ 光幕　通过光电系统使指针下端的标尺放大后，在光幕上可以清楚地读出标尺的刻度。标尺的刻度代表质量，每一大格代表 1mg，每一小格代表 0.1mg（图 3-4）。

⑤ 天平盘和天平橱门　天平左右有两个托盘，左盘放称量物体，右盘放砝码。光电天平是比较精密的仪器，外界条件的变化如空气流动等容易影响天平的称量，为减少这些影响，称量时一定要把橱门关好。

⑥ 砝码与圈码　天平有砝码和圈码。砝码装在盒内，最大质量为 100g，最小质量为 1g。在 1g 以下的是用金属丝做成的圈码，安放在天平的右上角，加减的方法是用机械加码旋钮来控制，用它可以加 10～990mg 的质量。10mg 以下的质量可直接在光幕上读出。注意：全机械加码的电光天平其加码装置在右侧，所有加码操作均通过旋转加码转盘实现，如图 3-5 所示。

3.1.2　天平的称量方法

天平的称量方法可分为直接称量法（简称直接法）和递减称量法（简称减量法）。

（1）直接称量法　直接称量法用于称取不易吸水、在空气中性质稳定的物质，如称量金属或合金试样。称量时先称出称量纸（硫酸纸）的质量（m_1），加上试样后再称出称量纸与试样的总质量（m_2）。称出的试样质量＝$m_2 - m_1$。

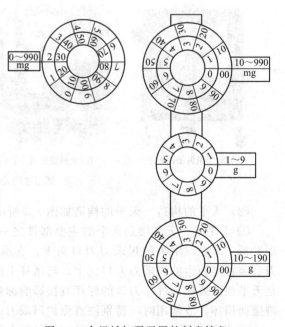

图 3-5　全机械加码天平的刻度转盘

（2）减量法称量　此法用于称取粉末状或容易吸水、氧化、与二氧化碳反应的物质。减量法称量应使用称量瓶，称量瓶使用前须清洗干净，干净的称量瓶（盖）都不能用手直接拿取，而要用干净的纸条套在称量瓶上夹取。称量时，先将试样装入称量瓶中，在台秤上粗称之后，放入天平中称出称量瓶与试样的总质量（m_1），用纸条夹住取出称量瓶后，按图3-6所示方法小心倾出部分试样后再称出称量瓶和余下的试样的总质量（m_2），称出的试样质量 = $m_1 - m_2$。

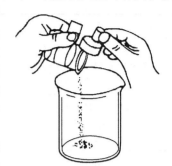

图3-6　称量方法

减量法称量时，应注意不要让试样撒落到容器外，当试样量接近要求时，将称量瓶缓慢竖起，用瓶盖轻敲瓶口，使粘在瓶口的试样落入称量瓶或容器中。盖好瓶盖，再次称量，直到倾出的试样量符合要求为止。初学者常常掌握不好量的多少，倾出超出要求的试样量，为此，可少量多次，逐渐掌握和建立起量的概念。注意：在每次旋动指数盘和取放称量瓶时，一定要先关好旋钮，使天平横梁托起。

3.1.3　使用方法

（1）称量前准备工作　称量前应先检查天平是否水平，圈码是否挂好，圈码指数盘是否在"000"位置，两盘是否置空。用小毛刷将天平盘清扫一下。

（2）调节零点　接通电源，开动升降旋钮，这时可以看到缩微标尺的投影在光屏上移动，当投影稳定后，如果光屏上的刻线不与标尺的0.00重合，可以通过调屏拉杆，移动光屏的位置，使刻线与标尺0.00重合，零点即调好。如果将光屏移到尽头后，刻线还不能与标尺0.00重合，则需要调节天平梁上的平衡螺丝。

（3）称量　先用台秤称出物体的质量，然后把要称量的物体放在天平左盘的中央，把与粗称数相符的砝码放在右盘中央，缓慢地开动升降旋钮，观察光屏上标尺投影移动的方向。如果投影向右方移动，则表示砝码比物体重，应立即关好升降旋钮，减少砝码质量后再称量；如果标尺投影向左方移动，出现依次增大的数字，则可能有两种情况。第一种情况是，标尺稳定后与刻线重合的地方在10.0mg以内，即可读数；第二种情况是投影往左方迅速移动，则表示砝码太轻，两质量差超过10.0mg，应立即关好升降旋钮，增加圈码后再称重。

使用圈码时，要关好天平门。用"减半加减码"的顺序加减圈码，例如，先把指数盘转到50mg处，若太轻，再转到80mg处（不转到60mg）。这样，可较快找到物体的质量范围。

普通天平的指针是偏向轻盘的，但电光分析天平缩微标尺的投影则向重盘方向移动。例如，砝码轻了，光屏上出现依次增大的数字，如果投影移动得很慢，砝码的质量就接近物体的质量了。

（4）读数　当光屏上的标尺投影稳定后，就可以从标尺上读出10mg以下的质量。

读完数后，应立即关闭升降旋钮。

（5）称量后工作　称量完毕后记下物体质量，将物体取出。取出砝码时核准所记录的砝码质量并把砝码放回到砝码盒中原来的位置上，关好边门。核准所记录的圈码的质量并将圈码指数盘恢复到"000"位置，拔下电插销并罩好天平框外边的罩子。

3.1.4　实验报告示例

实验　分析天平的称量练习

（一）实验日期：　　　年　　　月　　　日

（二）方法摘要：用减量法称取试样2份，每份0.2～0.4g。

（三）数据记录：

记录项目		I		II
（称量瓶＋试样）的质量（倒出前）	m_1	17.6549g	m_2	17.3338g
（称量瓶＋试样）的质量（倒出后）	m_2	（－）17.3338g	m_3	（－）16.9823g
称出试样质量		0.3211g		0.3515g
（烧杯＋称出试样）的质量	m_4	28.5730g	m_5	27.7175g
空烧杯质量		（－）28.2516g		（－）27.3658g
称出试样质量		0.3214g		0.3517g
绝对差值		0.0003		0.0002

3.2 塞子的钻孔和简单玻璃工

3.2.1 塞子的钻孔

（1）塞子的选择

① 类型的选择 软木塞和橡皮塞是有机实验室最常用的两种塞子。通常根据两种塞子的特点和用塞子时的具体情况来选择合适的塞子。软木塞的优点是不易和有机化合物发生化学反应，缺点是容易漏气、容易被酸碱腐蚀；而橡皮塞的优点是不易漏气、不易被碱腐蚀，缺点是容易被有机化合物所侵蚀或溶胀。一般来说，级别较低的有机实验室多使用橡皮塞，主要考虑安全性和经济成本；级别较高的有机实验室多使用软木塞，主要考虑有机腐蚀和污染试剂、引入杂质等，因为在有机化学实验中接触的主要是有机化合物。

② 规格的选择 塞子的规格通常分为六种，即1号塞、2号塞、……、6号塞。号数越大，塞子的直径就越大。塞子规格的选择要求是塞子的大小应与仪器的口径相适合，塞子进入瓶颈或管颈部分是塞子本身高度的1/3～2/3，否则就不合用，如图3-7所示。使用新的软木塞时只要能塞入1/3～1/2时就可以了，因为经过压塞机压软打孔后就有可能塞入2/3左右了。

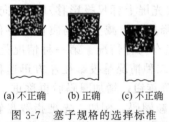

(a) 不正确　(b) 正确　(c) 不正确
图3-7　塞子规格的选择标准

（2）钻孔器的选择 当有机化学实验中用到导气管、温度计、滴液漏斗等仪器时，往往需要插在塞子内，通过塞子和其他容器相连，这就需要在塞子上钻孔。

钻孔通常使用不锈钢制成的钻孔器（或打孔器）。这种钻孔器是靠手力钻孔的。也有把钻孔器固定在简单的机械上，借助机械力来钻孔的，这种机器叫打孔机。一套钻孔器一般有六支直径不同的钻嘴和一支钻杆，以供选择。

钻嘴的选择根据塞子的类型不同而不同。例如要将温度计插入软木塞，钻孔时就应选用比温度计的外径稍小或接近的钻嘴。而如果是橡皮塞，则要选用比温度计的外径稍大的钻嘴，因为橡皮塞有弹性，钻成后会收缩，使孔径变小。

总之，在塞子上所钻出的孔径的大小应该能够使欲插入的玻璃管紧密地贴合、固定。

（3）钻孔的方法 软木塞在钻孔之前，需在压缩机上压紧，防止在钻孔时塞子破裂。

钻孔时，先在桌面放一块垫板，其作用是避免当塞子被钻穿后钻坏桌面。然后把塞子小的一端朝上，平放在垫板上。左手紧握塞子，右手持钻孔器的手柄，如图3-8所示。在选定的位置，使钻孔器垂直于塞子的平面，用力将钻孔器按顺时针方向向下转动，不能左右摇摆，更不能倾斜。否则，钻得的孔径是偏斜的。等到钻至约塞子的1/2时，按逆时针旋转取出钻嘴，用钻杆捅出钻嘴中的塞芯。然后把塞子大的一端朝上，将钻嘴对准小头的孔位，以上述同样的操作钻至钻穿。拔出钻嘴，捅出钻嘴中的塞芯。

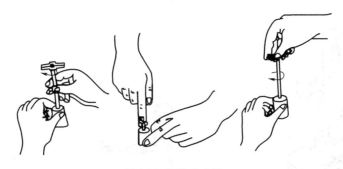

图 3-8　钻孔的方法

　　为了减少钻孔时的摩擦，特别是对橡皮塞钻孔时，可以在钻嘴的刀口上搽一些甘油或者水。

　　钻孔后，要检查孔道是否合用。如果不费力就能够把玻璃管插入，说明孔径偏大，玻璃管和塞子之间不够紧密贴合，会漏气，不合用。相反，如果很费力才能够插入，则说明孔径偏小，插入过程中容易导致玻璃管折断，造成割伤，也不合用。当孔径偏小或不光滑，可以用圆锉修整。

3.2.2　简单玻璃工操作

　　(1) 玻璃管（棒）的清洗和干燥　玻璃管（棒）在加工前都要清洗和干燥，否则也可能导致实验事故。尤其制备熔点管的玻璃管必须先用洗液浸泡 30min 以上，再用自来水冲洗和蒸馏水清洗、干燥后方能进行加工。

　　(2) 玻璃管（棒）的切割　取直径为 0.5～1cm 的玻璃管（棒），用锉刀（三角锉或扁锉均可）的边棱或小砂轮在需要切割的位置上朝同一个方向锉一个锉痕，锉痕深度为玻璃管（棒）直径的 1/6 左右。注意不可来回乱锉，否则不但锉痕多，使锉刀和小砂轮变钝，而且容易使断口不平整，造成割伤。然后两手握住玻璃管（棒），以大拇指顶住锉痕的背后（即锉痕向前），两大拇指离锉痕均约 0.5cm。然后两大拇指轻轻向前推，同时朝两边拉，玻璃管（棒）就可以平整断裂，如图 3-9 所示。为了安全起见，推拉时应离眼睛稍远一些，或在锉痕的两边包上布再折断。

图 3-9　玻璃管（棒）的折断

　　对于比较粗的玻璃管（棒），采取上述方法处理较难断裂。但我们可以利用玻璃骤热或骤冷容易破裂的性质，采用以下方法来完成玻璃管（棒）的折断。即将一根末端拉细的玻璃管（棒）在酒精喷灯的灯焰上加热至白炽，使成珠状，立即压触到用水滴湿的粗玻璃管（棒）的锉痕处，锉痕因骤然受强热而裂开。

　　裂开的玻璃管（棒）断口如果很锋利，容易割破皮肤、橡皮管或塞子，必须在灯焰上烧熔，使之光滑。方法是将玻璃管（棒）呈 45°左右，倾斜地放在酒精喷灯的灯焰边沿处灼烧，边烧边转动，烧到平滑即可。不可烧得过久，以免管口缩小。刚烧好的玻璃管（棒）不能直接放在实验台上，而应该放在石棉网上。

（3）玻璃管（棒）的弯曲

① 酒精喷灯的使用　在玻璃管（棒）的弯曲过程中，常用到鱼尾灯、酒精喷灯等，如图 3-10 所示。

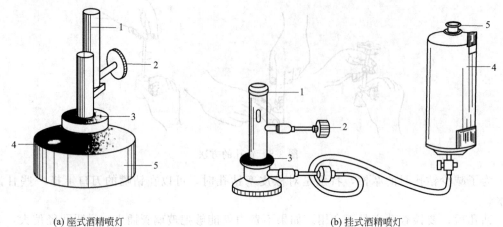

(a) 座式酒精喷灯

1—灯管；2—空气调节器；3—酒精槽；
4—旋钮；5—底座

(b) 挂式酒精喷灯

1—灯管；2—空气调节器；3—预热盘；
4—酒精储罐；5—盖子

图 3-10　酒精喷灯

酒精喷灯是利用压出式原理设计的，以铜为原料制造而成，图 3-10(a) 所示的是改进了的酒精喷灯。使用前，旋开酒精入口旋钮 4，通过入口向底座 5 中加入工业酒精至体积的 4/5 左右，然后旋紧入口旋钮 4。使用时，在酒精槽 3 中加入少量工业酒精，并点燃此处的酒精。一段时间后，底座 5 中的酒精由于受热而变成蒸气，由灯管 1 喷出，由 3 处燃烧的火苗引燃。火焰可由空气调节器 2 上下移动来调节。当听到"呼呼"声时，说明火焰温度已经接近 500℃，就可以旋转空气调节器 2 将其固定在此处以得到稳定的喷射火焰。

若要熄灭酒精喷灯，用石棉网直接盖住喷射口即可。

② 玻璃管（棒）的弯曲　玻璃管（棒）受热变软变成玻璃态物质时，可以进行弯曲操作，制成实验中所需要的配件。但在弯曲过程中，管的一面要收缩，另一面则要伸长。收缩的面易使管壁变厚，伸长处易使管壁变薄。操之过急或不得法，弯曲处会出现瘪陷或纠结现象，如图 3-11(c) 所示。

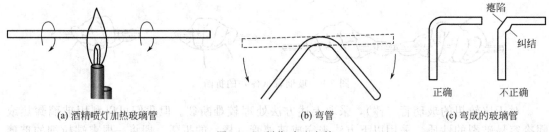

(a) 酒精喷灯加热玻璃管　　　　　(b) 弯管　　　　　(c) 弯成的玻璃管

图 3-11　制作玻璃弯管

进行弯管操作时，两手水平拿着玻璃管，将其在酒精喷灯的火焰中加热，见图 3-11(a)。受热长度约 1cm，边加热边缓慢转动使玻璃管受热均匀。当玻璃管加热至黄红色并开始软化时，就要马上移出火焰（切不可在灯焰上弯玻璃管），两手水平持着轻轻用力，顺势弯曲至所需要的角度，见图 3-11(b)，注意弯曲速度不要太快，否则在弯曲的位置易出现瘪陷或纠结；也不能太慢，否则玻璃管又会变硬。

大于 90° 的弯导管应一次弯到位。小于 90° 的则要先弯到 90°，再加热由 90° 弯到所需角度。

质量较好的玻璃弯导管应在同一平面上，无瘪陷或纠结出现，见图 3-11(c)。

弯玻璃管的操作中应注意以下两点：①两手旋转玻璃管的速度必须均匀一致，否则弯成的玻璃管会出现歪扭，致使两臂不在一平面上；②玻璃管受热程度应掌握好，受热不够则不易弯曲，容易出现纠结和瘪陷，受热过度则在弯曲处的管壁出现厚薄不均匀和瘪陷。

对于管径不大（小于 7mm）的玻璃管，可采用重力的自然弯曲法进行弯管。其操作方法是：取一段适当长的玻璃管。一手拿着玻璃管的一端，使玻璃管要弯曲的部分放在酒精灯的最外层火焰上加热（火不宜太大），不要转动玻璃管。开始时，玻璃管与灯焰互相垂直，随着玻璃管的慢慢自然弯曲，玻璃管手拿端与灯焰的夹角也要逐渐变小。这种自然弯法的特点是玻璃管不转动，比较容易掌握。但由于弯时与灯焰的夹角不可能很小，从而限制了可弯的最小角度，一般只能是 45° 左右。用此法弯管要注意三点：①玻璃管受热段的长度要适当长一点；②火不宜太大，弯速不要太快；③玻璃管成角的两端与酒精灯火焰必须始终保持在同一平面。

（4）胶头滴管的拉制　实验室常用的胶头滴管（玻璃端）也可以自己拉制。其方法是：两手拿着玻璃管，两肘部搁在实验台上，以保证玻璃管的水平。将玻璃管在酒精喷灯的火焰中加热，见图 3-12(a)。受热长度约 1cm，边加热边缓慢转动使玻璃管受热均匀。当玻璃管加热至黄红色并开始软化时，就要马上移出火焰（切不可在灯焰上拉制玻璃管），两手水平持着同时轻轻用力往外拉，拉至如图 3-12(b) 所示形状。注意拉的速度不要太快，否则中间部分会很细，也不能太慢。

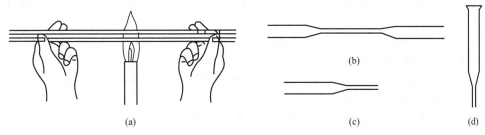

(a)　　　　　　　　　　(b)　　　　(c)　　　　　　(d)

图 3-12　胶头滴管的拉制

冷却后用锉刀将其截断，即变成两个胶头滴管，如图 3-12(c) 所示。将大的一端在火焰上烧熔，用圆锉将其熨大，如图 3-12(d) 所示，就可以套住胶头了。

加工后的玻璃管（棒）均应及时进行退火处理。退火方法是：趁热在弱火焰中加热一会，然后将其慢慢移出火焰，再放在石棉网上冷却到室温。如果不进行退火处理，玻璃管（棒）内部会因骤冷而产生很大的应力，使玻璃管（棒）断裂。即使不立即断裂，过后也可能断裂。

3.3　滴定分析基本操作

溶液体积的测量是容量分析中误差的主要来源。一般情况下，体积测量误差要比称量误差大，而分析结果的准确度是由误差最大的因素决定的，因而，为了使分析结果符合所要求的准确度，应准确地测量溶液的体积，保证体积测量误差不大于 0.2%，否则，其他操作即使再准确也是徒劳的。

体积测量的准确度与所用容器的容积是否准确有关，但更重要的是取决于容器的使用是否正确。测量溶液的准确体积可用已知容量的玻璃器皿，例如使用滴定管、移液管测量放出溶液的体积，使用容量瓶测定容纳液体的体积。下面分别讨论这些仪器的准备和使用。

3.3.1 滴定管

（1）滴定管的种类　滴定管是准确测量放出液体体积的仪器，为量出式计量玻璃仪器。

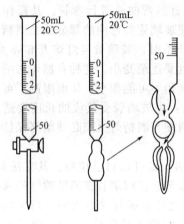

按其容积不同分为常量、半微量及微量滴定管。常量滴定管的容量限度为 50mL 和 25mL，最小刻度为 0.1mL，而读数可以估计到 0.01mL；10mL 滴定管用于半微量分析；1～5mL 微量滴定管用于微量分析。

按构造上的不同，又可分为酸式滴定管、碱式滴定管和自动滴定管。

① 酸式滴定管　在滴定管的下端有一玻璃活塞的为酸式滴定管，如图 3-13(a) 所示。酸式滴定管可装酸性或具有氧化性的溶液，不适宜装碱性溶液，因为玻璃活塞易被碱性溶液腐蚀。玻璃活塞用以控制滴定过程中溶液的滴速。

② 碱式滴定管　带有尖嘴玻璃管和胶管连接的称为碱式滴定管，如图 3-13(b) 所示。碱式滴定管可装碱性或具有还原性的溶液。与胶管起作用的溶液（如 $KMnO_4$、I_2、$AgNO_3$ 等溶液）不能用碱式滴定管。胶管内装有一个玻璃珠，用以堵住溶液。

(a)酸式滴定管　(b)碱式滴定管

图 3-13　酸碱滴定管

有些需要避光的溶液，可采用棕色滴定管。

（2）滴定管的使用方法

① 洗涤　无明显油污的滴定管，直接用自来水冲洗。若有油污，则用洗涤剂和滴定管刷洗涤，或直接用超声波洗涤器洗涤。

洗涤后，先用自来水将管中附着的洗液冲净，再用蒸馏水洗几次。洗净的滴定管的内壁应完全被水均匀润湿而不挂水珠。

② 涂油　酸式滴定管活塞与塞套应密合不漏水，并且转动要灵活，为此应在活塞上涂一薄层凡士林（或真空油脂）。方法是：将玻璃活塞取下，用滤纸将玻璃塞和塞套中的水擦干。用手指蘸少许凡士林在活塞的两头各涂上薄薄的一层，不能涂得太多，以免堵塞滴定管。将涂好的活塞插入活塞套中，压紧后向同一方向旋转活塞，直到凡士林均匀透明为止。转动活塞是否正常，再检查是否漏水。若仍然漏水，说明凡士林涂得不够，需重复上述操作。如果达到上述要求，在活塞的小头套上橡皮圈，即可使用。

碱式滴定管不涂油，只需将胶管、尖嘴、玻璃珠和滴定管主体部分连接好即可。

③ 试漏　酸式滴定管试漏的方法是将活塞关闭，在滴定管内充满水至一定刻线，将滴定管夹在滴定台上，放置 2min，看是否有水渗出；将活塞转动 180°，再放置 2min，看是否有水渗出。若前后两次均无水渗出，活塞转动也灵活，即可使用，否则应将活塞取出，重新涂凡士林后再使用。

碱式滴定管试漏时，在滴定管内充满水至一定刻线，检查方法同酸式滴定管。需注意的是应选择大小合适的玻璃珠和胶管，液滴是否能够灵活控制。如不合要求，则应重新装配。

④ 装滴定液　为了避免装管后的滴定液被稀释，应用待装的滴定液 5～10mL 润洗滴定管 2～3 次。操作时，两手平端滴定管，慢慢转动，使滴定液流遍全管，并使溶液从滴定管

下端放出，以除去管内残留水分。在装入滴定液时，应直接倒入，不得借用任何别的器皿，以免滴定液浓度改变或造成污染。

⑤ 排气泡　装好滴定液后，注意检查滴定管尖嘴内有无气泡，否则在滴定过程中，气泡将逸出，影响溶液体积的准确测量。对于酸式滴定管可倾斜一定角度同时迅速转动活塞，利用溶液自身重力，使溶液很快冲出，将气泡带走；对于碱式滴定管可把橡皮管向上弯曲，并在稍高于玻璃珠处用两手指挤压玻璃珠，使溶液从尖嘴处喷出，即可排除气泡（如图 3-14 所示）。排出气泡后，调整液面至 0.00mL 刻度处，备用。如液面在 0.00mL 以下处，记下初读数。

图 3-14　碱式滴定管
排气泡操作

⑥ 滴定　滴定操作最好在锥形瓶中进行，必要时也可以在烧杯中进行。滴定操作是左手进行滴定，右手摇瓶。

使用酸式滴定管的操作如图 3-15 所示，用左手控制滴定管的活塞，拇指在前，食指和中指在后，手指微曲，轻轻向内扣住活塞，手心空握，以防活塞被手顶出，造成漏液。右手握持锥形瓶，边滴边摇动，使瓶内溶液混合均匀，使反应及时进行完全。摇瓶时应作同一方向的圆周运动，而不能前后振动，以防溅出溶液。滴定时，应使滴定管尖嘴部分插入锥形瓶口下 1～2cm 处。开始时，滴定速度可稍快，3～4 滴/s 左右，切忌溶液成流水状放出，左手亦不可离开活塞"放任自流"；临近终点时，滴定速度要减慢，应一滴或半滴地加入，滴一滴，摇几下并以洗瓶吹入少量蒸馏水洗锥形瓶内壁，若有半滴溶液悬于管口，将锥形瓶内壁与管口相接触，使液滴流出，并以蒸馏水冲下。

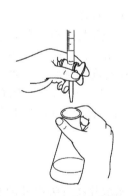

(a) 碱式滴定管滴定操作

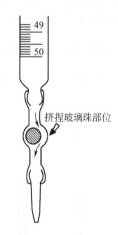

挤捏玻璃珠部位

(b) 碱式滴定管挤捏玻璃珠部位

图 3-15　酸式滴定管滴定操作

图 3-16　碱式滴定管的操作

使用碱式滴定管的操作如图 3-16(a) 所示，左手拇指在前，食指在后，捏住橡皮管中的玻璃珠所在部位稍上处，捏挤橡皮管，使橡皮和玻璃珠之间形成一条缝隙，溶液即可流出，如图 3-16(b) 所示。可用小拇指和无名指夹住尖嘴部位，防止尖嘴部位摆动。但注意不能捏挤玻璃珠下方的橡皮管，否则空气进入形成气泡。

⑦ 读数　在注入或放出溶液后，必须静置 1～2min 后，使附在内壁上的溶液流下来以后才能读数。接近计量点时，静置 0.5～1min 即可读数。读数时，滴定管应垂直地夹在滴定管架上。或从滴定架上拿下滴定管，用拇指和食指捏住液面上部，让滴定管借重力自然下垂。

对于无色或浅色溶液，读数时眼睛要与溶液弯月面下缘水平，读取切点的刻度，如图

3-17（a）所示；对于有色溶液，如 $KMnO_4$、I_2 溶液，弯月面不够清晰，可读液面两侧的最高点，此时，视线应与该点成水平，如图 3-17（b）所示。注意，初读数与终读数采用同一标准。

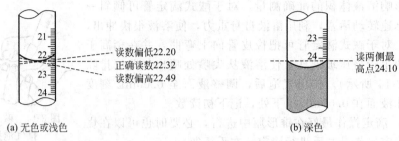

图 3-17　滴定管读数

必须读到小数点后第二位，即要求估读到 0.01mL。当液面在两最小刻度中间，读数为 0.05mL，若液面在两最小刻度的 1/3 处，读数为 0.03mL 或 0.07mL，若液面在两最小刻度的 1/5 处，读数为 0.02mL 或 0.08mL。

注意：读取初读数前，应将管尖悬挂着的溶液除去。在读取终读数前，应注意检查出口管尖是否悬挂溶液，如有，则此次读数不能取用。

⑧ 滴定结束　用完滴定管，管内溶液应弃去，不要倒回原瓶中，以免沾污操作溶液。滴定管用水洗净，装入蒸馏水至刻度以上，用大试管套在管口上。这样下次使用前可不必再用洗液清洗。酸式滴定管长期不用时，活塞部分应垫上纸。否则时间一长，塞子不易打开。碱式滴定管不用时胶管应拔下，蘸些滑石粉保存。

3.3.2　移液管和吸量管

移液管和吸量管都是准确移取一定量溶液的量器，均可精确到 0.01mL。

（1）规格　移液管是一根细长而中间膨大的玻璃管，如图 3-18（a）所示，常用的移液管有 5mL、10mL、25mL、50mL 等多种规格。吸量管又称分度吸管，是具有刻度的玻璃管，两头直径较小，中间管身直径相同，如图 3-18（b）所示，常用的有 1mL、2mL、5mL、10mL 等多种规格，它只在吸取小容量体积或分次移放溶液时使用。

（2）移液管和吸量管的使用方法

① 洗涤　详见玻璃仪器的洗涤方法。

② 润洗　洗涤后，移取溶液前，用滤纸片将管尖内外的水吸干，然后用所要移取的溶液润洗 2～3 次，以保证移取的溶液浓度不变，管内用过的溶液从下管口放出弃掉。

③ 移取溶液　移取溶液时，一般用右手的大拇指和中指拿住移液管上方，将管子插入溶液中，管子插入溶液一般为 1～2cm 左右，太浅往往会产生空吸。左手拿洗耳球，将球内空气压出，然后把球的尖端接在移液管口，慢慢松开左手指使溶液

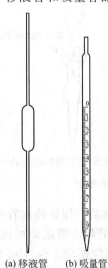

(a) 移液管　(b) 吸量管

图 3-18　移液管和吸量管

吸入管内，如图 3-19 所示。当液面升高到刻度以上时移去洗耳球，立即用右手的食指按住管口。

④ 调整液面放出溶液　将试剂瓶和移液管一起端起，保持吸管刻线与视线水平，将移液管提离液面，并将管下端沿容器内壁轻转两圈，以去除管外壁上溶液。将容器倾斜，竖直

移液管，使管尖与容器内壁贴紧，右手食指微微松动，使液面缓慢下降，直到视线、弯月面下沿与刻度标线相切时，立即用食指堵紧管口。左手改拿接液锥形瓶，并倾斜成45°左右，将移液管放入锥形瓶，管竖直并使管尖紧贴锥形瓶内壁，放松右手食指，使溶液自然地沿壁流下，如图 3-20 所示。待液面下降到管尖后，等 5s 左右，移出移液管。这时尚可见管尖仍留有少量溶液，除特别注明"吹"字的移液管以外，一般此管尖部位留存的溶液不能吹入锥形瓶中。

 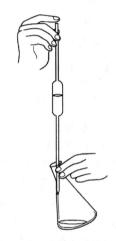

图 3-19　用洗耳球吸液操作　　　　　图 3-20　移液管放液操作

用吸量管吸取溶液时，大体与上述操作相同。在同一实验中，应尽量使用同一根吸量管的同一段，尽可能使用上面部分，而不用末端收缩部分。例如，用 5mL 的吸量管移取 3mL 溶液，通常让溶液自 0 流至 3mL，应避免从 2mL 分刻度流到末端。

移液管或吸量管使用后，应立即用自来水、纯化水依次冲洗干净，放在移液管架上。

3.3.3　容量瓶

容量瓶主要用来配制标准溶液，或稀释一定量溶液到一定的体积。

（1）规格　滴定分析用的容量瓶通常有 25mL、50mL、100mL、250mL、500mL、1000mL 等规格。

（2）使用方法

① 检漏　先加自来水至标线，盖好瓶塞后，将瓶倒立 2min，如不漏水，将瓶直立，转动瓶塞 180°后，再倒立 2min，如不漏水，方可使用。用橡皮筋将塞子系在瓶颈上，因磨口塞与瓶是配套的，搞错后会引起漏水。

② 洗涤　倒入少许洗液摇动或倾斜浸泡，使洗液布满全瓶，洗液倒回原瓶，先用自来水充分洗涤后，再用适量纯化水冲洗 3 次。

③ 转移　若用固体物质配制溶液，先准确称取固体物质置于小烧杯中溶解，再将溶液转移至预先洗净的容量瓶中。转移的方法如图 3-21 所示。一手拿着玻璃棒，使其下端靠在瓶颈内壁磨口下端；另一手拿着烧杯，让烧杯嘴贴紧玻璃棒，使溶液沿玻璃棒及瓶颈内壁流下，溶液全部流完后，将烧杯沿玻璃棒轻轻上提，同时将烧杯直立，使附着在玻璃棒与烧杯嘴之间的溶液流入容量瓶中。再用洗瓶以少量蒸馏水洗涤烧杯 3~4 次，洗涤液一并转入容量瓶（注意根据所配制溶液的量调节洗液用量，切不可超过刻线）。

如果是浓溶液稀释，则用移液管吸取一定体积的浓溶液，放入容量瓶中，再按下述方法稀释并定容。

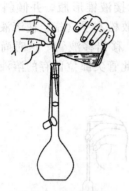

图 3-21　转移溶液

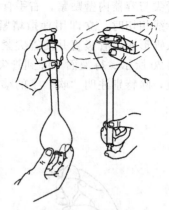

图 3-22　摇匀溶液

④ 定容　用蒸馏水稀释至容积 3/4 处，旋转容量瓶，使溶液混合均匀，但此时切勿倒转容量瓶。继续加水至距离标线约 1cm 时，等 1～2min，使附在瓶颈内壁的溶液流下后，再改用胶头滴管加水（注意勿使滴管触及容量瓶内壁），逐滴加水至弯月面恰好与标线相切。

⑤ 摇匀　盖上瓶塞，以手指压住瓶盖，另一只手指尖托住瓶底缘，将瓶倒转并摇动，再倒转过来，如此反复 10 次左右，使溶液充分混合均匀，如图 3-22 所示。

注意：在容量瓶中配制溶液时，热溶液须冷至室温后，再转移至容量瓶中；不要用容量瓶长期存放溶液，应转移到试剂瓶中保存，试剂瓶应先用配好的溶液荡洗 2～3 次；容量瓶长期不用时，应该洗净，把塞子用纸垫上，以防时间久后塞子打不开。

3.4　溶液体积测量和密度测定

3.4.1　溶液体积测量

（1）基本原理　物体所占空间的大小叫做物体的体积，溶液体积的常用单位有 L、mL。

（2）溶液体积的测定　溶液体积常使用量筒、移液管、容量瓶和滴定管等度量，读取量筒、移液管、容量瓶和滴定管等体积时，要使视线与管内液体保持水平，读取与弯月面相切的刻度，视线偏高和偏低都会造成误差。

3.4.2　溶液密度

（1）基本原理　密度（ρ）是物质单位体积（V）的质量（m），是物质的基本特性常数。密度不仅是总体积与质量换算的参数，也是关联和推断物质许多性质不可缺少的数据。据定义：

$$\rho = \frac{m}{V}$$

密度单位为 kg/m^3。密度测定需要测量质量与体积，质量可在电子天平上称量而得；精确地测量体积，则用比重瓶。因为体积与温度有关，所以用比重瓶测量体积要在恒温槽中进行。

常用的比重瓶是不利吹制的带有毛细孔塞子的容器，见图 3-23。为防止瓶中液体挥发，容器口还加以盖帽。为求液体的体积，应用已知密度的液体（如水）充满比重瓶，恒温后用减量法求得瓶内液体的质量，再利用 $V = \frac{m}{\rho}$ 求得体积。为求固体体积，则是把一定量固体浸于充满液体的比重瓶之中，精确测量被排出液体的体积。此被排出的液体体积，即为在比重瓶内固体的体积。

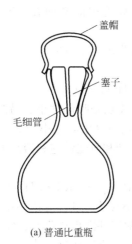
(a) 普通比重瓶

(b) 附有温度计的比重瓶

图 3-23　比重瓶

据此原理，测定液体密度的公式是：

$$\rho_2 = \frac{m_2 - m_0}{m_1 - m_0}\rho_1$$

式中，m_0 为空比重瓶的质量；m_1 为充满密度为 ρ_1 参比液体的比重瓶质量；m_2 为充满密度为 ρ_2 待测液体的比重瓶质量。

测定固体密度的公式是：

$$\rho_S = \frac{m_3 - m_0}{(m_1 - m_0) - (m_4 - m_3)}\rho_1$$

式中，m_0、m_1、ρ_1 的意义同式 $\rho_2 = \dfrac{m_2 - m_0}{m_1 - m_0}\rho_1$；$m_3$ 为装有一定量密度为 ρ_S 的固体后比重瓶的质量；m_4 为装有一定量固体并充满参比液体后的比重瓶质量。

（2）液体密度测定

① 调节恒温槽温度为（30±0.1）℃；

② 在电子天平上称得洗净、干燥的空比重瓶质量 m_0；

③ 用针筒往比重瓶内输入去离子水，直至完全充满为止。置于恒温槽中恒温 15min，用滤纸吸去毛细管孔塞上溢出的水后，取出擦干瓶外壁，称得质量为 m_1；

④ 倒掉瓶中水，用热风吹干。同步骤③，在比重瓶内输入待测密度的乙醇，恒温后，称得质量为 m_2；

⑤ 倒出瓶中乙醇，洗净比重瓶，以备后用。

3.5　酸碱标准溶液的配制和标定

3.5.1　基本原理

酸碱滴定中，常用 HCl、NaOH 等溶液作为标准溶液。浓 HCl 易挥发，浓度也随之改变；而 NaOH 具有很强的吸湿性，易吸收空气中的水分和 CO_2，且本身含有少量的硫酸盐、氯化物和二氧化硅。故浓 HCl、NaOH 一般不能直接配成标准溶液，而是将它们配成近似浓度，然后选用适当的基准物进行标定，以确定其准确浓度。

（1）HCl 溶液的标定　用于标定 HCl 溶液的常用基准物有无水碳酸钠和硼砂等。

① 无水碳酸钠　碳酸钠作为基准物质的主要优点是易提纯、价格便宜，但其摩尔质量

较小（105.99×10^{-3} kg/mol）。碳酸钠具有吸湿性，故使用前必须在 270～300℃ 加热 1h，置于干燥器中备用。

用 HCl 溶液滴定碳酸钠，反应完全时，pH 突跃范围是 3～3.5，可选用甲基橙或甲基红作指示剂。Na_2CO_3 标定 HCl 溶液的反应如下：

$$2HCl + Na_2CO_3 =\!=\!= 2NaCl + H_2O + CO_2 \uparrow$$

② 硼砂（$Na_2B_4O_7 \cdot 10H_2O$） 硼砂作为基准物的优点是吸湿性小、易制备成纯品、摩尔质量较大（381.37×10^{-3} kg/mol）。但由于含结晶水，当空气中湿度小于 39% 时，风化去水生成无水化合物，故应将硼砂基准物置于干燥器内盛有蔗糖和氯化钠饱和溶液上方进行干燥。

硼砂标定 HCl 溶液反应式如下：

$$Na_2B_4O_7 \cdot 10H_2O + 2HCl =\!=\!= 4H_3BO_3 + 2NaCl + 5H_2O$$

化学计量点时产物为很弱的硼酸，此时，溶液的 pH 为 5.1，可选用甲基红为指示剂。

（2）NaOH 溶液的标定 用于标定 NaOH 溶液的常用基准物有草酸、邻苯二甲酸氢钾等。

① 邻苯二甲酸氢钾（$KHC_8H_4O_4$） 邻苯二甲酸氢钾易纯制，在空气中不吸湿，易溶于水，保存不变质，摩尔质量大（204.2×10^{-3} kg/mol），是一种较理想的基准物。邻苯二甲酸氢钾在 100～125℃ 干燥 2h 后备用。温度超过 125℃，则脱水形成邻苯二甲酸酐。

邻苯二甲酸氢钾标定 NaOH 溶液的反应式如下：

$$KHC_8H_4O_4 + NaOH =\!=\!= KNaC_8H_4O_4 + H_2O$$

由于滴定产物是 $KNaC_8H_4$，溶液呈弱碱性，故可选用酚酞为指示剂。

② 草酸（$H_2C_2O_4 \cdot 2H_2O$） 草酸易制备，价格便宜，草酸在 5%～95% 的相对湿度之间能保持稳定状态，不会因风化而失去结晶水，故可将草酸保存在磨口玻璃瓶中。

草酸标定 NaOH 的反应如下：

$$H_2C_2O_4 + 2NaOH =\!=\!= Na_2C_2O_4 + 2H_2O$$

化学计量点时溶液呈碱性，pH 突跃范围为 7.7～10.0，可选用酚酞作指示剂。

（3）常用仪器与试剂 固体 NaOH（分析纯），HCl（1:1），无水碳酸钠（分析纯），硼砂（分析纯），邻苯二甲酸氢钾（分析纯），草酸（分析纯），甲基橙指示剂（0.2% 水溶液），酚酞（0.2% 乙醇溶液），甲基红指示剂（0.2% 钠盐的水溶液或 60% 乙醇溶液）。

3.5.2 实验步骤

（1）溶液的配制

① 0.1mol/L HCl 溶液的配制。用洁净的 10mL 量筒量取浓盐酸 4.5mL，倒入已有少量蒸馏水的 500mL 试剂瓶中，用蒸馏水稀释至 500mL，盖上玻璃盖，摇匀，贴好标签。

② 0.1mol/L NaOH 溶液的配制。用洁净的 10mL 量筒量取 10mol/L NaOH 4.0mL，倒入已有少量蒸馏水的 500mL 试剂瓶中，用蒸馏水稀释至 500mL，盖上玻璃盖，摇匀，贴好标签。

（2）滴定管的准备

① 分别将酸管和碱管洗净，并检查是否漏水；

② 若不漏水，则用蒸馏水和刚配制的 HCl 和 NaOH 分别润洗酸碱管三次，洗液分别从滴定管两端弃去，然后将滴定管装满待测液，赶去尖端的气泡；

③ 调节滴定管内溶液的凹液面在 0 刻度处，静置 1min，在记录本上记录最初读数，准确读数至小数点后两位。

（3）基准物质溶液的配制

① Na_2CO_3 基准物的配制 用递减法精确称取在 270℃ 干燥至恒重的无水 Na_2CO_3 1.2～1.3g，置于洁净的 150mL 烧杯中，加入蒸馏水 80mL，用玻璃棒小心搅拌，使之溶解，然

后用玻璃棒引流将溶液转移入 250mL 容量瓶中，再用少量蒸馏水淋洗烧杯 2～3 次，每次淋洗液均要转移到容量瓶中，再加蒸馏水至接近容量瓶刻度标线处，用滴管小心加入蒸馏水至刻度标线，盖紧瓶塞，充分摇匀。

② KHC$_8$H$_4$O$_4$ 基准物的配制　用递减法精确称取已烘干备用的 KHC$_8$H$_4$O$_4$，置于洁净的 150mL 的烧杯中，加入蒸馏水 80mL，用玻璃棒小心搅拌，使之溶解，然后用玻璃棒引流将溶液转移入 250mL 容量瓶中，再用少量蒸馏水淋洗烧杯 2～3 次，每次淋洗液均要转移到容量瓶中，再加蒸馏水至接近容量瓶刻度标线处，用滴管小心加入蒸馏水至刻度标线，盖紧瓶塞，充分摇匀。

（4）HCl 溶液浓度的标定

① 将已准备好的酸管放置好。

② 取 25mL 移液管，用少量上述准确配制的 Na$_2$CO$_3$ 基准物质溶液润洗 2～3 次后，吸取 Na$_2$CO$_3$ 溶液 25.00mL 置于锥形瓶中，加甲基橙指示剂 2 滴，均匀混合。

③ 从滴定管中将 HCl 溶液滴入锥形瓶中，不断振摇。滴定接近终点时，用洗瓶冲洗容器内壁，加热煮沸以除去 CO$_2$，然后再继续逐滴加入 HCl 溶液，滴至锥形瓶中溶液颜色由黄色恰好变为橙色。静置 15min，记录滴定管最终读数。

④ 按照上述方法，平行测定 3 次，分别计算出盐酸的浓度。

⑤ 取 25mL 蒸馏水，按上述方法做空白试验。

（5）NaOH 溶液的标定

① 将已准备好的碱管放置好；

② 取 25mL 移液管，用少量准确配制的 KHC$_8$H$_4$O$_4$ 基准物质溶液润洗 2～3 次后，吸取 KHC$_8$H$_4$O$_4$ 溶液 25.00mL 置于锥形瓶中，加酚酞指示剂 2 滴，均匀混合；

③ 从滴定管中将 NaOH 溶液滴入锥形瓶中，不断振摇，滴至锥形瓶中溶液颜色由无色恰好变为浅粉红色 0.5min 不褪色为终点，读数；

④ 按照上述方法，平行测定三次，分别计算出氢氧化钠的浓度；

⑤ 取 25mL 蒸馏水，按上述方法做空白试验。

3.5.3　数据记录与结果的处理

数据记录与结果的处理见表 3-1 和表 3-2。

表 3-1　HCl 滴定 Na$_2$CO$_3$（指示剂：甲基橙）

平行测定次数	1	2	3
$V(Na_2CO_3)$/mL			
$V(HCl)$/mL			
$V(HCl)/V(Na_2CO_3)$			
$c(HCl)$/(mol/L)			

表 3-2　NaOH 滴定 KHC$_8$H$_4$O$_4$（指示剂：酚酞）

平行测定次数	1	2	3
$V(NaOH)$/mL			
$V(KHC_8H_4O_4)$/mL			
$c(NaOH)$/mL			

3.6 常压蒸馏及沸点测定

沸点测定实际上是一个蒸馏操作。蒸馏是一个将物质蒸发、冷凝其蒸气，并将冷凝液收集在另一种容器中的操作过程。当混合物中各组分的沸点不同时，可用蒸馏的方法将它们分开，所以蒸馏是分离有机化合物的常用手段。蒸馏的方法主要有以下四种：常压蒸馏、减压蒸馏、分馏和水蒸气蒸馏。下面我们简单介绍一下实验室中最常用的常压蒸馏。

3.6.1 基本原理

液体的分子由于热运动有从液体表面逸出的倾向，这种倾向随着温度的升高而增大，进而在液面上部形成蒸气。如果把液体置于密闭的真空体系中，液体分子继续不断地逸出而在液面上部形成蒸气，最后使得分子由液体逸出的速度与分子由蒸气中回到液体中的速度相等，亦即使其蒸气保持一定的压力。此时液面上的蒸气达到饱和，称为饱和蒸气，它对液面所施加的压力称为饱和蒸气压，简称蒸气压。同一温度下，不同的液体具有不同的蒸气压，这是由液体的本性决定的，而且在温度和外压一定时都是常数。

将液体加热，它的饱和蒸气压就随着温度升高而增大。当液体的蒸气压增大到与外界施于液面上的总压力（通常为大气压力）相等时，就有大量气泡从液体内部逸出，即液体沸腾。这时的温度称为液体的沸点。显然沸点与外压大小有关。通常所说的沸点是指在101.3kPa压力下液体的沸腾温度。例如水的沸点为100℃，就是指在101.3kPa压力下，水在100℃时沸腾。在其他压力下的沸点应注明压力。例如在70kPa时水在90℃沸腾，这时水的沸点可以表示为90℃/70kPa。

所谓蒸馏就是将液体加热到沸腾变为蒸气，再将蒸气冷凝为液体这两个过程的联合操作。如将沸点差别较大（至少30℃以上）的混合液体蒸馏时，沸点较低者先蒸出，沸点较高的随后蒸出，不挥发的留在蒸馏瓶内，这样可达到分离和提纯的目的，故蒸馏为分离和提纯液态有机化合物常用的方法之一。但在蒸馏沸点比较接近的混合物时，各物质的蒸气将同时被蒸出，只不过低沸点的多一些，难以达到分离和提纯的目的，只能借助于分馏（见分馏部分）。在常压下进行蒸馏时，由于大气压往往不是恰好为101.3kPa，因而严格说来应对观察到的沸点加以校正，但由于偏差一般都很小，即使大气压相差2.7kPa，这项校正值也不过±1℃左右，因此可忽略不计。

纯液态有机化合物在蒸馏过程中沸点范围（沸程）很小，为0.5～1℃，所以蒸馏可以用来测定沸点。用蒸馏法测定沸点叫常量法，此法样品用量较大，要10mL以上。若样品不多，可采用微量法。纯的液态有机化合物在一定压力下具有一定的沸点，但具有固定沸点的液体不一定都是纯的化合物，因为某些有机化合物常和其他组分形成二元或三元共沸混合物，它们也有一定的沸点。

将盛有液体的烧瓶放在石棉网上进行加热时，在液体底部和玻璃受热的接触面上就有蒸气气泡形成。溶解在液体内部的空气或以薄膜形式吸附在瓶壁上的空气有助于这种气泡的形成，玻璃的粗糙面也起促进作用，这种小气泡（称为气化中心）即可作为大的蒸气气泡的核心。在沸点时，液体释放出大量蒸气至小气泡中，待气泡中的总压力增加到超过大气压，并足以克服液柱所产生的压力时，蒸气的气泡就上升逸出液面。因此，如在液体中有许多小空气泡或其他气化中心时，液体就可平稳地沸腾。如果液体中几乎不存在空气，瓶壁又非常洁净和光滑，形成气泡就非常困难。这样加热时，液体温度可能上升到超过沸点很多而不沸腾，这种现象称为"过热"。一旦有一个气泡形成，由于液体在此温度时的蒸气压已远远超过大气压和液柱压力之和，因此上升的气泡增大得非常快，甚至将液体冲出瓶外，这种现象称为"暴沸"。

为了消除在蒸馏过程中的过热现象，保证沸腾的平稳进行，常加入素烧瓷片或沸石，或一端封口的毛细管，它们都能形成气化中心，防止过热时出现暴沸现象，故把它们叫做助沸物。但要注意，助沸物应在加热前加入。当加热后发现未加助沸物或原有的助沸物失效时，千万不能匆忙加入，应先移去热源，待液体冷至沸点以下再补加。因为在液体沸腾时投入助沸物，会引起剧烈暴沸，液体易冲出瓶外发生危险。如中途停止蒸馏，切记在再次加热前补加新的助沸物。

蒸馏操作是实验室中常用的实验技术，一般用于下列几方面：

① 分离液体混合物，仅对混合物中各成分的沸点有较大差别（如30℃以上）时才能有效地进行分离；

② 测定化合物的沸点（常量法）；

③ 提纯液体及低熔点固体，以除去不挥发性的杂质；

④ 回收溶剂，或蒸出部分溶剂以浓缩溶液。

3.6.2　实验装置

（1）蒸馏装置及安装　实验室常用的蒸馏装置（见图3-24）主要由下列三部分组成。

① 蒸馏烧瓶　蒸馏瓶一般为带支管的圆底烧瓶或圆底烧瓶，为加热容器。液体在瓶内受热气化，蒸气经支管进入冷凝管。

② 冷凝管　冷凝管的作用是将蒸气冷凝为液体。冷凝管有空气冷凝管和水冷凝管两种。液体沸点高于140℃时用空气冷凝管；低于140℃时用水冷凝管。冷凝管的形状很多，常用的为直形冷凝管和球形冷凝管，冷凝管下端为进水口，用橡皮管接自来水龙头，上端为出水口，套上橡皮管引入水槽中。上端出水口应向上，以保证套管内充满水。

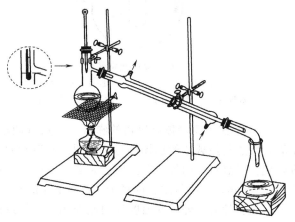

图3-24　常压蒸馏装置

③ 接收器　由接液管和接收瓶（锥形瓶或圆底烧瓶）组成。两者不可用塞子塞紧，应与大气相通。

仪器安装前，首先要根据蒸馏物的量，选择大小合适的蒸馏瓶，一般是使蒸馏物液体的体积不超过蒸馏瓶容积的2/3，也不少于1/3。仪器的安装顺序应先从热源开始，自下而上，从左到右依次安放铁圈或三脚架、石棉网，然后安装蒸馏瓶。注意瓶底应距石棉网1～2mm，不要触及石棉网。蒸馏瓶用铁夹垂直夹好。安装冷凝管时应先调整好它的位置，使其与蒸馏瓶支管同轴，然后再松开固定冷凝管的铁夹，使冷凝管沿此轴移动与蒸馏瓶连接。铁夹不应夹得太紧或太松，以夹好后稍用力尚能转动为宜。在冷凝管尾部通过接液管连接接收瓶。整套装置安装好后应紧密不漏气和端正，不论从侧面或背面看去，各个仪器的中心线都要在一条直线上。所有铁夹和铁架台尽可能整齐地放在仪器的背部。

（2）沸点装置及安装

① 常量法测定液体有机物的沸点　中华人民共和国国家标准GB/T 616—2006《化学试剂　沸点测定通用方法》规定了液体有机试剂沸点测定的通用方法，适用于受热易分解、氧化的液体有机试剂的沸点测定。

将盛有待测液体的试管由三口烧瓶的中口放入瓶中距瓶底 2.5cm 处（图 3-25），用侧面开口橡胶塞将其固定住。烧瓶内盛放浴液，其液面应略高出试管中待测试样的液面。将一支分度值为 0.1℃的测量温度计通过侧面开口胶塞固定在试管中距试样液面约 2cm 处，测量温度计的露颈部分与一支辅助温度计用小橡胶圈套在一起。三口烧瓶的一侧口可放入一支测浴液的温度计，另一侧口用塞子塞上。这种装置测得的沸点经温度、压力、纬度和露颈校正后，准确度较高，主要用于精密度要求较高的实验中。

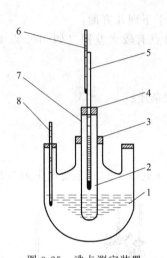

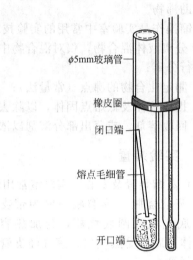

图 3-25　沸点测定装置

1—三口烧瓶；2—试管；3,4—胶塞；5—测量
温度计；6—辅助温度计；7—侧孔；8—温度计

图 3-26　微量法测定沸点

② 微量法测定液体有机物的沸点　沸点（微量法）测定装置（图 3-26）无论是主要仪器的装配还是热载体的选择都与熔点测定装置相同。所不同的是测熔点用的毛细管被沸点管所取代。沸点管有内外两管。内管是长 4～6cm、一端封闭、内径为 1mm 的毛细管；外管是长 8～9cm、一端封闭、内径为 4～5 mm 的小玻璃管。外管封闭端在下，用橡皮筋把外管绑在温度计旁。外管和温度计两底面相平，橡皮筋要系在热载体液面合适位置上（要考虑到载体受热膨胀）。被测液体（3～4 滴）放在沸点管里，将内管开口向下插入被测液体内。然后像测熔点装置一样装入提勒管。

测定时，先在沸点外管内加几滴待测液体，将测沸点内管倒插，做好一切准备后开始加热提勒管。由于沸点内管里气体受热膨胀，很快有小气泡缓缓地从液体中逸出。气泡由缓缓逸出变为快速而且是连续不断地往外冒。此时立即停止加热，随着温度的降低，气泡逸出的速度会明显地减慢。当看到气泡不再冒出而液体刚要进入沸点内管时（外液面与内液面等高）的一瞬间，马上记下此时的温度。两液面等高，说明沸点内管里的蒸气压与外界压力相等，这时的温度即为该液体的沸点。

微量法测定沸点应注意三点：①加热不能过快，被测液体不宜太少，以防液体全部气化；②沸点内管里的空气要尽量赶干净，正式测定前，让沸点内管里有大量气泡冒出，以此带出蒸气；③观察要仔细及时并重复几次，其误差不得超过 1℃。

3.6.3　蒸馏操作

（1）加入物料　将待蒸馏液通过玻璃漏斗（或取下蒸馏瓶）小心倒入蒸馏瓶中，要注意不使液体从支管流出，加入 2～3 粒沸石或其他助沸物，塞好带温度计的塞子，将仪器固定好。

（2）通冷却水　仔细检查各连接处的气密性及与大气相通处是否畅通（绝不能造成密闭体系）后，打开水龙头开关，缓慢通入冷却水。

（3）加热蒸馏　选择适当的热源，先用小火加热（以防蒸馏烧瓶因局部骤热而炸裂），逐渐增大加热强度。当烧瓶内液体开始沸腾，其蒸气到达温度计汞球部位时，温度计的读数就会急剧上升，这时应适当调小加热强度，使蒸气包围汞球，汞球下部始终挂有液珠，保持气液两相平衡。此时温度计所显示的温度即为该液体的沸点。然后可适当调节加热强度，控制蒸馏速度，以每秒馏出 1～2 滴为宜。

（4）观测沸点、收集馏液　记下第一滴馏出液滴入接收器时的温度。如果所蒸馏的液体中含有低沸点的前馏分，则需在蒸馏温度趋于稳定后，更换接收器。记录所需要的馏分开始馏出和收集到最后一滴时的温度，这就是该馏分的沸程（也叫沸点范围）。纯液体的沸程一般在 1～2℃之内。

（5）停止蒸馏　当维持原来的加热温度，不再有馏液蒸出时，温度会突然下降，这时应停止蒸馏。即使杂质含量很少，也不要蒸干，以免烧瓶炸裂。蒸馏结束时，应先停止加热，待稍冷后再停通冷却水。然后按照与装配时相反的顺序拆除蒸馏装置。

3.7　水蒸气蒸馏

水蒸气蒸馏（steam distillation）是将水蒸气通入不溶于水的有机物中或使有机物与水经过共沸而蒸出的操作过程。它是用来分离和提纯液态或固态有机化合物的一种方法。此法常用于下列几种情况：①反应混合物中含有大量树脂状杂质或不挥发性杂质；②要求除去易挥发的有机物；③从固体多的反应混合物中分离被吸附的液体产物；④某些有机物在达到沸点时容易被破坏，采用水蒸气蒸馏可在 100℃以下蒸出。若使用这种方法，被提纯化合物应具备以下条件：①不溶或难溶于水，如溶于水则蒸气压显著下降，例如丁酸比甲酸在水中的溶解度小，所以丁酸比甲酸易被水蒸气蒸馏来，虽然纯甲酸的沸点（101℃）较丁酸的沸点（162℃）低得多；②在沸腾下与水不起化学反应；③在 100℃左右，该化合物应具有一定的蒸气压（一般不小于 13.33kPa，10mmHg）。

3.7.1　实验原理

当水和不（或难）溶于水的化合物一起存在时，整个体系的蒸气压力根据道尔顿分压定律，应为各组分蒸气压之和。即 $p = p_A + p_B$，其中 p 为总的蒸气压，p_A 为水的蒸气压，p_B 为不溶于水的化合物的蒸气压。当混合物中各组分的蒸气压总和等于外界大气压时，混合物开始沸腾。这时的温度即为它们的沸点。所以混合物的沸点比其中任何一组分的沸点都要低些。因此，常压下应用水蒸气蒸馏，能在低于 100℃的情况下将高沸点组分与水一起蒸出来。蒸馏时混合物的沸点保持不变，直到其中一组分几乎全部蒸出（因为总的蒸气压与混合物中二者相对量无关）。混合物蒸气压中各气体分压之比（p_A、p_B）等于它们的物质的量之比。即

$$\frac{n_A}{n_B} = \frac{p_A}{p_B}$$

式中，n_A 为蒸气中含有 A 的物质的量；n_B 为蒸气中含有 B 的物质的量。而

$$n_A = \frac{m_A}{M_A} \qquad n_B = \frac{m_B}{M_B}$$

式中，m_A，m_B 为 A、B 在蒸气中的质量；M_A、M_B 为 A、B 的摩尔质量。因此

$$\frac{m_A}{m_B}=\frac{M_A n_A}{M_B n_B}=\frac{M_A p_A}{M_B p_B}$$

两种物质在馏出液中相对质量（也就是在蒸气中的相对质量）与它们的蒸气压和摩尔质量成正比。以溴苯为例，溴苯的沸点为 156.12℃，常压下与水形成混合物于 95.5℃时沸腾，此时水的蒸气压为 86.1kPa（646mmHg），溴苯的蒸气压为 15.2kPa（114mmHg）。总的蒸气压＝86.1kPa＋15.2kPa＝101.3kPa（760mmHg）。因此混合物在 95.5℃沸腾，馏出液中二物质之比：

$$\frac{m_{水}}{m_{溴苯}}=\frac{18\times86.1}{157\times15.2}=\frac{6.5}{10}$$

就是说馏出液中有水 6.5g，溴苯 10g；溴苯占馏出物 61%。这是理论值，实际蒸出的水量要多一些，因为上述关系式只适用于不溶于水的化合物，但在水中完全不溶的化合物是没有的，所以这种计算只是近似值。又例如苯胺和水在 98.5℃时，蒸气压分别为 5.7kPa（43mmHg）和 95.5kPa（717mmHg），从计算得到馏出液中苯胺的含量应占 23%，但实际得到的较低，主要是苯胺微溶于水所引起的。应用过热水蒸气蒸馏可以提高馏出液中化合物的含量，例如：苯甲醛（沸点 178℃）进行水蒸气蒸馏，在 97.9℃沸腾〔这时 p_A＝93.7kPa（703.5mmHg），p_B＝7.5kPa（56.5mmHg）〕，馏出液中苯甲醛占 32.1%，若导入 133℃过热蒸汽，这时苯甲醛的蒸气压可达 29.3kPa（220mmHg）。因而水的蒸气压只要 71.9kPa（540mmHg）就可使体系沸腾。因此：

$$\frac{m_A}{m_B}=\frac{71.9\times18}{29.3\times106}=\frac{41.7}{100}$$

这样馏出液中苯甲醛的含量提高到 70.6%。操作中蒸馏瓶应放在比蒸汽温度高约 10℃的热浴中。

在实际操作中，过热蒸汽还应用在 100℃时仅具有 0.133～0.666kPa（1～5mmHg）蒸气压的化合物。例如在分离苯酚的硝化产物中，邻硝基苯酚可用水蒸气蒸馏出来，在蒸馏完邻位异构体以后，再提高蒸汽温度也可以蒸馏出对位产物。

3.7.2 安装装置

常用的水蒸气蒸馏装置，包括蒸馏、水蒸气发生器、冷凝和接收器四个部分。

在水蒸气蒸馏装置（图 3-27）中，A 是水蒸气发生器，通常盛水量以其容积的 2/3 为宜。如果太满，沸腾时水将冲至烧瓶。安全玻璃管 B 几乎插到发生器 A 的底部。当容器内气压太大时，水可沿着玻璃管上升，以调节内压。如果系统发生阻塞，水便会从管的上口喷出。此时应检查导管是否被阻塞。

水蒸气导出管与蒸馏部分导管之间由一 T 形管相连接。T 形管用来除去水蒸气中冷凝下来的水，有时在操作发生不正常的情况下，可使水蒸气发生器与大气相通。蒸馏的液体量不能超过其容积的 1/3。水蒸气导入管应正对烧瓶底中央，距瓶底约 8～10mm，导出管连接在一直形冷凝管上。

在水蒸气发生瓶中，加入约占容器 2/3 的水，待检查整个装置不漏气后，旋开 T 形管的螺旋夹，加热至沸腾。当有大量水蒸气产生并从 T 形管的支管冲出时，立即旋紧螺旋夹，水蒸气便进入蒸馏部分，开始蒸馏。在蒸馏过程中，通过水蒸气发生器安全管中水面的高低，可以判断水蒸气蒸馏系统是否畅通，若水平面上升很高，则说明某一部分被阻塞了，这时应立即旋开螺旋夹，然后移去热源，拆下装置进行检查（通常是由于水蒸气导入管被树脂状物质或焦油状物堵塞）和处理。如由于水蒸气的冷凝而使蒸馏瓶内液体量增加，可适当加热蒸馏瓶。但要控制蒸馏速度，以 2～3 滴为宜，以免发生意外。

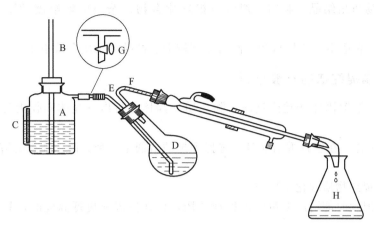

图 3-27　水蒸气蒸馏装置

A—水蒸气发生器；B—安全玻璃管；C—水位显示器；D—盛样烧杯；

E—蒸汽导入管；F—蒸汽导出管；G—T 形管；H—接收器

当馏出液无明显油珠，澄清透明时，便可停止蒸馏。其顺序是先旋开螺旋夹，然后移去热源，否则可能发生倒吸现象。

3.7.3　注意事项

(1) 安装正确，连接处严密；

(2) 严守操作程序；

(3) 水蒸气导入管必须插入三颈烧瓶液面以下，并接近底部处；

(4) 实验加热前，止水夹应注意打开，待有水蒸气从止水夹处冒出后，关闭止水夹；实验结束时，也首先打开止水夹，然后再停止加热（防止倒吸）；

(5) 调节火焰，控制蒸馏速度 2～3 滴/s，并时刻注意安全管；

(6) 按安装相反顺序拆卸仪器；

(7) 在蒸馏过程中，如发现安全管中的水位迅速上升，则表示系统中发生了堵塞，此时应立即打开止水夹，然后移去热源，待排除堵塞后再进行水蒸气蒸馏；

(8) 万一冷凝管已经被堵塞，应立即停止蒸馏，并且设法疏通；

(9) 通入和停通冷却水都要缓慢旋动开关，以免水流过急而撑开橡胶导管。

3.8　重结晶提纯

重结晶提纯法是利用混合物中各组分在某种溶剂中的溶解度不同，或在同一溶剂中不同温度时的溶解度不同而使它们相互分离从而达到提纯目的。重结晶提纯法只适用于纯化杂质含量在其总量 5% 以下的固体混合物。

3.8.1　基本原理

从有机合成反应分离出来的固体粗产物往往含有未反应的原料、副产物及杂质，必须加以分离纯化，重结晶是分离提纯固体化合物的一种重要的、常用的分离方法。

利用混合物中各组分在某种溶剂中溶解度不同或在同一溶剂中不同温度时的溶解度不同而使它们相互分离。固体有机物在溶剂中的溶解度随温度的变化易改变，通常温度升高，溶解度增大；反之，则溶解度降低。热的饱和溶液，降低温度，溶解度下降，溶液变成过饱和易析出结晶。利用溶剂对被提纯化合物及杂质的溶解度的不同，以达到分离纯化的目的。

适用范围：它适用于产品与杂质性质差别较大、产品中杂质含量小于 5% 的体系。

3.8.2 重结晶提纯法的一般过程

选择溶剂→溶解固体→趁热过滤去除杂质→晶体的析出→晶体的收集与洗涤→晶体的干燥。

（1）溶剂选择　在进行重结晶时，选择理想的溶剂是一个关键，理想的溶剂必须具备下列条件：

① 不与被提纯物质起化学反应；

② 在较高温度时能溶解多量的被提纯物质，而在室温或更低温度时，只能溶解很少量的该种物质；

③ 对杂质的溶解非常大或者非常小（前一种情况是使杂质留在母液中不随被提纯物晶体一同析出；后一种情况是使杂质在热过滤时被滤去）；

④ 容易挥发（溶剂的沸点较低），易于结晶分离除去；

⑤ 能给出较好的晶体；

⑥ 无毒或毒性很小，便于操作；

⑦ 价廉易得。

经常采用以下试验的方法选择合适的溶剂：取 0.1g 目标物质于一小试管中，滴加约 1mL 溶剂，加热至沸。若完全溶解，且冷却后能析出大量晶体，这种溶剂一般认为适用。如样品在冷时或热时，都能溶于 1mL 溶剂中，则这种溶剂不适用。若样品不溶于 1mL 沸腾溶剂中，再分批加入溶剂，每次加入 0.5mL，并加热至沸，总共用 3mL 热溶剂，而样品仍未溶解，这种溶剂也不适用。若样品溶于 3mL 以内的热溶剂中，冷却后仍无结晶析出，这种溶剂也不适用。

（2）固体物质的溶解　原则上为减少目标物遗留在母液中造成的损失，在溶剂的沸腾温度下溶解混合物，并使之饱和。为此将混合物置于烧瓶中，滴加溶剂，加热至沸腾。不断滴加溶剂并保持微沸，直到混合物恰好溶解。在此过程中要注意混合物中可能有不溶物，如为脱色加入的活性炭、纸纤维等，防止误加过多的溶剂。

溶剂应尽可能不过量，但这样在热过滤时，会因冷却而在漏斗中出现结晶，引起很大的麻烦和损失。综合考虑，一般可比需要量多加 20% 甚至更多的溶剂。

（3）杂质的除去　热溶液中若还含有不溶物，应在热水漏斗中使用短而粗的玻璃漏斗趁热过滤。过滤使用菊花形滤纸。溶液若有不应出现的颜色，待溶液稍冷后加入活性炭，煮沸 5min 左右脱色，然后趁热过滤。活性炭的用量一般为固体粗产物的 1%～5%。

（4）晶体的析出　将收集的热滤液静置缓缓冷却（一般要几小时后才能完全），不要急冷滤液，因为这样形成的结晶会很细、表面积大、吸附的杂质多。有时晶体不易析出，则可用玻璃棒摩擦器壁或加入少量该溶质的结晶，不得已也可放置冰箱中促使晶体较快地析出。

（5）晶体的收集和洗涤　抽滤是把结晶通过抽气过滤从母液中分离出来。滤纸的直径应小于布氏漏斗内径。抽滤后打开安全瓶活塞停止抽滤，以免倒吸。用少量溶剂润湿晶体，继续抽滤，干燥。

（6）晶体的干燥　纯化后的晶体，可根据实际情况采取自然晾干或烘箱烘干。

（7）实验装置　实验装置如图 3-28 所示。

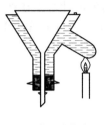

| (a) 加热溶解装置 | (b) 热过滤装置 | (c) 抽滤装置 |

图 3-28　实验装置

3.9　熔点的测定及温度计的校正

熔点是纯净有机物的重要物理常数之一。它是固体有机化合物固液两态在大气压力下达成平衡的温度，纯净的固体有机化合物一般都有固定的熔点。固液两态之间的变化是非常敏锐的。自初熔至全熔（称为熔程）温度不超过 0.5～1℃。

3.9.1　基本原理

加热纯有机化合物，当温度接近其熔点范围时，升温速率随时间变化约为恒定值，此时用加热时间对温度作图（图 3-29）。

化合物温度不到熔点时以固相存在，加热使温度上升，达到熔点，开始有少量液体

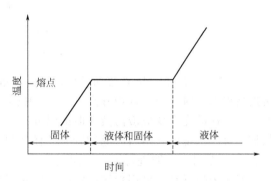

图 3-29　相和温度随时间的变化

出现，而后固液相平衡。继续加热，温度不再变化，此时加热所提供的热量使固相不断转变为液相，两相间仍为平衡，最后的固体熔化后，继续加热则温度线性上升。因此在接近熔点时加热速度一定要慢，每分钟温度升高不能超过 2℃，只有这样，才能使整个熔化过程尽可能接近于两相平衡条件，测得的熔点也越精确。

当含杂质时（假定两者不形成固溶体），

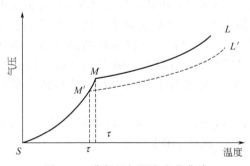

图 3-30　蒸气压与温度变化曲线

根据拉乌耳定律可知，在一定的压力和温度条件下，在溶剂中增加溶质，导致溶剂蒸气分压降低（图 3-30 中 $M'L'$），固液两相交点 M' 即代表含有杂质化合物达到熔点时的固液相平衡共存点，M' 为含杂质时的熔点，显然，此时的熔点较纯粹者低。

3.9.2　熔点的测定

（1）毛细管熔点测定法

① 装样　取一根毛细管，将一端在酒精灯上转动加热，烧融封闭。取干燥、研细的待测物样品放在表面皿上，将毛细管开口一端插入样品中，即有少量样品挤入熔点管中。然后取一支长玻璃管，垂直于桌面上，由玻璃管上口将毛细管开口向上放入玻璃管中，使其自由落下，将管中样品夯实。重复操作使所装样品约有 2～3mm 高时为止。

② 安装　向 Thiele 管中加入石蜡油作为加热介质，直到支管上沿。在温度计上附着一支装好样品的毛细管，毛细管中样品与温度计水银球处于同一水平。将温度计带毛细管小心悬于 Thiele 管中，使温度计水银球位置在 Thiele 管的支管中部（如图 3-31 所示）。

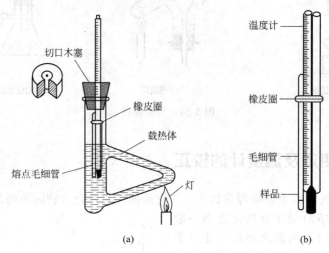

图 3-31　熔点测定装置

③ 测定　在 Thiele 管弯曲部位加热，接近熔点时，减慢加热速度，每分钟升 1℃ 左右，接近熔点温度时，每分钟约升高 0.2℃。观察、记录样品中形成第一滴液体时的温度（初熔温度）和样品完全变成澄清液体时的温度（终熔温度）。熔点测定应有至少两次平行测定的数据，每一次都必须用新的毛细管另装样品测定，而且必须等待石蜡油冷却到低于此样品熔点 20～30℃ 时，才能进行下一次测定。

对于未熔样品，可用较快的加热速度先粗测一次，在很短的时间里测出大概的熔点。实际测定时，加热到粗测熔点以下 10～15℃，必须缓慢加热，使温度慢慢上升，这样才可测得准确熔点。

（2）显微熔点测定法　这种测定方法要用显微熔点测定仪。测定时样品用量更少，只需几颗小粒晶体。在显微镜下能清楚地看到样品受热变化的过程，如升华、分解、脱水和多晶形物质的晶型转化等。操作时先将专用的载玻片用丙酮洗净，用擦镜纸擦干，放在一个可移动的支持器内，然后将研细的样品小心地放在载玻片的中央。另取一载玻片盖住样品，使样品位于加热台的中心空洞上，并盖上保温圆玻璃盖。加热台旁边插有校正过的温度计或热电偶。打开照明灯，调节焦距使从镜头中可以看到晶体外形。开启加热器，用变压器调节加热速度，当接近样品熔点时，控制温度使每分钟上升 1～2℃，把样品的结晶棱角开始变圆时的温度作为初熔温度，结晶完全消失时的温度作为全熔温度。熔点测好后应停止加热，稍冷片刻后用镊子取出载玻片，将一厚铝块置于加热台上加快冷却，然后清洗载玻片以备再用。

如要测定混合熔点，应将两种样品各取少许放在载玻片上，让其彼此靠近，用另一载玻片轻压并稍微转动一下，使样品紧密接触后进行测定，其他操作同上。

3.9.3　温度计的校正

测熔点时，温度计上的熔点读数与真实熔点之间常有一定的偏差。这可能由于以下原因造成。首先，温度计的制作质量差，如毛细孔径不均匀，刻度不准确；其次，温度计有全浸式和半浸式两种，全浸式温度计的刻度是在温度计汞线全部均匀受热的情况下刻出来的，而测熔点时仅有部分汞线受热，因而露出的汞线温度较全部受热者低。为了校正温度计，可选用纯有机化合物的熔点作为标准或选用一标准温度计校正。

选择数种已知熔点的纯化合物为标准，测定它们的熔点，以观察到的熔点作纵坐标，测得熔点与已知熔点差值作横坐标，画成曲线，即可从曲线上读出任一温度的校正值。常用标准样品的熔点见表 3-3。

表 3-3　常用标准样品的熔点

样品名称	熔点/℃	样品名称	熔点/℃
水-冰	0	尿素	135
α-萘胺	50	二苯基羟基乙酸	151
二苯胺	54~55	水杨酸	159
对二氯苯	53	对苯二酚	173~174
苯甲酸苄酯	71	3,5-二硝基苯甲酸	205
萘	80.6	蒽	216.2~216.4
间二硝基苯	90	酚酞	262~263
乙酰苯胺	114.3	蒽醌	286(升华)
苯甲酸	112.4	肉桂酸	133

3.10　萃取与洗涤

萃取与洗涤是有机化学实验中用来分离和提纯有机化合物常用的操作，是利用物质在两种互不相溶的溶剂中的溶解度或分配比不同来进行分离的操作。利用溶剂从混合物中提取所需要的物质的操作叫萃取，从混合物中洗去少量杂质的操作叫洗涤。萃取分为液液萃取和固液萃取。液液萃取采用分液漏斗，固液萃取采用索氏提取器。

3.10.1　基本原理

萃取是利用物质在两种互不相溶的溶剂中溶解度或分配比的不同来达到分离、提取或纯化目的的一种操作。根据分配定律，在一定温度下，有机物在两种溶剂中的浓度之比为一常数。即

$$\frac{C_A}{C_B}=K$$

式中，C_A、C_B 分别为物质在溶剂 A 和溶剂 B 中的溶解度；K 为分配系数。

利用分配系数的定义式可计算每次萃取后，溶液中溶质的剩余量。设 V 为被萃取溶液的体积（mL），近似看作与溶剂 A 的体积相等（因溶质量不多，可忽略）。

m_0 为被萃取溶液中溶质的总质量（g），S 为萃取时所用溶剂 B 的体积（mL），m_1 为第一次萃取后溶质在溶剂 A 中的剩余量（g），m_0-m_1 为第一次萃取后溶质在溶剂 B 中的含量（g）。则：

$$\frac{m_1/V}{(m_0-m_1)/S}=K$$

经整理得：
$$m_1=\frac{KV}{KV+S}m_0$$

设 m_2 为第二次萃取后溶质在溶剂 A 中的剩余量（g），同理：

$$w_2=\frac{KV}{KV+S}w_1=\left(\frac{KV}{KV+S}\right)^2w_0$$

设 m_n 为经过 n 次萃取后溶质在溶剂 A 中的剩余量（g），则：

$$m_n = \left(\frac{KV}{KV+S}\right)^n m_0$$

因为上式中 $KV/(KV+S)$ 一项恒小于 1，所以 n 越大，m_n 就越小，也就是说一定量的溶剂分成几份多次萃取，其效果比用全部量溶剂做一次萃取为好。萃取和洗涤在原理上是一样的，只是目的不同。

3.10.2 萃取的操作方法

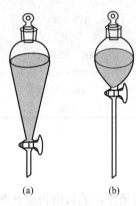

图 3-32 分液漏斗

萃取操作经常利用分液漏斗来进行，常用的分液漏斗有两种，一种是梨形分液漏斗，如图 3-32（a）所示，另一种是足球形分液漏斗，如图 3-32（b）所示。使用前，应先检查下口活塞和上口塞子是否漏液。具体操作：在活塞处涂少量凡士林，旋转几圈将凡士林涂均匀。在分液漏斗中加入一定量的水，将上口用塞盖好，上下摇动分液漏斗中的水，检查是否漏水。确定不漏后再使用。

将待萃取的原溶液倒入分液漏斗中，如果原溶液原本就是两相体系，应先将两相分开，再加入萃取剂或洗涤剂。将塞子塞紧，用右手的拇指和中指拿住分液漏斗，食指压住上口塞子，左手的食指和中指夹住下口管，同时，食指和拇指控制活塞或如图 3-33所示的姿势握住分液漏斗。然后将分液漏斗平放，前后摇动或作圆周运动，使液体振动起来，两相充分接触。在振动过程中注意不断放气，以免萃取或洗涤时，内部压力过大，造成漏斗的塞子被顶开，使液体喷出，严重时会引起分液漏斗爆炸，造成伤人事故。放气时，将漏斗的下口向上倾斜，使液体集中在下面，用控制活塞的拇指和食指打开活塞放气（注意不能对着人放气），一般振动 2～3 次放一次气。经几次摇动放气后，将漏斗放在铁架台的铁圈或烧瓶夹上，将塞子上的小槽对准分液漏斗上口的通气孔，静置 3～5min。待液体分层后将下层液体从下面的活塞处放出，上层液体从上口倒出。有机相需要放在一个干燥好的锥形瓶中，水相如果需要继续萃取，再加入新萃取剂重复以上操作。萃取操作完成后，将有机相合并，加入干燥剂进行干燥。干燥后，先将低沸点的物质和萃取剂用简单蒸馏的方法蒸出，然后视产品的性质选择合适的纯化手段。

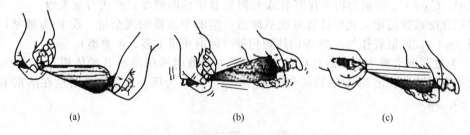

       （a）   （b）   （c）

图 3-33 萃取时手握分液漏斗的姿势

当被萃取的原溶液量很少时，可采取微量萃取技术。取一支离心分液管放入原溶液和萃取剂，盖好盖子，用手摇动分液管或用滴管向液体中鼓气，使液体充分接触，并注意随时放气。静置分层后，用滴管将萃取相吸出，在萃余相中加入新的萃取剂继续萃取（图 3-34）。以后的操作如前所述。

3.10.3 萃取方法

（1）液液萃取 在实验中用得最多的是在水溶液中物质的萃取。应选择容积比液体体积大一倍以上的分液漏斗。先将支管活塞擦干，在离支管活塞孔稍远处薄薄地涂一层润滑脂如凡士林（注意切勿将活塞孔沾污，以免污染萃取液），塞好后再把活塞旋转几圈，使涂的凡士林均匀，看上去透明即可。在使用之前在漏斗中放入水振摇，检查支管活塞与顶塞是否渗漏，确认不漏水方可使用。将漏斗固定在铁架上的铁圈中，关好活塞，将要萃取的水溶液和萃取剂（萃取剂一般为溶液体积的1/3）依次自上口倒入漏斗中，塞紧顶塞

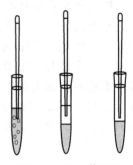

图 3-34 微量萃取法

（注意顶塞不能涂润滑脂）。取下分液漏斗，用右手手掌顶住漏斗顶塞，左手握住漏斗支管活塞处，大拇指压紧支管活塞，把分液漏斗放平并前后振荡。开始振荡要慢，振荡几次后，使漏斗的上口向下倾斜，下部支管口指向斜上方无人处，左手仍握在活塞支管处，用拇指和食指旋开活塞，释放出漏斗内的蒸气或产生的气体，使内外压力平衡。如此重复至放气时只有很小压力后，再剧烈振荡 2～3min，然后再将漏斗放回铁圈中静置。待两层液体完全分开后，打开顶塞，再将活塞缓缓旋开，下层液体自支管活塞放出至接收瓶。若萃取剂的密度小于被萃取液的密度，下层液体尽可能放干净，有时两相间可能出现一些絮状物，也应同时放去；然后将上层液体从分液漏斗的上口倒入三角瓶中，切不可从活塞放出，以免被残留的萃取液污染。再将下层液体倒回分液漏斗中，用新的萃取剂萃取，重复上述操作，萃取次数一般为 3～5 次。若萃取剂的密度大于被萃取液的密度，下层液体从支管活塞放入接收瓶中，但不要将两相间可能出现的一些絮状物放出；再从漏斗口加入新萃取剂，重复上述操作。

（2）固液连续萃取 固体物质的萃取，通常是用长期浸出法或采用索氏提取器（脂肪提取器）。前者是靠溶剂长期的浸润溶解而将固体物质中的需要物质浸出来。这种方法虽不需要任何特殊器皿，但效率不高，而且溶剂的需要量较大。脂肪提取器是利用溶剂回流及虹吸原理，使固体物质连续不断地为纯的溶剂所萃取，因而效率较高。

萃取前应先将固体物质研细，以增加溶剂浸润的面积，然后将固体物质放在滤纸套内，置于提取器中。提取器的下端和盛有溶剂的烧瓶连接，上端接冷凝管。当溶剂沸腾时，蒸气通过玻璃导气管上升，被冷凝器冷凝成为液体，滴入提取器中，当溶剂液面超过虹吸管的最高处时，即虹吸流回烧瓶，因而萃取出溶于溶剂的部分物质。这样利用溶剂回流和虹吸作用，使固体的可溶物质富集到烧瓶中。然后用其他方法将萃取到的物质从溶液中分离出来。

（3）液液连续萃取 当有机化合物在原溶剂中比在萃取剂中更易溶解时，就必须使用大量溶剂并多次萃取。为了减少萃取溶剂的量，最好采用连续萃取。连续萃取分两种情况：一种是自较重的溶液中用较轻的溶剂进行萃取（如用乙醚萃取水溶液）；另外一种是自较轻的溶液中用较重溶剂进行萃取。

第一种自较重的溶液中用较轻的溶剂进行萃取时，先将支管上的活塞关闭。将待萃取的溶液倒入连续萃取器中，装上冷凝管并通冷凝水，在烧瓶中加入萃取剂，并用热浴加热。当萃取溶剂受热蒸发，蒸气经连续萃取器导气支管进入冷凝管，溶剂蒸气由于在冷凝水的冷却下，在冷凝管中凝结成液体，经连续萃取器中的接触底部的长导液管进入待萃取的溶液中进行萃取。由于萃取溶剂较轻，经过萃取后的溶剂会回到待萃取的溶液的上面，等到上面的溶剂超过导气支管口，萃取溶剂又回到烧瓶中，再参与萃取，如此便进行了连续萃取。而萃取后的溶有提纯物的溶剂富集烧瓶中，然后用其他方法将萃取到的物质从溶液中分离出来。

第二种是自较轻的溶液中用较重溶剂进行萃取，需将可拆卸导液管去掉，并将支管上的活塞打开。将待萃取的溶液倒入连续萃取器中，装上冷凝管并通上冷凝水，在烧瓶中加入萃取剂，并用热浴加热。当萃取溶剂受热蒸发，蒸气经连续萃取器导气支管进入冷凝管，在冷凝管中凝结成液体滴入待萃取的溶液中进行萃取。由于萃取溶剂较重，经过萃取后的溶剂会沉于底部，当连续萃取器的液体高度超过支管中的液面高度时，由于虹吸作用，萃取溶剂又会回到烧瓶中，再参与萃取，如此便进行了连续萃取。而萃取后的溶有提纯物的溶质富集到烧瓶中。然后用其他方法将萃取到的物质从溶液中分离出来。

3.10.4　注意事项

（1）分液漏斗中的液体不宜太多，以免摇动时影响液体接触而使萃取效果下降。一般选择体积比被萃取液大 1～2 倍的分液漏斗。

（2）液体分层后，上层液体由上口倒出，下层液体由下口经活塞放出，以免污染产品。

（3）当溶液呈碱性时，常产生乳化现象。有时由于存在少量轻质沉淀，两液相密度接近，两液相部分互溶等都会引起分层不明显或不分层。因此，静置时间应长一些，或加入一些食盐，使絮状物溶于水中，迫使有机物溶于萃取剂中；或加入几滴酸、碱、醇等，以破坏乳化现象。如上述方法不能将絮状物破坏，在分液时，应将絮状物与萃余相（水层）一起放出。千万不要放在有机相中，以免给后面的干燥带来麻烦。

（4）液体分层后应正确判断萃取相和萃余相，一般根据两相的密度来确定，密度大的在下面，密度小的在上面。如果一时判断不清，应将两相分别保存起来，待弄清后，再弃掉不要的液体。

（5）在萃取过程中放气时，应注意周围情况，千万不能对着人放气。

（6）与水互溶的混合物不能采用萃取分离，可用水蒸气蒸馏或其他方法加以分离。

3.11　柱色谱

柱色谱法是将固定相装于柱内，流动相为液体，样品沿竖直方向由上而下移动而达到分离的色谱法。柱色谱法被广泛应用于混合物的分离，包括对有机合成产物、天然提取物以及生物大分子的分离。

3.11.1　基本原理

柱色谱常用的有吸附色谱和分配色谱两类。吸附色谱常用氧化铝和硅胶作固定相；而分配色谱中以硅胶、硅藻土和纤维素作为支持剂，以吸收较大量的液体作固定相，而支持剂本身不起分离作用。

吸附柱色谱通常在玻璃管中填入表面积很大、经过活化的多孔性或粉状固体吸附剂。当待分离的混合物溶液流过吸附柱时，各种成分同时被吸附在柱的上端。当洗脱剂流下时，由于不同化合物吸附能力不同，往下洗脱的速度也不同，于是形成了不同层次，即溶质在柱中自上而下按对吸附剂的亲和力大小分别形成若干色带，再用溶剂洗脱时，已经分开的溶质可以从柱上分别洗出收集；或将柱吸干，挤出后按色带分割开，再用溶剂将各色带中的溶质萃取出来。

图 3-35 就是一般柱色谱装置。柱内装有"活性"固体（固定相），如氧化铝或硅胶等。液体样品从柱顶加入，流经吸附柱时，即被吸附在柱的上端，然后从柱顶加入洗脱溶剂冲

洗。由于固定相对各组分吸附能力不同，以不同速度沿柱下移，形成若干色带。再用溶剂洗脱，吸附能力最弱的组分随溶剂首先流出，分别收集各组分，再逐个鉴定。

（1）吸附剂　常用的吸附剂有氧化铝、硅胶、氧化镁、碳酸钙和活性炭等。吸附剂一般要经过纯化和活性处理。选择吸附剂的首要条件是与被吸附物及展开剂均无化学作用。吸附能力与颗粒大小有关。颗粒太粗，流速快，分离效果不好。颗粒小，表面积大，吸附能力就高，但流速慢，因此应根据实际分离需要而定。色谱用的氧化铝可分为酸性、中性和碱性三种。

（2）溶质的结构与吸附能力的关系　化合物的吸附能力与分子极性有关。分子极性越强，吸附能力越大。分子中所含极性较大的基团，其吸附能力也较强。具有下列极性基团的化合物，其吸附能力按下列排列次序递增：

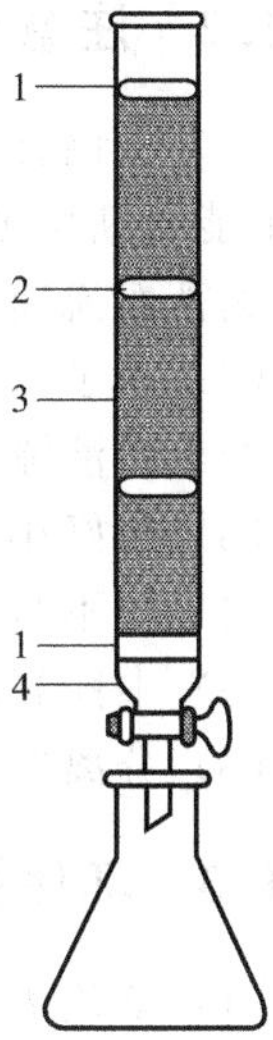

$$Cl^-、Br^-、I^- < \ \rangle C{=}C < -OCH_3 < -COOR < \ \rangle C{=}O < -CHO <$$

$$-SH < -NH_2 < -OH < -COOH$$

氧化铝对各种化合物的吸附性按以下次序递减：

酸和碱＞醇、胺、硫醇＞酯、醛、酮＞芳香族化合物＞卤代物、醚＞烯＞饱和烃

（3）溶剂　吸附剂的吸附能力与吸附剂和溶剂的性质有关。选择溶剂时还应考虑到被分离物各组分的极性和溶解度。

先将要分离的样品溶于一定体积的溶剂中，选用的溶剂极性应低，体积要小。如有的样品在极性低的溶剂中溶解度很小，则可加入少量极性较大的溶剂，使溶液体积不致太大。色层的展开首先使用极性较小的溶剂，使最容易脱附的组分分离。然后加入不同比例的极性溶剂配成的洗脱剂，将极性较大的化合物自色谱柱中洗脱下来。

常用的洗脱剂的极性按以下次序递增：

己烷和石油醚＜环己烷＜四氯化碳＜三氯乙烯＜二硫化碳＜甲苯＜苯＜二氯甲烷＜氯仿＜乙醚＜乙酸乙酯＜丙酮＜丙醇＜乙醇＜甲醇＜水＜吡啶＜乙酸

所用溶剂必须纯粹和干燥，否则会影响吸附剂的活性和分离效果。

（4）装柱　吸附柱色谱的分离效果不仅依赖于吸附剂和洗脱溶剂的选择，而且与制成的色谱柱有关。

色谱柱的大小，视处理量而定。柱的长度与直径之比约为 $1:(10\sim20)$，固定相用量与分离物质的量比约为 $1:(50\sim100)$。先将玻璃管洗净干燥，柱底铺一层玻璃棉或脱脂棉，再铺上一层约 0.5cm 厚的海石砂，然后将氧化铝装入管内，必须装填均匀，严格排除空气，吸附剂不能有裂缝，装填方法有湿法和干法两种。

① 湿法　将溶剂装入管内，再将氧化铝和溶剂调成浆状，慢慢倒入管中，将管子下端活塞打开，使溶剂流出，吸附剂渐渐下沉，加完氧化铝后，继续让溶剂流出，至氧化铝沉淀不变为止。

② 干法　在管的上端放一漏斗，将氧化铝均匀装入管内，轻敲玻璃管，使之填装均匀，然后加入溶剂，至氧化铝全部润湿，氧化铝的高度为管长的 3/4。氧化铝顶部盖一层约 0.5cm 厚的砂子，敲打柱子，使氧化铝顶端和砂子上层保持水平。先用纯溶剂洗柱，再将要分离的物质加入，溶液流经柱后，流速保持 1~2 滴/s，可由柱下的活塞控制。最后用溶剂洗脱。整个过程都应有溶剂覆盖吸附剂。

图 3-35　柱色谱装置
1—石英砂；2—谱带；
3—吸附剂；4—玻璃棉

3.11.2　注意事项

（1）色谱柱填装紧密与否，对分离效果有很大影响。若柱中留有气泡或各部分松紧不匀（更不能有断层或暗沟）时，会影响渗滤速度和显色的均匀。但如果填装时过分敲击，又会因太紧密而流速太慢。

（2）为了保持色谱柱的均一性，使整个吸附剂浸泡在溶剂或溶液中是必要的。否则当柱中溶剂或溶液流干时，就会使柱身干裂，影响渗透和显色的均一性。

（3）最好用移液管或滴管将分离的溶液转移至柱中。

（4）如不装置滴液漏斗，也可用每次倒入 10mL 洗脱剂的方法进行洗脱。

（5）中性氧化铝应在 500℃烘干 4h，然后冷却至 100℃，迅速装瓶，置于干燥器中待用。

（6）分离后的单一色素提取液不宜长期存放，必要时应抽干充氮，避光低温保存。

3.11.3　环保提醒

（1）纸色谱所用的展开剂通常为具有挥发性甚至有毒的有机溶剂，因而在实验中应及时将盛有展开剂的展开瓶盖好，防止有机物挥发。烘干色谱滤纸时应在通风橱中进行，让有机物排到室外。实验完毕后的展开剂统一回收处理。

（2）柱色谱所用淋洗剂乙醇溶液需回收处理，可将其作为蒸馏实验的试剂。

3.12　物质的制备

物质的制备包括气体的制备、无机化合物的制备、有机化合物的制备等。气体的制备包括气体的制取、收集、净化与干燥。无机化合物、有机化合物的种类繁多，制备方法各有不同，差别很大。

3.12.1　物质制备的一般方法

（1）利用氧化还原的方法制备　利用活泼金属与酸直接反应，经过蒸发、浓缩、结晶、分离即可得到产品，如由铁和硫酸制备硫酸亚铁。

不活泼金属不能直接与非氧化性酸反应，必须加入氧化剂。反应后必须有分离、除杂的步骤。如硫酸铜的制备，不能直接由铜和稀硫酸直接反应来制备，必须加入氧化剂，再用重结晶的方法来提纯制得硫酸铜。

（2）利用复分解反应制备　利用复分解反应来制备无机物时，如果产物是气体，只需要进行收集、净化与干燥即可。若产物是可溶物，就要经过分离、蒸发、浓缩、结晶等步骤才能得到产物。

（3）有机化合物的制备　需要设计线路，设计反应装置，反应条件包括温度、时间、反应物料的物质的量比以及催化剂等，产品结构也需在制备前得到确认。

3.12.2　气体的制备

（1）实验室制取气体的一般原则

① 安全：避免和防止爆炸、燃烧、有毒物质外泄。

② 方便：应用常用试剂、装置简单、操作方便。

③ 快速：反应时间不宜过长，过于剧烈的反应不安全，以反应速率适中为宜。

④ 生成物纯净（或虽含杂质但较易提纯），减少分离操作。

（2）实验室制取气体的反应

① 制取单质：用氧化还原反应。

② 制取化合物：通常用复分解反应，如 HCl、SO_2、CO_2、NH_3、HNO_3 等；有时也可用氧化还原反应，如制 NO_2、NO 等。

（3）实验装置的选择及操作步骤

① 发生装置：所用试剂的状态及反应条件。

② 收集装置：气体的水溶性及相对空气的密度大小、是否与空气中成分反应。

③ 净化装置：依据气体与杂质性质的不同，使杂质被吸收或转化成所需物质。

④ 尾气处理（吸收）装置：根据所制气体是否有毒或污染环境来确定是否要安装尾气处理装置。有毒物质可用溶液吸收或燃烧去除。

注意："气密性检查"在整个实验中的位置一般放在第二位，一般在装置连接好后、但在反应开始前检验气密性，绝不可在药品混合并开始反应后检查气密性。

3.12.3　无机化合物的制备

无机物的制备又称为无机合成，是利用化学反应通过某些实验方法，从一种或几种物质得到一种或几种无机物质的过程。无机化合物种类很多，到目前为止已有百万种以上，各类化合物的制备方法差异很大，即使同一种化合物也有多种制备方法。为了制备出较纯净的物质，通过无机制备得到的"粗品"往往需要纯化，并且提纯前后的产物，其结构、杂质含量等还需进一步鉴定和分析。

无机物制备的方法如下。

（1）利用水溶液中的离子反应制备　利用水溶液中的离子反应制备化合物时，若产物是沉淀，通过分离沉淀即可获得产品；若产物是气体，通过收集气体可获得产品；若产物溶于水，则采用结晶法获得产品。

（2）由矿石制备无机化合物　由矿石制备无机化合物，首先必须精选矿石，其目的是把矿石中的废渣尽量除去，有用成分得到富集。精选后的矿石根据它们各自所具有的性质，通过酸溶或碱溶浸取、氧化或还原、灼烧等处理，就可得到所需的化合物。

（3）分子间化合物的制备　分子间化合物是由简单化合物按一定化学计量关系结合而成的化合物。其范围十分广泛，有水合物，如胆矾 $CuSO_4 \cdot 5H_2O$；氨合物，如 $CaCl_2 \cdot 8NH_3$；复盐，如光卤石 $KCl \cdot MgCl_2 \cdot 6H_2O$，明矾 $K_2SO_4 \cdot Al_2(SO_4)_3 \cdot 24H_2O$ 和摩尔盐 $(NH_4)_2SO_4 \cdot FeSO_4 \cdot 6H_2O$；配合物，如 $[Cu(NH_3)_4]SO_4$、$K_3[Fe(C_2O_4)_3] \cdot 3H_2O$ 和 $[Co(NH_3)_6]Cl_3$ 等。

（4）非水溶剂制备化合物　对大多数溶质而言，水是最好的溶剂。水价廉、易纯化、无毒、容易进行操作。但有些化合物遇水强烈水解，所以不能从水溶液中制得，需要在非水溶剂中制备。常用的无机非水溶剂有液氨、H_2SO_4、HF 等；有机非水溶剂有冰醋酸、氯仿、CS_2 和苯等。

3.12.4　有机化合物的制备

有机合成是利用简单、易得的原料，通过有机反应，生成具有特定结构和功能的有机化合物。它的任务包括目标化合物分子骨架的构建和官能团的转化。

有机合成的主要方法如下。

（1）引入碳碳双键的三种方法　炔烃的不完全加成，卤代烃的消去，醇的消去。

（2）引入卤原子的三种方法　醇（或酚）的取代，烯烃（或炔烃）的加成，烷烃（或苯及苯的同系物）的取代。

（3）引入羟基的四种方法　烯烃与水的加成，卤代烃的水解，酯的水解，醛的还原。

中篇 基础化学实验

第4章 基础无机及分析化学实验

4.1 元素性质实验

实验1 卤 素

一、实验目的

1. 了解卤素单质和金属卤化物的溶解性。

2. 试验并掌握卤素单质的氧化性和卤离子还原性。

3. 掌握卤素含氧酸盐的氧化性。

4. 掌握卤素含氧酸盐的性质。

二、实验原理

1. 卤素单质及离子的氧化还原性

卤素：F、Cl、Br、I、At；价电子层结构：$n\mathrm{s}^2 n\mathrm{p}^5$。

（1）卤素单质在化学性质上表现为强氧化性。

（2）X^- 具有还原性。

氯、溴、碘的氧化性的强弱顺序是 $Cl_2 > Br_2 > I_2$，卤化氢还原性的顺序是 $HI > HBr > HCl$，HBr 和 HI 能分别将浓硫酸还原为 SO_2 和 H_2S，Br^- 能被 Cl_2 氧化为 Br_2，Br_2 在溶液中呈黄色，I^- 能被 Cl_2 氧化为 I_2，I_2 在 CCl_4 溶液中呈紫色，当 Cl_2 过量时，被氧化为无色的 IO_3^-。

2. 卤素与水反应

（1）氧化反应

$$2X_2 + 2H_2O \longrightarrow 4H^+ + 4X^- + O_2$$

F_2 只发生这类反应，Cl_2、Br_2 反应缓慢，I_2 不发生这类反应。

（2）歧化反应

$$X_2 + H_2O \longrightarrow H^+ + X^- + HXO$$

Cl_2、Br_2、I_2 主要发生这类反应，反应可逆。

3. 卤素含氧酸盐的性质

次氯酸及其盐具有氧化性。在酸性条件下，卤酸盐都具有氧化性。其强弱顺序是 BrO_3^-＞ClO_3^-＞IO_3^-。

（1）次氯酸盐的氧化性

$$NaClO+2HCl（浓）\!=\!=\!=\!NaCl+Cl_2+H_2O$$
$$NaClO+2KI+H_2SO_4\!=\!=\!=\!K_2SO_4+NaCl+I_2+H_2O$$

（2）$KClO_3$ 的氧化性

酸性：$\qquad ClO_3^-+6I^-+6H^+\!=\!=\!=\!3H_2O+3I_2+Cl^-$

中性：$\qquad KClO_3+KI\!=\!=\!=\!无现象$

$$2KClO_3+3S\!=\!=\!=\!3SO_2+2KCl（敲击，有爆炸声）$$

（3）溴酸盐及碘酸盐

$$2IO_3^-+5SO_3^{2-}（少量）+2H^+\!=\!=\!=\!5SO_4^{2-}+I_2+H_2O$$
$$IO_3^-+3SO_3^{2-}（大量）\!=\!=\!=\!3SO_4^{2-}+I^-$$

三、仪器、试剂及材料

试剂：KI（0.1mol/L），KBr（0.1mol/L），$MnSO_4$（0.1mol/L），KIO_3（0.1mol/L），Na_2SO_3（0.1mol/L），氯水，溴水，碘水，CCl_4，H_2SO_4（3mol/L，浓），HCl（浓，2mol/L），MnO_2（s），KBr（s），KI（s），KClO（0.1mol/L），$KClO_3$（s），$KClO_4$（s），$Pb(Ac)_2$ 试纸，KI-淀粉试纸，淀粉溶液，pH 试纸，NaCl（s），品红溶液，NaF（0.1mol/L），$Co(NO_3)_2$（0.1mol/L），$AgNO_3$（0.1mol/L），$Ca(NO_3)_2$（0.1mol/L），KOH（2mol/L，6mol/L）。

四、实验内容

1. 单质及卤化物的溶解性

观察氯水、溴水、碘水的颜色，比较碘在水、CCl_4、乙醇及 0.1mol/L KI 水溶液中的溶解情况和颜色，对碘溶液颜色不同加以解释。

比较卤化物的溶解性，取少量 NaF、NaCl、KBr、KI 溶液各两份，分别滴加 $Ca(NO_3)_2$ 和 $AgNO_3$ 溶液，观察现象，写出反应方程式。根据结构理论说明氟化物与其他卤化物为什么不同？

2. 卤素的氧化性

（1）设计实验比较卤素的氧化性　给定试剂：氯水、溴水、0.1mol/L KBr、0.1mol/L KI、CCl_4。

（2）氯水对溴碘离子混合溶液的氧化次序　取 1 滴 0.1mol/L KBr 和 1 滴 0.1mol/L KI 溶液，加入少量 CCl_4，然后滴加氯水，仔细观察 CCl_4 层颜色的变化。用 pH 试纸检查在碘紫色刚消失时的 pH，写出反应方程式，并根据标准电极电势和溶液 pH 说明原因。

3. 卤素离子的还原性

（1）分别向有少量 KI、KBr、NaCl 固体的试管中加入约 0.5mL 浓 H_2SO_4，观察现象，选择试纸检查气体产物，写出反应方程式。

（2）向少量 NaCl 和 MnO_2 混合物加入约 0.5mL 浓 H_2SO_4，并微热，用 KI-淀粉试纸检查气体，写出反应方程式。由实验比较卤素离子还原性的强弱。

4. 卤素歧化反应

（1）次氯酸钾的制备　在 5mL 的氯水中滴加 2mol/L 的 KOH 溶液，使溶液呈碱性而得次氯酸钾溶液（保留后面用），写出反应方程式。

（2）碘的歧化和逆歧化反应　取少量碘水和 CCl_4，先使其呈强碱性，再使其呈强酸性，

观察 CCl_4 层颜色变化，写出反应方程式，并用标准电极电势加以说明。

5. 卤素含氧酸盐的氧化性

（1）取少量已制备的 KClO 溶液两份，分别加入 $MnSO_4$ 溶液和品红溶液，观察现象，写出反应方程式。

（2）取 H_2SO_4 酸化的碘化钾-淀粉溶液，滴加到 KClO 溶液中，观察现象，写出反应方程式。

（3）从试剂瓶中取几滴 10% 的 KClO 溶液，加 1～2 滴 0.1mol/L 的 $Co(NO_3)_2$ 溶液，观察现象，写出反应方程式，说明次氯酸盐的性质。

根据以上反应和电极电势说明次氯酸盐的氧化性。

6. 氯酸钾的氧化性

（1）取少量 $KClO_3$ 晶体两份，分别加入 $MnSO_4$ 溶液和品红溶液并搅拌，观察现象，比较次氯酸盐和氯酸盐氧化性的强弱。

（2）取少量 $KClO_3$ 晶体，加入少量 2mol/L HCl。用 KI-淀粉试纸检查气体产物，写出反应方程式。

（3）取少量 $KClO_3$ 晶体，滴加水溶解后，加少量 KI 溶液和 CCl_4，检查 pH，然后酸化，以 pH 近似计算电极电势，并说明 CCl_4 的颜色为什么不同。

7. 碘酸钾的氧化性

给定试剂：0.1mol/L KIO_3，0.1mol/L Na_2SO_3，3mol/L H_2SO_4，淀粉溶液，pH 试纸。观察实验现象，写出反应方程式。根据用 pH 试纸检查碘酸钾与亚硫酸钠混合溶液的 pH 和标准电极电势的现象，说明碘酸钾氧化性与酸度的关系。

五、注意事项

1. 卤素单质有一定的毒性，注意操作规范，在通风橱内进行。

2. 实验时试剂用量要尽可能少，反应剧烈时要注意安全。

六、思考题

1. 用实验事实说明卤素氧化性和卤离子还原性的强弱。

2. 用实验事实说明次氯酸钾和氯酸钾氧化性的强弱。

3. 用氯水作用 KI 溶液时，如果氯水过量，CCl_4 层碘的紫色会消失；用 Na_2SO_4 溶液作用碘酸钾时，如果 Na_2SO_3 过量，淀粉的蓝色也会消失。两个反应有什么不同？这说明碘的什么性质？

实验 2 碱金属和碱土金属

一、实验目的

1. 学习钾、钠、钙、镁单质的主要性质。

2. 了解碱土金属氢氧化物及其盐类的溶解性。

3. 比较锂盐、镁盐的相似性。

4. 观察焰色反应并掌握其实验方法。

二、实验原理

周期系 I A 族元素称为碱金属，价电子层结构为 ns^1；周期系 II A 族元素称为碱土金属，价电子层结构为 ns^2。这两组元素系周期系中最典型的金属元素，化学性质非常活泼，其单质都是强还原剂。

碱金属盐多数易溶于水，只有少数几种盐难溶，可利用它们的难溶性来鉴定 K^+、Na^+。

碱土金属（M）在空气中燃烧时，生成正常氧化物 MO，同时生成相应的氮化物

M_3N_2，这些氮化物遇水则生成氢氧化物，并放出氨气。钠、钾在空气中燃烧分别生成过氧化钠和超氧化钾。碱金属和碱土金属密度较小，由于它们易与空气或水反应，保存时需浸没在煤油、液体石蜡中以隔绝空气和水。

在碱土金属盐中，硝酸盐、卤化物易溶于水；碳酸盐、草酸盐等难溶于水。可利用难溶盐的生成和溶解性差异来鉴定 Mg^{2+}、Ca^{2+}。

碱金属和碱土金属盐类的焰色反应特征颜色如下：

金属盐类	锂	钠	钾	钙	锶	钡
特征颜色	紫红	黄	浅紫	砖红	洋红	黄绿

三、仪器、试剂及材料

仪器：瓷坩埚，镊子，坩埚钳，烧杯，表面皿。

试剂：钠（s），钾（s），镁（s），钙（s），$KMnO_4$（0.01mol/L），HCl（2.0mol/L），HAc（2.0mol/L），H_2SO_4（0.2mol/L），NaCl（0.01mol/L，1.0mol/L），$MgCl_2$（0.1mol/L），$CaCl_2$（0.1mol/L，0.5mol/L），$BaCl_2$（0.1mol/L，0.5mol/L），Na_2CO_3（饱和），K_2CrO_4（0.5mol/L），Na_2SO_4（0.5mol/L），LiCl（2.0mol/L），NaF（1.0mol/L），Na_3PO_4（1.0mol/L），KCl（1.0mol/L），$SrCl_2$（0.5mol/L），酚酞试液。

材料：滤纸，砂纸，镍铬丝，小刀，红色石蕊试纸。

四、实验内容

1. 钠、钾、镁、钙在空气中的燃烧反应

（1）用镊子取一小块金属钠用滤纸吸干表面的煤油，立即放在坩埚中加热，一旦金属钠开始燃烧即停止加热，观察焰色，冷却至室温，观察产物的颜色。产物冷却后，转移至试管中，加入 2mL 蒸馏水使其溶解，再加 2 滴酚酞试液，观察溶液的颜色。加 0.2mol/L H_2SO_4 溶液酸化后，加 1 滴 0.01mol/L $KMnO_4$ 溶液，观察反应现象，写出有关反应方程式。

（2）用镊子取一小块金属钾用滤纸吸干表面的煤油，立即放在坩埚中加热，一旦金属钾开始燃烧即停止加热，观察焰色，冷却至室温，观察产物的颜色。产物冷却后，转移至试管中，加入 2mL 蒸馏水使其溶解，再加 2 滴酚酞试液，观察溶液的颜色，写出有关反应方程式。

（3）取 0.3g 左右镁粉，放入坩埚中加热使镁粉燃烧，反应完全后，冷却到室温，观察产物颜色。产物冷却后，转移至试管中，加入 2mL 蒸馏水，立即用湿润的红色石蕊试纸检测逸出的气体，然后再加 2 滴酚酞试液，观察溶液的颜色，写出有关反应方程式。

（4）用镊子取一小块金属钙用滤纸吸干表面的煤油，直接在氧化焰中加热，反应完全后，冷却到室温，观察产物颜色。产物冷却后，转移至试管中，加入 2mL 蒸馏水，立即用湿润的红色石蕊试纸检测逸出的气体，然后再加 2 滴酚酞试液，观察溶液的颜色，写出有关反应方程式。

2. 钠、钾、镁、钙与水的反应

（1）在烧杯中加入约 30mL 蒸馏水，用镊子取一小块金属钠用滤纸吸干表面的煤油，放入水中观察反应情况，检验溶液的酸碱性。

（2）在烧杯中加入约 30mL 蒸馏水，用镊子取一小块金属钾用滤纸吸干表面的煤油，放入水中观察反应情况（为了安全，应事先准备好表面皿，当钾放入水中时，应立即盖在烧杯上），比较钠、钾反应的激烈程度，检验溶液的酸碱性。

（3）在两支试管中各加入 2mL 蒸馏水，一支不加热，另一支加热至沸腾，取两根镁条用砂纸擦去氧化膜，将镁条分别放入冷、热水中，比较反应的激烈程度，检验溶液的酸碱性。

（4）用镊子取一小块金属钙，用滤纸吸干表面煤油，使其与冷水反应，比较镁、钙与水反应的激烈程度。

3. 盐类的溶解性

（1）在三支试管中分别加入 1mL 0.1mol/L $MgCl_2$ 溶液、0.1mol/L $CaCl_2$ 溶液及 0.1mol/L $BaCl_2$ 溶液，再分别加入 5 滴饱和 Na_2CO_3 溶液，静置沉淀，倒出上清液，检验各沉淀物是否溶于 2.0mol/L HAc 溶液。

（2）在三支试管中分别加入 1mL 0.1mol/L $MgCl_2$ 溶液、0.1mol/L $CaCl_2$ 溶液及 0.1mol/L $BaCl_2$ 溶液，再分别加入 5 滴 0.5mol/L K_2CrO_4 溶液，观察有无沉淀产生。若有沉淀产生，则分别检验沉淀是否溶于 2.0mol/L HAc 溶液和 2.0mol/L HCl 溶液。

（3）在三支试管中分别加入 1mL 0.1mol/L $MgCl_2$ 溶液、0.1mol/L $CaCl_2$ 溶液及 0.1mol/L $BaCl_2$ 溶液，再分别加入 5 滴 0.5mol/L Na_2SO_4 溶液，观察有无沉淀产生。若有沉淀产生，则分别检验沉淀是否溶于 2.0mol/L HAc 溶液和 2.0mol/L HCl 溶液。

（4）在两支试管中分别加入 0.5mL 2.0mol/L LiCl 溶液及 0.1mol/L $MgCl_2$ 溶液，再分别加入 0.5mL 1.0mol/L NaF 溶液，观察有无沉淀产生。

用 Na_2CO_3 饱和溶液代替 NaF 溶液，重复上述实验内容，观察有无沉淀产生，若无沉淀，可加热观察是否产生沉淀。

用 1.0mol/L Na_3PO_4 溶液代替 Na_2CO_3 饱和溶液，重复上述实验，观察并记录实验现象。

4. 焰色反应

将镍铬丝一端弯成小圆环，蘸取浓 HCl 溶液后在氧化焰中烧至近无色。在点滴板上分别滴入 1～2 滴 2.0mol/L LiCl 溶液，1.0mol/L NaCl 溶液，1.0mol/L KCl 溶液，0.5mol/L $CaCl_2$ 溶液，0.5mol/L $SrCl_2$ 溶液和 0.5mol/L $BaCl_2$ 溶液，用洁净的镍丝蘸取溶液后分别在氧化焰中灼烧，观察并记录火焰颜色。比较 0.01mol/L、1.0mol/L NaCl 溶液和 0.5mol/L Na_2SO_4 溶液焰色反应持续时间的长短（镍铬丝最好不要混用，用前务必要蘸浓 HCl 溶液烧至近无色；钾盐溶液焰色反应时，用蓝色钴玻璃滤掉钠的黄色进行观察）。

五、思考题

1. 为什么碱金属和碱土金属单质一般都放在煤油或液体石蜡中保存？

2. $Mg(OH)_2$ 与 $MgCO_3$ 为什么都可溶于饱和 NH_4Cl 溶液中？

实验 3 氧、硫、氯、溴、碘

一、实验目的

1. 掌握过氧化氢的主要性质。

2. 掌握硫化氢的还原性、亚硫酸及其盐的性质、硫代硫酸及其盐的性质、过二硫酸盐的氧化性。

3. 掌握卤素单质氧化性和卤化氢还原性的递变规律、卤素含氧酸盐的氧化性。

4. 学会 H_2O_2，S^{2-}，SO_3^{2-}，$S_2O_3^{2-}$，Cl^-，Br^-，I^- 的鉴定方法。

二、实验原理

氧和硫是周期系ⅥA族元素，原子的价电子层构型为：ns^2np^4，能形成氧化数为 -1、-2、+4、+6 等化合物。

过氧化氢具有强氧化性，但也能被更强的氧化剂氧化生成氧气。酸性溶液中，H_2O_2 与 $Cr_2O_7^{2-}$ 反应生成蓝色的 CrO_5，这一反应可以用来鉴定 H_2O_2。

H_2S 具有强还原性。在含有 S^{2-} 的溶液中加入稀盐酸，生成的 H_2S 气体能使湿润的 $Pb(Ac)_2$ 试纸变黑。在碱性溶液中，S^{2-} 与 $[Fe(CN)_5NO]^{2-}$ 反应生成紫色配合物：

$$S^{2-} + [Fe(CN)_5NO]^{2-} \longrightarrow [Fe(CN)_5NOS]^{4-}$$

这两种方法用于鉴定 S^{2-}。

SO_2 溶于水生成不稳定的亚硫酸。亚硫酸及其盐常用作还原剂，但遇到强还原剂时也起氧化作用。H_2SO_3 可与某些有机物发生加成反应生成无色加成物，所以具有漂白性。而加成产物受热时往往容易分解。SO_3^{2-} 与 $[Fe(CN)_5NO]^{2-}$ 反应生成红色配合物，加入饱和 $ZnSO_4$ 溶液和 $K_4[Fe(CN)_6]$ 溶液，会使红色明显加深。这种方法用于鉴定 SO_3^{2-}。

硫代硫酸不稳定，因此硫代硫酸盐遇酸容易分解。$Na_2S_2O_3$ 常用作还原剂，还能与某些金属离子形成配合物。$S_2O_3^{2-}$ 与 Ag^+ 反应能生成白色的 $Ag_2S_2O_3$ 沉淀：

$$2Ag^+ + S_2O_3^{2-} \longrightarrow Ag_2S_2O_3(s)$$

$Ag_2S_2O_3(s)$ 能迅速分解为 Ag_2S 和 H_2SO_4：

$$Ag_2S_2O_3(s) + H_2O \longrightarrow Ag_2S(s) + H_2SO_4$$

这一过程伴随颜色由白色变为黄色、棕色，最后变为黑色。这一方法用于鉴定 $S_2O_3^{2-}$。

过二硫酸盐是强氧化剂，在酸性条件下能将 Mn^{2+} 氧化为 MnO_4^-，有 Ag^+（作催化剂）存在时，此反应速率增大。

氯、溴、碘氧化性的强弱次序为：$Cl_2 > Br_2 > I_2$。卤化氢还原性强弱的次序为：$HI > HBr > HCl$。HBr 和 HI 能分别将浓 H_2SO_4 还原为 SO_2 和 H_2S。Br^- 能被 Cl_2 氧化为 Br_2，在 CCl_4 中呈棕黄色。I^- 能被 Cl_2 氧化为 I_2，在 CCl_4 中呈紫色，当 Cl_2 过量时，I_2 被氧化为无色的 IO_3^-。

次氯酸及其盐具有强氧化性。酸性条件下，卤酸盐都具有强氧化性，其强弱次序为 $BrO_3^- > ClO_3^- > IO_3^-$。

Cl^-、Br^-、I^- 与 Ag^+ 反应分别生成 $AgCl$、$AgBr$、AgI 沉淀，它们的溶度积依次减小，都不溶于稀 HNO_3。$AgCl$ 能溶于稀氨水或 $(NH_4)_2CO_3$ 溶液，生成 $[Ag(NH_3)_2]^+$，再加入稀 HNO_3 时，$AgCl$ 会重新沉淀出来，由此可以鉴定 Cl^- 的存在。$AgBr$ 和 AgI 不溶于稀氨水或 $(NH_4)_2CO_3$ 溶液，它们在 HAc 介质中能被锌还原为 Ag，可使 Br^- 和 I^- 进入溶液中，再用氯水将其氧化，可以鉴定 Br^- 和 I^- 的存在。

三、仪器、试剂及材料

仪器：离心机，水浴锅，点滴板。

试剂：H_2SO_4（1.0mol/L，2.0mol/L，1+1，浓），HCl（2.0mol/L，浓），HNO_3（2.0mol/L，浓），HAc（6.0mol/L），$NaOH$（2.0mol/L），$NH_3 \cdot H_2O$（2.0mol/L），KI（0.1mol/L），KBr（0.1mol/L，0.5mol/L），$K_2Cr_2O_7$（0.1mol/L），$KMnO_4$（0.01mol/L），$NaCl$（0.1mol/L，s），$KClO_3$（饱和），$KBrO_3$（饱和），KIO_3（0.1mol/L），$FeCl_3$（0.1mol/L），$ZnSO_4$（饱和），$Na_2[Fe(CN)_5NO]$（1%），$K_4[Fe(CN)_6]$（0.1mol/L），$Na_2S_2O_3$（0.1mol/L），Na_2SO_3（0.1mol/L），Na_2S（0.1mol/L），$(NH_4)_2CO_3$（12%），$AgNO_3$（0.1mol/L），$(NH_4)_2S_2O_8$（0.2mol/L，s），$BaCl_2$（1.0mol/L），$MnSO_4$（0.1mol/L），$NaHSO_3$（0.1mol/L），MnO_2（s），硫粉，KBr（s），KI（s），锌粒，CCl_4，戊醇，$Pb(NO_3)_2$（0.1mol/L），H_2S 饱和溶液，SO_2 饱和溶液，H_2O_2（3%），碘水（0.01mol/L，饱和），淀粉试液，品红溶液，饱和氯水。

材料：pH 试纸，淀粉-KI 试纸，$Pb(Ac)_2$ 试纸，蓝色石蕊试纸。

四、实验内容

1. 过氧化氢的性质

（1）制备少量 PbS 沉淀，离心分离，弃去清液，沉淀用蒸馏水洗涤后加入 3% 的 H_2O_2 溶液，观察实验现象，写出有关反应方程式。

（2）向试管中依次加入 3% 的 H_2O_2 和戊醇各 0.5mL，再加入 3 滴 1.0mol/L 的 H_2SO_4 溶液和 1 滴 0.1mol/L $K_2Cr_2O_7$ 溶液，振荡试管，观察实验现象，写出有关反应方程式。

2. 硫化氢的还原性和 S^{2-} 的鉴定

（1）在试管中加入几滴 0.01mol/L $KMnO_4$ 溶液，用 1.0mol/L H_2SO_4 酸化后，再滴加饱和 H_2S 溶液，观察实验现象，写出有关反应方程式。

（2）在试管中加入几滴 0.1mol/L $FeCl_3$ 溶液，再滴加饱和 H_2S 溶液，观察实验现象，写出有关反应方程式。

（3）在点滴板上加 1 滴 0.1mol/L Na_2S 溶液，再加 1 滴 1% 的 $Na_2[Fe(CN)_5NO]$ 溶液，观察实验现象，写出有关反应方程式。

（4）在试管中加入几滴 0.1mol/L Na_2S 溶液，再滴加几滴 2.0mol/L HCl 溶液，用湿润的 $Pb(Ac)_2$ 试纸检测逸出的气体，观察实验现象，写出有关反应方程式。

3. 多硫化物的生成和性质

在试管中加入 0.1mol/L Na_2S 溶液和少量硫粉，加热数分钟，观察溶液颜色的变化。吸取清液于另一试管中，加入 2.0mol/L HCl 溶液，观察实验现象，并用湿润的 $Pb(Ac)_2$ 试纸检测逸出的气体，观察实验现象，写出有关反应方程式。

4. 亚硫酸的性质和 $S_2O_3^{2-}$ 的鉴定

（1）在试管中加入几滴饱和碘水，加 1 滴淀粉试液，再滴加几滴饱和 SO_2 溶液，观察实验现象，写出有关反应方程式。

（2）在试管中加入几滴饱和 H_2S 溶液，再滴加 2 滴饱和 SO_2 溶液，观察实验现象，写出有关反应方程式。

（3）在试管中加入 3mL 品红溶液，再滴加几滴饱和 SO_2 溶液，振荡后静置片刻，观察溶液颜色的变化。

（4）在点滴板上加饱和 $ZnSO_4$ 溶液和 0.1mol/L $K_4[Fe(CN)_6]$ 溶液各 1 滴，再滴加 1 滴 1% 的 $Na_2[Fe(CN)_5NO]$ 溶液，最后滴加 1 滴 0.1mol/L $Na_2S_2O_3$ 溶液，用玻璃棒搅拌，观察并记录实验现象。

5. 硫代硫酸及其盐的性质

（1）在试管中加入几滴 0.1mol/L $Na_2S_2O_3$ 溶液，再滴加几滴 2.0mol/L HCl 溶液，振荡片刻，观察实验现象，并用湿润的蓝色石蕊试纸检测逸出的气体，写出有关反应方程式。

（2）在试管中加入几滴 0.01mol/L 的碘水，加 1 滴淀粉试液，再逐滴滴加 0.1mol/L $Na_2S_2O_3$ 溶液，观察实验现象，写出有关反应方程式。

（3）在试管中加入几滴饱和氯水，再滴加 0.1mol/L $Na_2S_2O_3$ 溶液，检验是否有 SO_4^{2-} 生成。

（4）在点滴板上加 1 滴 0.1mol/L $Na_2S_2O_3$ 溶液，再滴加 0.1mol/L $AgNO_3$ 溶液至生成白色沉淀，观察颜色的变化，写出有关反应方程式。

6. 过硫酸盐的氧化性

在试管中加入几滴 0.1mol/L $MnSO_4$ 溶液，加入 2.0mL 1.0mol/L H_2SO_4 溶液和 1 滴 0.1mol/L $AgNO_3$ 溶液，再加入少许 $(NH_4)_2S_2O_8$ 固体，在水浴中加热片刻，观察溶液颜色的变化，写出有关反应方程式。

7. 卤化氢的还原性

在 3 支试管中分别加入少许 NaCl，KBr 和 KI 固体，再分别加入 2～3 滴浓 H_2SO_4，观察实验现象，并分别用湿润的 pH 试纸、淀粉-KI 试纸和 $Pb(Ac)_2$ 试纸检测逸出的气体（应在通风橱中进行实验，并立即清洗试管）。

8. 氯、溴、碘含氧酸盐的氧化性

（1）取 2.0mL 氯水，逐滴加入 2.0mol/L NaOH 溶液至呈弱碱性，然后将溶液分装在 3

支试管中。在第 1 支试管中加入 2.0mol/L HCl 溶液，用湿润的淀粉-KI 试纸检验逸出的气体，观察实验现象并记录。在第 2 支试管中加入 0.1mol/L KI 溶液，再滴加 1 滴淀粉试液，观察实验现象并记录。在第 3 支试管中滴加品红溶液，观察实验现象并记录。写出有关的反应方程式。

（2）在试管中加入几滴饱和 $KClO_3$ 溶液，再滴加几滴浓盐酸，检验逸出的气体，写出有关反应方程式。

（3）在试管中加入 2～3 滴 0.1mol/L KI 溶液，加入 3～4 滴饱和 $KClO_3$ 溶液，再逐滴加 H_2SO_4（1＋1）溶液，振荡试管，观察溶液颜色变化，写出有关反应方程式。

（4）在试管中加入几滴 0.1mol/L KIO_3 溶液，酸化后加入几滴 CCl_4，再滴加 0.1mol/L $NaHSO_3$ 溶液，振荡试管，观察现象，写出有关反应方程式。

9. Cl^-，Br^-，I^- 的鉴定

（1）在试管中加入 2 滴 0.1mol/L NaCl 溶液，加入 1 滴 2.0mol/L HNO_3 溶液和 2 滴 0.1mol/L $AgNO_3$ 溶液，观察实验现象。在沉淀中加入几滴 2.0mol/L 氨水溶液，振荡使沉淀溶解，再加几滴 2.0mol/L HNO_3 溶液，观察有何变化，写出有关反应方程式。

（2）在试管中加入 2 滴 0.1mol/L KBr 溶液，加入 1 滴 2.0mol/L H_2SO_4 溶液和 0.5mL CCl_4，再逐滴加入氯水，边加边振荡，观察 CCl_4 层颜色的变化，写出有关反应方程式。

（3）在试管中加入 2 滴 0.1mol/L KI 溶液，加入 1 滴 2.0mol/L H_2SO_4 溶液和 0.5mL CCl_4，再逐滴加入氯水，边加边振荡，观察 CCl_4 层颜色的变化，写出有关反应方程式。

10. Cl^-，Br^-，I^- 的分离与鉴定

取 0.1mol/L NaCl 溶液，0.1mol/L KBr 溶液，0.1mol/L KI 溶液各 2～3 滴混匀，设计实验方案将其分离并鉴定。给定试剂为：2.0mol/L HNO_3 溶液，0.1mol/L $AgNO_3$ 溶液，12％的 $(NH_4)_2CO_3$ 溶液，锌粒，6.0mol/L HAc 溶液，CCl_4 和饱和氯水，图示分离鉴定步骤，记录实验现象，写出有关反应的离子方程式。

五、思考题

1. 长时间放置 H_2S，Na_2S，Na_2SO_3 溶液会发生什么变化？

2. $Na_2S_2O_3$ 溶液和 $AgNO_3$ 溶液反应，试剂的用量不同会导致产物有什么不同？

3. 酸性条件下，$KBrO_3$ 溶液与 KBr 溶液会发生什么反应？$KBrO_3$ 溶液与 KI 溶液又会发生什么反应？

4. 鉴定 Cl^- 时，为什么要先加稀 HNO_3？而鉴定 Br^- 和 I^- 时为什么先加稀 H_2SO_4 而不加稀 HNO_3？

实验 4　氮　　族

一、实验目的

1. 验证硝酸和磷酸盐的性质。
2. 了解砷、铋低价化合物的还原性和高价化合物的氧化性。
3. 掌握 NH_4^+、PO_3^-、NO_2^-、NO_3^- 的鉴定方法。

二、实验原理

氮族是周期表 VA 族元素。它们的价电子层构型为 ns^2np^3，最低氧化数是 －3，最高氧化数是 ＋5。

硝酸是强酸，也是强氧化剂。HNO_3 做氧化剂时，本身的还原产物可能是 NO_2、NO、N_2O、N_2 或者 NH_4^+。具体以何种产物为主，一方面取决于硝酸的浓度，另一方面取决于还原剂的性质。如：

$$S+6HNO_3(浓)\!=\!\!=\!\!=H_2SO_4+6NO_2\uparrow+2H_2O$$

$$Zn+4HNO_3(浓)\!=\!\!=\!\!=Zn(NO_3)_2+2NO_2\uparrow+2H_2O$$

$$3Zn+8HNO_3(稀)\!=\!\!=\!\!=3Zn(NO_3)_2+2NO\uparrow+4H_2O$$

$$4Zn+10HNO_3(极稀)\!=\!\!=\!\!=4Zn(NO_3)_2+NH_4NO_3+3H_2O$$

磷酸是三元酸，它可以形成正磷酸盐、磷酸一氢盐和磷酸二氢盐。磷酸二氢盐都易溶于水，而磷酸一氢盐和正磷酸盐中，除钠盐、钾盐和铵盐外，一般都难溶于水。可溶性磷酸盐在水中都有不同程度的水解，使溶液显示不同的酸碱性。如 Na_2HPO_4 水溶液呈碱性，因为 HPO_4^{2-} 水解程度大于电离程度；Na_3PO_4 水溶液碱性更强，因为 PO_4^{3-} 只进行水解；NaH_2PO_4 水溶液呈弱酸性，因为 $H_2PO_4^-$ 电离程度大于水解程度。

As(Ⅲ)、Sb(Ⅲ)、Bi(Ⅲ) 都有还原性，其还原能力依次减弱。在近中性介质中，I_2 能将 As(Ⅲ) 氧化为 As(Ⅴ) 化合物；而 Bi(Ⅲ) 的还原能力很弱，在强碱性介质中，只有少数强氧化剂才能将其氧化为 Bi(Ⅴ) 化合物。例如：

$$Na_3AsO_3+I_2+H_2O\!=\!\!=\!\!=Na_3AsO_4+2HI$$

$$Bi(OH)_3+Cl_2+3NaOH\!=\!\!=\!\!=NaBiO_3\downarrow+2NaCl+3H_2O$$

$$NaBiO_3+6HCl(浓)\!=\!\!=\!\!=BiCl_3+Cl_2\uparrow+NaCl+3H_2O$$

As(Ⅴ)、Sb(Ⅴ)、Bi(Ⅴ) 的氧化能力依次增强，As(Ⅴ)<Sb(Ⅴ)<Bi(Ⅴ)。$NaBiO_3$ 是强氧化剂，在酸性条件下，它可以将 Mn^{2+} 氧化成 MnO_4^-。

$$10NaBiO_3+4MnSO_4+14H_2SO_4\!=\!\!=\!\!=5Bi_2(SO_4)_3+3Na_2SO_4+4NaMnO_4+14H_2O$$

三、仪器、试剂及材料

仪器：试管，烧杯（250mL），表面皿，点滴板，酒精灯。

试剂：HCl（浓、2mol/L），H_2SO_4（浓、3mol/L），HNO_3（浓、6mol/L、3mol/L），HAc（6mol/L），NaOH（6mol/L），$NH_3\cdot H_2O$（2mol/L），$NaNO_2$（0.5mol/L），$NaNO_3$（0.5mol/L），Na_3PO_4（0.1mol/L，0.5mol/L），NaH_2PO_4（0.1mol/L），Na_2HPO_4（0.1mol/L），Na_3AsO_3（0.1mol/L），KI（0.1mol/L），$CaCl_2$（0.1mol/L），$BaCl_2$（0.1mol/L），$MnSO_4$（0.1mol/L），$Bi(NO_3)_3$（0.1mol/L），$FeSO_4$（饱和溶液），碘水，溴水，蒸馏水，$(NH_4)_2MoO_4$ 试液（0.1mol/L），淀粉试液（1%），奈氏试剂，$NaBiO_3$（s）。

材料：锌粒，硫粉，淀粉-KI试纸，红色石蕊试纸，pH试纸。

四、实验步骤

1. HNO_3 的性质

(1) HNO_3 与非金属的反应　取一支试管，加入少许硫粉，再加入 1mL 浓 HNO_3 后，微热（在通风橱内进行）。冷却后，取少量反应后的溶液于另一支试管中，逐滴加入 0.1mol/L $BaCl_2$ 溶液。检查有无 SO_4^{2-} 生成，写出反应方程式。

(2) HNO_3 与金属的反应　取三支试管，各加入一粒锌粒。然后在第一支试管中加入 5 滴浓 HNO_3，第二支试管中加入 1mL 6mol/L HNO_3（水浴中微热），第三支试管中加入 2mL 蒸馏水和 2 滴 3mol/L HNO_3（水浴中微热）。观察实验现象，并检查第三支试管中有无 NH_4^+ 生成，写出反应方程式。NH_4^+ 的鉴定方法如下。

① 奈氏试剂法　取 2 滴试液于白色点滴板的凹穴中，加入 2 滴奈氏试剂 $[K_2(HgI_4)$ 碱性溶液]。若有黄棕色沉淀产生，证明 NH_4^+ 存在。

② 气室法　取两个干燥洁净的表面皿（一大一小），在大的表面皿中心加入 5 滴试液和 5 滴 6mol/L NaOH 溶液，在小的表面皿中心黏附一条润湿的红色石蕊试纸，盖在大的表面皿上做成气室。在水浴上微热。如试纸变蓝，证明有 NH_4^+ 存在。

2. 磷酸盐的性质

(1) 酸碱性　用 pH 试纸分别测定 0.1mol/L Na_3PO_4、0.1mol/L Na_2HPO_4、0.1mol/L NaH_2PO_4 溶液的 pH 值。

(2) 溶解性　取三支试管，分别加入 5 滴 0.1mol/L Na_3PO_4、0.1mol/L Na_2HPO_4、0.1mol/L NaH_2PO_4 溶液，再各加入 5 滴 0.1mol/L $CaCl_2$ 溶液，观察有无沉淀产生。然后再分别逐滴加入 2mol/L $NH_3 \cdot H_2O$，观察有何变化？最后再分别逐滴加入 2mol/L HCl 溶液，又有何变化？解释实验现象，写出反应方程式。

3. As(Ⅲ)、Bi(Ⅲ) 的还原性

(1) As(Ⅲ) 的还原性　取一支试管，加入 0.5mL 0.1mol/L Na_3AsO_3 溶液，再逐滴加入碘水，观察并解释实验现象，写出反应方程式。

(2) Bi(Ⅲ) 的还原性　取一支试管，加入 1mL 0.1mol/L $Bi(NO_3)_3$ 溶液，再加入 1mL 6mol/L NaOH 溶液，然后逐滴加入氯水。水浴加热，观察黄色粒状沉淀产生。倾去溶液，在沉淀上逐滴加入浓 HCl，有什么现象？用淀粉-KI 试纸检验生成的气体。解释实验现象，写出反应方程式。

根据以上实验，比较 As(Ⅲ)、Bi(Ⅲ) 还原能力的强弱。

4. As(Ⅴ)、Bi(Ⅴ) 的氧化性

(1) As(Ⅴ) 的氧化性　取一支试管，加入 0.5mL 0.1mol/L Na_3AsO_3 和 0.5mL 浓 HCl，再逐滴加入 0.1mL 0.1mol/L KI 溶液，然后加入 1 滴 1% 淀粉试液。观察并解释实验现象，写出反应方程式。

(2) Bi(Ⅴ) 的氧化性　取一支试管，加入 2 滴 0.1mol/L $MnSO_4$ 溶液和 1mL 3mol/L H_2SO_4 溶液，再加入少许固体 $NaBiO_3$，振荡并微热。有什么现象？解释实验现象，写出反应方程式。

根据以上实验，比较 As(Ⅴ)、Bi(Ⅴ) 氧化能力的强弱。

5. 离子鉴定

(1) NO_2^- 的鉴定　取一支试管，加入 0.5mL 0.5mol/L $NaNO_2$ 溶液和 0.5mL 6mol/L HAc 溶液，再加入 1mL 饱和 $FeSO_4$ 溶液（新配制的）。若溶液显棕色，证明有 NO_2^- 存在。

(2) NO_3^- 的鉴定　取一支试管，加入 0.5mL 0.5mol/L $NaNO_3$ 和 1mL $FeSO_4$ 溶液（新配制的）。摇匀后，沿试管壁慢慢加入 1mL 浓 HSO_4。若在浓 H_2SO_4 与溶液接界处出现棕色环，证明有 NO_3^- 存在。

(3) PO_4^{3-} 的鉴定　取一支试管，加入 5 滴 0.5mol/L Na_3PO_4 溶液和 0.5mL 浓 HNO_3，再加入 1mL 0.1mol/L $(NH_4)_2MoO_4$ 试液。微热。若有黄色沉淀产生，证明有 PO_4^{3-} 存在。

五、思考题

1. 为什么一般不用 HNO_3 作为酸性反应介质？稀 HNO_3 与金属的作用和稀盐酸或稀硫酸与金属的作用有什么不同？

2. 为什么鉴定 NO_3^- 时，需用浓 H_2SO_4 酸化，而鉴定 NO_2^- 时可用 HAc 酸化？

3. 在近中性溶液中，I_2 能将 AsO_3^{3-} 氧化为 AsO_4^{3-}，在酸性溶液中 H_3AsO_4 又能将 I^- 氧化为 I_2。怎样解释这种现象？

实验 5　铜、银、锌、汞

一、实验目的

1. 了解铜、银、锌、汞氧化物或氢氧化物的酸碱性，硫化物的溶解性。

2. 掌握铜（Ⅰ）、铜（Ⅱ）重要化合物的性质和相互转化条件。

3. 试验并熟悉铜、银、锌、汞的配位能力，以及 Hg_2^{2+} 和 Hg^{2+} 的转化。

二、实验原理

铜、银、锌和汞属于 ds 区元素，它们的价电子层结构分别为 $(n-1)d^{10}ns^1$ 和 $(n-1)d^{10}ns^2$。在化合物中常见的氧化值，铜为 +2 和 +1，银为 +1，锌为 +2，汞为 +2 和 +1。这些元素的简单阳离子具有或接近 18e 的构型。在化合物中与某些阳离子有较强的相互极化作用，成键的共价成分较大。多数化合物较难溶于水，对热稳定性较差，易形成配位化合物，化合物常显不同的颜色。

例如，这些元素的氢氧化物均较难溶于水，且易脱水变成氧化物。银和汞的氢氧化物极不稳定。常温下即失水变成 Ag_2O（棕黑色）和 HgO（黄色）。黄色 HgO 加热则生成橘红色 HgO 变体。

$Cu(OH)_2$ 和 $Zn(OH)_2$ 在常温下较稳定，但受热亦会失水成氧化物。浅蓝色 $Cu(OH)_2$ 在 80℃ 失水成棕黑色 CuO，白色 $Zn(OH)_2$ 在 125℃ 开始失水成黄色（冷后为白色）的 ZnO。

$Zn(OH)_2$ 呈典型的两性氢氧化物，$Cu(OH)_2$ 呈较弱的两性（偏碱），$Hg(OH)_2(HgO)$ 呈碱性，而 $AgOH$ 为强碱性。Cu^{2+}、Ag^+、Zn^{2+}、Hg^{2+} 与 Na_2S 溶液反应都生成难溶的硫化物，即 CuS（黑色）、Ag_2S（黑色）、ZnS（白色）和 HgS（黑色）。其中 HgS 可溶于过量的 Na_2S，与 S^{2-} 生成无色的 $[HgS_2]^{2-}$ 配离子。若在此溶液中加入盐酸又生成黑色 HgS 沉淀。此反应可作为分离 HgS 的方法。根据 ZnS、CdS、Ag_2S、CuS 和 HgS 溶度积大小，ZnS 可溶于稀酸，AgS 和 CuS 溶于氧化性的 HNO_3，而 HgS 溶于王水。

铜、银、锌和汞的阳离子都有较强的接受配体的能力，易与 H_2O、NH_3、X^-、CN^-、SCN^- 和 en 等形成配离子。例如 $[Cu(en)_2]^{2-}$、$[Ag(SCN)_2]^-$、$[Zn(H_2O)_4]^{2+}$、$[Cd(NH_3)_4]^{2+}$ 和 $[HgCl_4]^{2-}$ 等。

Hg^{2+} 与 I^- 反应先生成橘红色 HgI_2 沉淀，加入过量的 I^- 则生成无色的 HgI_4^{2-} 配离子，它和 KOH 的混合溶液称为奈斯勒试剂，该试剂能有效地检验铵盐的存在。Cu^{2+}、Ag^+、Zn^{2+}、Cd^{2+} 与氨水反应生成 $[Cu(NH_3)_4]^{2+}$（深蓝）、$[Ag(NH_3)_2]^+$（无色）、$[Zn(NH_3)_4]^{2+}$（无色）、$[Cd(NH_3)_4]^{2+}$（无色）等配离子。Hg^{2+} 只有在过量的铵盐存在下才与 NH_3 生成配离子。当铵盐不存在时，则生成氨基化合物沉淀。如：

$$HgCl_2 + 2NH_3 \Longrightarrow Hg(NH_2)Cl\downarrow(白) + NH_4Cl$$

$$Hg_2Cl_2 + 2NH_3 \Longrightarrow Hg(NH_2)Cl\downarrow(白) + Hg\downarrow(黑) + NH_4Cl(观察为灰色)$$

Cu^{2+} 具有氧化性，与 I^- 反应，产物不是 CuI_2，而是白色的 CuI：

$$2Cu^{2+} + 4I^- \Longrightarrow 2CuI\downarrow(白) + I_2$$

将 $CuCl_2$ 溶液与铜屑混合，加入浓盐酸，加热可得黄褐色 $[CuCl_2]^-$ 的溶液。将溶液稀释，得白色 $CuCl$ 沉淀：

$$Cu + Cu^{2+} + 4Cl^- \Longrightarrow 2[CuCl_2]^-$$

$$[CuCl_2]^- \xrightarrow{稀释} CuCl\downarrow(白) + Cl^-$$

卤化银难溶于水，但可利用形成配合物而使之溶解。例如：

$$AgCl + 2NH_3 \Longrightarrow [Ag(NH_3)_2]^+ + Cl^-$$

红色 HgI_2 难溶于水，但易溶于过量 KI 中，形成四碘合汞（Ⅱ）配离子：

$$HgI_2 + 2I^- \Longrightarrow [HgI_4]^{2-}$$

黄绿色 Hg_2I_2 与过量 KI 反应时，发生歧化反应，生成 $[HgI_4]^{2-}$ 和 Hg：

$$Hg_2I_2 + 2I^- \Longrightarrow [HgI_4]^{2-} + Hg\downarrow(黑)$$

三、仪器、试剂及材料

仪器：试管，烧杯，量筒，离心机，抽滤瓶，布氏漏斗。

试剂：NaOH [2mol/L（新配）、6mol/L、40%]，KOH（40%），氨水（2mol/L、浓），H_2SO_4（2mol/L），HNO_3（2mol/L），HCl（2mol/L、浓），$CuSO_4$（0.2mol/L），$CuCl_2$（0.5mol/L），$AgNO_3$（0.2mol/L），KI（0.1mol/L），$Na_2S_2O_3$（0.5mol/L），KSCN（0.1mol/L），$ZnSO_4$（0.2mol/L），$Hg(NO_3)_2$（0.2mol/L），$HgCl_2$（0.2mol/L），$SnCl_2$（0.2mol/L），NaCl（0.2mol/L），Na_2S（1mol/L），葡萄糖溶液（10%），碘化钾（s），蒸馏水。

材料：铜屑，金属汞。

四、实验内容

1. 铜、银、锌、汞氢氧化物和氧化物的生成和性质

（1）铜、锌氢氧化物的生成和性质　向两支试管中分别加入 5 滴 0.2mol/L $CuSO_4$、$ZnSO_4$ 溶液，滴加新配制的 2mol/L NaOH 溶液，观察溶液的颜色和状态。将生成的沉淀和溶液摇荡均匀后分为两份，一份滴加 2mol/L H_2SO_4 溶液，第二份滴入过量的 2mol/L NaOH 溶液，观察有何现象？写出反应方程式。

（2）银、汞氧化物的生成和性质

① 氧化银的生成和性质　取 5 滴 0.1mol/L $AgNO_3$ 溶液，慢慢滴加新配制的 2mol/L NaOH 溶液，振荡，观察 Ag_2O（为什么不是 AgOH？）的颜色和状态。洗涤并离心分离沉淀，将沉淀分成两份，分别与 2mol/L HNO_3 溶液和 2mol/L 氨水反应，观察现象，并写出反应方程式。

② 氧化汞的生成和性质　取 0.5mL 0.2mol/L $Hg(NO_3)_2$ 溶液，慢慢滴入新配制的 2mol/L NaOH 溶液，振荡，观察溶液的颜色和状态。将沉淀分成两份，分别与 2mol/L HNO_3 和 40% NaOH 溶液反应，观察现象，并写出反应方程式。

2. 锌、汞硫化物的生成和性质

往盛有 0.5mL 0.2mol/L $ZnSO_4$、0.2mol/L $Hg(NO_3)_2$ 溶液的试管中，分别滴入 1mol/L Na_2S 溶液，观察沉淀的生成和颜色。

将沉淀离心分离、洗涤，然后将每种沉淀分成三份：一份加入 2mol/L HCl，另一份加入浓 HCl，再一份加入王水（自配，HCl：HNO_3 ＝ 3：1），水浴加热，观察沉淀溶解情况。

根据实验现象并查阅有关数据，对铜、银、锌、汞硫化物的溶解情况作出结论。写出反应方程式。

3. 铜、银、锌、汞的配合物

（1）氨合物的生成　往四支分别盛有 5 滴 0.2mol/L $CuSO_4$、$AgNO_3$、$ZnSO_4$、$HgCl_2$ 溶液的试管中，分别滴入 2mol/L 氨水，观察沉淀的生成。继续加入过量的 2mol/L 氨水，又有何现象发生？写出反应方程式。比较 Cu^{2+}、Ag^+、Zn^{2+}、Hg^{2+} 与氨水反应有什么不同。

（2）汞配合物的生成和应用

① 往盛有 0.5mL 0.2mol/L $Hg(NO_3)_2$ 溶液的试管中，滴入 0.2mol/L KI，观察沉淀的生成和颜色。再往该沉淀中加入少量 KI 固体（直至沉淀刚好溶解为止，不要过量），溶液显何色？写出反应方程式。

在所得的溶液中，滴入几滴 40% KOH，再与氨水反应，观察沉淀的颜色。

② 往 5 滴 0.2mol/L $Hg(NO_3)_2$ 溶液中，逐滴加入 0.1mol/L KSCN 溶液，最初生成白色 $Hg(SCN)_2$ 沉淀，继续滴加 KSCN 溶液，沉淀溶解生成 $[Hg(SCN)_4]^{2-}$ 配离子。再在该溶液中加几滴 0.2mol/L $ZnSO_4$ 溶液，观察白色 $Zn[Hg(SCN)_4]$ 沉淀的生成（该反应可定

性检验 Zn^{2+}），必要时用玻璃棒摩擦试管壁。

4. 铜、银、汞的氧化还原性

（1）氧化亚铜的生成和性质　取 0.5mL 0.2mol/L $CuSO_4$ 溶液，注入过量的 6mol/L NaOH 溶液，使起初生成的蓝色沉淀全部溶解成深蓝色溶液。再往此澄清的溶液中注入 1mL 10%葡萄糖溶液，混匀后微热，观察有何现象（有黄色沉淀产生进而变成红色沉淀）？写出反应方程式。离心分离并且用蒸馏水洗涤沉淀，将沉淀分成两份：一份沉淀与 1mL 2mol/L H_2SO_4 作用，静置一会儿，注意沉淀的变化。然后加热至沸腾，观察有何现象？另一份沉淀中加入 1mL 浓氨水，振摇后，静置 10min，观察清液颜色。放置一段时间后，溶液为什么会变成深蓝色？

（2）氯化亚铜的生成和性质　取 1.0mL 0.5mol/L $CuCl_2$ 溶液，加 10 滴浓 HCl 和少量铜屑，加热直到溶液变成深棕色为止。取出几滴，注入 1mL 蒸馏水中，如有白色沉淀产生，则迅速把全部溶液倒入 20mL 蒸馏水中，观察沉淀的生成。等大部分沉淀析出后，静置，倾出上层清液，并用少量蒸馏水洗涤沉淀。取出少许沉淀，分成两份。一份与浓氨水反应，另一份与浓 HCl 反应，观察沉淀是否溶解？写出反应方程式。

（3）碘化亚铜的生成和性质　取 1mL 0.2mol/L 的 $CuSO_4$ 溶液，滴入 0.1mol/L 的 KI 溶液，观察有何变化？再滴入少量 0.5mol/L $Na_2S_2O_3$ 溶液，以除去反应中生成的碘（加入 $Na_2S_2O_3$ 不能过量，否则就会使碘化亚铜溶解，为什么？）。观察碘化亚铜的颜色和状态，写出反应方程式。

（4）汞（Ⅱ）和汞（Ⅰ）的相互转化

① Hg^{2+} 的氧化性　往 0.2mol/L $HgCl_2$ 溶液中，滴入 0.2mol/L $SnCl_2$ 溶液（先适量，后过量），观察现象。写出反应方程式。

② Hg^{2+} 转化为 Hg_2^{2+} 和 Hg_2^{2+} 的歧化分解　往 0.2mol/L $HgCl_2$ 溶液中，滴入金属汞 1 滴，充分振荡。用滴管把清液转入两支试管中（余下的汞回收），在一支试管中注入 0.2mol/L NaCl 溶液，观察现象。写出反应方程式。另一支试管中加入 2mol/L 氨水，观察现象，写出反应式。

五、注意事项

1. 本实验涉及的化合物的种类和颜色较多，需仔细观察。
2. 涉及汞的实验毒性较大，做好回收工作。

六、思考题

1. 使用汞时应注意什么？为什么储存汞时要用水封？
2. 用平衡原理预测在硝酸亚汞溶液中通入硫化氢气体后，生成的沉淀物为何物，并加以解释。

实验 6　铁、钴、镍

一、实验目的

1. 试验并掌握二价铁、钴、镍的还原性和三价铁、钴、镍的氧化性。
2. 试验并掌握铁、钴、镍配合物的生成和 Fe^{2+}、Fe^{3+}、Co^{2+}、Ni^{2+} 的鉴定方法。
3. 了解金属铁腐蚀的基本原理及其防止腐蚀的方法。

二、实验原理

铁、钴、镍属于第八族元素，又称铁系元素。氢氧化铁为红棕色固体，氢氧化亚铁为白色固体，但是氢氧化亚铁很容易被氧气氧化为氢氧化铁。在 Fe^{3+} 的溶液中滴加 NH_4SCN 会得到 Fe^{3+} 的血红色配合物，而在 Fe^{2+} 的溶液中滴加 NH_4SCN 不会有沉淀生成，也不会有颜色。

在 Co^{2+} 和 Ni^{2+} 的溶液中滴加强碱，会生成粉红色氢氧化钴（Ⅱ）和苹果绿色的氢氧化镍（Ⅱ）沉淀，氢氧化钴（Ⅱ）会被空气中的氧缓慢氧化为暗棕色的氧化物水合物 $Co_2O_3 \cdot xH_2O$。氢氧化镍（Ⅱ）需要在浓碱溶液中用较强的氧化剂（如次氯酸钠）才能氧化为黑色的 $NiO(OH)$。Co_2O_3 和 $NiO(OH)$ 会和水或酸根离子迅速发生氧化还原反应。

在水溶液中 Fe^{3+} 和 Fe^{2+} 的水配合物的颜色分别为淡紫色和淡绿色。在 Fe^{3+} 和 Fe^{2+} 的溶液中分别滴加 $K_4[Fe(CN)_6]$ 和 $K_3[Fe(CN)_6]$ 溶液，都得到蓝色沉淀，它们是组成相同的普鲁士蓝和滕氏蓝，可以用来鉴定 Fe^{3+} 和 Fe^{2+} 的存在。

由于 Co^{3+} 在水溶液中不稳定，所以一般是将 Co^{2+} 的盐溶在含有配合物的溶液中，用氧化剂将其氧化，从而得到 Co^{3+} 的配合物。

在含有 Co^{2+} 的溶液中滴加 NH_4SCN 溶液，会生成蓝色的 $[Co(SCN)_4]^{2-}$，由此鉴定 Co^{2+} 的存在。

在含有 Ni^{2+} 的溶液中逐滴滴加氨水，会得到蓝色 Ni^{2+} 的配合物，在此基础上继续滴加丁二酮肟，得到鲜红色螯合物沉淀，由此鉴定 Ni^{2+} 的存在。

三、仪器、试剂及材料

仪器：试管、离心试管。

试剂：H_2SO_4（1mol/L、6mol/L），HCl（稀，1mol/L），NaOH（6mol/L、2mol/L），氨水（6mol/L，浓），$(NH_4)_2Fe(SO_4)_2$（0.1mol/L），$CoCl_2$（0.1mol/L），$NiSO_4$（0.1mol/L），KI（0.5mol/L），$K_4[Fe(CN)_6]$（0.5mol/L），$FeCl_3$（0.2mol/L），KSCN（0.5mol/L），H_2O_2（3%），草酸钾（1∶10），硫酸铜（1∶10），赤血盐（1∶10），醋酸（1∶10），氯水，碘水，四氯化碳，戊醇，乙醚，亚铁氰化铜，蒸馏水。

材料：KI-淀粉试纸，砂纸，锌片，锡片，铁钉。

四、实验步骤

1. 铁（Ⅱ）、钴（Ⅱ）、镍（Ⅱ）的化合物的还原性

（1）铁（Ⅱ）的还原性

① 酸性介质：往盛有 5 滴氯水的试管中加入 2 滴 6mol/L 硫酸溶液，然后滴加硫酸亚铁铵溶液 1～2 滴，观察现象，写出反应式。（如现象不明显，可加 1 滴 KSCN 溶液，出现红色，证明有 Fe^{3+} 生成）

② 碱性介质：在一试管中放入 2mL 蒸馏水和 3 滴 6mol/L 硫酸溶液，煮沸，以赶尽溶于其中的空气，然后溶入少量硫酸亚铁铵晶体（溶液表面若加 3～4 滴用以隔绝空气，效果更好）。在另一试管中加入 1mL 6mol/L 氢氧化钠溶液，煮沸（为什么?）。冷却后，用一长滴管吸取氢氧化钠溶液，插入硫酸亚铁铵溶液（直至试管底部）内，慢慢放出氢氧化钠（整个操作都要避免空气带进溶液中，为什么?）观察产物颜色和状态。振荡后放置一段时间，观察又有何变化。写出反应方程式。产物留作下面实验用（产物1）。

（2）钴（Ⅱ）的还原性

① 往盛有氯化钴溶液的试管中注入氯水，观察有何变化。

现象及解释：无现象。在中性或酸性介质中钴（Ⅱ）、镍（Ⅱ）比较稳定。

② 在盛有 0.5mL 氯化钴溶液的试管中滴入 2mol/L 氢氧化钠溶液，观察沉淀的生成。将所得沉淀分为两份，一份置于空气中，一份加入新配制的氯水，观察有何变化，第二份留作下面实验用（产物2）。

（3）镍（Ⅱ）的还原性　用硫酸镍溶液按上述实验方法操作，观察现象，第二份沉淀留作后面实验用（产物3）。

2. 铁（Ⅲ）、钴（Ⅲ）、镍（Ⅲ）的化合物的氧化性

（1）在上述实验保留下来的氢氧化铁（产物1）、氢氧化钴（产物2）和氢氧化镍（产物3）沉淀中均加入浓盐酸，振荡后各有何变化，并用 KI-淀粉试纸检验所放出的气体。

（2）在上述制得的三氯化铁溶液中注入碘化钾溶液，再注入四氯化碳，振荡后，观察现象，写出反应方程式。

3. 配合物的生成和 Fe^{2+}、Fe^{3+}、Co^{2+} 的鉴定方法

（1）铁的配合物

① 往盛有 1mL 亚铁氰化钾溶液的试管里，注入约 0.5mL 碘水，摇动试管后，滴入数滴硫酸亚铁铵溶液，有何现象发生。此为 Fe^{2+} 的鉴定反应。

② 向盛有 1mL 新配制的硫酸亚铁铵溶液的试管里注入碘水摇动试管后，将溶液分成两份，并各滴入数滴硫氰化钾溶液，然后向其中一支试管中注入约 0.5mL 3% H_2O_2 溶液，观察现象。此为 Fe^{3+} 的鉴定反应。

试从配合物的生成对电极电势的改变来解释为什么 $[Fe(CN)_6]^{4-}$ 能把 I_2 还原成 I^-，而 Fe^{2+} 则不能。

③ 往三氯化铁溶液中注入亚铁氰化钾溶液，观察现象，写出反应方程式。这也是鉴定 Fe^{3+} 的一种常用方法。

④ 往盛有 0.5mL 0.2mol/L 三氯化铁的试管中，滴入浓氨水直至过量，观察沉淀是否溶解。

⑤ *照片调色：黑白照片的调色是借助化学反应将银的图像变成其他的有色化合物，使照片色泽鲜艳美观或防止变色。这种染色过程在照相化学中称为调色。现介绍红色调色法。

调色液的配制：取 5mL 草酸钾（1∶10）溶液，2mL 硫酸铜溶液（1∶10），1mL 赤血盐溶液（1∶10），1mL 醋酸（1∶10）溶液，40mL 水注入 250mL 烧杯中混合备用。

调色：先将黑白照片放在清水中浸泡约 10min，然后放入调色液中进行调色。其色调是靠亚铁氰化铜产生的，在照片上渐渐地呈现红色色调。当认为颜色合适时，取出照片，用清水冲洗，最后晾干或上光。

（2）钴的配合物

① 往盛有 1mL 氯化钴溶液的试管里加入少量的固体硫氰化钾，观察固体周围的颜色，再注入 0.5mL 戊醇和 0.5mL 乙醚，振荡后，观察水相和有机相的颜色，这个反应可用来鉴定钴（Ⅱ）离子。

② 往 0.5mL 氯化钴溶液中滴加浓氨水，至生成的沉淀刚好溶解为止，静置一段时间后，观察溶液的颜色有何变化。

（3）镍的配合物 往盛有 2mL 0.1mol/L $NiSO_4$ 溶液中加入过量 6mol/L 氨水，观察现象。静置片刻，再观察现象，写出离子反应方程式。把溶液分成四份：一份加 2mol/L NaOH 溶液，一份加 1mol/L H_2SO_4 溶液，一份加水稀释，一份煮沸，观察有何变化。

4. *铁的腐蚀和防腐

（1）铁的腐蚀 在两支试管中，各注入 1/2 试管的水，加 2 滴稀盐酸和几滴亚铁氰化钾溶液，然后将两只分别夹有同样大小的锌片和锡片（或锌粒和锡粒，均用砂纸擦净）的回形针（可事先将回形针在 2mol/L 硝酸里稍浸泡一下，以除去其表面的镍镀层）分别投入这两支试管中。数分钟后观察试管中溶液的颜色，应用铁、锌、锡的电位顺序分析上述所发生的反应。试说明白口铁（阳极镀层）、马口铁（阴极镀层）的腐蚀过程。

（2）铁的防腐 氧化膜保护层：把擦净了的铁钉系在细铁丝上，先用 1mol/L 盐酸后用

水洗涤，取 20mL 混合液于小烧杯中加热至沸。将铁钉浸在其中，几分钟后取出铁钉，观察现象。

注：标记"＊"的为选作实验内容。

五、注意事项

1. 制备 $Fe(OH)_2$ 时，要细心操作，注意不能引入空气。

2. 欲使 $Co(OH)_2$、$Ni(OH)_2$ 沉淀在浓氨水中完全溶解，最好加入少量的固体 NH_4Cl。

3. Zn 粒和 Sn 粒均需用砂纸擦净表面的氧化物，使用完后必须回收。

六、思考题

1. 总结鉴别 Fe^{2+}、Fe^{3+}、Co^{2+} 的方法。

2. 稀三氯化铁溶液为淡黄色，当它遇到什么物质时，可以呈现出血红色、浅绿色、蓝色，说出各物质的名称。

3. 根据实验结果比较 $[Co(NH_3)_6]^{2+}$ 配离子和 $[Ni(NH_3)_6]^{2+}$ 配离子氧化还原稳定性的相对大小及溶液的稳定性。

4.2　化学原理及平衡实验

实验 7　醋酸解离常数的测定

（一）pH 法

一、实验目的

1. 了解 pH 法测定醋酸解离常数的原理和方法。

2. 学习并掌握酸度计的使用方法，练习滴定管和移液管的基本操作。

二、实验原理

HAc 为一元弱酸，在水溶液中存在如下解离平衡：

$$HAc \Longrightarrow H^+ + Ac^- \qquad K_a$$

起始浓度（mol/L）　　　　　c　　　0　　　0

平衡浓度（mol/L）　　$c-c\alpha$　　$c\alpha$　　$c\alpha$

K_a 表示 HAc 的解离常数，α 为解离度，c 为起始浓度。根据定义：

$$\alpha = \frac{c(H^+)}{c} \qquad K_a = \frac{c\alpha^2}{1-\alpha}$$

醋酸溶液总浓度 c 可以用 NaOH 标准溶液滴定测定。配制一系列已知浓度的醋酸溶液，在一定温度下，用酸度计测出其 pH 值，求出对应的 $c(H^+)$，再由上述公式计算出该温度下一系列对应的 α 和 K_a 值。取所得的一系列 $K_a^{\ominus}$ 值的平均值，即为该温度下醋酸的解离常数。

三、仪器、试剂及材料

仪器：酸度计，碱式滴定管（50mL），锥形瓶（250mL），移液管（25mL），吸量管（5mL），容量瓶（50mL），烧杯（50mL）。

试剂：HAc（0.1mol/L），NaOH 标准溶液，酚酞。

四、实验内容

1. 醋酸溶液浓度的标定

在 3 支 250mL 锥形瓶中，用 25mL 移液管分别移取三份 25.00mL 0.1mol/L 的 HAc 溶液，各加 2～3 滴酚酞，分别用 NaOH 标准溶液滴定至呈微红色，30s 内不褪色为止，记下所用 NaOH 溶液的体积，填入表 4-1，并计算出 HAc 溶液的浓度。

表 4-1　醋酸溶液浓度的测定

滴定序号	1	2	3
HAc 溶液用量/mL		25.00	
标准 NaOH 溶液浓度/(mol/L)			
标准 NaOH 溶液用量/mL			
HAc 溶液 测定浓度/(mol/L)			
HAc 溶液 平均浓度/(mol/L)			

2. 配制不同浓度的醋酸溶液

用吸量管或移液管分别移取 2.50mL、5.00mL、25.00mL 上述已知其准确浓度的 HAc 溶液于 3 个 50mL 容量瓶中，用蒸馏水稀释至刻度，摇匀，即制得了浓度为 $c/20$、$c/10$、$c/2$ 的 HAc 溶液。

3. 不同浓度醋酸溶液 pH 值的测定

将 4 支 50mL 干燥的小烧杯编号，并分别加入上述四种（$c/20$、$c/10$、$c/2$、c）已知准确浓度的 HAc 溶液约 25mL，按由稀到浓的次序，用酸度计分别测出其 pH，记录数据和室温，填入表 4-2。

表 4-2　HAc 解离常数的测定　　　　　室温：

编号	$c/(mol/L)$	pH	$c(H^+)$	α	K_a 测定值	K_a 平均值
1						
2						
3						
4						

4. 数据处理

根据测得的数据，计算各 HAc 溶液的解离度和该温度下 HAc 的解离常数，填入表 4-2。

五、注意事项

1. 电极每次使用前应先用蒸馏水冲洗干净，再用软纸擦干，注意保护玻璃膜。实验完毕将电极洗净，套入盛有 KCl 溶液的帽中。

2. pH 测定由低浓度到高浓度进行。

3. 已知 pH 的缓冲溶液应用专用、洁净的小烧杯取 1/3 体积即可，用后倒回，不要污染。

4. 若酸度计不稳定，可以按住确定键，重新打开开关，重新启动酸度计。

六、思考题

1. 预习酸度计的使用及酸式、碱式滴定管的基本操作，拟定各部分的实验数据记录表格，明确每一步测定的意义和原理。

2. 酸度计是如何定位的？其目的何在？

3. 为什么要预先标定 HAc 的准确浓度？它对测定结果有何影响？

4. 如何确保各个烧杯中 HAc 溶液的指定浓度？

（二）电导率法

一、实验目的

1. 掌握测定醋酸的离解度和离解常数的方法。
2. 了解电导率仪的工作原理，学习电导率仪的使用。
3. 学习滴定管的洗涤、装液、排泡等基本操作。
4. 巩固电导、电导率、摩尔电导率的概念。

二、实验原理

已知醋酸是弱电解质，在溶液中达到平衡时，其解离平衡常数 K_a 与溶液的浓度 c 及解离度 α 的关系如下：

$$K_a = \frac{c\alpha^2}{1-\alpha} \tag{4-1}$$

解离度 α 可用电导法测定。导体的导电能力可以用电导 G 来表示，将电解质溶液置于两平行的电极之间，若电极面积为 A，两电极间距离为 l，则溶液的电导：

$$G = \kappa \frac{A}{l} \tag{4-2}$$

$$\kappa = GK_{cell} = \frac{K_{cell}}{R} \tag{4-3}$$

式中，κ 为电导率，S/m。对于给定的电导池，A 和 l 均为常数，$\dfrac{A}{l}$ 为电导池系数，以 K_{cell} 表示，单位为 m^{-1}。

1. K_{cell} 的测定

将一个已知电导率的溶液注入该电导池中，恒温后，测其电阻，应用式(4-3) 可求得 K_{cell} 值，本实验中用 $0.01mol/dm^3$ 的 KCl 溶液作为标准溶液，在 25℃时，其 κ 值为 $0.1413S/m$。
又已知溶液的摩尔电导率 Λ_m 与电导率 κ 之间的关系为：

$$\kappa(溶质) = \kappa(溶液) - \kappa(溶剂) \tag{4-4}$$

2. 解离度 α 的测定

弱电解质的解离度 α 与摩尔电导率 Λ_m 之间的关系如下：

$$\alpha = \frac{\Lambda_m}{\Lambda_m^\infty} \tag{4-5}$$

式中，Λ_m^∞ 为溶液在无限稀释时的摩尔电导率。25℃时，醋酸的 Λ_m^∞ 为 $0.03897S \cdot m^2/mol$。求得 α 后，应用式(4-1) 即可求得 K_a。

三、仪器、试剂及材料

仪器：DDS-11A 型电导率仪 1 台，电导池 1 只，恒温槽 1 台，移液管，容量瓶，烧杯等。
试剂：KCl 标准溶液（0.0100mol/L），HAc（0.1200mol/L）。

四、实验步骤

1. 测定电导池系数 K_{cell}

恒温槽温度调至 25℃，倾去电导池（烧杯）中的纯水，用少量 0.0100mol/L KCl 标准溶液细心洗涤电导池中的铂黑电极，重复润洗 3 次。然后倒入 0.0100mol/L KCl 溶液，使液面超过电极 1～2cm，在已调节好温度的恒温槽中恒温 5min，按照电导率仪使用方法测定。摇动电导池数次，再恒温 3min，重复进行 3 次测定，取平均值。

2. 测定纯水的电导率 $\kappa(H_2O)$

纯水（溶剂）的洗涤方法与操作是用纯水洗涤电导池中的铂黑电极，重复润洗 3 次。然后在烧杯中倒入纯水，使液面超过电极 1～2cm，在已调节好温度的恒温槽中恒温 5min。按仪器操作法，重复进行 3 次测定，取平均值。

3. 测定醋酸的电导率 κ（HAc）

准确地由 0.1200mol/L HAc 溶液配制 0.0600mol/L、0.0300mol/L 及 0.0150mol/L HAc 溶液。分别测定 0.0150mol/L、0.0300mol/L、0.0600mol/L、0.1200mol/L HAc 溶液的电导率。各重复进行 3 次测定，各取平均值。醋酸溶液的电导率测定完毕后，再次测定电导池系数 K_{cell}，以鉴定实验过程中电导池是否改变。

4. 求解

求 25℃时醋酸的解离度和解离平衡常数。

五、注意事项

1. 电导池常数测定后，"常数校正"旋钮不能再动。

2. 温度对电导率影响极为显著，所以测定时务必注意水浴温度是否恒定，并随时调准。

3. 选用量程时，能在低一挡量程内测量的，不放在高一挡测量。在低挡量程内，若已超出量程，仪器显示屏左侧第一位显示 1（溢出显示），此时，需选高一档测量。

4. 测定按照浓度由小到大的顺序。

5. 每次洗涤铂电极时，务必小心，切不可损伤铂黑，而使之脱落。

6. 电极的引线不能潮湿，否则将导致测量误差。

六、思考题

1. 为什么要测电导池系数？如何得到该常数？

2. 测电导时为什么要恒温？实验中测电导池系数和溶液电导，温度是否要一致？

3. 实验中为何用镀铂黑电极？使用时的注意事项有哪些？

实验 8 B-Z 振荡反应

一、实验目的

1. 了解 Belousov-Zhabotinski 反应（简称 B-Z 反应）的基本原理及研究化学振荡反应的方法。

2. 初步理解自然界中普遍存在的非平衡非线性的问题。

3. 掌握研究化学振荡反应的一般方法。

二、实验原理

非平衡非线性问题是自然科学领域中普遍存在的问题。目前，这一新兴的研究领域已受到足够重视，大量的研究工作正在进行。该领域研究的主要问题是：在远离平衡态下，体系由于本身的非线性动力学机制而产生宏观时空有序结构，比利时的普里戈金（I. Prigogine）等称其为耗散结构（dissipative structure）。B-Z 体系是最典型的时空有序结构（耗散结构），服从非线性的微分方程。B-Z 振荡反应是由苏联科学家 B. P. Belousov 发现，后经 A. M. Zhabotinsky 研究而得出的。所谓 B-Z 体系是指由溴酸盐、有机物在酸性介质中，在有（或无）金属离子催化剂催化下构成的体系。

最著名的化学振荡反应是 1959 年首先由别诺索夫（Belousov）观察发现，随后柴波廷斯基（Zhabotinski）继续了该反应的研究。他们报道了以金属铈离子作催化剂时，柠檬酸被 $HBrO_3$ 氧化可发生化学振荡现象，后来又发现了一批溴酸盐的类似反应，人们把这类反应称为 B-Z 振荡反应。例如丙二酸在溶有硫酸铈的酸性溶液中被溴酸钾氧化的反应就是一个典型的 B-Z 振荡反应。

1972 年，R. J. Fiela、E. Koros、R. Noyes 等通过实验对上述振荡反应进行了深入研究，提出了 FKN 机理，反应由以下三个主过程组成。

过程 A
$$Br^- + BrO_3^- + 2H^+ \longrightarrow HBrO_2 + HBrO \tag{4-6}$$
$$Br^- + HBrO_2 + H^+ \longrightarrow 2HBrO \tag{4-7}$$

过程 B
$$HBrO_2 + BrO_3^- + H^+ \longrightarrow 2BrO_2 \cdot + H_2O \tag{4-8}$$
$$BrO_2 + Ce^{3+} + H^+ - e^- \longrightarrow HBrO_2 + Ce^{4+} \tag{4-9}$$
$$2HBrO_2 \longrightarrow BrO_3^- + H^+ + HBrO \tag{4-10}$$

过程 C
$$4Ce^{4+} + BrCH(COOH)_2 + H_2O + HBrO \longrightarrow 2Br^- + 4Ce^{3+} + 3CO_2 + 6H^+ \tag{4-11}$$

过程 A 是消耗 Br^-，产生能进一步反应的 $HBrO_2$，$HBrO$ 为中间产物。

过程 B 是一个自催化过程，在 Br^- 消耗到一定程度后，$HBrO_2$ 才按式(4-8)、式(4-9)进行反应，并使反应不断加速，与此同时，Ce^{3+} 被氧化为 Ce^{4+}。$HBrO_2$ 的累积还受到式(4-10) 的制约。

过程 C 为丙二酸被溴化为 $BrCH(COOH)_2$，与 Ce^{4+} 反应生成 Br^- 使 Ce^{4+} 还原为 Ce^{3+}。

过程 C 对化学振荡非常重要，如果只有 A 和 B，就是一般的自催化反应，进行一次就完成了。正是 C 的存在，以丙二酸的消耗为代价，重新得到 Br^- 和 Ce^{3+}，反应得以再启动，形成周期性的振荡。

该体系的总反应为：

$$3H^+ + 3BrO_3^- + 5CH_2(COOH)_2 \xrightarrow{Ce^{3+}} 3BrCH(COOH)_2 + 4CO_2 + 5H_2O + 2HCOOH$$

振荡的控制离子是 Br^-。

由上述可见，产生化学振荡需满足以下三个条件：

(1) 反应必须远离平衡态。化学振荡只有在远离平衡态，具有很大的不可逆程度时才能发生。在封闭体系中振荡是衰减的，在敞开体系中，可以长期持续振荡。

(2) 反应历程中应包含有自催化的步骤。产物之所以能加速反应，因为是自催化反应，如过程 A 中的产物 $HBrO_2$ 同时又是反应物。

(3) 体系必须有两个稳态存在，即具有双稳定性。

化学振荡体系的振荡现象可以通过多种方法观察到，如观察溶液颜色的变化，测定电势随时间的变化。

三、仪器、试剂及材料

丙二酸（分析纯），溴酸钾（优级纯），硫酸铈铵（分析纯），浓硫酸（分析纯），邻菲罗啉，$FeSO_4 \cdot 7H_2O$（s），$(NH_4)_2Ce(NO_3)_6$（s），去离子水。

四、实验步骤

1. 浓度振荡现象的观察

在 100mL 烧杯中，先倒入 600mL 去离子水，再依次溶入 16g 丙二酸（s）、6g $KBrO_3$（s）、3mL 邻菲罗啉亚铁指示剂［邻菲罗啉 0.135g，$FeSO_4 \cdot 7H_2O$（s）0.07g 溶于 10mL 去离子水而成］，0.5g $(NH_4)_2Ce(NO_3)_6$（s），再在搅拌条件下加 26mL H_2SO_4（浓），静置片刻后即可发现溶液颜色先由红变蓝，又由蓝变红，开始出现周期振荡现象。

试亚铁灵指示剂：称取 1.458g 邻菲罗啉，0.695g 硫酸亚铁（$FeSO_4 \cdot 7H_2O$）溶于水中，稀释至 100mL，储于棕色瓶中。

2. 空间化学波现象的观察

先配制以下几种溶液：将 3mL H_2SO_4（浓）和 11g $KBrO_3$（s）溶解在 134mL 去离子水中制得溶液 I；将 1.1g $KBrO_3$（s）溶解在 10cm³ 去离子水中制得溶液 II；将 2g 丙二酸（s）溶在 20cm³ 去离子水中制得溶液 III。

接着在一小烧杯中先加入 18cm³ 溶液 I，再加入 1.5cm³ 溶液 II 和 3cm³ 溶液 III，待溶液澄清后，再加入3cm³ 邻菲罗啉亚铁指示剂，充分混合后，倒入一直径为9cm的培养皿中，将培养皿水平放在桌面上盖上盖子，下面放一张白纸以利观察。培养皿中的溶液先呈均匀的红色，片刻后溶液中出现蓝点，并成环状向外扩展，形成各种同心圆式图案。如果倾斜培养皿使一些同心圆破坏，则可观察到螺旋式图案的形成，这些图案同样能向四周扩展。

五、注意事项

B-Z振荡的探究实验中要控制好温度，并准确记录振荡周期。

六、思考题

1. B-Z振荡可应用于哪些领域？
2. B-Z振荡实验受哪些因素的影响？

实验9 摩尔气体常数的测定

一、实验目的

1. 学习测定摩尔气体常数的一种方法。
2. 掌握理想气体状态方程式和分压定律。

二、实验原理

在一定温度 T 和压力 p 下，通过测定一定质量 m 的金属铝与过量盐酸反应所生成氢气的体积 V，应用理想气体状态方程式即可算出摩尔气体常数 R。

金属铝与盐酸反应的方程式为：

$$2Al(s) + 6HCl(aq) \longrightarrow 2AlCl_3(aq) + 3H_2(g)$$

反应所生成的氢气的体积可以通过实验测得。氢气的物质的量 $n(H_2)$ 可以根据反应的计量关系由铝的质量及物质的量求得。实验时的温度和压力可以分别由温度计和压力计测得。由于氢气是采用排水集气法收集的，氢气中还混有水蒸气。在实验温度下水的饱和蒸气压 $p(H_2O)$ 可从数据表中查出。根据分压定律，氢气的分压

$$p(H_2) = p - p(H_2O)$$

将以上各项数据代入理想气体状态方程式中，即可算出 R。

$$pV = nRT$$

三、仪器、试剂及材料

仪器：铁架台，蝶形夹，铁圈，十字头，夹子，碱式滴定管，试管，玻璃漏斗。

试剂：HCl（6mol/L）。

材料：铝片。

四、实验步骤

（1）准确称取铝片的质量（在 0.0220～0.0300g 范围内）。

（2）按图 4-1 所示装好仪器。取下小试管，移动漏斗和铁圈，使量气管中的水面略低于刻度零，然后把铁圈固定。

（3）在小试管中用滴管加入 3mL 6mol/L HCl 溶液，注意不要使盐酸沾湿液面以上管壁。将已称量的铝片蘸少许水，贴在试管内壁上，但切勿与盐酸接触。将小试管固定，塞紧橡皮塞。

（4）检验仪器是否漏气。方法如下：将水平管（漏斗）向下（或向上）移动一段距离，使水平管中水面略低（或略高）于量气管中的水面。固定水平管后，量气管中的水面如果不断下降（或上升），表示装置漏气，应检查各连接处是否接好（经

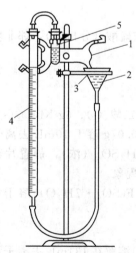

图 4-1 测定摩尔气体
常数的装置

1—滴定管夹；2—漏斗；3—铁圈；4—量气筒；5—小试管

常是由于橡皮塞没有塞紧）。按此法检验直到不漏气为止。

（5）调整水平管的位置，使量气管内水面与水平管内水面在同一水平面上（为什么?），然后准确读出量气管内水的弯月面最低点的读数 V_1。

（6）轻轻摇动试管，使铝片落入盐酸中，铝片即与盐酸反应放出氢气。此时量气管内水面即开始下降。为了不使量气管内气压增大而造成漏气，在量气管内水平面下降的同时，慢慢下移水平管，使水平管内的水面和量气管内的水面基本保持相同水平。反应停止后，待试管冷却到室温（约10min），移动水平管，使水平管内的水面和量气管内的水面相平，读出反应后量气管内水面的精确读数 V_2。

（7）记录实验时的室温 t 和大气压力 p。

（8）从表4-3中查出室温时水的饱和蒸气压 $p(H_2O)$。

表 4-3　不同温度下水的饱和蒸气压

温度/℃	压力/Pa	温度/℃	压力/Pa	温度/℃	压力/Pa	温度/℃	压力/Pa
10	1228	16	1817	22	2643	28	3779
11	1312	17	1937	23	2809	29	4005
12	1402	18	2063	24	2984	30	4242
13	1497	19	2197	25	3167	31	4492
14	1598	20	2338	26	3361	32	4754
15	1705	21	2486	27	3565	33	5030

五、数据记录及处理

铝片的质量 $m(Al)=$ _____ g，铝片的物质的量 _____ mol

反应前量气管中的液面读数 $V_1=$ _____ mL

反应后量气管中的液面读数 $V_2=$ _____ mL

氢气的体积 $V(H_2)=V_2-V_1=$ _____ mL

室温 $t=$ _____ ℃　$T=$ _____ K

大气压力 $p=$ _____ mmHg$=$ _____ Pa

室温时水的饱和蒸气压 $p(H_2O)=$ _____ Pa

氢气的分压 $p(H_2)=p-p(H_2O)=$ _____ Pa

氢气的物质的量 $n(H_2)=$ _____ mol

摩尔气体常数 $R=\dfrac{p(H_2)V(H_2)}{n(H_2)T}=$ _____ J/(mol·K)

相对误差 $E_r=\dfrac{|R_{通用}-R_{实验}|}{R_{通用}}\times100\%=$ _____ %

根据所得到的实验值，与一般通用的数值 $R=8.314$J/(mol·K) 进行比较，讨论造成误差的主要原因。

六、思考题

1. 实验中需要测量哪些数据?

2. 为什么必须检查仪器装置是否漏气? 如果装置漏气，将造成怎样的误差?

3. 在读取量气管中水面的读数时，为什么要使水平管中的水面与量气管中的水面相平?

实验10　化学反应速率与活化能的测定

一、实验目的

1. 了解浓度、温度及催化剂对化学反应速率的影响。

2. 测定 $(NH_4)_2S_2O_8$ 与 KI 反应的速率、反应级数、速率系数和反应的活化能。

3. 练习在水浴中进行恒温操作。

4. 学习根据实验数据作图。

二、实验原理

$(NH_4)_2S_2O_8$ 和 KI 在水溶液中发生如下反应：

$$S_2O_8^{2-}(aq) + 3I^-(aq) \Longrightarrow 2SO_4^{2-}(aq) + I_3^-(aq) \tag{4-12}$$

这个反应的平均反应速率为

$$\bar{v} = -\frac{\Delta c(S_2O_8^{2-})}{\Delta t} = kc^\alpha(S_2O_8^{2-})c^\beta(I^-)$$

式中，$\bar{v}$ 为反应的平均反应速率；$\Delta c(S_2O_8^{2-})$ 为 Δt 时间内 $S_2O_8^{2-}$ 的浓度变化；$c(S_2O_8^{2-})$、$c(I^-)$ 为 $S_2O_8^{2-}$、I^- 的起始浓度；k 为该反应的速率系数；α、β 为反应物 $S_2O_8^{2-}$、I^- 的反应级数；$\alpha+\beta$ 为该反应的总级数。

为了测出在一定时间（Δt）内 $S_2O_8^{2-}$ 的浓度变化，在混合 $(NH_4)_2S_2O_8$ 和 KI 溶液的同时，加入一定体积的已知浓度的 $Na_2S_2O_3$ 溶液和淀粉，这样在反应式（4-12）进行的同时，还有以下反应发生：

$$2S_2O_3^{2-}(aq) + I_3^-(aq) \Longrightarrow S_4O_6^{2-}(aq) + 3I^-(aq) \tag{4-13}$$

由于反应式（4-13）的速率比反应式（4-12）的大得多，由反应式（4-12）生成的 I_3^- 会立即与 $S_2O_3^{2-}$ 反应生成无色的 $S_4O_6^{2-}$ 和 I^-。这就是说，在反应开始的一段时间内，溶液呈无色，但当 $Na_2S_2O_3$ 一旦耗尽，由反应式（4-12）生成的微量 I_3^- 就会立即与淀粉作用，使溶液呈蓝色。

由反应式（4-12）和反应式（4-13）的关系可以看出，每消耗 1mol $S_2O_8^{2-}$ 就要消耗 2mol 的 $S_2O_3^{2-}$，即

$$\Delta c(S_2O_8^{2-}) = \frac{1}{2}\Delta c(S_2O_3^{2-})$$

由于在 Δt 时间内，$S_2O_3^{2-}$ 已全部耗尽，所以 $\Delta c(S_2O_3^{2-})$ 实际上就是反应开始时 $Na_2S_2O_3$ 的浓度，即

$$-\Delta c(S_2O_3^{2-}) = c_0(S_2O_3^{2-})$$

这里的 $c_0(S_2O_3^{2-})$ 为 $Na_2S_2O_3$ 的起始浓度。在本实验中，由于每份混合液中 $Na_2S_2O_3$ 的起始浓度都相同，因而 $\Delta c(S_2O_3^{2-})$ 也是相同的，这样，只要记下从反应开始到出现蓝色所需要的时间（Δt），就可以算出一定温度下该反应的平均反应速率：

$$\bar{v} = -\frac{\Delta c(S_2O_8^{2-})}{\Delta t} = -\frac{\Delta c(S_2O_3^{2-})}{2\Delta t} = \frac{c_0(S_2O_3^{2-})}{2\Delta t}$$

按照初始速率法，从不同浓度下测得的反应速率，即可求出该反应的反应级数 α 和 β，进而求得反应的总级数（$\alpha+\beta$），再由 $k = \dfrac{v}{c^\alpha(S_2O_8^{2-})c^\beta(I^-)}$ 求出反应的速率系数 k。

由 Arrhenius 方程得

$$\lg k = A - \frac{E_a}{2.303RT}$$

式中，E_a 为反应的活化能；R 为摩尔气体常数，$R = 8.314 \text{J/(mol} \cdot \text{K)}$；$T$ 为热力学温度。

求出不同温度时的 k 值后，以 $\lg k$ 对 $\dfrac{1}{T}$ 作图，可得一直线，由直线的斜率 $\left(-\dfrac{E_a}{2.303R}\right)$ 可求

得反应的活化能 E_a。

Cu^{2+} 可以加快 $(NH_4)_2S_2O_8$ 与 KI 反应的速率，Cu^{2+} 的加入量不同，加快的反应速率也不同。

三、仪器、试剂及材料

仪器：恒温水浴一台，烧杯（50mL5 个，分别标上 1、2、3、4、5），量筒 [10mL 4 个，分别贴上 0.2mol/L $(NH_4)_2S_2O_8$，0.2mol/L KI，0.2mol/L KNO_3，0.2mol/L $(NH_4)_2SO_4$；5mL 2 个，分别贴上 0.05mol/L $Na_2S_2O_3$，0.2%淀粉]，秒表 1 块，玻璃棒或电磁搅拌器。

试剂：$(NH_4)_2S_2O_8$ （0.2mol/L），KI （0.2mol/L），$Na_2S_2O_3$ （0.05mol/L），KNO_3 （0.2mol/L），$(NH_4)_2SO_4$ （0.2mol/L），淀粉溶液 （0.2%），$Cu(NO_3)_2$ （0.02mol/L）。

四、实验步骤

1. 浓度对反应速率的影响，求反应级数、速率系数

在室温下，按表 4-3 所列各反应物用量，用量筒准确量取各试剂，除 0.2mol/L $(NH_4)_2S_2O_8$ 溶液外，其余各试剂均可按用量混合在各编号烧杯中，当加入 0.2mol/L $(NH_4)_2S_2O_8$ 溶液时，立即计时，并把溶液混合均匀（用玻璃棒搅拌或把烧杯放在电磁搅拌器上搅拌），等溶液变蓝时停止计时，记下时间 Δt 和室温。

计算每次实验的反应速率 v，并填入表 4-4 中。

表 4-4　浓度对反应速率的影响　　　　　　　　　室温：15℃

实验编号	1	2	3	4	5
$V[(NH_4)_2S_2O_8]$/mL	10	5	2.5	10	10
$V(KI)$/mL	10	10	10	5	2.5
$V(Na_2S_2O_3)$/mL	3	3	3	3	3
$V(KNO_3)$/mL	—	—	—	5	7.5
$V[(NH_4)_2SO_4]$/mL	—	5	7.5	—	—
$V(淀粉溶液)$/mL	1	1	1	1	1
$c_0(S_2O_8^{2-})$/(mol/L)					
$c_0(I^-)$/(mol/L)					
$c_0(S_2O_3^{2-})$/(mol/L)					
Δt/s					
$\Delta c(S_2O_3^{2-})$/(mol/L)					
v/[mol/(L·s)]					
k/[(mol/L)$^{1-\alpha-\beta}$/s]					
$c_0^{\alpha}(S_2O_8^{2-})$					
$c_0^{\beta}(I^-)$					

2. 温度对反应速率的影响，求活化能

按表 4-4 中实验 1 的试剂用量分别在高于室温 5℃、10℃和 15℃的温度下进行实验。这样就可测得这三个温度下的反应时间，并计算三个温度下的反应速率及速率系数，把数据和实验结果填入表 4-5 中。

表 4-5　温度对反应速率的影响

实验编号	T/K	$\Delta t/s$	$v/[\text{mol}/(\text{L}\cdot\text{s})]$	$k/[(\text{mol}/\text{L})^{1-\alpha-\beta}/\text{s}]$	$\lg k$	$\dfrac{1}{T}/\text{K}^{-1}$

利用表 4-5 中各次实验的 k 和 T，作 $\lg k - \dfrac{1}{T}$ 图，求出直线的斜率，进而求出反应式 (4-12) 的活化能 E_a。

3. 催化剂对反应速率的影响

在室温下，按表 4-4 中实验 1 的试剂用量，再分别加入 1 滴、5 滴、10 滴 0.02mol/L Cu(NO$_3$)$_2$ 溶液 [为使总体积和离子强度一致，不足 10 滴的用 0.2mol/L (NH$_4$)$_2$SO$_4$ 溶液补充]。

将表 4-6 中的反应速率与表 4-4 中的进行比较，你能得出什么结论？

表 4-6　催化剂对反应速率的影响

实验编号			
加入 Cu(NO$_3$)$_2$ 溶液(0.02mol/L)的滴数			
反应时间 $\Delta t/s$			
反应速率 $v/[\text{mol}/(\text{L}\cdot\text{s})]$			

五、思考题

1. 若用 I^-（或 I_3^-）的浓度变化来表示该反应的速率，则 v 和 k 是否和用 $S_2O_8^{2-}$ 的浓度变化表示的一样？

2. 实验中当蓝色出现后，反应是否就终止了？

实验 11　碘化铅溶度积常数的测定

一、实验目的

1. 了解用分光光度计测定难溶盐溶度积常数的原理和方法。

2. 学习 T6 新世纪分光光度计的使用方法。

二、实验原理

碘化铅是难溶电解质，在其饱和溶液中存在如下沉淀-溶解平衡：

$$\text{PbI}_2(\text{s}) \Longrightarrow \text{Pb}^{2+}(\text{aq}) + 2\text{I}^-(\text{aq})$$

一定温度下，在 PbI$_2$ 的饱和溶液中，标准溶度积常数（简称溶度积）的表达式为：

$$K_{sp}^{\ominus}(\text{PbI}_2) = [c(\text{Pb}^{2+})/c^{\ominus}] \times [c(\text{I}^-)/c^{\ominus}]^2$$

按不同体积比将已知浓度的 Pb(NO$_3$)$_2$ 溶液和 KI 溶液进行混合，反应达到沉淀-溶解平衡，通过测定溶液中的 $c(\text{I}^-)$，再根据 PbI$_2$ 饱和溶液中的化学计量关系 $c(\text{I}^-)=2c(\text{Pb}^{2+})$，就可以求得 PbI$_2$ 的溶度积常数。

在酸性条件下用 KNO$_2$ 将无色的 I$^-$ 氧化为 I$_2$（确保 I$_2$ 浓度在其饱和浓度以下），I$_2$ 在水溶液中呈棕黄色。在 525nm 波长下，用分光光度计测定由各饱和溶液配制的 I$_2$ 溶液的吸光度 A，然后由标准吸收曲线查出 $c(\text{I}^-)$，则可计算出饱和溶液中的 $c(\text{I}^-)$。

三、仪器、试剂及材料

仪器：T6新世纪分光光度计，比色皿（1cm），烧杯（50mL），试管，吸量管，漏斗。

试剂：HCl溶液（6.0mol/L），$Pb(NO_3)_2$（0.015mol/L），KI（0.035mol/L，0.0035mol/L），KNO_2（0.020mol/L）。

材料：滤纸，镜头纸，橡皮塞。

四、实验步骤

1. 绘制A-$c(I^-)$的标准曲线

在5支干净、干燥的小试管中分别加入1.00mL、1.50mL、2.00mL、2.50mL、3.00mL 0.0035mol/L的KI溶液，并加去离子水使总体积为4.0mL，再分别加入2.00mL 0.020mol/L的KNO_2溶液及1滴6.0mol/L的HCl溶液。摇匀后，分别倒入比色皿中。以水作为参比溶液，在525nm波长下测定吸光度。以吸光度A为纵坐标，以$c(I^-)$为横坐标，绘制A-$c(I^-)$标准曲线图。

2. PbI_2饱和溶液的制备

（1）取3支干净、干燥的试管，按表4-7用量用吸量管加入0.015mol/L的$Pb(NO_3)_2$溶液、0.035mol/L的KI溶液以及去离子水。

表4-7 试剂用量

试管编号	$V[Pb(NO_3)_2]$/mL	$V(KI)$/mL	$V(H_2O)$/mL
1	5.00	3.00	2.00
2	5.00	4.00	1.00
3	5.00	5.00	0.00

（2）用橡皮塞塞紧试管，充分摇荡试管，大约摇20min，将试管静置3~5min。

（3）将制得的含有PbI_2固体的饱和溶液在装有干燥滤纸的漏斗上进行过滤，同时用干净、干燥的试管接取滤液。弃去沉淀，保留滤液。

（4）在3支干净、干燥的试管中分别注入1号、2号、3号PbI_2的饱和溶液2mL，再分别注入3mL 0.020mol/L KNO_2溶液、2mL去离子水及1滴6.0mol/L的HCl溶液。摇匀后，分别倒入比色皿中，以水为参比溶液，在525nm波长下测定溶液的吸光度。

五、数据记录及处理

实验数据填入表4-8中。

表4-8 碘化铅溶度积常数的测定数据

试管编号	1	2	3
$V[Pb(NO_3)_2]$/mL			
$V(KI)$/mL			
$V(H_2O)$/mL			
$V_总$/mL			
稀释后溶液的吸光度A			
由标准曲线查得$c(I^-)$/(mol/L)			
平衡时$c(I^-)$/(mol/L)			
平衡时溶液$n(I^-)$/mol			
初始$n(Pb^{2+})$/mol			
初始$n(I^-)$/mol			
沉淀中$n(I^-)$/mol			

试管编号	1	2	3
沉淀中 $n(Pb^{2+})$/mol			
平衡时溶液中 $n(Pb^{2+})$/mol			
平衡时 $c(Pb^{2+})$/(mol/L)			
$K_{sp}^{\ominus}(PbI_2)$			

注：1. 氧化后得到的 I_2 浓度应小于室温下 I_2 的溶解度，否则所测浓度将小于实际浓度。

2. 在加入 KNO_2 将 I^- 氧化为 I_2 时，应迅速将混合溶液摇匀，并转入比色皿中，防止时间过长影响实验数据的准确性。

六、思考题

1. 在配制 PbI_2 饱和溶液的过程中为什么要求充分摇荡？

2. 如果使用去离子水润洗过的试管配制比色溶液，将对实验结果产生什么影响？

实验12　分光光度法测定 $\left[Ti(H_2O)_6\right]^{3+}$ 的分裂能

一、实验目的

1. 了解配合物的吸收光谱。

2. 了解用分光光度法测定配合物分裂能的原理和方法。

3. 学习 721 型（或 72 型、722 型）分光光度计的使用方法。

二、实验原理

配离子 $\left[Ti(H_2O)_6\right]^{3+}$ 的中心离子 Ti^{3+}（$3d^1$）仅有一个 3d 电子，在基态时，这个电子处于能量较低的 t_{2g} 轨道，当它吸收一定波长的可见光的能量时，就会在分裂的 d 轨道之间跃迁（称为 d-d 跃迁），即由 t_{2g} 轨道跃迁到 e_g 轨道。

3d 电子所吸收光子的能量应等于 e_g 轨道和 t_{2g} 轨道之间的能量差 $\left[E(e_g)-E(t_{2g})\right]$，亦在数值上和 $\left[Ti(H_2O)_6\right]^{3+}$ 的分裂能 Δ_o 相等。

$$E_{光}=h\nu=E(e_g)-E(t_{2g})=\Delta_o$$

因为
$$h\nu=\frac{hc}{\lambda}=hc\sigma \quad (\sigma \text{ 称为波数})$$

所以
$$\sigma=\frac{\Delta_o}{hc}$$

式中，h 为普朗克常数；c 为光速。可见分裂能 Δ_o 的大小取决于波数 σ。因此习惯上就直接用 σ 表示分裂能的大小。

所以
$$\Delta_o \propto \sigma=\frac{1}{\lambda}\times10^7\,cm^{-1} \quad (\lambda \text{ 单位为 nm})$$

λ 可以通过吸收光谱求得：选取一定浓度的 $\left[Ti(H_2O)_6\right]^{3+}$ 溶液，用分光光度计测出在不同波长 λ 下的吸光度 A，以 A 为纵坐标，λ 为横坐标作图可得吸收曲线，曲线最高峰所对应的 λ_{max} 为 $\left[Ti(H_2O)_6\right]^{3+}$ 的最大吸收波长，所以

$$\Delta_o \propto \sigma=\frac{1}{\lambda_{max}}\times10^7\,cm^{-1}$$

三、仪器、试剂及材料

仪器：721 型（或 72 型、722 型）分光光度计，烧杯（50mL），移液管（5mL），洗耳球，容量瓶（50mL）。

试剂：$TiCl_3$（15%～20%，AR），去离子水。

四、实验步骤

（1）用吸量管取 5mL 15%～20% $TiCl_3$ 溶液于 50mL 容量瓶中，加去离子水水稀释至刻度。

（2）吸光度 A 的测定　以去离子水为参比液，用分光光度计在波长 460～550nm 范围内，每隔 10nm 测一次 $[Ti(H_2O)_6]^{3+}$ 的吸光度 A，在接近峰值附近，每间隔 5nm 测一次数据。

五、数据记录及处理

（1）将测定实验数据填入表 4-9 中。

表 4-9　用分光光度计测定不同波长 λ 下的吸光度 A

λ/nm	A	λ/nm	A
460		505	
470		510	
480		520	
490		530	
495		540	
500		550	

（2）作图以 A 为纵坐标，λ 为横坐标作 $[Ti(H_2O)_6]^{3+}$ 的吸收曲线。

（3）计算 Δ_o。　在吸收曲线上找出最高峰所对应的波长 λ_{max}，计算 $[Ti(H_2O)_6]^{3+}$ 的分裂能 $\Delta_o =$ ＿＿＿ cm^{-1}。

注：① 所有盛过钛盐溶液的容器，实验后应洗净。

② 由于 Cl^- 有一定的配位作用，会影响 $[Ti(H_2O)_6]^{3+}$ 的实验结果，如以 $Ti(NO_3)_3$ 代替 $TiCl_3$，由于 NO_3^- 的配位作用极弱，会得到较好的实验结果。

六、思考题

1. 使用分光光度计有哪些注意事项？

2. Δ_o 的单位通常是什么？

实验 13　银氨配离子配位数及稳定常数的测定

一、实验目的

1. 练习滴定操作。

2. 应用配位平衡和沉淀平衡知识测定 $[Ag(NH_3)_n]^+$ 的配位数 n 及其稳定常数 $K_f^{\ominus}$。

二、实验原理

在硝酸银溶液中加入过量氨水，生成稳定的 $[Ag(NH_3)_n]^+$：

$$Ag^+(aq) + nNH_3(aq) \Longrightarrow [Ag(NH_3)_n]^+(aq)$$

$$K_f^{\ominus} = \frac{c([Ag(NH_3)_n^+])/c^{\ominus}}{[c(Ag^+)/c^{\ominus}][c(NH_3)/c^{\ominus}]^n}$$

再往溶液中逐渐滴加溴化钾溶液，直到开始有淡黄色的 AgBr 沉淀出现为止：

$$Ag^+(aq) + Br^-(aq) \Longrightarrow AgBr(s)$$

$$K_{sp}^{\ominus} = [c(Ag^+)/c^{\ominus}][c(Br^-)/c^{\ominus}]$$

沉淀平衡与配位平衡相加：

$$[Br^-] = [Br^-]_0 \times \frac{V(Br^-)}{V_t}$$

$$[Ag(NH_3)_n^+] = [Ag^+]_0 \times \frac{V(Ag^+)}{V_t}$$

$$[NH_3] = [NH_3]_0 \times \frac{V(NH_3)}{V_t}$$

$$\frac{[Ag(NH_3)_n^+][Br^-]}{[NH_3]^n} = K_f^{\ominus} \times K_{sp}^{\ominus}$$

$$[Br^-] = \frac{K_f^{\ominus} \times K_{sp}^{\ominus} \times [NH_3]^n}{[Ag(NH_3)_n^+]}$$

V_t 为混合溶液的总体积

$$V_{Br^-} = \frac{K_f^{\ominus} \times K_{sp}^{\ominus} \times V(NH_3)^n \times \left(\dfrac{[NH_3]_0}{V_t}\right)^n}{\dfrac{[Ag^+]_0 \times V(Ag^+)}{V_t} \times \dfrac{[Br^-]_0}{V_t}}$$

$$V(Br^-) = K' \times V(NH_3)^n$$

$$\lg V(Br^-) = n \lg V(NH_3) + \lg K'$$

以 $\lg V(Br^-)$ 为纵坐标, $\lg V(NH_3)$ 为横坐标作图, 求出该直线的斜率 n, 即得 $[Ag(NH_3)_n]^+$ 的配位数 n。由直线在 $\lg V(Br^-)$ 轴上的截距 $\lg K'$, 求出 K', 进而求得 $[Ag(NH_3)_n]^+$ 的稳定常数 $K_f^{\ominus}$。

三、仪器、试剂及材料

仪器: 锥形瓶, 量筒, 酸式滴定管, 铁架台, 万用夹。

试剂: $NH_3 \cdot H_2O$ (2.0mol/L), $AgNO_3$ (0.01mol/L), KBr (0.010mol/L), 蒸馏水。

四、实验步骤

用移液管准确移取 4.0mL 0.01mol/L $AgNO_3$ 溶液到 250mL 锥形瓶中, 再分别用碱式滴定管加入 8.00mL 2.0mol/L 氨水和 8mL 蒸馏水, 混合均匀。在不断振荡下, 从酸式滴定管中逐滴加入 0.010mol/L KBr 溶液, 直到刚产生的 AgBr 浑浊不再消失为止。记下所用的 KBr 溶液的体积 $V(Br^-)$, 并计算出溶液的体积 V_t。再用 7.00mL、6.00mL、5.00mL、4.00mL、3.00mL 和 2.00mL 2.0mol/L 氨水溶液重复上述操作。在进行重复操作中, 当接近终点时应加入适量蒸馏水, 使总体积与第一次实验相同, 记下滴定终点时所用去的 KBr 溶液的体积 $V(Br^-)$。

五、数据记录及处理

实验数据填入表 4-10 中。

表 4-10　滴定终点时所用去的 KBr 溶液的体积

编号	$V(Ag^+)$/mL	$V(NH_3)$/mL	$V(Br^-)$/mL	$V(H_2O)$/mL	$V_{总}$/mL	$\lg V(NH_3)$	$\lg V(Br^-)$
1	4.00	8.00		8.00			
2	4.00	7.00		9.00			
3	4.00	7.00		10.00			
4	4.00	5.00		11.00			
5	4.00	4.00		12.00			
6	4.00	3.00		13.00			
7	4.00	2.00		14.00			

六、思考题

1. 影响 $[Ag(NH_3)_n]^+$ 稳定常数 $K_f^{\ominus}$ 的主要因素有哪些？

2. $AgNO_3$ 溶液为什么要放在棕色瓶中？还有哪些试剂应放在棕色瓶中？

实验 14 无机纸上色谱

一、实验提示

本实验用纸上色谱法分离与鉴定溶液中的 Cu^{2+}、Fe^{3+}、Co^{2+} 和 Ni^{2+}。

在吸有溶剂的滤纸（固定相）上，由于毛细管作用溶液中的离子顺着滤纸上移，每种离子各有一定的分配关系，犹如在两相之间的萃取那样。如果以一段时间后溶剂向上移动的距离为1，由于固定相的作用离子均达不到这一高度，只能得到小于1的一个值 R_f。各种离子的 R_f 值不同，从而可以分离这些离子，进一步鉴定它们。

二、仪器、试剂及材料

仪器：广口瓶（500mL，2个），量筒（100mL），烧杯（50mL 5个，500mL 1个），镊子，点滴板，搪瓷盘（30cm×50cm），喉头喷雾器，小刷子。

试剂：HCl 溶液（浓），$NH_3 \cdot H_2O$（浓），$FeCl_3$（0.1mol/L），$CoCl_2$（1.0mol/L），$NiCl_2$（1.0mol/L），$CuCl_2$（1.0mol/L），$K_4[Fe(CN)_6]$（0.1mol/L），$K_3[Fe(CN)_6]$（0.1mol/L），丙酮，丁二酮肟，去离子水。

材料：7.5cm×11cm 色层滤纸 1 张，普通滤纸 1 张，毛细管 5 根。

三、实验步骤

1. 准备工作

（1）在一个 500mL 广口瓶中加入 17mL 丙酮，2mL 浓 HCl 及 1mL 去离子水，配制成展开液，盖好瓶盖。

（2）在另一个 500mL 广口瓶中放入一个盛浓有 $NH_3 \cdot H_2O$ 的开口小滴瓶，盖好广口瓶。

（3）在长 11cm、宽 7.5cm 的滤纸上，用铅笔画 4 条间隔为 1.5cm 的竖线平行于长边，在纸条上端 1cm 处和下端 2cm 处各画出一条横线，在纸条上端画好的各小方格内标出 Cu^{2+}、Fe^{3+}、Co^{2+}、Ni^{2+}，未知液等 5 种样品的名称。最后按 4 条竖线折叠成五棱柱体（见图 4-2）。

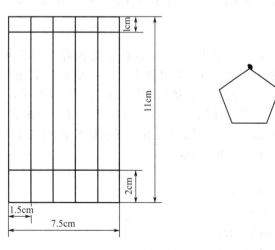

图 4-2 纸上色谱用纸的准备方法

（4）在 5 个干净、干燥的烧杯中分别滴几滴 0.1mol/L $FeCl_3$ 溶液、1.0mol/L $CoCl_2$ 溶液、1.0mol/L $NiCl_2$ 溶液、1.0mol/L $CuCl_2$ 溶液及未知液（未知液是由前四种溶液中任选几种，以等体积混合而成）。再各放入 1 支毛细管。

2. 加样

（1）加样练习　取一片普通滤纸做练习用。用毛细管吸取溶液后垂直触到滤纸上，当滤纸上形成直径为 0.3～0.5cm 的圆形斑点时，立即提起毛细管。反复练习几次，直到能做出小于或接近直径为 0.5cm 的斑点为止。

（2）按所标明的样品名称，在滤纸下端横线上分别加样。将加样后的滤纸置于通风处晾干。

3. 展开

按滤纸上的折痕重新折叠一次。用镊子将滤纸五棱柱体垂直放入盛有展开液的广口瓶中，盖好瓶盖，观察各种离子在滤纸上展开的速度及颜色。当溶剂前沿接近纸上端横线时，用镊子将滤纸取出，用铅笔标记出溶剂前沿的位置，然后放入大烧杯中，于通风处晾干。

4. 斑点显色

当离子斑点无色或颜色较浅时，常需要加上显色剂，使离子斑点呈现出特征颜色。以上 4 种离子可采用以下两种方法显色。

（1）将滤纸置于充满氨气的广口瓶上，5min 后取出滤纸，观察并记录斑点的颜色。其中 Ni^{2+} 的颜色较浅，可用小刷子蘸取丁二酮肟溶液快速涂抹，记录 Ni^{2+} 所形成斑点的颜色。

（2）将滤纸放在搪瓷盘中，用喉头喷雾器向纸上喷洒 0.1mol/L $K_3[Fe(CN)_6]$ 溶液与 0.1mol/L $K_4[Fe(CN)_6]$ 溶液的等体积混合液，观察并记录斑点的颜色。

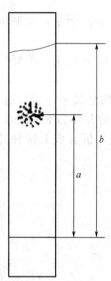

图 4-3　R_f 值的
测定简图

5. 确定未知液中含有的离子

观察未知液在纸上形成斑点的数量、颜色和位置，分别与已知离子斑点的颜色、位置相对照，便可以确定未知液中含有哪几种离子。

6. R_f 值的测定

纸上色谱图中物质斑点中心离开原点的距离（a）和溶剂前沿离开原点的距离（b）之比值叫作比移值，用符号 R_f 表示（见图 4-3），即

$$R_f = \frac{a}{b}$$

已经知道 R_f 与分配系数 K 之间存在着某种定量关系，R_f 是平衡常数的函数。在一定条件下，K 一定时，R_f 也有确定的数值。当溶剂种类、纸的种类和体系所处温度等因素改变时，物质的 R_f 也改变。只要实验条件相同，R_f 的重复性就很好。因此 R_f 是纸上色谱法中的重要数值。用尺分别测量溶剂移动的距离和离子移动的距离，然后计算出 4 种离子的 R_f 值。

四、数据记录及处理

1. 展开液的组成（体积比）

丙酮∶盐酸（浓）∶水＝ _____

2. 已知离子斑点的颜色和 R_f 值

将测定实验数据填入表 4-11 中。

表 4-11　无机纸上色谱测定记录

	项目	Fe^{3+}	Co^{2+}	Ni^{2+}	Cu^{2+}
斑点颜色	$K_3[Fe(CN)_6]+K_4[Fe(CN)_6]$				
	$NH_3(g)$				
	展开液移动的距离(b)/cm				
	离子移动的距离(a)/cm				
	$R_f = \dfrac{a}{b}$				

3. 未知液中含有的离子为：＿＿＿＿＿＿＿＿＿＿＿

五、结果与讨论

纸上色谱法是以滤纸为载体，滤纸的基本成分是一种极性纤维素，它对水等极性溶剂有很强的亲和力，滤纸能吸附约占本身质量20%的水分。这部分水保持固定，称为固定相；有机溶剂借滤纸的毛细管作用在固定相的表面上流动，称为流动相。流动相的移动引起试样中各组分的不同迁移。

为了理解组分在纸上迁移的原理，可以设想流动相和固定相都可分成若干个小部分，并且移动是间断进行的。现仅考察其中两个小部分流动相在两个小部分固定相上移动时对溶质的作用情况。按与某小部分固定相接触的先后顺序将流动相编为1号、2号，按流动相前进方向，从含试样的固定相开始，将固定相编为Ⅰ号、Ⅱ号（见图4-4）。由于试样组分在两相中都有一定的溶解度，因而当流动相1号与固定相Ⅰ号（含有试样）接触时，试样组分或溶质将分配于两相中，并达到分配平衡，其净结果是溶质被流动相所萃取；当流动相1号（已含部分试样）移动到固定相Ⅱ号上面时，溶质再次分配于两相中，再次达到分配平衡，其净结果是溶质溶解于新的固定相中，当流动相2号与固定相Ⅰ号（余下一部分溶质）接触时，余下的溶质又一次被流动相2号所萃取。总之，流动相在固定相上面移动时，对溶质进行一次萃取再次萃取，或者说溶质在两相中进行一次分配再次分配。实际上有机溶剂在纸上连续扩展的整个过程可看作是无限个流动相在无限个固定相上的流动，溶质在两相中很快地一次又一次地进行分配，连续达到无数次的分配平衡。分配平衡的平衡常数又叫作分配系数，分配系数（K）可以用固定相中溶质的浓度（c_s）和流动相中溶质的浓度（c_M）之比来表示，即 $K = c_s/c_M$。不同物质在两相中的溶解度不同，因而其分配系数也不同。分配系数小的物质在纸上移动的速度快，反之，分配系数大的物质在纸上移动的速度慢。结果，试样中各组分在纸的不同位置上各自留下斑点。综上所述，纸上色谱法是根据不同物质在两相间的分配比不同而被分离开的。

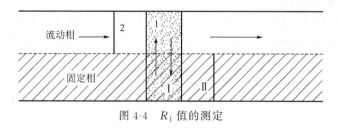

图 4-4　R_f 值的测定

实验 15　酸碱反应与缓冲溶液

一、实验目的

1. 进一步理解和巩固酸碱反应的有关概念和原理。

2. 学习缓冲溶液的配置及其 pH 的测定，了解缓冲溶液的缓冲性能。

3. 进一步学习 pH 计的使用方法。

二、实验原理

1. 同离子效应

在一定温度下，弱酸、弱碱在水中的解离存在如下平衡：

$$HA(aq) + H_2O(l) \rightleftharpoons H_3O^+(aq) + A^-(aq)$$

$$B(aq) + H_2O(l) \rightleftharpoons BH^+(aq) + OH^-(aq)$$

所谓同离子效应，是指在弱电解质溶液中，加入与弱电解质含有相同离子的强电解质，解离平衡向生成弱电解质的方向移动，进而使弱电解质的解离度下降的现象。

2. 盐的水解

强酸弱碱盐（如 NH_4Cl）水解，溶液显酸性；强碱弱酸盐（如 NaAc）水解，溶液显碱性；弱酸弱碱盐（如 NH_4Ac）水解，溶液的酸碱性取决于相应弱酸弱碱的相对强弱。例如：

$$Ac^-(aq) + H_2O(l) \rightleftharpoons HAc(aq) + OH^-(aq)$$

$$NH_4^+(aq) + H_2O(l) \rightleftharpoons NH_3 \cdot H_2O(aq) + H^+(aq)$$

$$NH_4^+(aq) + Ac^-(aq) + H_2O(l) \rightleftharpoons NH_3 \cdot H_2O(aq) + HAc(aq)$$

水解反应是酸碱中和反应的逆反应。中和反应是放热反应，水解反应是吸热反应，因此，升高温度有利于水解反应的进行。

3. 缓冲溶液

由弱酸（或弱碱）与弱酸（或弱碱）盐、多元弱酸的酸式盐及其对应的次级盐（如 HAc-NaAc，$NH_3 \cdot H_2O-NH_4Cl$，$H_3PO_4-NaH_2PO_4$，$NaH_2PO_4-Na_2HPO_4$ 等）组成的溶液，具有保持溶液 pH 相对稳定的性质，这类溶液称为缓冲溶液。

由弱酸-弱酸盐组成的缓冲溶液的 pH 计算公式如下：

$$pH = pK_a^\ominus(HA) - \lg \frac{c(HA)}{c(A^-)}$$

由弱碱-弱碱盐组成的缓冲溶液的 pH 计算公式如下：

$$pH = 14 - pK_b^\ominus(B) + \lg \frac{c(B)}{c(BH^+)}$$

缓冲溶液的 pH 可以用 pH 试纸或 pH 计来测定。

三、仪器、试剂及材料

仪器：pH 计，量筒，烧杯，点滴板，试管，试管架，石棉网，煤气灯。

试剂：HCl 溶液（0.1mol/L，2mol/L），HAc（0.1mol/L，1mol/L），NaOH（0.1mol/L），$NH_3 \cdot H_2O$（0.1mol/L，1mol/L），NaCl（0.1mol/L），Na_2CO_3（0.1mol/L），NH_4Cl（0.1mol/L，1mol/L），NaAc（0.1mol/L，1.0mol/L），$NH_4Ac(s)$，$BiCl_3$（0.1mol/L），$CrCl_3$（0.1mol/L），$Fe(NO_3)_3$（0.5mol/L），酚酞，甲基橙，未知液 A，未知液 B，未知液 C，未知液 D。

材料：pH 试纸。

四、实验步骤

1. 同离子效应

（1）用 pH 试纸测定 0.1mol/L $NH_3 \cdot H_2O$ 的 pH，并用酚酞指示剂检查其酸碱性；然后再加入少量 $NH_4Ac(s)$，观察现象，写出反应方程式。

（2）用 0.1mol/L HAc 代替 0.1mol/L $NH_3 \cdot H_2O$，用甲基橙代替酚酞，重复实验（1）。

2. 盐类的水解

（1）未知液 A、未知液 B、未知液 C、未知液 D 是四种失去标签的盐溶液，只知它们是 0.1mol/L 的 NaCl、NaAc、NH_4Cl、Na_2CO_3 溶液，试通过测定其 pH 并结合理论计算确定 A、B、C、D 各为哪种溶液。

（2）在常温和加热情况下，观察 0.5mol/L $Fe(NO_3)_3$ 的水解情况。

（3）在 5mL H_2O 中加 1 滴 0.1mol/L $BiCl_3$ 溶液，观察现象。再滴加 2mol/L HCl 溶液，观察有何变化，写出反应方程式。

（4）在试管中滴加 3 滴 0.1mol/L $CrCl_3$ 溶液和 4 滴 0.1mol/L Na_2CO_3 溶液，观察现象，写出反应方程式。

3. 缓冲溶液

（1）按表 4-12 中试剂用量配制 4 种缓冲溶液，用 pH 计分别测其 pH，并与计算值进行比较。

表 4-12　几种缓冲溶液的 pH

编号	配制缓冲溶液	pH 计算值	pH 测定值
1	10.0mL 1mol/L HAc-10.0mL 1mol/L NaAc		
2	10.0mL 0.1mol/L HAc-10.0mL 1mol/L NaAc		
3	10.0mL 1mol/L $NH_3 \cdot H_2O$-10.0mL 1mol/L NH_4Cl		

（2）在 1 号缓冲溶液中加入 0.5mL 0.1mol/L HCl 溶液摇匀，用酸度计测定其 pH；再加入 1.0mL 0.1mol/L NaOH 溶液摇匀，测定其 pH，并与计算值进行比较。

五、思考题

1. 写出 $SbCl_3$ 溶液、$SnCl_2$ 溶液和 $Bi(NO_3)_3$ 溶液的水解反应方程式。

2. 缓冲溶液的 pH 由哪些因素决定？

实验 16　配合物与沉淀-溶解平衡

一、实验目的

1. 加深理解配合物的组成和稳定性，了解配合物形成时的特征。

2. 加深理解沉淀-溶解平衡和溶度积的概念，掌握溶度积规则及其应用。

3. 初步学习利用沉淀反应和配位溶解的方法分离常见混合阳离子。

4. 学习电动离心机的使用和固-液分离操作。

二、实验原理

1. 配位化合物与配位平衡

配合物是由形成体（又称为中心离子或原子）与一定数目的配位体（负离子或中性分子）以配位键结合而形成的一类复杂化合物，是路易斯（Lewis）酸和路易斯（Lewis）碱的加合物。配合物的内层与外层之间以离子键结合，在水溶液中完全解离。配位个体在水溶液中分步解离，其行为类似于弱电解质。在一定条件下，中心离子、配位体和配位个体间达到配位平衡，例如：

$$Cu^{2+} + 4NH_3 \Longrightarrow [Cu(NH_3)_4]^{2+}$$

相应反应的标准平衡常数 $K^{\ominus}$ 称为配合物的稳定常数。对于相同类型的配合物，$K^{\ominus}$ 数值愈大，配合物就愈稳定。

在水溶液中，配合物的生成反应主要有配位体的取代反应和加合反应，例如：

$$[Fe(SCN)_n]^{3-n} + 6F^- \rightleftharpoons [FeF_6]^{3-} + nSCN^-$$

$$HgI_2(s) + 2I^- \rightleftharpoons [HgI_4]^{2-}$$

配合物形成时往往伴随溶液颜色、酸碱性（即 pH）、难溶电解质溶解度、中心离子氧化还原性的改变等特征。

2. 沉淀-溶解平衡

在含有难溶强电解质晶体的饱和溶液中，难溶强电解质与溶液中相应离子间的多相离子平衡，称为沉淀-溶解平衡。用通式表示如下：

$$A_m B_n(s) \rightleftharpoons mA^{n+}(aq) + nB^{m-}(aq)$$

其溶度积常数为：

$$K_{sp}^{\ominus}(A_m B_n) = [c(A^{n+})/c^{\ominus}]^m [c(A^{m-})/c^{\ominus}]^n$$

沉淀的生成和溶解可以根据溶度积规则来判断：

$J^{\ominus} > K_{sp}^{\ominus}$，有沉淀析出，平衡向左移动；

$J^{\ominus} = K_{sp}^{\ominus}$，处于平衡状态，溶液为饱和溶液；

$J^{\ominus} < K_{sp}^{\ominus}$，无沉淀析出，或平衡向右移动，原来的沉淀溶解。

溶液 pH 的改变、配合物的形成或发生氧化还原反应，往往会引起难溶电解质溶解度的改变。

对于相同类型的难溶电解质，可以根据其 $K_{sp}^{\ominus}$ 的相对大小判断沉淀的先后顺序。对于不同类型的难溶电解质，则要根据计算所需沉淀试剂浓度的大小来判断沉淀的先后顺序。

两种沉淀间相互转化的难易程度要根据沉淀转化反应的标准平衡常数确定。利用沉淀反应和配位溶解可以分离溶液中的某些离子。

三、仪器、试剂及材料

仪器：点滴板，试管，试管架，石棉网，煤气灯，电动离心机。

试剂：HCl 溶液（6mol/L，2mol/L），H_2SO_4（2mol/L），HNO_3（6mol/L），H_2O_2（3%），NaOH（2mol/L），$NH_3 \cdot H_2O$（2mol/L，6mol/L），KBr（0.1mol/L），KI（0.02mol/L，0.1mol/L，2mol/L），K_2CrO_4（0.1mol/L），KSCN（0.1mol/L），NaF（0.1mol/L），NaCl（0.1mol/L），Na_2S（0.1mol/L），$NaNO_3$(s)，Na_2H_2Y（0.1mol/L），$Na_2S_2O_3$（0.1mol/L），NH_4Cl（1mol/L），$MgCl_2$（0.1mol/L），$CaCl_2$（0.1mol/L），$Ba(NO_3)_2$（0.1mol/L），$Al(NO_3)_3$（0.1mol/L），$Pb(NO_3)_2$（0.1mol/L），$Pb(Ac)_2$（0.01mol/L），$CoCl_2$（0.1mol/L），$FeCl_3$（0.1mol/L），$Fe(NO_3)_3$（0.1mol/L），$AgNO_3$（0.1mol/L），$Zn(NO_3)_2$（0.1mol/L），$NiSO_4$（0.1mol/L），$NH_4Fe(SO_4)_2$（0.1mol/L），$K_3[Fe(CN)_6]$（0.1mol/L），$BaCl_2$（0.1mol/L），$CuSO_4$（0.1mol/L），丁二酮肟，去离子水。

材料：pH 试纸。

四、实验步骤

1. 配合物的形成与颜色变化

（1）在 2 滴 0.1mol/L $FeCl_3$ 溶液中，加 1 滴 0.1mol/L KSCN 溶液，观察现象。再加入几滴 0.1mol/L NaF 溶液，观察有什么变化。写出反应方程式。

（2）在 0.1mol/L $K_3[Fe(CN)_6]$ 溶液和 0.1mol/L $NH_4Fe(SO_4)_2$ 溶液中分别滴加 0.1mol/L KSCN 溶液，观察是否有变化。

（3）在 0.1mol/L $CuSO_4$ 溶液中滴加 6mol/L $NH_3 \cdot H_2O$ 至过量，然后将溶液分为两份，分别加入 2mol/L NaOH 溶液和 0.1mol/L $BaCl_2$ 溶液，观察现象，写出有关的反应方程式。

（4）在 2 滴 0.1mol/L $NiSO_4$ 溶液中，逐滴加入 6mol/L $NH_3 \cdot H_2O$，观察现象。然后

再加入 2 滴丁二酮肟试剂，观察生成物的颜色和状态。

2. 配合物形成时难溶物溶解度的改变

在 3 支试管中分别加入 3 滴 0.1mol/L NaCl 溶液，3 滴 0.1mol/L KBr 溶液，3 滴 0.1mol/L KI 溶液，再各加入 3 滴 0.1mol/L $AgNO_3$ 溶液，观察沉淀的颜色。离心分离，弃去清液。在沉淀中再分别加入 2mol/L $NH_3 \cdot H_2O$，0.1mol/L $Na_2S_2O_3$ 溶液，2mol/L KI 溶液，振荡试管，观察沉淀的溶解。写出反应方程式。

3. 配合物形成时溶液 pH 的改变

取一条完整的 pH 试纸，在它的一端滴上半滴 0.1mol/L $CaCl_2$ 溶液，记下被 $CaCl_2$ 溶液浸润处的 pH，待 $CaCl_2$ 溶液不再扩散时，在距离 $CaCl_2$ 溶液扩散边缘 0.5～1.0cm 干试纸处，滴上半滴 0.1mol/L Na_2H_2Y 溶液，待 Na_2H_2Y 溶液扩散到 $CaCl_2$ 溶液区形成重叠时，记下重叠与未重叠处的 pH。说明 pH 变化的原因，写出反应方程式。

4. 配合物形成时中心离子氧化还原性的改变

(1) 在 0.1mol/L $CoCl_2$ 溶液中滴加 3％的 H_2O_2，观察有无变化。

(2) 在 0.1mol/L $CoCl_2$ 溶液中加几滴 1mol/L NH_4Cl 溶液，再滴加 6mol/L $NH_3 \cdot H_2O$，观察现象。然后滴加 3％的 H_2O_2，观察溶液颜色的变化。写出有关的反应方程式。

由上述（1）和（2）两个实验可以得出什么结论？

5. 沉淀的生成与溶解

(1) 在 3 支试管中各加入 2 滴 0.01mol/L $Pb(Ac)_2$ 溶液和 2 滴 0.02mol/L KI 溶液，摇荡试管，观察现象。在第 1 支试管中加 5mL 去离子水，摇荡，观察现象；在第 2 支试管中加少量 $NaNO_3(s)$，摇荡，观察现象；第 3 支试管中加过量的 2mol/L KI 溶液，观察现象，分别解释之。

(2) 在 2 支试管中各加入 1 滴 0.1mol/L Na_2S 溶液和 1 滴 0.1mol/L $Pb(NO_3)_2$ 溶液，观察现象。在 1 支试管中加 6mol/L HCl，另 1 支试管中加 6mol/L HNO_3，摇荡试管，观察现象。写出反应方程式。

(3) 在 2 支试管中各加入 0.5mL 0.1mol/L $MgCl_2$ 溶液和数滴 2mol/L $NH_3 \cdot H_2O$ 溶液至沉淀生成。在第 1 支试管中加入几滴 2mol/L HCl 溶液，观察沉淀是否溶解；在另 1 支试管中加入数滴 1mol/L NH_4Cl 溶液，观察沉淀是否溶解。写出有关反应方程式，并解释每步实验现象。

6. 分步沉淀

(1) 在试管中加入 1 滴 0.1mol/L Na_2S 溶液和 1 滴 0.1mol/L K_2CrO_4 溶液，用去离子水稀释至 5mL，摇匀。先加入 1 滴 0.1mol/L $Pb(NO_3)_2$ 溶液，摇匀，观察沉淀的颜色，离心分离；然后再向清液中继续滴加 $Pb(NO_3)_2$ 溶液，观察此时生成沉淀的颜色。写出反应方程式，并说明判断两种沉淀先后析出的理由。

(2) 在试管中加入 2 滴 0.1mol/L $AgNO_3$ 溶液和 1 滴 0.1mol/L $Pb(NO_3)_2$ 溶液，用去离子水稀释至 5mL，摇匀。逐滴加入 0.1mol/L K_2CrO_4 溶液（注意：每加 1 滴，都要充分摇荡），观察现象。写出反应方程式，并解释之。

7. 沉淀的转化

在 6 滴 0.1mol/L $AgNO_3$ 溶液中加 3 滴 0.1mol/L K_2CrO_4 溶液，观察现象。再逐滴加入 0.1mol/L NaCl 溶液，充分摇荡，观察有何变化。写出反应方程式，并计算沉淀转化反应的标准平衡常数 $K_{sp}^{\ominus}$。

8. 沉淀-配位溶解法分离混合阳离子

(1) 某溶液中含有 Ba^{2+}、Al^{3+}、Fe^{3+}、Ag^+ 等离子，试设计方法分离之。写出有关反应方程式。

$$\left\{\begin{array}{l}Ba^{2+}\\Al^{3+}\\Fe^{3+}\\Ag^+\end{array}\right.\xrightarrow{HCl(稀)}\left\{\begin{array}{l}Ba^{2+}\\Al^{3+}\quad(aq)\\Fe^{3+}\\AgCl(s)\end{array}\right.\xrightarrow{H_2SO_4(稀)}\left\{\begin{array}{l}\underline{\qquad}(aq)\\\underline{\qquad}(s)\end{array}\right.\longrightarrow\left\{\begin{array}{l}\underline{\qquad}(aq)\\\underline{\qquad}(s)\end{array}\right.$$

(2) 某溶液中含有 Ba^{2+}、Pb^{2+}、Fe^{3+}、Zn^{2+} 等离子，自己设计方法并分离它们。要求图示分离步骤，写出有关的反应方程式。

五、思考题

1. 比较 $[FeCl_4]^-$、$[Fe(SCN)_6]^{3-}$ 和 $[FeF_6]^{3-}$ 的稳定性。

2. 比较 $[Ag(NH_3)_2]^+$、$[Ag(S_2O_3)_2]^{3-}$ 和 $[AgI_2]^-$ 的稳定性。

3. 试计算 $0.1mol/L\ Na_2H_2Y_2$ 溶液的 pH。

4. 如何正确地使用电动离心机？

4.3 定量分析实验

实验 17 食醋中总酸量的测定

一、实验目的

1. 进一步掌握酸碱滴定法的基本原理和方法，正确选用指示剂。
2. 熟练滴定操作技术。

二、实验原理

食醋中的主要成分是醋酸（CH_3COOH），常简写为 HAc，此外还含有少量其他有机弱酸，如乳酸等。当以 NaOH 标准溶液滴定时，凡是 $c(K_a^{\ominus})>10^{-8}$ 的弱酸均可以被滴定，因此测出的是总酸量，但分析结果通常用含量最多的 HAc 表示。CH_3COOH 与 NaOH 的反应为：$NaOH+CH_3COOH\xrightarrow{\quad}CH_3COONa+H_2O$。

由于这是强碱滴定弱酸，计量点时生成 CH_3COONa，溶液的 pH 大约为 8.7，故可选用酚酞作指示剂，但必须注意 CO_2 对反应的影响。食醋是液体样品，通常是量其体积而不是称其质量，因而测定结果一般以每升或每 100mL 样品所含 CH_3COOH 的质量表示，以 $\rho(HAc)$ 表示，其单位为 g/100mL。

食用醋往往有颜色，会干扰滴定，应先经稀释或加入活性炭脱色后，再进行测定。计量点时的 pH 为 8.7，故可选用酚酞为指示剂。但应注意，CO_2 能使酚酞褪色，故应滴定至摇匀后溶液的红色在 30s 内不褪色方为终点。

三、仪器、试剂及材料

仪器：碱式滴定管（50mL），移液管（25mL），锥形瓶（250mL），容量瓶（250mL），洗耳球等。

试剂：NaOH 标准溶液（浓度为 0.1mol/L 左右），酚酞指示剂（0.2%），食醋稀释溶液。

四、实验步骤

(1) 用 25mL 移液管移取 25.00mL 食醋试液于 250mL 容量瓶中，加水稀释至刻度，摇匀。

(2) 取上述溶液 25.00mL 于锥形瓶中，加 2 滴酚酞指示剂，用 NaOH 标准溶液滴定至微红色，30s 不褪色为终点。计算食醋原试液中的总酸量，用 $\rho(HAc)$ 表示。

五、数据记录及处理

食醋中总酸量的测定数据填入表 4-13 中。

表 4-13　食醋中总酸量的测定数据

实验序号	I	II	III
$V_{始}(NaOH)/mL$			
$V_{终}(NaOH)/mL$			
$V(NaOH)/mL$			
$\overline{V}(NaOH)/mL$			
$\overline{\rho}(HAc)/(g/L)$			
相对平均偏差/%			

注：① 由于 NaOH 固体易吸收空气中的 CO_2 和水分，不能直接配制碱标准溶液，而必须用标定法。

② NaOH 吸收空气中的 CO_2，使配得的溶液中含有少量 Na_2CO_3，含有碳酸盐的碱溶液，使滴定反应复杂化，甚至使测定发生一定误差，因此，应配制不含碳酸盐的碱溶液。

③ 酸碱滴定中 CO_2 的影响有时不能忽略，终点时 pH 越低，CO_2 影响越小，一般来说，pH 小于 5 时的影响可忽略。如用甲基橙为指示剂，终点 pH 约为 4，CO_2 基本上不被滴定，而碱标准溶液中的 CO_3^{2-} 也基本被中和成 CO_2；用酚酞为指示剂，终点 pH 约为 9，CO_3^{2-} 被滴定为 HCO_3^-（包括空气中溶解的 CO_2 形成的 CO_3^{2-}）。

六、思考题

1. 本实验为何选用酚酞作指示剂？

2. 如果 NaOH 标准溶液吸收了空气中的 CO_2，将对测定结果有何影响？

实验 18　水的总硬度的测定

一、实验目的

1. 掌握 EDTA 的配制及用硫酸镁标定 EDTA 的基本原理与方法。

2. 了解水的硬度的概念及其表示方法。

3. 掌握容量瓶、移液管的正确使用。

二、实验原理

乙二胺四乙酸二钠盐（习惯上称 EDTA）是有机配位剂，能与大多数金属离子形成稳定的 1:1 型的螯合物，计量关系简单，故常用作配位滴定的标准溶液。

通常采用间接法配制 EDTA 标准溶液。标定 EDTA 溶液的基准物有 Zn、ZnO、$CaCO_3$、Bi、Cu、$MgSO_4·7H_2O$、Ni、Pb 等。选用的标定条件应尽可能与测定条件一致，以免引起系统误差。如果用被测元素的纯金属或化合物作基准物质，就更为理想。本实验采用 $MgSO_4·7H_2O$ 作基准物标定 EDTA，以铬黑 T（EBT）作指示剂，用 pH≈10 的氨性缓冲溶液控制滴定时的酸度。因为在 pH≈10 的溶液中，铬黑 T 与 Mg^{2+} 形成比较稳定的酒红色螯合物（Mg-EBT），而 EDTA 与 Mg^{2+} 能形成更为稳定的无色螯合物。因此，滴定至终点时，EBT 便被 EDTA 从 Mg-EBT 中置换出来，游离的 EBT 在 pH＝8～11 的溶液中呈蓝色。

滴定前：　　　　　　　　　M＋EBT ⇌ M-EBT

　　　　　　　　　　　　　　　（酒红色）

主反应：　　　　　　　　　M＋EDTA ⇌ M-EDTA

终点时：
$$M\text{-}EBT + EDTA \rightleftharpoons M\text{-}EDTA + EBT$$
酒红色   蓝色

$$(cV)_{EDTA} = \left(\frac{m}{M}\right)_{MgSO_4 \cdot 7H_2O}$$

含有钙离子、镁离子的水叫硬水。测定水的总硬度就是测定水中钙离子、镁离子的总含量，可用 EDTA 配位滴定法测定。滴定时，Fe^{3+}、Al^{3+} 等干扰离子可用三乙醇胺予以掩蔽；Cu^{2+}、Pb^{2+}、Zn^{2+} 等重属离子，可用 KCN、Na_2S 或巯基乙酸予以掩蔽。

水的硬度有多种表示方法，本实验要求以每升水中所含 Ca^{2+}、Mg^{2+} 总量（折算成 CaO 的质量）表示，单位 mg/L。

$$\rho_{Ca}(mg/L) = \frac{(c\bar{V}_2)_{EDTA} \times M_{Ca} \times 10^3}{V_{水}}$$

$$\rho_{Mg}(mg/L) = \frac{c(\bar{V}_1 - \bar{V}_2)_{EDTA} \times M_{Mg} \times 10^3}{V_{水}}$$

$$总硬度(mg/L) = \frac{(c\bar{V}_1)_{EDTA} \times M_{CaO} \times 10^3}{V_{水}}(mg/L)$$

$$总硬度 = \frac{(c\bar{V}_1)_{EDTA} \times M_{CaO}}{V_{水}} \times 100(°)$$

三、仪器、试剂及材料

仪器：电子天平（0.1mg），容量瓶（100mL），移液管（20mL），量筒（100mL），酸式滴定管（50mL），锥形瓶（250mL）。

试剂：EDTA（$Na_2H_2Y \cdot 2H_2O$，0.1mol/L），$MgSO_4 \cdot 7H_2O$ 基准试剂，$NH_3\text{-}NH_4Cl$ 缓冲溶液（pH=10.0），NaOH（1mol/L），蒸馏水，铬黑 T 指示剂，钙指示剂。

四、实验步骤

1. 0.01mol/L EDTA 标准溶液的配制

取 30mL 0.1mol/L 的 EDTA 于试剂瓶中，加水稀释至 300mL，摇匀，备用。

2. 0.01mol/L 镁标准溶液的配制

准确称取 $MgSO_4 \cdot 7H_2O$ 基准试剂 0.25～0.3g，置于小烧杯中，加 30mL 蒸馏水溶解，定量转移到 100mL 容量瓶中，加水稀释至刻度，摇匀。计算其准确浓度。

3. EDTA 标准溶液浓度的标定

用移液管吸取镁标准溶液 20.00mL 置于 250mL 锥形瓶中，加 5mL pH≈10 的 $NH_3\text{-}NH_4Cl$ 缓冲溶液，加入铬黑 T 指示剂少许，用 EDTA 标准溶液滴定至溶液由酒红色恰变为蓝色，即达终点，平行测定 3 次。根据消耗的 EDTA 标准溶液的体积，计算其浓度。

4. 水的总硬度测定

用移液管或量筒取 100mL 水样于 250mL 锥形瓶中，加 $NH_3\text{-}NH_4Cl$ 缓冲溶液 5mL，铬黑 T 指示剂少许，用 EDTA 标准溶液滴定，至溶液由酒红色变为蓝色即为终点，记录所消耗 EDTA 的体积 V_1。平行测定 3 次。

5. 钙的测定

取与步骤 4 等量的水量于 250mL 锥形瓶中，加 5mL 1mol/L NaOH，钙指示剂少许，用 EDTA 标准溶液滴定至溶液由酒红色变为蓝色即为终点，记录所消耗 EDTA 的体积 V_2。平行测定 3 次。

五、数据记录及处理

将 EDTA 的标定实验数据填入表 4-14 中，水的硬度的测定实验数据填入表 4-15 中。

表 4-14　EDTA 的标定

实验序号	1	2	3
$m(MgSO_4 \cdot 7H_2O)/g$			
$c(MgSO_4 \cdot 7H_2O)/(mol/L)$			
$V_{终}(EDTA)/mL$			
$V_{始}(EDTA)/mL$			
V/mL			
$c(EDTA)/(mol/L)$			
$\bar{c}(EDTA)/(mol/L)$			
相对平均偏差			

表 4-15　水的硬度的测定

实验序号	1	2	3
$V(H_2O)/mL$	100.00	100.00	100.00
$\bar{c}(EDTA)/(mol/L)$			
$V_{终1}(EDTA)/mL$			
$V_{始1}(EDTA)/mL$			
V_1/mL			
$\bar{V}_1/mL$			
$V_{终2}(EDTA)/mL$			
$V_{始2}(EDTA)/mL$			
V_2/mL			
$\bar{V}_2/mL$			
$c(Ca^{2+})/(mg/L)$			
$c(Mg^{2+})/(mg/L)$			
总硬度/(mg/L)			

六、注意事项

1. 配合滴定速度不能太快，特别是近终点时要逐滴加入，并充分摇动。因为配合反应速率较中和反应要慢一些。

2. 在配合滴定中加入金属指示剂的量是否合适对终点观察十分重要，应在实践中细心体会。

3. 配合滴定法对去离子水质量的要求较高，不能含有 Fe^{3+}、Al^{3+}、Cu^{2+}、Mg^{2+} 等离子。

七、思考题

1. 用铬黑 T 指示剂时，为什么要控制 pH≈10？

2. 配位滴定法与酸碱滴定法相比，有哪些不同？操作中应注意哪些问题？

3. 用 EDTA 滴定 Ca^{2+}、Mg^{2+} 时，为什么要加氨性缓冲溶液？

实验 19　混合碱中各组分含量的测定（微型滴定法）

一、实验目的

1. 了解利用双指示剂法测定 Na_2CO_3 和 $NaHCO_3$ 混合物的原理和方法。

2. 学习用参比溶液确定终点的方法。

3. 进一步掌握微量滴定操作技术。

二、实验原理

混合碱是 Na_2CO_3 与 NaOH 或 $NaHCO_3$ 与 Na_2CO_3 的混合物。欲测定同一份试样中各组分的含量，可用 HCl 标准溶液滴定，根据滴定过程中 pH 变化的情况，选用酚酞和甲基橙为指示剂，常称之为"双指示剂法"。

若混合碱是由 Na_2CO_3 和 NaOH 组成，第一化学计量点时，反应如下：

$$HCl + NaOH \longrightarrow NaCl + H_2O$$
$$HCl + Na_2CO_3 \longrightarrow NaHCO_3 + NaCl$$

以酚酞为指示剂（变色 pH 范围为 $8.0\sim10.0$），用 HCl 标准溶液滴定至溶液由红色恰好变为无色。设此时所消耗的盐酸标准溶液的体积为 V_1（mL）。

第二化学计量点的反应为：

$$HCl + NaHCO_3 \longrightarrow NaCl + CO_2\uparrow + H_2O$$

以甲基橙为指示剂（变色 pH 范围为 $3.1\sim4.4$），用 HCl 标准溶液滴至溶液由黄色变为橙色。消耗的盐酸标准溶液为 V_2（mL）。

当 $V_1 > V_2$ 时，试样为 Na_2CO_3 与 NaOH 的混合物，中和 Na_2CO_3 所消耗的 HCl 标准溶液为 $2V_2$ mL，中和 NaOH 时所消耗的 HCl 量应为 $(V_1 - V_2)$mL。据此，可求得混合碱中 Na_2CO_3 和 NaOH 的含量。

当 $V_1 < V_2$ 时，试样为 Na_2CO_3 与 $NaHCO_3$ 的混合物，此时中和 Na_2CO_3 消耗的 HCl 标准溶液的体积为 $2V_1$ mL，中和 $NaHCO_3$ 消耗的 HCl 标准溶液的体积为 $(V_2 - V_1)$mL。可求得混合碱中 Na_2CO_3 和 $NaHCO_3$ 的含量。

双指示剂法中，一般是先用酚酞，后用甲基橙指示剂。由于以酚酞作指示剂时从微红色到无色的变化不敏锐，因此也常选用甲酚红-百里酚蓝混合指示剂。甲酚红的变色范围为 6.7（黄）$\sim$8.4（红），百里酚蓝的变色范围为 8.0（黄）$\sim$9.6（蓝），混合后的变色点是 8.3，酸色为黄色，碱色为紫色，混合指示剂变色敏锐。用盐酸标准溶液滴定试液由紫色变为粉红色，即为终点。

三、仪器、试剂及材料

仪器：电子天平，微型滴定管（3.000mL），容量瓶（50.00mL），移液管（2.00mL），锥形瓶（25mL），小烧杯（50mL）。

试剂：HCl（0.1mol/L），无水 Na_2CO_3 基准物质，酚酞指示剂，乙醇溶液（2g/L），甲基橙指示剂（1g/L）、混合指示剂（将 0.1g 甲酚红溶于 100mL 500g/L 乙醇中，0.1g 百里酚蓝指示剂溶于 100mL 200g/L 乙醇中，1g/L 甲酚红与 1g/L 百里酚蓝的配比为 1：6），混合碱试样。

四、实验步骤

1. 0.1mol/L HCl 溶液的标定

准确称取无水 Na_2CO_3 0.5g 于干燥小烧杯中，用少量水溶解后，定量转移至 50mL 容量瓶中，稀释至刻度，摇匀。

准确移取上述 Na_2CO_3 标准溶液 2.00mL 于 25mL 锥形瓶中，加 1 滴甲基橙指示剂，用 HCl 溶液滴定至溶液由黄色变为橙色，即为终点。平行测定 3~5 次，根据 Na_2CO_3 的质量和滴定时消耗 HCl 的体积，计算 HCl 溶液的浓度。标定 HCl 溶液的相对平均偏差应在 $\pm0.2\%$ 以内。

2. 混合碱的测定

准确移取混合碱试样 0.5g 于干燥小烧杯中，加水使之溶解后，定量转入 50mL 容量瓶中，用水稀释至刻度，充分摇匀。

准确移取 2.00mL 上述试液于 25mL 锥形瓶中，加酚酞 1 滴，用盐酸溶液滴定至溶液由红色恰好褪为无色，记下所消耗 HCl 标准溶液的体积 V_1，再加入甲基橙指示剂 1 滴，继续用盐酸溶液滴定溶液至由黄色恰好变为橙色，所消耗 HCl 溶液的体积记为 V_2，平行测定 3 次，计算混合碱中各组分的含量。

五、注意事项

1. 滴定到达第二化学计量点时，由于易形成 CO_2 过饱和溶液，滴定过程中生成的 H_2CO_3 慢慢地分解出 CO_2，使溶液的酸度稍有增大，终点出现过早，因此在终点附近应剧烈摇动溶液。

2. 若混合碱是固体样品，应尽可能均匀，亦可配成混合试液供练习用。

六、思考题

1. 采用双指示剂法测定混合碱，在同一份溶液中测定，试判断下列五种情况下，混合碱中存在的成分是什么？

①$V_1=0$；②$V_2=0$；③$V_1>V_2$；④$V_1<V_2$；⑤$V_1=V_2$。

2. 测定混合碱中总碱度，应选用何种指示剂？

3. 测定混合碱，接近第一化学计量点时，若滴定速度太快，摇动锥形瓶不够，致使滴定液 HCl 局部过浓，会对测定造成什么影响？为什么？

4. 标定 HCl 的基准物质无水 Na_2CO_3 如保存不当，吸收了少量水分，对标定 HCl 溶液浓度有何影响？

实验20　邻二氮菲分光光度法测定水中微量铁

一、实验目的

1. 学会吸收曲线及标准曲线的绘制，了解分光光度法的基本原理。
2. 掌握用邻二氮菲分光光度法测定微量铁的方法原理。
3. 学会普析通用 T6 型紫外-可见分光光度计的正确使用，了解其工作原理。
4. 学会数据处理的基本方法。
5. 掌握比色皿的正确使用。

二、实验原理

根据朗伯-比耳定律：$A=\varepsilon bc$，当入射光波长 λ 及光程 b 一定时，在一定浓度范围内，有色物质的吸光度 A 与该物质的浓度 c 成正比。只要绘出以吸光度 A 为纵坐标，浓度 c 为横坐标的标准曲线，测出试液的吸光度，就可以由标准曲线查得对应的浓度值，即未知样的含量。同时，还可应用相关的回归分析软件，将数据输入计算机，得到相应的分析结果。

用分光光度法测定试样中的微量铁，可选用显色剂邻二氮菲（又称邻菲罗啉），邻二氮菲分光光度法是化工产品中测定微量铁的通用方法，在 pH 为 2～9 的溶液中，邻二氮菲和二价铁离子结合生成红色配合物：

此配合物的 $\lg K_{稳} = 21.3$，摩尔吸光系数 $\varepsilon_{510} = 1.1 \times 10^4 L/(mol \cdot cm)$，而 Fe^{3+} 能与邻二氮菲生成 3:1 配合物，呈淡蓝色，$\lg K_{稳} = 14.1$。所以在加入显色剂之前，应用盐酸羟胺（$NH_2OH \cdot HCl$）将 Fe^{3+} 还原为 Fe^{2+}，其反应式如下：

$$2Fe^{3+} + 2NH_2OH \cdot HCl \longrightarrow 2Fe^{2+} + N_2 + 2H_2O + 4H^+ + 2Cl^-$$

测定时酸度高，反应进行较慢；酸度太低，则离子易水解。本实验采用 HAc-NaAc 缓冲溶液控制溶液 $pH \approx 5.0$，使显色反应进行完全。

为判断待测溶液中铁元素含量，需首先绘制标准曲线，根据标准曲线中不同浓度铁离子引起的吸光度的变化，对应实测样品引起的吸光度，计算样品中铁离子浓度。

本方法的选择性很高，相当于含铁量 40 倍的 Sn^{2+}、Al^{3+}、Ca^{2+}、Mg^{2+}、Zn^{2+}、SiO_3^{2-}；20 倍的 Cr^{3+}、Mn^{2+}、VO_3^-、PO_4^{3-}；5 倍的 Co^{2+}、Ni^{2+}、Cu^{2+} 等离子不干扰测定。但 Bi^{3+}、Cd^{2+}、Hg^{2+}、Zn^{2+}、Ag^+ 等离子与邻二氮菲作用生成沉淀干扰测定。

三、仪器、试剂及材料

仪器：普析通用 T6 型紫外-可见分光光度计，酸度计，容量瓶（50mL），吸量管（2mL，5mL，10mL），比色皿，洗耳球。

试剂：铁标准溶液（10μg/mL），盐酸羟胺溶液（10%），邻二氮菲溶液（0.15%），HAc-NaAc 缓冲溶液（$pH \approx 5.0$），HCl 溶液（1:1）。

四、实验步骤

1. 邻二氮菲-Fe^{2+} 吸收曲线的绘制

用吸量管吸取 10μg/mL 铁标准溶液 6.0mL，放入 50mL 容量瓶中，加入 1mL 10% 盐酸羟胺溶液，2mL 0.15% 邻二氮菲溶液和 5mL HAc-NaAc 缓冲溶液，加水稀释至刻度，充分摇匀。放置 10min，选用 1cm 比色皿，以试剂空白（即在 0.0mL 铁标准溶液中加入相同试剂）为参比溶液，选择 440~560nm 波长，每隔 10nm 测一次吸光度，其中 500~520nm，每隔 5nm 测定一次吸光度。以所得吸光度 A 为纵坐标，以相应波长 λ 为横坐标，在坐标纸上绘制 A 与 λ 的吸收曲线。从吸收曲线上选择测定 Fe 的适宜波长，一般选用最大吸收波长 λ_{max} 为测定波长。

2. 标准曲线（工作曲线）的绘制

用吸量管分别移取 10μg/mL 铁标准溶液 0.0mL、1.0mL、2.0mL、4.0mL、6.0mL、8.0mL、10.0mL 分别放入 7 个 50mL 容量瓶中，分别依次加入 1mL 10% 盐酸羟胺溶液，稍摇动；加入 2.0mL 0.15% 邻二氮菲溶液及 5mL HAc-NaAc 缓冲溶液，加水稀释至刻度，充分摇匀。放置 10min，用 1cm 比色皿，以试剂空白（即在 0.0mL 铁标准溶液中加入相同试剂）为参比溶液，选择 λ_{max} 为测定波长，测量各溶液的吸光度。在坐标纸上（亦可利用计算机软件绘图），以含铁量为横坐标，吸光度 A 为纵坐标，绘制标准曲线。

3. 试样中铁含量的测定

从指导教师处领取含铁未知液一份，放入 50mL 容量瓶中，按以上方法显色，并测其吸光度。此步操作应与系列标准溶液显色、测定同时进行。

依据试液的 A 值，从标准曲线上即可查得其浓度，最后计算出原试液中含铁量（以 μg/mL 表示）。并选择相应的回归分析软件，将所得的各次测定结果输入计算机，得出相应的分析结果。

五、数据记录及处理

1. 邻二氮菲-Fe^{2+} 吸收曲线的绘制

（1）将数据记录填入表 4-16 中。

表 4-16　不同波长吸光度

波长 λ/nm	440	450	460	470	480	490	500	505	508	509	510	511	512
吸光度 A													
波长 λ/nm	513	514	515	520	530	540	550	560					
吸光度 A													

（2）作吸收曲线图，确定最大吸收波长 $\lambda_{max}=$ _____ nm。

2. 标准曲线的制作和铁含量的测定

（1）将数据记录（0 号为参比溶液）填入表 4-17 中。

表 4-17　吸光度

量/单位	1	2	3	4	5	6	7	8
$V(Fe^{2+})$/mL	1	2	4	6	8	10	未知	未知
吸光度(A)								

（2）作标准曲线图。

（3）从标准曲线上查得或由曲线方程计算得：_____。

（4）计算未知溶液中 $c(Fe^{2+})=$ ____ μg/mL。

六、注意事项

1. 不能颠倒各种试剂的加入顺序。

2. 最佳波长选择好后不要再改变。

3. 每次测定前要注意调满刻度。

4. 参比溶液在测量过程中可不换。

七、思考题

1. 用本法测出的铁含量是否为试样中 Fe^{2+} 含量？

2. 用邻二氮杂菲分光光度法测定铁时，为何要加入盐酸羟胺溶液？

3. 吸收曲线与标准曲线有何区别？在实际应用中有何意义？

4. 制作标准曲线和试样测定时，加入试剂的顺序能否任意改变？为什么？

实验 21　配位滴定法测定白云石中钙、镁的含量

一、实验目的

1. 掌握配位滴定法测定白云石中钙、镁的原理和方法。

2. 掌握铬黑 T、钙指示剂的使用条件和终点变化。

二、实验原理

白云石主要成分为 $CaCO_3$、$MgCO_3$，此外，还含有一定量的 Fe_2O_3、Al_2O_3 等杂质，成分比较简单，溶解后可直接测定。用盐酸溶解白云石试样后，钙、镁以 Ca^{2+}、Mg^{2+} 等离子形式进入溶液。取一份试液，调节 pH=10，以铬黑 T 为指示剂，用 EDTA 标准溶液滴定 Ca^{2+}、Mg^{2+} 总量；另取一份试液，调节使溶液 pH=12～13，此时 Mg^{2+} 生成 $Mg(OH)_2$ 沉淀，加入钙指示剂，用 EDTA 标准溶液滴定 Ca^{2+} 的含量，然后求出 $Mg(OH)_2$ 的量。由于 $Mg(OH)_2$ 沉淀会吸附 Ca^{2+}，使 Ca^{2+} 的结果偏低，Mg^{2+} 的结果偏高，同时 $Mg(OH)_2$ 对指示剂的吸附也会使终点拖长，变色不敏锐。如果在溶液中加入糊精，可将沉淀保住，基本消除吸附现象。

试样中的 Fe^{3+}、Al^{3+} 等可在酸性条件下加入三乙醇胺加以掩蔽；Cu^{2+}、Zn^{2+} 等可在碱性条件下用 KCN 掩蔽；Cd^{2+}、Ti^{4+}、Bi^{3+} 等可用铜试剂掩蔽。

主要反应如下。

滴定前：

$$Mg^{2+} + In^{2-} \Longrightarrow MgIn$$
$$\text{（纯蓝）} \qquad \text{（酒红）}$$

滴定开始至计量前：

$$Mg^{2+} + H_2Y^{2-} \Longrightarrow MgY^{2-} + 2H^+$$
$$Ca^{2+} + H_2Y^{2-} \Longrightarrow CaY^{2-} + 2H^+$$

计量点：

$$MgIn + H_2Y^{2-} \Longrightarrow MgY^{2-} + H_2In$$
$$\text{（酒红）} \qquad\qquad\qquad \text{（纯蓝）}$$

三、仪器、试剂及材料

仪器：烧杯，表面皿，容量瓶，锥形瓶，移液管，天平，滴定管。

试剂：EDTA 溶液（0.02mol/L），铬黑 T 指示剂，钙指示剂，基准 $CaCO_3$，$NH_3 \cdot H_2O\text{-}NH_4Cl$ 缓冲溶液（pH＝10），糊精溶液（5%），三乙醇胺（1:2），HCl（1:1），NaOH（20%），去离子水。

四、实验步骤

1. 0.02mol/L EDTA 的标定

准确称取 0.5~1.0g 基准 $CaCO_3$ 于 250mL 烧杯中，用少量水润湿，盖上表面皿，从烧杯嘴边小心地逐滴加入 HCl（1:1）至完全溶解，并将可能溅到表面皿上的溶液淋洗入烧杯，定量转移至 250mL 容量瓶，稀释至刻度线，摇匀。移取 25.00mL 此溶液三份，分别置于 250mL 锥形瓶中，加 20mL 去离子水、0.01g 钙指示剂，滴加 20% NaOH 溶液至酒红色，再过量 5mL，摇匀后用 EDTA 标准溶液滴定至蓝色。计算 EDTA 的准确浓度。

2. 白云石中 Ca^{2+}、Mg^{2+} 含量的测定

准确称取 0.5~1.0g 试样于烧杯中，加少量水湿润，盖上表面皿，从烧杯嘴缓缓加入 HCl（1:1）至不再有气泡冒出，用水吹洗表面皿后，定量转移至 250mL 容量瓶中，稀释至刻度并摇匀。

准确移取上述试液 25.00mL 于锥形瓶中，加去离子水 25~30mL、三乙醇胺（1:2）5mL，摇匀，再加入 pH＝10 的 $NH_3 \cdot H_2O\text{-}NH_4Cl$ 缓冲溶液 10mL、铬黑 T 指示剂 2~3 滴，用 EDTA 标准溶液滴定至纯蓝色即为终点，计算 Ca^{2+}、Mg^{2+} 的总量。用同样的方法平行测定 3 次。

准确移取上述试液 25.00mL 于锥形瓶中，加去离子水 15~20mL，再加入 5% 糊精溶液 10mL、三乙醇胺（1:2）5mL、钙指示剂 4~5 滴，滴加 20% NaOH 至溶液呈酒红色，再过量 5mL，立即用 EDTA 标准溶液滴定至纯蓝色，即为终点，计算 Ca^{2+} 的含量。用同样的方法平行测定 3 次。

五、数据记录及处理

将实验数据填入表 4-18 中。

表 4-18　测定白云石中钙、镁的含量

项　　目	第一次	第二次	第三次
Ca^{2+}、Mg^{2+} 消耗的 V_{EDTA}			
Ca^{2+} 消耗的 V_{EDTA}			
$w(Ca^{2+})$			
$w(Mg^{2+})$			

续表

项　目	第一次	第二次	第三次
$\overline{w}(Ca^{2+})$			
$\overline{w}(Mg^{2+})$			
Ca^{2+} 的相对平均偏差/%			
Mg^{2+} 的相对平均偏差/%			

注：① 钙指示剂加入量要适当，若太少，指示剂易被 $Mg(OH)_2$ 沉淀吸附，使指示剂失灵；太多则颜色太深，到达终点时不易观察。

② 接近终点时，若变色缓慢，应放慢滴定速度并剧烈摇动溶液。

六、思考题

1. 为什么测定白云石中 Ca^{2+}、Mg^{2+} 的总量时，要加入 pH＝10 的缓冲溶液？

2. 在用 EDTA 标准溶液滴定 Ca^{2+} 时，滴加 20％ NaOH 至溶液呈酒红色后，为什么还要再过量 5mL？

实验22　直接碘量法测定维生素C的含量

一、实验目的

1. 通过维生素 C 含量的测定，掌握直接碘量法及其操作。

2. 掌握碘标准溶液的配制和注意事项。

二、实验原理

维生素 C 又称抗坏血酸，是所有具有抗坏血酸活性化学物质的统称，分子式为 $C_6H_8O_6$，摩尔质量为 176.13g/mol。利用维生素 C 具有较强还原性，可用氧化还原滴定分析法中的直接碘量法进行测定。反应如下：

维生素 C 分子中的二烯醇基被 I_2 氧化成二酮基，反应进行完全，可用于定量测定。为防止使抗坏血酸被空气氧化，反应在稀 HAc 中进行，以减少副反应的发生。

三、仪器、试剂及材料

仪器：电子天平，表面皿，漏斗，试剂瓶，锥形瓶，滴定管。

试剂：I_2 溶液，$Na_2S_2O_3$ 标准溶液，HAc（2mol/L），淀粉指示剂溶液（0.2％），KI（s），药用维生素 C 片，蒸馏水。

四、实验步骤

1. I_2 溶液的配制

称取 5.0g KI，溶于 10mL 蒸馏水中，再用表面皿称取 I_2 约 3.3g，溶于上述 KI 溶液中。待 I_2 全部溶解后，加水稀释至 250mL，充分摇匀，储于棕色试剂瓶中并置于暗处。

2. I_2 溶液的标定

用移液管移取 25.00mL $Na_2S_2O_3$ 标准溶液于 250mL 锥形瓶中，加入 50mL 蒸馏水，5.0mL 0.2％的淀粉指示剂溶液，然后用 I_2 溶液滴定至溶液呈浅蓝色，30s 内不褪色即为终点。平行标定 3 次，计算 I_2 溶液的浓度。

3. 药用维生素 C 片中抗坏血酸含量的测定

称取 0.2 g 维生素 C 片，置于 250mL 锥形瓶中，加入 100.0mL 新煮沸放冷的蒸馏水和 10mL 2.0mol/L HAc，搅拌使之溶解。加入 2mL 淀粉指示剂溶液，立即用 I_2 溶液滴定至溶液呈稳定的浅蓝色为终点。记录消耗的 I_2 溶液的体积。

维生素 C（抗坏血酸）含量以质量分数表示：

$$w(维生素\ C)=\frac{c(I_2)V(I_2)M(维生素\ C)}{1000m(维生素\ C)}\times100\%$$

五、数据记录及处理

将实验数据填入表 4-19 中。

表 4-19　测定维生素 C 的含量

测定次数	1	2	3
m（维生素 C）			
消耗的 $V(I_2)$/mL			
w（维生素 C）			
$\overline{w}$（维生素 C）			
相对平均偏差/%			

注：① 碘在水中溶解度很小，且具有挥发性，故在配制碘标准溶液时常加入过量 KI，使形成可溶性、不易挥发的配离子。

② 加入盐酸是为了使 KI 中可能存在的少量 KIO_3 与 KI 作用生成碘，从而对测定不产生影响。

③ 蒸馏水中含有溶解氧，所以蒸馏水煮沸放冷后应及时用来溶解维生素 C 试样，以减少试样在测定前被氧化。

④ 维生素 C 的还原性相当强，空气中易被氧化，在碱性溶液中被氧化得更快。故本测定在稀 HAc 中进行，使其受空气氧化的速度减慢。但试样溶解后，仍需立即进行滴定。

六、思考题

1. 用直接碘量法测维生素 C 含量时，为什么要在 HAc 介质中进行？
2. 溶解样品时，为什么要用新煮沸并冷却的蒸馏水？

实验 23　沉淀滴定法测定可溶性氯化物中的氯含量

一、实验目的

1. 掌握三种银量法测定氯化物中氯含量的原理与方法。
2. 掌握沉淀滴定法滴定终点的判断方法。

二、实验原理

利用沉淀滴定法测定氯化物中氯含量，通常采用莫尔法、福尔哈德法和法扬斯法三种方法。

1. 莫尔法

在含有 Cl^- 的中性或弱碱性溶液中，以 K_2CrO_4 作指示剂，用 $AgNO_3$ 标准溶液进行滴定，当 AgCl 沉淀完全后，过量的 $AgNO_3$ 溶液即与 CrO_4^{2-} 生成砖红色的 Ag_2CrO_4 沉淀，指示滴定终点的到达，反应式如下：

$$Ag^+ + Cl^- \rightleftharpoons AgCl\downarrow(白色，K_{sp}=1.8\times10^{-10})$$
$$2Ag^+ + CrO_4^{2-} \rightleftharpoons Ag_2CrO_4\downarrow(砖红色，K_{sp}=2.0\times10^{-12})$$

2. 福尔哈德法

测 Cl^- 时，在酸性被测物溶液中，加入过量的 $AgNO_3$ 标准溶液，以铁铵矾 $[NH_4Fe(SO_4)_2]$ 作指示剂，再用硫氰酸铵（NH_4SCN）标准溶液直接滴定剩余的 Ag^+，待硫氰酸银（$AgSCN$）沉淀完全，稍过量的 SCN^- 与 Fe^{3+} 反应生成红色配离子，指示已到达滴定终点。

计量点前：

$$Cl^- + Ag^+(过量) \rightleftharpoons AgCl\downarrow(白色)$$
$$SCN^- + Ag^+(余) \rightleftharpoons AgSCN\downarrow(白色)$$

计量点：

$$SCN^- + Fe^{3+} \rightleftharpoons [Fe(SCN)]^{2+}(红色)$$

3. 法扬斯法

用荧光黄、二氯荧光黄等吸附指示剂时，计量点前，$AgCl$ 沉淀吸附 Cl^- 带负电荷 $[(AgCl)Cl^-]$，而不吸附同样带负电荷的荧光黄阴离子，溶液呈黄绿色；稍过计量点，溶液中 Ag^+ 过剩，沉淀吸附 Ag^+ 而带正电荷，同时吸附荧光黄阴离子 $[(AgCl)\cdot Ag^+\cdot Cl^-]$，这时溶液由黄绿色变成淡红色，指示滴定终点到达。

三、仪器、试剂及材料

仪器：电子天平，滴定管，锥形瓶，烧杯，容量瓶。

试剂：$AgNO_3$ 标准溶液（0.1mol/L），K_2CrO_4 指示剂（0.5%），荧光黄指示剂（0.1%），NH_4SCN 标准溶液（0.1mol/L），$NaCl$ 基准溶液，糊精溶液（0.1%），铁铵矾指示剂，HNO_3（6mol/L），蒸馏水。

四、实验步骤

1. 0.1mol/L $AgNO_3$ 标准溶液的标定

准确称取 $NaCl$ 基准溶液 0.12～0.18g，加入 50mL 蒸馏水溶解后，再加入 K_2CrO_4 指示剂 1mL，用 0.1mol/L $AgNO_3$ 标准溶液滴定，溶液呈砖红色即为终点，平行测定 3 次。计算 $AgNO_3$ 的浓度。

2. 0.1mol/L NH_4SCN 标准溶液的标定

准确移取 0.1mol/L $AgNO_3$ 标准溶液 25.00mL 于锥形瓶中，加入 6mol/L HNO_3 5mL 和 1mL 铁铵矾指示剂，用 NH_4SCN 标准溶液滴定，至溶液出现稳定的淡红色即为终点。平行测定 3 次。计算 NH_4SCN 标准溶液的浓度。

3. 可溶性氯化物试液的制备

准确称取 1.2～1.5g 氯化物试样于小烧杯中，加水溶解后，定量转移至 250mL 容量瓶中。

4. 可溶性氯化物中氯的测定（莫尔法）

准确移取上述氯化物试液 25.00mL，加入 20mL 水，0.5% K_2CrO_4 1mL，边用 $AgNO_3$ 标准溶液滴定边摇动，溶液呈现砖红色即为终点，平行测定 3 次。

5. 可溶性氯化物中氯的测定（法扬斯法）

准确移取上述氯化物试液 25.00mL，加 5～10 滴荧光黄指示剂、10mL 糊精溶液，摇匀后，用 $AgNO_3$ 标准溶液滴定至溶液由黄绿色变为粉红色沉淀即为终点，平行测定 3 次。

6. 可溶性氯化物中氯的测定（福尔哈德法）

准确移取上述氯化物试液 25.00mL，加水 25mL 和加 6mol/L 新煮沸并冷却的 HNO_3 5mL，在不断摇动下由滴定管中加入 $AgNO_3$ 标准溶液约 30mL，再加入 1mL 铁铵矾指示剂，用 NH_4SCN 标准溶液滴定过量的 Ag^+ 至溶液出现浅红色即为终点，平行测定 3 次。

五、数据记录及处理

1. 莫尔法

$$Cl(\%) = \frac{c(AgNO_3) \times M_{Cl} \times 10^{-3}}{m \times \dfrac{25}{250}} \times 100\%$$

2. 法扬斯法

$$Cl(\%) = \frac{c(AgNO_3) \times M_{Cl} \times 10^{-3}}{m \times \dfrac{25}{250}} \times 100\%$$

3. 福尔哈德法

$$Cl(\%) = \frac{[c(AgNO_3) - c(NH_4SCN)]M_{Cl} \times 10^{-3}}{m \times \dfrac{25}{250}} \times 100\%$$

六、思考题

1. 莫尔法测定氯含量时，对 K_2CrO_4 指示剂的用量有何要求？
2. 法扬斯法中，应如何控制溶液酸度？

实验24　微型称量滴定法测定氯化铵的含量

一、实验目的

1. 进一步巩固莫尔法测定氯含量的原理与方法。
2. 掌握微型称量滴定的原理与方法。

二、实验原理

所谓微型化学实验，就是以尽可能少的化学试剂来获取所需化学信息的实验方法与技术。虽然它的化学试剂用量一般只为常规实验用量的几十分之一乃至几千分之一，但其效果却可以达到准确、明显、安全、方便和防止环境污染等目的。本实验在氯化铵的莫尔测定中，采用微型称量滴定法，通过准确称量与被测物反应前后 $AgNO_3$ 标准溶液的质量来计算被测物的含量。

莫尔法指在含有 Cl^- 的中性或弱碱性溶液中，以 K_2CrO_4 作指示剂，用 $AgNO_3$ 标准溶液滴定 Cl^- 。由于 $AgCl$ 的溶解度比 Ag_2CrO_4 小，根据分步沉淀原理，溶液中先析出 $AgCl$ 白色沉淀。当 $AgCl$ 定量沉淀完全后，稍过量的 Ag^+ 与 K_2CrO_4 生成砖红色的 Ag_2CrO_4 沉淀，从而指示滴定终点的到达。

三、仪器、试剂及材料

仪器：电子天平，5mL 医用注射器。

试剂：质量摩尔浓度为 $a\,mol/g$ 的 $AgNO_3$ 标准溶液，K_2CrO_4 指示剂（5%）。

四、实验步骤

准确称取 0.2g 的氯化铵样品，置于 250mL 锥形瓶中，加入 50mL 蒸馏水溶解，加 1mL K_2CrO_4 指示剂；用注射器抽取质量摩尔浓度为 a 的 $AgNO_3$ 标准溶液，准确称其质量为 m_1，然后用此标准溶液滴定至溶液呈砖红色，即为终点。再准确称量注射器及剩余 $AgNO_3$ 标准溶液质量为 m_2，平行测定三次。

按下式进行样品中氯化铵含量的计算：

$$NH_4(\%) = \frac{a(m_1 - m_2) \times 18.0}{m_{样品}} \times 100\%$$

五、思考题

在本实验中，$AgNO_3$ 标准溶液浓度为何用质量摩尔浓度？可否用其他浓度？

4.4　无机物质提纯、制备实验

实验25　氯化钠的提纯

一、实验目的

1. 掌握提纯 $NaCl$ 的原理和方法。
2. 练习加热、溶解、常压过滤、减压抽滤、蒸发浓缩、结晶和烘干等基本操作。
3. 学习食盐中 Ca^{2+}、Mg^{2+}、SO_4^{2-} 等离子的定性检验方法。

二、实验原理

化学试剂或医药用的 $NaCl$ 都是以粗食盐为原料提纯的，粗食盐中含有 Ca^{2+}、Mg^{2+}、K^+ 和 SO_4^{2-} 等可溶性杂质及泥沙等不溶性杂质。选择适当的试剂可使 Ca^{2+}、Mg^{2+}、SO_4^{2-} 等离子生成难溶盐沉淀而除去，一般先在食盐溶液中加 $BaCl_2$ 溶液，除去 SO_4^{2-}：

$$Ba^{2+} + SO_4^{2-} =\!=\!= BaSO_4 \downarrow$$

然后再在溶液中加 $NaOH$ 和 Na_2CO_3 溶液，除 Ca^{2+}、Mg^{2+} 和过量的 Ba^{2+}：

$$Ca^{2+} + CO_3^{2-} =\!=\!= CaCO_3 \downarrow$$
$$Ba^{2+} + CO_3^{2-} =\!=\!= BaCO_3 \downarrow$$
$$2Mg^{2+} + CO_3^{2-} + 2OH^- =\!=\!= Mg_2(OH)_2CO_3 \downarrow$$

过量的 Na_2CO_3 溶液用 HCl 中和。粗食盐中的 K^+ 仍留在溶液中，由于 KCl 溶解度比 $NaCl$ 大，而且在粗食盐中含量少，所以在蒸发和浓缩食盐溶液时，$NaCl$ 先结晶出来，而 KCl 仍留在溶液中。

三、仪器、试剂及材料

仪器：电磁加热搅拌器，循环水泵，吸滤瓶，布氏漏斗，普通漏斗，量筒，试管，烧杯，蒸发皿，电子天平，离心机，点滴板，泥三角，石棉网，三脚架，坩埚钳，酒精灯。

试剂：HCl（$2.0mol/L$），$NaOH$（$2.0mol/L$），Na_2CO_3（$1.0mol/L$），$(NH_4)_2C_2O_4$（$0.5mol/L$），$BaCl_2$（$1.0mol/L$），镁试剂，粗食盐。

材料：滤纸，pH 试纸。

四、实验步骤

1. 粗食盐的提纯

（1）称取约 4g 粗食盐于 100mL 烧杯中，加入 15mL 蒸馏水，加热搅拌使其溶解（可用研钵将粗食盐颗粒研磨以加速溶解）。

（2）SO_4^{2-} 的除去。在煮沸的食盐溶液中，边搅拌边滴加 $1.0mol/L$ $BaCl_2$ 溶液（约 1～2mL）。为检验 SO_4^{2-} 是否沉淀完全，可将酒精灯移开，待沉淀下沉后，再在上层清液中滴加 1～2 滴 $BaCl_2$ 溶液，观察溶液是否有浑浊现象。如清液不变浑浊，证明 SO_4^{2-} 已沉淀完全，如清液变浑浊，则要继续加 $BaCl_2$ 溶液，直到沉淀完全为止。然后用小火继续加热 3～5min，使沉淀颗粒长大从而易于沉降。用漏斗过滤，保留滤液，弃去沉淀。

（3）Mg^{2+}，Ca^{2+}，Ba^{2+} 等离子的除去。在滤液中加入适量的（约 1mL）$2.0mol/L$ $NaOH$ 溶液和 1mL $1.0mol/L$ Na_2CO_3 溶液，加热至沸。仿照（2）中方法检验 Mg^{2+}，Ca^{2+}，Ba^{2+} 等离子已沉淀完全后，继续用小火加热煮沸 5min，用漏斗过滤，保留滤液，弃去沉淀。

（4）调节溶液的 pH。在滤液中逐滴加入 2.0mol/L HCl 溶液，充分搅拌，并用玻璃棒蘸取滤液在 pH 试纸上试验，直到溶液呈微酸性（pH＝4～5）为止。

（5）蒸发浓缩。将溶液转移至蒸发皿中，放于泥三角上用小火加热，蒸发浓缩到溶液呈稀糊状为止（切记不可将溶液蒸干）。

（6）结晶、减压过滤、干燥。将浓缩液冷却至室温。用布氏漏斗减压抽滤，尽量抽干。再将晶体转移到蒸发皿中，放在石棉网上，用小火加热并搅拌，充分干燥。冷却后称量，计算收率。

2. 产品纯度的检验

称取粗食盐和提纯后的精盐各 1g，分别溶于 5mL 去离子水中，然后各分盛于 3 支试管中。用下述方法对照检验它们的纯度。

（1）SO_4^{2-} 的检验　加入 2 滴 1.0mol/L $BaCl_2$ 溶液，观察有无白色的 $BaSO_4$ 沉淀生成。

（2）Ca^{2+} 的检验　加入 2 滴 0.5mol/L $(NH_4)_2C_2O_4$ 溶液，稍待片刻，观察有无白色的 CaC_2O_4 沉淀生成。

（3）Mg^{2+} 的检验　加入 2 滴 2.0mol/L NaOH 溶液，使溶液呈碱性，再加入几滴镁试剂，如有蓝色沉淀产生，表示有 Mg^{2+} 存在。

五、数据记录及处理

（1）粗盐：_____g；精盐：_____g；精盐外观：_____；产率＝_____。

（2）产品纯度检验按表 4-20 进行。

表 4-20　氯化钠纯度检验

检验项目	检查方法	被检溶液	实验现象	结论
SO_4^{2-}	1.0mol/L $BaCl_2$	1mL 粗 NaCl 溶液		
		1mL 纯 NaCl 溶液		
Ca^{2+}	0.5mol/L $(NH_4)_2C_2O_4$	1mL 粗 NaCl 溶液		
		1mL 纯 NaCl 溶液		
Mg^{2+}	2.0mol/L NaOH 镁试剂	1mL 粗 NaCl 溶液		
		1mL 纯 NaCl 溶液		

六、思考题

1. 为什么用 Na_2CO_3 除去 Ca^{2+}、Mg^{2+} 等杂质，而不用其他可溶性碳酸盐？除去 CO_3^{2-} 为什么要用 HCl 而不用其他强酸？

2. 蒸发时为什么不可将溶液蒸干？

实验 26　硫酸铜的提纯

一、实验目的

1. 了解用重结晶法提纯物质的基本原理。
2. 进一步熟悉溶解、过滤、减压抽滤、蒸发浓缩、结晶等基本操作。
3. 学习用目测比色法检验产品中的杂质。

二、实验原理

粗硫酸铜中的杂质包括难溶于水的杂质和易溶于水的杂质。一般可先用溶解、过滤的方法，除去难溶于水的杂质。然后再用重结晶法使易溶于水的杂质分离。

重结晶的原理是：利用混合物中各组分在某种溶剂中溶解度不同或在同一溶剂中不同温度时的溶解度不同而使它们相互分离。由于晶体物质的溶解度一般随温度的降低而减小，当热的饱和溶液冷却时，待提纯的物质首先结晶析出而少量杂质由于尚未达到饱和，仍留在母液中。

粗硫酸铜中的杂质通常以硫酸亚铁、硫酸铁居多。当蒸发浓缩硫酸铜溶液时，亚铁盐易氧化为铁盐，而铁盐易水解，生成 $Fe(OH)_3$ 沉淀，混合在析出的硫酸铜晶体中，所以在蒸发浓缩的过程中，溶液应保持酸性。

若亚铁盐含量较多，可先用过氧化氢将 Fe^{2+} 氧化为 Fe^{3+}，再调节溶液的 pH 约至 4，使 Fe^{3+} 水解为 $Fe(OH)_3$ 沉淀过滤而除去。

$$2Fe^{2+} + H_2O_2 + 2H^+ \rightleftharpoons 2Fe^{3+} + 2H_2O$$
$$Fe^{3+} + 3H_2O \rightleftharpoons Fe(OH)_3 \downarrow + 3H^+$$

提纯后的硫酸铜可用 KSCN 检验其纯度。

三、仪器、试剂及材料

仪器：电子天平，烧杯，量筒，石棉网，玻璃棒，酒精灯，滤纸，漏斗架，表面皿，点滴板，蒸发皿，铁三脚，洗瓶，布氏漏斗，抽滤装置，硫酸铜回收瓶。

试剂：HCl（2mol/L），H_2SO_4（1mol/L），NaOH（2mol/L），氨水（6mol/L），KSCN（1mol/L），H_2O_2（质量分数为 3%），粗 $CuSO_4$，蒸馏水。

材料：滤纸，pH 试纸。

四、实验步骤

1. 称量和溶解

用电子天平称取粗硫酸铜约 2g，在烧杯中加入蒸馏水 20mL 用玻璃棒搅拌，并将烧杯置于石棉网上加热，当硫酸铜完全溶解时，立即停止加热。结晶的硫酸铜晶体，应先在研钵中研细。每次研磨的量不宜过多。研磨时，不得用研棒敲击，应慢慢转动研棒，轻压晶体成细粉末。

2. 沉淀

在上述溶液中加入质量分数为 3% 的 H_2O_2 溶液 10 滴。加热并搅拌，同时逐滴加入 2mol/L NaOH 溶液直到 pH 约为 4。继续加热片刻，静置，使红棕色 $Fe(OH)_3$ 沉淀沉降。用 pH 试纸检验溶液的酸碱性时，应将小块试纸置于表面皿或点滴板上，然后用玻璃棒蘸取待检验溶液点在试纸上进行检验，切忌将试纸放入溶液中进行检验。

3. 过滤

将折好的滤纸放入漏斗中，用少量去离子水润湿滤纸，使之紧贴漏斗内壁。趁热过滤硫酸铜溶液，滤液转入蒸发皿中。用少量去离子水洗涤烧杯及玻璃棒，并全部转入蒸发皿中。

4. 蒸发和结晶

在滤液中滴入 3～4 滴 1mol/L H_2SO_4 溶液，使溶液酸化，将 pH 调至 1～2，然后在石棉网上加热，蒸发浓缩。当溶液表面刚出现一层极薄的晶膜时，停止加热，静置冷却至室温，使 $CuSO_4 \cdot 5H_2O$ 充分结晶析出。抽滤析出的硫酸铜晶体，进一步干燥后，将硫酸铜置于滤纸上，吸去其表面的水分。在电子天平上称量硫酸铜的质量。

5. 硫酸铜纯度的检验

在小烧杯中加入约 0.3g 粗硫酸铜粉末，用 10mL 蒸馏水溶解，加入 1～2 滴 1mol/L H_2SO_4 溶液，使溶液酸化，然后再滴加 2mL 质量分数为 3% 的 H_2O_2，煮沸片刻，使溶液中的 Fe^{2+} 充分氧化为 Fe^{3+}。

待溶液冷却至室温后，边搅拌边滴加 6mol/L 氨水，直至生成的蓝色沉淀完全消失，溶液呈深蓝色为止。此时 Fe^{3+} 完全转化为 $Fe(OH)_3$ 沉淀，而 Cu^{2+} 则完全转化为 $[Cu(NH_3)_4]^{2+}$。

将上述溶液进行过滤，用去离子水对滤纸上的沉淀进行洗涤，直到蓝色洗去为止，弃去滤液。此时 $Fe(OH)_3$ 沉淀仍留在滤纸上。

用滴管将 3mL 稍热的 2mol/L 盐酸滴于滤纸上，对 $Fe(OH)_3$ 沉淀进行溶解。如果一次不能完全溶解，可将滤液加热后再滴到滤纸上，直到 $Fe(OH)_3$ 沉淀完全溶解。

在滤液中滴入 2 滴 1mol/L KSCN 溶液，溶液呈红色。可根据血红色的深浅程度比较出 Fe^{3+} 多与少，Fe^{3+} 愈多，血红色愈深。保留此血红色溶液与下面试验进行对照。称取 0.3g 提纯过的精硫酸铜，重复上面的实验操作，比较二者血红色的深浅程度，以评定产品的级别。

五、思考题

1. 滤液为什么必须经过酸化后才能进行加热浓缩？在浓缩过程中应注意哪些问题？
2. 用 KSCN 检验 Fe^{3+} 时为什么要加盐酸？

实验27 硫酸亚铁铵的制备及组成分析

一、实验目的

1. 了解复盐硫酸亚铁铵的制备方法和特性。
2. 熟练掌握水浴加热、蒸发、结晶和减压过滤等基本操作。
3. 掌握高锰酸钾滴定法测定铁（Ⅱ）的方法，并学习产品中杂质 Fe^{3+} 的定量分析。

二、实验原理

硫酸亚铁铵是一种复盐，为浅蓝绿色单斜晶体。亚铁盐一般在空气中易被氧化，但形成复盐后比较稳定。

过量的铁与稀硫酸作用生成硫酸亚铁，然后加入等物质的量的硫酸铵得到混合溶液。像所有的复盐一样，由于硫酸亚铁铵在水中的溶解度比组成它的任一组分 $FeSO_4$ 或 $(NH_4)_2SO_4$ 的溶解度都要小（它们在水中不同温度下的溶解度列于表 4-21），因此等摩尔的 $FeSO_4$ 和 $(NH_4)_2SO_4$ 在水溶液中相互作用，经蒸发浓缩、冷却结晶可得到摩尔盐晶体。

表 4-21 不同温度下三种盐的溶解度   单位：$g/100g\ H_2O$

物　　质	10 ℃	20 ℃	30 ℃	40 ℃	50 ℃
$FeSO_4$	21.9	26.3	32.8	40.1	48.5
$(NH_4)_2SO_4$	73.0	75.4	78.0	81.0	84.5
$(NH_4)_2SO_4 \cdot FeSO_4 \cdot 6H_2O$	18.1	21.2	24.5	27.9	31.3

本实验采用铁屑与稀硫酸作用生成硫酸亚铁溶液：

$$Fe + H_2SO_4 \rightleftharpoons FeSO_4 + H_2(g)$$

然后在硫酸亚铁溶液中加入硫酸铵并使其全部溶解，经蒸发浓缩，冷却结晶，得到 $(NH_4)_2Fe(SO_4)_2 \cdot 6H_2O$ 晶体。

$$FeSO_4 + (NH_4)_2SO_4 + 6H_2O \rightleftharpoons (NH_4)_2Fe(SO_4)_2 \cdot 6H_2O$$

产品的质量鉴定可以采用高锰酸钾滴定法确定有效成分的含量。在酸性介质中 Fe^{2+} 被 $KMnO_4$ 定量氧化为 Fe^{3+}，$KMnO_4$ 的颜色变化可以指示滴定终点的到达。

$$5Fe^{2+} + MnO_4^- + 8H^+ \rightleftharpoons 5Fe^{3+} + Mn^{2+} + 4H_2O$$

产品等级也可以通过测定其杂质 Fe^{3+} 的质量分数来确定。

三、仪器、试剂及材料

仪器：电子天平，恒温水浴，721 型分光光度计，漏斗，漏斗架，布氏漏斗，吸滤瓶，真空泵，烧杯（150mL，400mL），量筒（10mL，50mL），锥形瓶（150mL，250mL），蒸发皿（50mL），棕色酸式滴定管（50mL），移液管（10mL，25mL），表面皿，称量瓶。

试剂：Na_2CO_3（1mol/L），HCl（2mol/L），H_2SO_4（3mol/L），H_3PO_4（浓），KSCN

（1mol/L），$KMnO_4$ 标准溶液（0.1000mol/L），$(NH_4)_2SO_4$（s），铁屑，$K_3[Fe(CN)_6]$（0.1mol/L），NaOH（2mol/L），无水乙醇，Fe^{3+} 标准溶液（0.0100mol/L）。

材料：pH 试纸，红色石蕊试纸。

四、实验步骤

1. 硫酸亚铁铵的制备

（1）铁屑的净化　称取 2.0g 铁屑于 150mL 烧杯中。加入 20mL 1mol/L Na_2CO_3 溶液，小火加热约 10 min，以除去铁屑表面的油污。用倾析法除去碱液，再用水洗净铁屑。

（2）硫酸亚铁的制备　在盛有洗净铁屑的烧杯中，加入 15mL 3mol/L H_2SO_4 溶液，盖上表面皿，放在水浴上加热（在通风橱中进行），温度控制在 70～80℃直至不再大量冒气泡，表示反应基本完成（反应过程中要适当添加去离子水，以补充蒸发掉的水分）。趁热过滤，将滤液转入 50mL 蒸发皿中。用去离子水洗涤残渣，用滤纸吸干后称量，从而算出溶液中所溶解的铁屑的质量。

（3）硫酸亚铁铵的制备　根据 $FeSO_4$ 的理论产量，计算所需 $(NH_4)_2SO_4$ 的用量。称取 $(NH_4)_2SO_4$ 固体，将其加入上述所制得的 $FeSO_4$ 溶液中，在水浴上加热搅拌，使硫酸铵全部溶解，调节 pH 为 1～2，蒸发浓缩至液面出现一层晶膜为止，取下蒸发皿，冷却至室温，使 $(NH_4)_2Fe(SO_4)_2 \cdot 6H_2O$ 结晶出来。用布氏漏斗减压抽滤，用少量无水乙醇洗去晶体表面所附着的水分，转移至表面皿上，晾干或真空干燥后称量，计算产率。

2. 产品检验

（1）定性鉴定产品中的 NH_4^+，Fe^{2+} 和 SO_4^{2-}。

（2）$(NH_4)_2Fe(SO_4)_2 \cdot 6H_2O$ 质量分数的测定。称取 0.8～0.9g（准确至 0.0001g）产品于 250mL 锥形瓶中，加 50mL 除氧的去离子水，15mL 3mol/L H_2SO_4，2mL 浓 H_3PO_4，使试样溶解。用 $KMnO_4$ 标准溶液滴定，溶液出现微红后，加热至 70～80℃，再继续用 $KMnO_4$ 标准溶液滴定至溶液刚出现微红色（30s 内不消失）为终点。

根据 $KMnO_4$ 标准溶液的用量（mL），按照下式计算产品中 $(NH_4)_2Fe(SO_4)_2 \cdot 6H_2O$ 的质量分数：

$$w = \frac{5c(KMnO_4)V(KMnO_4)M \times 10^{-3}}{m}$$

式中　w——产品中 $(NH_4)_2Fe(SO_4)_2 \cdot 6H_2O$ 的质量分数；

　　　M——$(NH_4)_2Fe(SO_4)_2 \cdot 6H_2O$ 的摩尔质量；

　　　m——所取产品质量。

（3）Fe^{3+} 的定量分析。用烧杯将去离子水煮沸 5 min，以除去溶解的氧，盖好，冷却后备用。称取 0.2g 产品，置于试管中，加 1.00mL 备用的去离子水使之溶解，再加 5 滴 2mol/L HCl 溶液和 2 滴 1mol/L KSCN 溶液，最后用除氧的去离子水稀释到 50.0mL，摇匀，在 721 型分光光度计上进行比色分析，由 A-w（Fe^{3+}）标准工作曲线查出 Fe^{3+} 的质量分数，与下表对照以确定产品等级。

硫酸亚铁铵产品等级与 Fe^{3+} 的质量分数

产品等级	I	II	III
$w(Fe^{3+}) \times 100$	0.005	0.01	0.02

五、注意事项

1. 用 Na_2CO_3 溶液清洗铁屑油污过程中，一定要不断地搅拌防止暴沸，并应补充适量水。

2. 硫酸亚铁溶液要趁热过滤，以免出现结晶。

六、思考题

1. 制备硫酸亚铁铵时为什么要保持溶液呈酸性？
2. 分析产品中 Fe^{3+} 时，为什么要用不含氧的蒸馏水？

实验 28　三草酸合铁(Ⅲ)酸钾的制备、组成测定及表征

一、实验目的

1. 了解配合物制备的一般方法。
2. 掌握用 $KMnO_4$ 法滴定 $C_2O_4^{2-}$ 与 Fe^{3+} 的原理和方法。
3. 综合训练无机合成、滴定分析的基本操作，掌握确定配合物组成的原理和方法。
4. 了解表征配合物结构的方法。

二、实验原理

1. 制备

三草酸合铁（Ⅲ）酸钾 $K_3[Fe(C_2O_4)_3] \cdot 3H_2O$ 为翠绿色单斜晶体，溶于水〔溶解度：4.7g/100g H_2O（0℃），117.7g/100g H_2O（100℃）〕，难溶于乙醇。110℃下失去结晶水，230℃分解。该配合物对光敏感，遇光照射发生分解。

三草酸合铁（Ⅲ）酸钾是制备负载型活性铁催化剂的主要原料，也是一些有机反应的良好催化剂，在工业上具有一定的应用价值。其合成工艺路线有多种。例如，可用三氯化铁或硫酸铁与草酸钾直接合成三草酸合铁（Ⅲ）酸钾，也可以铁为原料制得三草酸合铁（Ⅲ）酸钾。

本实验以实验 27 制得的硫酸亚铁铵为原料，采用后一种方法制得本产品。其反应方程式如下：

$$(NH_4)_2SO_4 \cdot FeSO_4 \cdot 6H_2O + H_2C_2O_4 \longrightarrow$$
$$FeC_2O_4 \cdot 2H_2O(s,黄色) + (NH_4)_2SO_4 + H_2SO_4 + 4H_2O$$
$$6FeC_2O_4 \cdot 2H_2O + 3H_2O_2 + 6K_2C_2O_4 \longrightarrow 4K_3[Fe(C_2O_4)_3] \cdot 3H_2O + 2Fe(OH)_3(s)$$

加入适量草酸可使 $Fe(OH)_3$ 转化为三草酸合铁（Ⅲ）酸钾：

$$2Fe(OH)_3 + 3H_2C_2O_4 + 3K_2C_2O_4 \longrightarrow 2K_3[Fe(C_2O_4)_3] \cdot 3H_2O + 3H_2O$$

加入乙醇，放置即可析出产物的结晶。

2. 产物的定性分析

产物的定性分析，采用化学分析法和红外吸收光谱法。

K^+ 与 $Na_3[Co(NO_2)_6]$ 在中性或稀醋酸介质中，生成亮黄色的 $K_2Na[Co(NO_2)_6]$ 沉淀：

$$2K^+ + Na^+ + [Co(NO_2)_6]^{3-} \longrightarrow K_2Na[Co(NO_2)_6](s)$$

Fe^{3+} 与 KSCN 反应生成血红色的 $Fe(SCN)_n^{3-n}$，$C_2O_4^{2-}$ 与 Ca^{2+} 生成白色沉淀 CaC_2O_4，可以判断 Fe^{3+}、$C_2O_4^{2-}$ 处于配合物的内层还是外层。

草酸根和结晶水可通过红外光谱分析确定其存在。草酸根形成配位化合物时，红外吸收的振动频率和谱带归属如表 4-22 所示。

表 4-22　红外吸收的振动频率和谱带归属关系

频率 v/cm^{-1}	谱带归属
1712,1677,1649	羰基 C=O 的伸缩振动吸收带
1390,1270,1255,855	C—O 伸缩振动及—O—C=O 弯曲振动
797,785	O—C=O 弯曲振动及 M—O 键的伸缩振动
528	C—C 的伸缩振动吸收带
498	环变形 O—C=O 弯曲振动
366	M—O 伸缩振动吸收带

结晶水的吸收带在 3550～3200cm^{-1}，一般在 3450cm^{-1} 附近。通过红外谱图的对照，不难得出定性的分析结果。

3. 产物的定量分析

用 KMnO$_4$ 法测定产品中的 Fe^{3+} 含量和 C$_2$O$_4^{2-}$ 的含量，并确定 Fe^{3+} 和 C$_2$O$_4^{2-}$ 的配位比。在酸性介质中，用 KMnO$_4$ 标准溶液滴定试液中的 C$_2$O$_4^{2-}$，根据 KMnO$_4$ 标准溶液的消耗量可直接计算出 C$_2$O$_4^{2-}$ 的质量分数，其反应式为：

$$5C_2O_4^{2-} + 2MnO_4^- + 16H^+ =\!=\!= 10CO_2 + 2Mn^{2+} + 8H_2O$$

在上述测定草酸根后剩余的溶液中，用锌粉将 Fe^{3+} 还原为 Fe^{2+}，再利用 KMnO$_4$ 标准溶液滴定 Fe^{2+}，其反应式为：

$$Zn + 2Fe^{3+} =\!=\!= 2Fe^{2+} + Zn^{2+}$$

$$5Fe^{2+} + MnO_4^- + 8H^+ =\!=\!= 5Fe^{3+} + Mn^{2+} + 4H_2O$$

根据 KMnO$_4$ 标准溶液的消耗量，可计算出 Fe^{3+} 的质量分数。

根据

$$n(\text{Fe}^{3+}) : n(\text{C}_2\text{O}_4^{2-}) = \frac{w(\text{Fe}^{3+})}{55.8} : \frac{w(\text{C}_2\text{O}_4^{2-})}{88}$$

可确定 Fe^{3+} 与 C$_2$O$_4^{2-}$ 的配位比。

4. 产物的表征

通过对配合物磁化率的测定，可推算出配合物中心离子的未成对电子数而推断出中心离子外层电子的结构、配键类型。

三、仪器、试剂及材料

仪器：托盘天平，电子分析天平，烧杯（100mL，250mL），量筒（10mL，100mL），试管，玻璃棒，长颈漏斗，布氏漏斗，吸滤瓶，真空泵，表面皿，称量瓶，干燥器，烘箱，锥形瓶（250mL），酸式滴定管（50mL），磁天平，红外光谱仪，玛瑙研钵。

试剂：H$_2$SO$_4$（2mol/L），H$_2$C$_2$O$_4$·2H$_2$O（s），H$_2$O$_2$（3%），(NH$_4$)$_2$SO$_4$·FeSO$_4$·6H$_2$O（s），K$_2$C$_2$O$_4$（饱和），KSCN（0.1mol/L），CaCl$_2$（0.5mol/L），FeCl$_3$（0.1mol/L），Na$_3$[Co(NO$_2$)$_6$]，KMnO$_4$ 标准溶液（0.02mol/L，自行标定），KBr（s），乙醇（95%），锌粉，丙酮，去离子水。

四、实验步骤

1. 三草酸合铁（Ⅲ）酸钾的制备

（1）制取 FeC$_2$O$_4$·2H$_2$O　称取 6.0g (NH$_4$)$_2$SO$_4$·FeSO$_4$·6H$_2$O 放入 250mL 烧杯中，加入 1.5mL 2mol/L H$_2$SO$_4$ 和 20mL 去离子水，加热使其溶解。另称取 3.0g H$_2$C$_2$O$_4$·2H$_2$O 放到 100mL 烧杯中，加 30mL 去离子水微热，溶解后取出 22mL，倒入上述 250mL 烧杯中，加热搅拌至沸，并维持微沸 5min。静置，得到黄色 FeC$_2$O$_4$·2H$_2$O 沉淀。用倾泻法倒出清液，用热去离子水洗涤沉淀 3 次，以除去可溶性杂质。

（2）制备 K$_3$[Fe(C$_2$O$_4$)$_3$]·3H$_2$O　在上述洗涤过的沉淀中，加入 15mL 饱和 K$_2$C$_2$O$_4$ 溶液，水浴加热至 40℃，滴加 25mL 3% 的 H$_2$O$_2$ 溶液，不断搅拌溶液并维持温度在 40℃ 左右。滴加完后，加热溶液至沸以除去过量的 H$_2$O$_2$。取适量步骤（1）中配制的 H$_2$C$_2$O$_4$ 溶液趁热加入使沉淀溶解至呈现翠绿色为止。冷却后，加入 15mL 95% 的乙醇水溶液，在暗处放置，结晶。减压过滤，抽干后用少量乙醇洗涤产品，继续抽干，称量，计算产率，并将晶体放在干燥器内避光保存。

2. 产物的定性分析

（1）K$^+$ 的鉴定　在试管中加入少量产物，用去离子水溶解，再加入 1mL Na$_3$[Co(NO$_2$)$_6$]

溶液，放置片刻，观察现象。

（2）Fe^{3+} 的鉴定　在试管中加入少量产物，用去离子水溶解，另取一支试管加入少量的 $FeCl_3$ 溶液。各加入 2 滴 0.1mol/L KSCN，观察现象。在装有产物溶液的试管中加入 3 滴 2mol/L H_2SO_4，再观察溶液颜色有何变化，解释实验现象。

（3）$C_2O_4^{2-}$ 的鉴定　在试管中加入少量产物，用去离子水溶解，另取一支试管加入少量的 $K_2C_2O_4$ 溶液。各加入 2 滴 0.5mol/L $CaCl_2$ 溶液，观察实验现象有何不同。

（4）用红外光谱鉴定 $C_2O_4^{2-}$ 与结晶水　取少量 KBr 晶体及小于 KBr 用量百分之一的样品，在玛瑙研钵中研细，压片，在红外光谱仪上测定红外吸收光谱，将谱图的各主要谱带与标准红外光谱图对照，确定是否含有 $C_2O_4^{2-}$ 及结晶水。

3. 产物组成的定量分析

（1）结晶水质量分数的测定　洗净两个称量瓶，在 110℃ 电烘箱中干燥 1h，置于干燥器中冷却，至室温时在电子分析天平上称量。然后再放到 110℃ 电烘箱中干燥 0.5h，即重复上述干燥-冷却-称量操作，直至质量恒定（两次称量相差不超过 0.3mg）为止。

在电子分析天平上准确称取两份产品各 0.5～0.6g，分别放入上述已质量恒定的两个称量瓶中。在 110℃ 电烘箱中干燥 1h，然后置于干燥器中冷却，至室温后，称量。重复上述干燥（改为 0.5h）→冷却→称量操作，直至质量恒定。根据称量结果计算产品结晶水的质量分数。

（2）草酸根质量分数的测量　在电子分析天平上精确称取两份产物（约 0.15～0.20g）分别放入两个锥形瓶中，均加入 15mL 2mol/L H_2SO_4 和 15mL 去离子水，微热溶解，加热至 75～85℃（即液面冒水蒸气），趁热用 0.02mol/L $KMnO_4$ 标准溶液滴定至粉红色为终点（保留溶液待下一步分析使用）。根据消耗 $KMnO_4$ 溶液的体积，计算产物中 $C_2O_4^{2-}$ 的质量分数。

（3）铁质量分数的测量　在上述保留的溶液中加入一小匙锌粉，加热近沸，直到黄色消失，将 Fe^{3+} 还原为 Fe^{2+} 即可。趁热过滤除去多余的锌粉，滤液收集到另一锥形瓶中。继续用 0.02mol/L $KMnO_4$ 标准溶液进行滴定，至溶液呈粉红色。根据消耗 $KMnO_4$ 溶液的体积，计算 Fe^{3+} 的质量分数。

根据（1）、（2）、（3）的实验结果，计算 K^+ 的质量分数，结合实验步骤 2 的结果，推断出配合物的化学式。

4. 配合物磁化率的测定

（1）样品管的准备　洗涤磁天平的样品管（必要时用洗液浸泡）并用去离子水冲洗，再用乙醇、丙酮各冲洗一次，用吹风机吹干（也可烘干）。

（2）样品管的测定　在磁天平的挂钩上挂好样品管，并使其处于两磁极的中间，调节样品管的高度，使样品管底部对准电磁铁两极中心的连线（即磁场强度最强处）。在不加磁场的条件下称量样品管的质量。

打开电源预热。用调节器旋钮慢慢调大输入电磁铁线圈的电流至 5.0A，在此磁场强度下测量样品管的质量。测量后，用调节器旋钮慢慢调小输入电磁铁的电流直至零为止。记录测量温度。

（3）标准物质的测定　从磁天平上取下空样品管，装入已研细的标准物 $(NH_4)_2SO_4 \cdot FeSO_4 \cdot 6H_2O$ 至刻度处，在不加磁场和加磁场的情况下测量样品＋样品管的质量。取下样品管，倒出标准物，按步骤（1）的要求洗净并干燥样品管。

（4）样品的测定　取产品（约 2g）在玛瑙研钵中研细，按照"标准物质的测定"的步骤及实验条件，在不加磁场和加磁场的情况下，测量样品＋样品管的质量。测量后关闭电源及冷却水。

测量误差的主要原因是装样品不均匀，因此需将样品一点一点地装入样品管，边装边在垫有橡皮板的台面上轻轻撞击样品管，并且还要注意每个样品填装的均匀程度、紧密状况应该一致。

注：① $K_3[Fe(C_2O_4)_3]$ 溶液未达饱和，冷却时不析出晶体，可以继续加热蒸发浓缩，直至稍冷后表面出现晶膜。

② 磁天平的使用方法详见仪器使用说明或相关实验教材。

五、数据记录与处理

将测定的实验数据填入表 4-23 中。根据实验数据和标准物质的比磁化率 $\chi_m = 9500 \times 10^{-6}/(T+1)$，计算样品的摩尔磁化率 χ_M，近似得到样品的摩尔顺磁化率，计算出有效磁矩 μ_{eff}，求出样品 $K_3[Fe(C_2O_4)_3] \cdot 3H_2O$ 中心离子 Fe^{3+} 的未成对电子数 n。判断其外层电子结构，属于内轨型还是外轨型配合物。或判断此配合物中心离子的 d 电子构型，形成高自旋还是低自旋配合物，草酸根是属于强场配体还是弱场配体。

表 4-23 标准物质的测定数据

测量物品	无磁场时的质量	加磁场后的质量	加磁场后 V_m
空样品管 m_0			
标准物质＋空样品管			
样品＋空样品管			

六、思考题

1. 氧化 $FeC_2O_4 \cdot 2H_2O$ 时，氧化温度控制在 40℃，不能太高，为什么？

2. $KMnO_4$ 滴定 $C_2O_4^{2-}$ 时，要加热，又不能使温度太高（75～85℃），为什么？

实验29 高锰酸钾的制备

一、实验目的

1. 掌握用二氧化锰制备高锰酸钾的原理和方法。

2. 了解通入 CO_2 气体的操作方法。

二、实验原理

软锰矿主要成分是 MnO_2，由软锰矿制备高锰酸钾一般是在氧化剂存在下，将软锰矿与强碱和氧化剂共熔制取含 K_2MnO_4 的熔体，然后 K_2MnO_4 溶于水发生歧化反应生成 $KMnO_4$。

本实验是以 $KClO_3$ 作为氧化剂制得 K_2MnO_4 熔体后，用水浸取制成 K_2MnO_4 溶液，锰酸钾溶于水并可在水溶液中发生歧化反应，生成高锰酸钾。

$$3MnO_2 + KClO_3 + 6KOH == 3K_2MnO_4 + KCl + 3H_2O$$
$$3MnO_4^{2-} + 2H_2O == MnO_2 + 2MnO_4^- + 4OH^-$$
$$3MnO_4^{2-} + 2CO_2 == 2MnO_4^- + MnO_2 + 2CO_3^{2-}$$

为了使歧化反应顺利进行，必须随时中和掉所生成的 OH^-，常用方法是通入 CO_2。此方法在最理想的情况下，也只能使 66% 的 K_2MnO_4 进行转化，还有约 $1/3$ 变为 MnO_2。

三、仪器、试剂及材料

仪器：电子天平，铁坩埚，酒精喷灯，坩埚钳，砂芯漏斗，铁搅拌棒，烧杯，吸滤瓶，蒸发皿。

试剂：$KClO_3$ (s)，KOH (s)，MnO_2 (s)，CO_2 (g)。

材料：pH 试纸，滤纸。

四、实验步骤

1. 锰酸钾的制备

称取 2g KClO$_3$ 和 4g KOH，加入铁坩埚中搅拌混合均匀，先用酒精喷灯小心加热，一边用坩埚钳夹住铁坩埚一边用铁棒搅拌。待混合物熔融后，把 3g MnO$_2$ 缓慢均匀分批加入，随着反应的进行，熔融物黏度增大，用力搅拌防止结块使成颗粒状，然后强热 5～10min，得到墨绿色固体物，冷却后，连同坩埚一起放入含有 100mL 热水的 250mL 烧杯中，继续加热至熔融物全部溶解。用坩埚钳取出坩埚。

2. 锰酸钾的歧化

将上述所得绿色溶液趁热通入二氧化碳气体约 15min，直至全部锰酸钾转化为高锰酸钾和二氧化锰为止（可用玻璃棒蘸一些溶液滴在滤纸上，若滤纸上只显示紫色而无绿色痕迹，即可认为转化完全）。将溶液加热，然后用砂芯漏斗抽滤，弃去二氧化锰残渣。溶液转入瓷蒸发皿中，浓缩至表面析出高锰酸钾晶体，停止加热，自然冷却，当温度降到接近室温时，抽滤，观察晶型，称重，计算产率。

五、思考题

1. 由 MnO$_2$ 制备 K$_2$MnO$_4$ 时，为什么用铁坩埚而不用瓷坩埚？
2. 抽滤高锰酸钾溶液时，为什么用砂芯漏斗？

实验30 过氧化钙的制备及其含量分析

一、实验目的

1. 掌握制备过氧化钙的原理及方法。
2. 测定产物中过氧化钙的含量。

二、实验原理

过氧化钙可用氯化钙与过氧化氢及碱，或氢氧化钙、氯化铵与过氧化氢反应制备。本实验采用将碳酸钙溶于盐酸，在低温碱性条件下与过氧化氢反应制备过氧化钙的方法，反应方程式如下：

$$CaCO_3 + 2HCl \longrightarrow CaCl_2 + CO_2 \uparrow + H_2O$$
$$CaCl_2 + H_2O_2 + 2NH_3 \longrightarrow CaO_2 + 2NH_4Cl$$

水溶液中析出的过氧化钙含有结晶水分子，颜色呈白色。过氧化钙结晶水的含量随制备方法及反应温度的不同而有所变化，最多可达 8 个结晶水。含结晶水的过氧化钙在加热后逐渐脱水，150℃左右脱水干燥，生成无水过氧化钙。加热 350℃左右，过氧化钙会发生分解，生成白色的氧化钙，并放出氧气。

在酸性水溶液中，CaO$_2$ 转变为 H$_2$O$_2$，利用 H$_2$O$_2$ 与 KMnO$_4$ 的反应，可以测定 CaO$_2$ 的含量。反应方程式如下：

$$5H_2O_2 + 2MnO_4^- + 6H^+ \longrightarrow 2Mn^{2+} + 5O_2 \uparrow + 8H_2O$$

三、仪器、试剂及材料

仪器：电子天平，烘箱，烧杯，漏斗，酸式滴定管。

试剂：大理石，NH$_3 \cdot$H$_2$O（浓），HCl 溶液（3mol/L），MnSO$_4$（0.05mol/L），H$_2$O$_2$（6%），KMnO$_4$ 标准溶液（0.02mol/L），蒸馏水。

材料：滤纸。

四、实验步骤

1. 过氧化钙的制备

将约 3g 大理石置于烧杯中，逐滴加入浓度为 3mol/L 的盐酸，直至烧杯中 CaCO$_3$ 固体溶解完全为止。将溶液加热煮沸，趁热常压过滤以除去未溶的杂质。另外，量取 20mL 浓度为 6％ 的 H_2O_2 溶液，边搅拌边将它加入到 10mL 浓氨水和 15mL 蒸馏水配成的溶液中。将所得的 $CaCl_2$ 溶液和 $NH_3 \cdot H_2O$ 溶液都置于冰水浴中冷却。

待溶液充分冷却后，边搅拌边将 $CaCl_2$ 溶液逐滴滴入 $NH_3 \cdot H_2O$ 溶液中（滴加时溶液仍置于冰水浴中冷却）。加完后继续在冰水浴内放置 0.5h，然后减压过滤，用少量冷却蒸馏水洗涤晶体 2～3 次。晶体抽干后，取出置于烘箱内在 150℃ 下烘约 0.5h。冷却后称重，计算产率。

2. 产品中过氧化钙含量的测定

准确称取 0.15g 无水过氧化钙于烧杯中，用 50mL 蒸馏水和 15mL 3mol/L HCl 溶液使其溶解，再加入 1mL 0.05mol/L $MnSO_4$ 溶液，用 0.02mol/L $KMnO_4$ 标准溶液进行滴定，至溶液呈微红色，即为终点。平行测定三次，计算 CaO_2 的质量分数。

五、思考题

1. 所得产物中的主要杂质是什么？如何提高产品的产率与纯度？
2. 由 $CaCl_2$ 制备 CaO_2 时，为什么用 $NH_3 \cdot H_2O$ 混合溶液？
3. 写出计算过氧化钙质量分数的计算表达式。

实验31　七水合硫酸锌及其衍生物的制备

一、实验目的

1. 掌握七水合硫酸锌的制备原理及方法。
2. 进一步熟悉蒸发浓缩、结晶、过滤、灼烧等基本操作。
3. 了解锌的各种衍生物的制备方法。

二、实验原理

$ZnSO_4 \cdot 7H_2O$ 俗称皓矾，许多锌盐都是以 $ZnSO_4 \cdot 7H_2O$ 为原料而制备得到的。ZnO 为白色或浅黄色粉末，难溶于水，可溶于酸和强碱。

本实验以菱锌矿（主要成分为 $ZnCO_3$）为原料，制备 $ZnSO_4 \cdot 7H_2O$、ZnO 和锌钡白等化合物。

粉碎后的菱锌矿经 H_2SO_4 浸取得到粗制的 $ZnSO_4$ 溶液：

$$ZnCO_3 + H_2SO_4 = ZnSO_4 + CO_2 \uparrow + H_2O$$

在得到粗制的 $ZnSO_4$ 溶液的同时，矿石中所含镍、镉、铁、锰等杂质也同时进入浸取液，生成 $NiSO_4$、$CdSO_4$、$FeSO_4$ 和 $MnSO_4$ 等。$ZnSO_4$ 溶液中的杂质可利用氧化和置换法除去。在弱酸性溶液中，用 $KMnO_4$ 将 Fe^{2+} 和 Mn^{2+} 氧化生成难溶物 $Fe(OH)_3$，MnO_2 从溶液中除去：

$$MnO_4^- + 3Fe^{2+} + 7H_2O = 3Fe(OH)_3 \downarrow + MnO_2 \downarrow + 5H^+$$

$$2MnO_4^- + 3Mn^{2+} + 2H_2O = 5MnO_2 \downarrow + 4H^+$$

向 $ZnSO_4$ 溶液中加入 Zn 粉，与 Ni^{2+} 和 Cd^{2+} 等发生置换反应从而除去溶液中的 Ni^{2+} 和 Cd^{2+}：

$$Ni^{2+} + Zn = Ni + Zn^{2+}$$

$$Cd^{2+} + Zn = Cd + Zn^{2+}$$

将除去杂质后精制的 $ZnSO_4$ 溶液蒸发浓缩、结晶，即得到 $ZnSO_4 \cdot 7H_2O$ 晶体。再将精制的 $ZnSO_4$ 溶液与 Na_2CO_3 溶液反应得碱式碳酸锌，碱式碳酸锌经高温灼烧转化为 ZnO：

$$3ZnSO_4 + 3Na_2CO_3 + 4H_2O == ZnCO_3 \cdot 2Zn(OH)_2 \cdot 2H_2O + 3Na_2SO_4 + 2CO_2 \uparrow$$

$$ZnCO_3 \cdot 2Zn(OH)_2 \cdot 2H_2O == 3ZnO + CO_2 \uparrow + 4H_2O$$

将 $ZnSO_4$ 溶液和 BaS 溶液按等物质的量比例混合即得锌钡白:

$$BaS + ZnSO_4 == ZnS + BaSO_4 \downarrow$$

三、仪器、试剂及材料

仪器: 温度计, 吸滤装置, 烧杯, 瓷坩埚, 坩埚钳, 容量瓶, 酸式滴定管。

试剂: $KMnO_4$ (0.5mol/L), Na_2CO_3 (20%), $BaCl_2$ (1mol/L), EDTA 标准溶液 (0.05mol/L), HCl (6mol/L), H_2SO_4 (3mol/L, 6mol/L), $NH_3 \cdot H_2O$ (1:1), $NH_3 \cdot H_2O$-NH_4Cl 缓冲溶液, 铬黑 T 指示剂, 锌矿粉(菱锌矿), Zn 粉, BaS 固体。

材料: 精密 pH 试纸, KI-淀粉试纸。

四、实验步骤

1. 制备 $ZnSO_4 \cdot 7H_2O$

(1) 酸浸及铁、锰的去除 称取锌矿粉约 25g 于 250mL 烧杯中, 加入 50mL 水, 加热至 80℃左右时, 滴加约 30mL 6mol/L H_2SO_4, 并不断搅拌。反应速率不宜过快, 反应温度应控制在 90℃左右。当反应至溶液的 pH 约为 4 时, 滴加 0.5mol/L $KMnO_4$ 溶液至 KI-淀粉试纸变蓝, 停止滴加 $KMnO_4$ 溶液, 继续加热至上层清液为无色并控制 pH 约为 4, 趁热减压过滤, 滤液即为粗制的 $ZnSO_4$ 溶液。

(2) 精制 $ZnSO_4$ 溶液 将制得的粗 $ZnSO_4$ 溶液加热至 90℃左右, 在不断搅拌下分次加入 1g Zn 粉并盖上表面皿, 反应 15min。检查溶液中 Cd^{2+}、Ni^{2+} 是否除尽, 如未除尽, 可再补加少量 Zn 粉, 并加热搅拌至 Cd^{2+}、Ni^{2+} 除尽为止, 趁热过滤, 滤液即为精制的 $ZnSO_4$ 溶液。将滤液分为三份, 供制备 $ZnSO_4 \cdot 7H_2O$、ZnO 和锌钡白使用。

(3) 制备 $ZnSO_4 \cdot 7H_2O$ 量取约 1/3 体积的精制 $ZnSO_4$ 母液, 滴加 3mol/L H_2SO_4 调节至溶液的 pH 约为 1。将溶液转移至洁净的蒸发皿中, 水浴加热蒸发至液面出现晶膜为止, 停止加热, 冷却结晶, 然后进行减压过滤, 晶体用滤纸吸干后称重, 计算产率。

2. 制备 ZnO

(1) 制备碱式碳酸锌 量取 1/3 体积的精制 $ZnSO_4$ 母液置于烧杯中, 小火加热至 60℃左右。在剧烈搅拌下, 慢慢加入 20% 的 Na_2CO_3 溶液至 pH≈7 为止, 反应速率不宜过快。升温至约 80℃, 继续小火加热 10min, 然后冷却至室温, 减压过滤, 并用蒸馏水洗涤沉淀。

(2) 制备 ZnO 将已制备的碱式碳酸锌置于瓷坩埚中, 先用小火加热约 10min, 并不断搅拌, 然后用大火灼烧约 30min。稍冷后, 将产物转移至干燥器内, 冷却至室温, 称重, 计算产率。

3. 锌钡白的制备

(1) 配制 BaS 溶液 称取 8g BaS, 边搅拌边加入 25mL 热蒸馏水并不断搅拌, 小火加热 15min, 趁热减压过滤即得 BaS 溶液, 供合成锌钡白用。

(2) 锌钡白的制备 在 100mL 烧杯中, 先加入 BaS 溶液约 10mL, 然后加入约等体积的精制 $ZnSO_4$ 溶液, 再交替加入 BaS 和 $ZnSO_4$ 溶液, 调节溶液的 pH 维持在 8~9。减压过滤所得的锌钡白沉淀, 用滤纸吸干、称量, 计算产率。

4. ZnO 含量的测定

准确称取 ZnO 产品 0.3g 于 100mL 烧杯中, 用少量蒸馏水润湿, 然后加入 3mL 6mol/L HCl, 微热溶解, 冷却至室温后, 转移至 250mL 容量瓶中, 稀至刻度。

用移液管取 3 份含锌溶液于三个 250mL 锥形瓶中, 用 1:1 氨水中和至 pH 为 7~8, 即

刚有 $Zn(OH)_2$ 沉淀生成为止，再加入 $NH_3 \cdot H_2O$-NH_4Cl 缓冲溶液 10mL 和 3 滴铬黑 T 指示剂，然后用 0.05mol/L EDTA 标准溶液滴定至溶液变为蓝色即为终点。计算 ZnO 的质量分数。

五、思考题

1. 除铁、锰时为什么要控制溶液的 pH 约为 4，pH 过高或过低对本实验有何影响？

2. 为什么要在酸浸、除铁和锰及锌粉置换除杂质的过程中进行加热？

3. 在制备锌钡白时，溶液的 pH 为什么要保持在 8～9？

第5章 | 基础有机化学实验

5.1 有机化合物性质实验

实验32　烃的性质与鉴定

一、实验目的

1. 掌握饱和烃和不饱和烃的性质及鉴定方法。
2. 掌握芳香烃的性质和鉴定方法。

二、实验原理

饱和烃分子中，相邻的碳原子以 C—C 单键（σ键）相连。由于 σ 键的键能比较高，键与键之间结合牢固，因此饱和烃的化学性质稳定，必须在一定的条件下才能发生化学反应。

不饱和烃分子中，存在不饱和键 C＝C 或 C≡C，在碳原子之间，除了形成一个 σ 键之外，还形成一个或两个 π 键。π 键不如 σ 键牢固，容易断裂，因此烯烃和炔烃的化学性质比较活泼，乙烯、乙炔在空气中燃烧，都能生成二氧化碳和水。容易发生加成反应和氧化反应。反应式如下：

$$H_2C{=}CH_2 + Br_2 \longrightarrow \underset{\underset{Br}{|}}{CH_2}{-}\underset{\underset{Br}{|}}{CH_2}$$

红棕色　　　　无色

$$HC{\equiv}CH + 2Br_2 \longrightarrow \underset{\underset{Br}{|}}{\overset{\overset{Br}{|}}{CH}}{-}\underset{\underset{Br}{|}}{\overset{\overset{Br}{|}}{CH}}$$

红棕色　　　　无色

$$5H_2C{=}CH_2 + 12MnO_4^- + 36H^+ \longrightarrow 10CO_2\uparrow + 12Mn^{2+} + 28H_2O$$

$$3HC{\equiv}CH + 10MnO_4^- + 2H_2O \longrightarrow 6CO_2\uparrow + 10MnO_2\downarrow + 10OH^-$$

乙炔分子中的炔氢原子活泼，具有弱酸性，可以与硝酸银氨溶液反应或与氯化亚铜氨溶液作用，生成金属炔化物沉淀。利用此反应可以鉴定乙炔或其他末端炔烃，反应式如下：

$$HC{\equiv}CH \xrightarrow{Ag^+} AgC{\equiv}CAg\downarrow$$

白色

$$HC{\equiv}CH \xrightarrow{Cu^+} CuC{\equiv}CCu\downarrow$$

红色

芳香烃的化学性质不如烯烃、炔烃活泼，如苯一般不发生加成反应，难以被氧化剂氧化。但是甲苯在苯环上引入了一个支链甲基，由于甲基的供电子效应，使得苯环上的电子云密度增大，因此甲苯比苯容易进行取代反应，烷基苯也容易发生侧链上的氧化反应，其氧化反应发生在 α 氢上。

取代反应：

$$\text{(苯)} + Br_2 \xrightarrow{Fe} \text{(溴苯)} + HBr$$

$$\text{(甲苯)} + Br_2 \xrightarrow{Fe} \text{(邻溴甲苯)} + \text{(对溴甲苯)} + H_2\uparrow$$

侧链卤代反应：

$$\text{(甲苯)} + Br_2 \xrightarrow{光照} \text{(苄基溴)} + HBr$$

氧化反应：

$$\text{(甲苯)} \xrightarrow[H^+]{KMnO_4} \text{(苯甲酸)}$$

三、仪器、试剂及材料

仪器：试管，蒸发皿，点滴板，具支试管，分液漏斗。

试剂：硫酸（10%），氢氧化钠（5%），氨水（2%），高锰酸钾（0.2%），硝酸银（5%），饱和食盐水，溴的四氯化碳溶液，溴水，庚烷，环己烯，苯，甲苯，铁屑，碳化钙。

材料：蓝色石蕊试纸。

四、实验内容

1. 烷烃的化学性质与鉴定

（1）取代反应　在两支干燥的试管中，分别加入 10 滴庚烷和 3 滴溴的四氯化碳溶液，摇匀。一支避光放置，另外一支放在有强光照射的地方，10min 后观察现象并记录，写出化学反应方程式。

（2）稳定性　在干燥的试管中加入 2 滴 0.2% 的 $KMnO_4$ 溶液和 2 滴 10% 的 H_2SO_4 溶液，混合均匀，再加入 5~10 滴庚烷，观察试管内颜色，记录现象。

（3）可燃性　在干净的蒸发皿上滴加 5~10 滴环庚烷，点燃，观察现象并记录。

2. 烯烃的性质与鉴定

（1）与溴作用　在干燥的试管中，边振荡边加入 10 滴环己烯和 2 滴溴的四氯化碳溶液，观察现象并记录，写出化学反应方程式。

（2）与高锰酸钾作用　在点滴板中加入 1 滴 0.2% 的 $KMnO_4$ 溶液和 1 滴 10% 的 H_2SO_4 溶液，再加入 2~3 滴环己烯，观察现象并记录，写出化学反应方程式。

（3）可燃性　在干净的蒸发皿中滴加 5~10 滴环己烯，点燃，观察现象并记录。

3. 炔烃的性质与鉴定

（1）乙炔的制取　在 50mL 具支试管中加入 1g 碳化钙，试管口与带有分液漏斗的橡胶塞连接，支管口与玻璃导管相连接，打开分液漏斗活塞使分液漏斗内的饱和食盐水滴加到试管中，可以看到有乙炔气体生成。

（2）乙炔与溴作用　将乙炔气体通入预先加入 5~10 滴溴水的试管中，观察现象并记录，写出化学反应方程式。

（3）乙炔与高锰酸钾作用　在预先加入 5 滴 0.2% 的 $KMnO_4$ 和 2 滴 10% 的 H_2SO_4 溶液的试管中通入乙炔气体。观察现象并记录，写出化学反应方程式。

（4）金属炔化物的形成　在试管中加入 5 滴 5% 的 $AgNO_3$ 溶液，再加入 1 滴 5% 的 $NaOH$ 溶液，然后滴加 2% 氨水直至生成的沉淀刚好溶解为止，得到银氨溶液。将乙炔气体通入已制备好的银氨溶液中，观察现象并记录，写出化学反应方程。

4. 芳香烃的性质与鉴定

（1）苯和甲苯的溴代反应　在两支干燥的试管中，先分别加入 10 滴苯和甲苯，然后再分别加入溴的四氯化碳溶液 10 滴，摇匀后分别分成两份。将其中的一份加热煮沸，另一份加入少量铁屑并加热。观察现象并记录，用湿润的蓝色石蕊试纸在试管口检验，观察是否变色。

（2）甲苯侧链的卤代反应　取两支干燥的试管，分别加入 10 滴甲苯，再分别加入溴的四氯化碳溶液 10 滴，将其中一支试管放置在暗处，另一支试管放置在 100W 的灯泡下照射 2min，观察现象并记录。

（3）氧化反应　取两支干燥的试管，分别加入 5 滴苯和甲苯，再分别加入 1 滴 0.2% 的 $KMnO_4$ 溶液和 1 滴 10% 的 H_2SO_4 溶液，混合均匀后放在水浴中加热，保持温度为 70～80℃，观察现象并记录，写出化学反应方程式。

五、思考题

1. 在验证烷烃的化学性质实验时能不能用甲烷代替庚烷？
2. 在制取乙炔气体之前，应做好哪些准备工作？
3. 如何验证烃燃烧后的产物是二氧化碳和水？

实验33　醇和酚的性质与鉴定

一、实验目的

1. 通过实验了解和掌握醇和酚的性质。
2. 学习利用化学反应鉴定醇和酚的方法及原理。

二、实验原理

当碳氢化合物中的一个或几个氢原子被羟基取代后，这个化合物称为醇。一个氢原子被取代称为一元醇；两个以上氢原子被取代称为多元醇。在一元醇中，羟基所连接的碳原子的位置不同，又可分为伯醇、仲醇和叔醇三类。各种醇的性质与羟基数目、烃基的结构均有密切关系。在醇分子中，由于氧原子的电负性较强，因此与氧直接相连的键具有极性。醇可以发生取代、消除、氧化等反应。

酚可以看作苯环上的一个氢原子被羟基取代的产物。酚除了具有酚羟基的特性以外，还具有一些芳香烃的性质，因此反应比较复杂。两者的相互影响使酚不仅有弱酸性，而且还可以发生氧化反应、与三氯化铁溶液的颜色反应。

醇分子中的羟基氢具有一定的活性，可以和金属钠反应。

$$2ROH + 2Na \longrightarrow 2RONa + H_2 \uparrow$$

伯醇或仲醇能被重铬酸钾、高锰酸钾或铬酸等氧化剂氧化，但叔醇在同样条件下不被氧化。由于不同烃基对羟基的影响不同，伯醇、仲醇和叔醇的性质也有很大的差异。伯醇、仲醇和叔醇与卢卡斯试剂进行反应表现出不同的活性。

$$H_3C-\underset{CH_3}{\overset{CH_3}{C}}-OH \xrightarrow[常温]{ZnCl_2} H_3C-\underset{Cl}{\overset{CH_3}{C}}-CH_3$$

叔醇（立即反应）

$$CH_3CH_2-\underset{OH}{CH}-CH_3 \xrightarrow[\triangle]{ZnCl_2} CH_3CH_2-\underset{Cl}{CH}-CH_3$$

仲醇（加热 10min）

$$CH_3CH_2CH_2CH_2 \xrightarrow[\triangle]{ZnCl_2} CH_3CH_2CH_2CH_2$$

伯醇（加热 1h 无变化）

当醇与卢卡斯（Lucas）试剂（$ZnCl_2$ 的浓盐酸溶液）反应时，叔醇立即反应，仲醇反应缓慢，而伯醇不发生反应。对于 6 个碳以下的水溶性一元醇来说，由于生成的氯代烷不溶于卢卡斯试剂，以油状物形式析出，因此常用于 6 个碳以下伯醇、仲醇、叔醇的鉴别。

在酚分子中，由于酚羟基中的氧原子与苯环形成 p-π 共轭，使得电子云向苯环偏移，溶于水后可以电离出氢离子，显弱酸性。

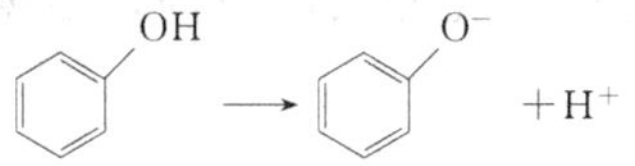

苯酚可以和 NaOH 反应，但不和 $NaHCO_3$ 反应。

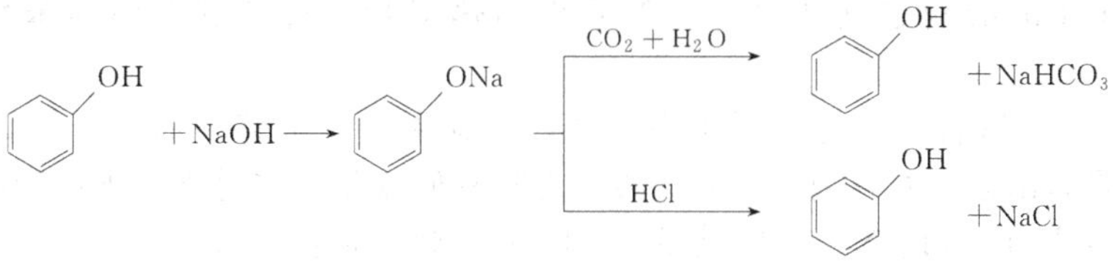

苯酚与溴水在常温下可立即发生反应生成 2,4,6-三溴苯酚白色沉淀。反应很灵敏，很稀的苯酚溶液就能与溴水生成沉淀。所以此反应可用作苯酚的鉴别和定量测定。

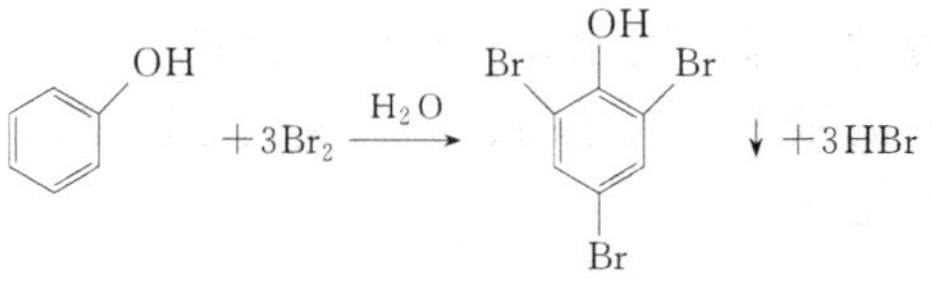

另外，酚类可以与 $FeCl_3$ 溶液反应显色，用于酚类的鉴别。

$$6C_6H_5OH + FeCl_3 \longrightarrow H_3[Fe(OC_6H_5)_6] + 3HCl$$

紫色

三、仪器、试剂及材料

仪器：水浴锅，试管，毛细管。

试剂：NaOH（5%，10%），饱和溴水，$K_2Cr_2O_7$（0.2mol/L），$KMnO_4$（0.5%），$NaHCO_3$（5%），Na_2CO_3（5%），盐酸（5%），硫酸（5%），$FeCl_3$，无水乙醇，正丁醇，仲丁醇，叔丁醇，苯酚，间苯二酚，水杨酸，对羟基苯甲酸，邻硝基苯酚，金属钠，卢卡斯试剂，酚酞指示剂，蒸馏水。

材料：pH 试纸，滤纸。

四、实验步骤

1. 醇的性质

（1）醇钠的生成和水解　取 4 支干燥的试管，各加入 10 滴无水乙醇、正丁醇、仲丁醇及叔丁醇。然后再加入 1 小粒金属钠，观察反应现象并记录。

在滴加乙醇的试管中加入 2mL 蒸馏水，再滴加 1 滴酚酞指示剂，观察实验现象并记录。

（2）醇和水与金属钠反应的比较　取 2 支干燥的试管，各加入 10 滴无水乙醇和蒸馏水，再加入 1 小粒金属钠，观察反应现象并记录。

（3）醇的氧化反应　在试管中加入 2 滴 0.5％ 的 $KMnO_4$ 溶液，1 滴 5％ 的稀硫酸和 10 滴乙醇，振荡试管，并用小火加热，观察实验现象并记录。

在一张长条形滤纸的 4 个不同位置，用毛细管分别滴加正丁醇、仲丁醇、叔丁醇、蒸馏水各 1 滴，然后分别滴加 5％ 的硫酸，0.2mol/L $K_2Cr_2O_7$ 溶液各 1 滴，观察滤纸上的实验现象并记录。

（4）卢卡斯（Lucas）实验　在 3 支干燥试管中，分别加入正丁醇、仲丁醇和叔丁醇各 5 滴，然后各加入 10 滴卢卡斯试剂，振荡，在 50～60℃ 的水浴中加热 3min。观察实验现象，记录混合液体变浑浊的时间和出现分层的时间，根据实验现象比较三者反应速率的快慢。

2. 酚的性质

（1）苯酚的溶解性和弱酸性　将 0.3g 的苯酚放在试管中，加入 6mL 水，振荡试管，观察是否溶解，并用 pH 试纸测定其酸碱性。然后再加热试管，直到试管内的苯酚全部溶解。

将上述溶液分装在 3 支试管中，冷却后出现浑浊，在其中一支试管中加入 3～5 滴 5％ 的 NaOH 溶液，观察是否溶解。再滴加 5％ 的盐酸，观察有何变化。在另外 2 支试管中分别滴加 5％ 的 $NaHCO_3$ 溶液和 5％ 的 Na_2CO_3 溶液 5～10 滴，观察是否溶解。

（2）酚类与 $FeCl_3$ 溶液的显色反应　在点滴板中分别加入苯酚、间苯二酚、水杨酸、对羟基苯甲酸、邻硝基苯酚溶液各 1～2 滴，再分别加入 1 滴 $FeCl_3$ 溶液，观察并记录各种溶液所显示的颜色。

（3）与溴水的反应　在试管中加入 5 滴苯酚饱和水溶液，再加 3mL 蒸馏水稀释，然后滴加饱和溴水，直到产生白色沉淀。在另一试管中加入 3mL 自来水，然后逐滴加入饱和溴水，比较两支试管中的现象并记录，写出化学反应方程式。

（4）酚的氧化反应　在滤纸上滴加苯酚、10％ 氢氧化钠溶液各 1 滴，再滴加 0.5％ 高锰酸钾溶液 1 滴，观察现象并记录。

五、思考题

1. 为什么苯酚比苯和甲苯容易发生溴代反应？

2. 在 5 个无标签的试剂瓶中分别装有环己醇、正丁醇、叔丁醇、叔丁基氯、氯仿，请问如何将它们鉴别出来？

实验 34　醛和酮的性质与鉴定

一、实验目的

1. 通过实验加深对醛和酮化学性质的认识。

2. 学习利用化学反应鉴定醛、酮的原理和方法。

二、实验原理

醛和酮分子中含有羰基官能团，统称为羰基化合物。由于结构相似，二者有很多相似的化学性质。如醛和酮都能发生亲核加成及活泼氢的卤代反应。醛和酮与饱和亚硫酸氢钠溶液发生加成反应，产物 α-羟基磺酸钠以结晶形式析出：

$$\underset{CH_3(H)}{\overset{R}{\diagdown}}C=O + NaO-S-OH \longrightarrow \left[\ \underset{SO_3H}{\overset{ONa}{C}}\ \right] \longrightarrow \underset{SO_3Na}{\overset{OH}{C}}$$

α-羟基磺酸钠与稀酸或稀碱共热又分解为原来的醛或酮，利用此化学性质可以鉴别、分离和提纯醛或甲基酮。

醛和酮与2,4-二硝基苯肼反应，可以作为醛酮衍生物的一种制备方法或定量测定羰基的一种方法。如醛或酮与2,4-二硝基苯肼缩合生成2,4-二硝基苯腙沉淀。

$$\underset{}{}C=O + H_2N-HN-\underset{\overset{O_2N}{}}{}-NO_2 \longrightarrow \underset{}{}C=N-NH-\underset{\overset{O_2N}{}}{}-NO_2\downarrow + H_2O$$

2,4-二硝基苯肼   2,4-二硝基苯腙（黄）

反应现象明显，产物2,4-二硝基苯腙为黄色或橙色沉淀。此反应常用来分离、提纯和鉴别醛和酮。由于2,4-二硝基苯肼与醛或酮加成反应的现象非常明显，常用来检验羰基，因此，2,4-二硝基苯肼也称为羰基试剂。

碘仿反应是鉴别甲基酮的简便方法。凡是具有 $CH_3COH(R)$ 的结构或其他容易被次碘酸氧化成为这种结构的有机物，都能与次碘酸钠作用生成黄色的碘仿沉淀。利用碘仿反应可以鉴别甲基醛、甲基酮和能被氧化成甲基醛、甲基酮的醇类。

$$(H)R\overset{\overset{O}{\|}}{C}-CH_3 + NaOH + I_2 \longrightarrow (H)R\overset{\overset{O}{\|}}{C}-CI_3 \xrightarrow{OH^-} CHI_3\downarrow + (H)RCOONa$$

醛和酮的结构不同，性质也有差异。醛基上的氢原子非常活泼，容易发生氧化反应。较弱的氧化剂如托伦试剂和斐林试剂也能将醛氧化成羧酸。

与托伦试剂作用：

$$RCHO + [Ag(NH_3)_2]^+ + 2OH^- \Longrightarrow Ag + RCOONH_4 + NH_3 \cdot H_2O$$

析出的银吸附在洁净的玻璃器壁上，形成银镜。此反应又称为银镜反应。但酮不能被托伦试剂氧化，可以利用此反应区别醛和酮。

与斐林试剂作用：

$$RCHO + 2Cu(OH)_2 + NaOH \Longrightarrow RCOONa + Cu_2O + 3H_2O$$

一般的醛被氧化后，斐林试剂被还原成砖红色的 Cu_2O 沉淀，甲醛的还原性较强，可以将其还原为单质铜，形成铜镜，此反应又称为铜镜反应。

由于酮和芳香醛不能被斐林试剂氧化，因此利用此反应可以鉴别醛和芳香醛、醛和酮。

三、仪器、试剂及材料

仪器：水浴锅，试管。

试剂：NaOH（10%），氨水（2%），$NaHSO_3$（饱和），$AgNO_3$（2%），碘-碘化钾溶液，正丁醛，苯甲醛，丙酮，苯乙酮，甲醛，乙醛，正丁醇，2,4-二硝基苯肼，斐林溶液A，斐林溶液B。

四、实验步骤

1. 加成反应

（1）与饱和 $NaHSO_3$ 加成　取4支干燥、干净的试管，分别加入5～10滴新配制的饱和 $NaHSO_3$ 溶液，然后再分别滴加5～10滴正丁醛、苯甲醛、丙酮、苯乙酮，用力振荡使其混合均匀，将试管置于冰水浴中冷却，观察有无沉淀析出。

（2）与2,4-二硝基苯肼的加成　取4支干燥、干净的试管，分别加入5～10滴2,4-二硝基苯肼试剂，然后再分别加入甲醛、乙醛、丙酮、苯甲醛各5～10滴，剧烈振荡，观察有无沉淀析出。若没有沉淀析出，静置10～15min后再观察。

2. 碘仿反应（α-氢原子的反应）

取5支干燥、干净的试管，分别加入5～10滴碘-碘化钾溶液，再分别加入3～5滴乙醛、丙酮、乙醇、正丁醇、苯乙酮，然后一边滴加10% NaOH 溶液，一边振荡试管，直到碘的颜色消失反应溶液呈微黄色为止。观察有无黄色沉淀生成。

3. 与弱氧化剂反应

（1）银镜反应（与托伦试剂反应）　在干燥、洁净的试管中，加入 2mL 2% 的 $AgNO_3$ 溶液和 1 滴 10% NaOH 溶液，然后边振荡边滴加 2% 的氨水，直到生成的 Ag_2O 沉淀溶解为止，即得到托伦试剂。

将此溶液分装到 4 支试管中，分别加入 3～5 滴甲醛、乙醛、苯甲醛、丙酮，混合均匀，在 40～50℃ 的水浴中加热，观察有无银镜生成。

（2）与斐林（Fehling）试剂反应　将斐林溶液 A 和斐林溶液 B 各 5～10 滴加入到大试管中，混合均匀，然后分装到 4 支小试管中，分别加入 5～10 滴甲醛、乙醛、苯甲醛、丙酮，用力振荡使其混合均匀，然后置于沸水浴中，加热 5～10min，观察有无沉淀析出。

注：在配制托伦试剂时，切忌加入过量的氨水，否则试剂灵敏度降低。另外，托伦试剂必须现配现用，久置后会分解并产生爆炸性沉淀。

五、思考题

1. 鉴别醛和酮有哪些简便的实验方法？

2. 什么结构的化合物能发生碘仿反应？

3. 列举两种区别己醛和 3-己酮的实验方法。

4. 在 6 个无标签的试剂瓶中分别装有环己烷、环己烯、苯甲醛、丙酮、正丁醛、异丙醇，请问如何将它们鉴别出来？

实验 35　胺的性质与鉴定

一、实验目的

1. 掌握胺的性质。

2. 掌握胺的鉴别方法。

二、实验原理

1. 胺的碱性

脂肪胺易溶于水，芳香胺溶解度甚小或不溶。胺遇无机酸生成相应的铵盐而溶于水，强碱又使胺重新游离出来。

$$\text{⬡—NH}_2 + H_2SO_4 \longrightarrow \text{⬡—}\overset{+}{N}H_2 HSO_4^- \xrightarrow{NaOH} \text{⬡—NH}_2 + NaHSO_4 + H_2O$$

2. Hinsberg 试验

伯胺、仲胺或叔胺在碱性介质中与苯磺酰氯反应，根据所呈现的不同实验现象，可以区别伯胺、仲胺、叔胺。

$$\left.\begin{array}{l} RNH_2 \\ R_2NH \\ R_3N \end{array}\right\} \xrightarrow[NaOH（过量）]{C_6H_5SO_2Cl} \left|\begin{array}{l} [RNSO_2C_6H_5]^- Na^+ （溶于 NaOH） \\ R_2NSO_2C_6H_5 （沉淀） \\ R_3N （油状，不反应） \end{array}\right\} \xrightarrow{HCl 酸化} \begin{array}{l} RNHSO_2C_6H_5 （白色沉淀） \\ R_2NSO_2C_6H_5 （沉淀不变） \\ [R_3NH]^+Cl^- （溶于水） \end{array}$$

3. 亚硝酸试验

伯胺、仲胺或叔胺与亚硝酸反应，根据所呈现的不同实验现象，可以区别伯胺、仲胺、叔胺。

$$RNH_2 + HNO_2 \xrightarrow[0～5℃]{H_2SO_4} R\overset{+}{N_2} \longrightarrow R^+ + N_2 \xrightarrow{H_2O} ROH + H^+$$
不稳定

$$ArNH_2 + HNO_2 \xrightarrow[0～5℃]{H_2SO_4} Ar\overset{+}{N_2} \xrightarrow{\beta\text{-萘酚}} Ar—N=N—\text{(萘环 HO)} （红色沉淀）$$

$$ArNHR + HNO_2 \xrightarrow[0\sim5℃]{H_2SO_4} Ar-\overset{\overset{R}{|}}{N}-NO \quad （黄色固体或油状物，遇碱不变色）$$

$$\text{（苯基）}-NR_2 + HNO_2 \xrightarrow[0\sim5℃]{H_2SO_4} \left[R_2\overset{\overset{+}{|}}{\underset{\underset{H}{|}}{N}}-\text{（苯基）}-NO \right] HSO_4^- \xrightarrow{NaOH} R_2N-\text{（苯基）}-NO$$

（黄色固体或油状物）　　　　　　　　　　（绿色固体）

三、仪器、试剂及材料

仪器：试管，水浴锅。

试剂：甲胺水溶液，苯胺，N-甲苯胺，N,N-二甲苯胺，正丁胺，氢氧化钠（10%），苯磺酰氯，盐酸（6mol/L），硫酸（10%，30%），亚硝酸钠（10%），β-萘酚。

四、实验步骤

1. 胺的碱性

试管中加入 3～4 滴样品，摇动下逐渐滴入 1.5mL 水，加热，观察溶解情况。若不溶解，慢慢滴加 10% 硫酸至溶解，再逐渐滴加 10% 氢氧化钠溶液，观察现象并记录。

2. Hinsberg 试验

试管中加入 0.5mL 样品、2.5mL 10% 的氢氧化钠溶液和 0.5mL 苯磺酰氯，塞好塞子，用力摇振 3～5min。以手触摸试管底部是否发热。取下塞子，在不高于 70℃ 的水浴中加热并振摇 1min，冷却后用试纸检验，若不呈碱性，滴加 10% 的氢氧化钠溶液至呈碱性，观察现象。加入 6mol/L 的盐酸酸化后有何实验现象并记录。

3. 亚硝酸试验

在试管 1 中加入 3 滴实验样品和 2mL 30% 的硫酸溶液，混合均匀。在试管 2 中加入 2mL 10% 的亚硝酸钠水溶液。在试管 3 中加入 4mL 10% 氢氧化钠溶液和 0.2g β-萘酚。将以上三支试管都放在冰盐浴中冷却至 0～5℃，然后将试管 2 中的溶液倒入试管 1 中，振荡并维持温度不高于 5℃，观察实验现象。若无现象，将试管 3 中的溶液逐滴滴入上述混合液中，观察实验现象。若溶液中有黄色固体或油状物析出，则用 10% 氢氧化钠溶液中和至碱性，观察实验现象并记录。

五、思考题

1. 鉴定胺有哪些简便的实验方法？
2. 请列举出两种鉴别伯胺和叔胺的实验方法。

实验 36　羧酸和羧酸衍生物的性质与鉴定

一、实验目的

1. 通过实验学习和掌握羧酸及其衍生物的性质。
2. 学习利用化学反应鉴定羧酸及其衍生物的方法和原理。

二、实验原理

羧酸是分子中含有羧基官能团的有机化合物。可以与 NaOH 和碳酸氢钠反应生成水溶性的羧酸盐。所以利用羧酸既可以与碳酸钠反应，又可以和碳酸氢钠反应的性质来鉴别羧酸。羧酸分子中羧基上的羟基被其他原子或原子团取代的产物叫做羧酸衍生物。羧酸衍生物包括酰卤、酸酐、酯、酰胺等。

甲酸（HCOOH）分子中的羧基与一个氢原子相连，可以认为甲酸分子中含有醛基，因此甲酸能够还原 Tollens 试剂和 Fehling 试剂，利用此反应可以鉴定甲酸。乙二酸（草酸）分子是两个羧基相连，结构特殊，乙二酸可以被 $KMnO_4$ 定量氧化，可以用作 $KMnO_4$ 的定量分析。

$$HCOOH \xrightarrow{Ag(NH_3)_2OH} H_2O + CO_2 \uparrow + Ag \downarrow$$

羧酸能发生脱羧反应，但各种羧酸的脱羧条件有所不同，如草酸与丙二酸加热容易脱羧，生成 CO_2，二元羧酸加热时进行热分解反应，无水草酸在加热时先脱羧生成甲酸，甲酸继续分解，生成一氧化碳和水。

$$HOOCCOOH \xrightarrow{\triangle} HCOOH + CO_2 \uparrow$$

$$HOOCH \xrightarrow{\triangle} H_2O + CO \uparrow$$

$$HOOCCH_2COOH \xrightarrow{\triangle} CH_3COOH + CO_2 \uparrow$$

羧酸与醇可发生酯化反应，大多数酯具水果香味。

$$CH_3COOH + C_2H_5OH \Longrightarrow CH_3COOC_2H_5 + H_2O$$

羧酸衍生物能够发生亲核取代反应和还原反应，取代羧酸中重要的有羟基酸和酮酸。羧酸中的羟基比醇分子中的羟基更易被氧化。如乳酸能被 Tollens 试剂氧化成丙酮酸。在碱性高锰酸钾溶液中，乳酸可以还原 $KMnO_4$ 使紫色褪色。

$$H_3C-\underset{\underset{OH}{|}}{C}H-COOH \xrightarrow{KMnO_4/H^+} H_3C-\underset{\underset{O}{\|}}{C}-COOH$$

乙酰乙酸乙酯不是一个结构单一的物质，在室温下乙酰乙酸乙酯是酮型和烯醇型两种互变异构体的平衡混合物。因此它既具有酮的性质，如可与 2,4-二硝基苯肼反应生成 2,4-二硝基苯腙；又具有烯醇的性质，如能使溴水褪色并能与 $FeCl_3$ 溶液作用呈紫色。

三、仪器、试剂及材料

仪器：试管，铁夹，带软木塞的导管，烧杯，玻璃棒。

试剂：H_2SO_4 溶液（3mol/L，浓），NaOH 溶液（6mol/L），$KMnO_4$ 溶液（0.1mol/L），$AgNO_3$ 溶液（0.01mol/L），Tollens 试剂，$FeCl_3$ 溶液（0.6mol/L），饱和 Na_2CO_3，饱和溴水，$Ca(OH)_2$ 溶液（0.1mol/L），甲酸溶液（1mol/L），草酸溶液（1mol/L），乙酸溶液（1mol/L），冰醋酸，乳酸，乙酰乙酸乙酯（10%），丙酮，乙醛，苯甲醛，甲醛，乙酸酐，乙酰氯，乙酰胺，无水乙醇，异戊醇，2,4-二硝基苯肼溶液，乙酸乙酯（10%），蒸馏水。

材料：pH 试纸。

四、实验步骤

1. 甲酸的还原性

取 2 支干燥、洁净的试管，分别加入 5～10 滴 Tollens 试剂，然后再分别加入 3～5 滴丙酮和 1mol/L 的甲酸溶液，混合均匀，放入约 40℃ 的温水浴中温热几分钟，观察实验现象并记录。

2. 羧酸的酸性强弱比较

用干净的细玻璃棒分别蘸取 1mol/L 的甲酸、1mol/L 的乙酸和 1mol/L 的草酸于 pH 试纸上，观察 pH 试纸颜色变化并比较三者的酸性强弱。

3. 草酸脱羧反应

取 1.0g 草酸放入带有导管的干燥试管中，将试管固定在铁架台上，管口略向上倾斜。将导管插入盛有 3mL 澄清石灰水的试管中，然后对装有草酸的试管进行加热，观察石灰水的变化并记录。停止加热时，应先移去盛有石灰水的试管，然后再移去火源。

4. 羧酸衍生物的水解反应

（1）酰氯的水解　往盛有 1mL 蒸馏水的试管中滴加 3 滴乙酰氯，轻轻晃动。乙酰氯与水剧烈反应，放出热量，同时有 HCl 产生。反应平稳后，将试管冷却至室温，加入 1～2 滴

0.01mol/L $AgNO_3$ 溶液，观察实验现象并记录。

（2）酸酐的水解　往盛有 1mL 蒸馏水的试管中滴加 3 滴乙酸酐。乙酸酐不溶于水，呈珠粒状沉于管底。加热后乙酸酐与水作用，可以观察到油珠消失，同时可以嗅到醋酸的气味。

（3）酯的水解　往 3 支洁净的试管中各加入 1mL 10％的乙酸乙酯溶液和 1mL 蒸馏水。然后在第一支试管中加入 1mL 3mol/L 的 H_2SO_4 溶液，在另一支试管中加 1mL 6mol/L NaOH 溶液。将 3 支试管同时放入 70～80℃的水浴中，边摇动边观察，比较 3 支试管中酯层消失的情况。

（4）酰胺的水解

碱性水解：在试管中加入 0.5g 乙酰胺和 3mL 6mol/L NaOH 溶液，加热煮沸，可以闻到氨的气味。

酸性水解：在试管中加入 0.5g 乙酰胺和 3mL 3mol/L H_2SO_4 溶液，加热煮沸，可以闻到醋酸的气味。

5. 羧酸及其衍生物与醇的反应

（1）羧酸与醇的酯化反应　在干燥、洁净的试管中，加入 5 滴异戊醇和 5 滴冰醋酸，混合均匀，再加入 3 滴浓硫酸，振荡试管，并置于 60～70℃水浴中加热 10～15min，然后取出试管，放置在冷水中冷却，并向试管中加 1mL 蒸馏水，可以观察到酯层漂起，并有芳香性气味逸出。

（2）羧酸衍生物与醇的反应

酰氯与醇的作用：在干燥、洁净的试管中加入 5～10 滴无水乙醇，边摇动，边滴加 5～10 滴乙酰氯，待试管冷却后，再慢慢地加入 1mL 饱和 Na_2CO_3 溶液，轻微振荡。然后将试管静置，试管中的液体分为两层，分析上、下层各是什么物质。

酸酐与醇的作用：在试管中加入 5～10 滴无水乙醇和 3～5 滴乙酸酐，混合均匀，再滴加 1 滴浓硫酸，轻微振荡，此时混合液体逐渐发热，以至沸腾。待冷却后，再慢慢地加入 1mL 饱和 Na_2CO_3 溶液，同时轻微振荡，试管中的液体分为两层，并能闻到芳香性气味，分析上、下层各是什么物质。

6. 取代羧酸的性质

（1）取代羧酸的氧化反应　取 1 支试管加入 5～10 滴 0.1mol/L 的 $KMnO_4$ 溶液和 2～3 滴 6mol/L 的 NaOH 溶液，混合均匀，再加入 10 滴乳酸，剧烈振荡，观察实验现象并记录。

（2）乙酰乙酸乙酯的酮型-烯醇型互变异构　在干燥、洁净的试管中加入 5～10 滴 10％的乙酸乙酯溶液和 2～3 滴 2,4-二硝基苯肼，观察实验现象并记录。另取 1 支干燥、洁净的试管加入 5～10 滴 10％的乙酰乙酸乙酯溶液及 1～2 滴 0.6mol/L $FeCl_3$ 溶液，观察溶液是否显色，再向此溶液中加入 5～10 滴溴水，观察颜色是否消退。将试管放置片刻后，颜色是否又出现，试解释以上各种实验现象。

7. 鉴别未知物

在 6 个失去标签的试剂瓶中分别装有甲醛、乙醛、丙酮、异戊醇、苯甲醛、乙酰乙酸乙酯，试通过简易实验方法将它们鉴别出来。

注：乙酰氯与醇的化学反应十分剧烈，在反应过程中伴随有爆破声，因此滴加时必须小心，以免液体从试管口冲出。

五、思考题

1. 用化学反应式表示酯、酰卤、酸酐、酰胺的水解产物分别是什么？
2. 为什么当乙酰氯、乙酸酐、冰醋酸与醇反应后，要加饱和碳酸钠溶液才能使反应混合物分层？
3. 试通过简易实验方法将甲酸、乙酸、草酸鉴别出来。

实验 37　糖类化合物的性质与鉴定

一、实验目的

1. 通过实验掌握糖类化合物的性质。
2. 学习鉴别糖类化合物的原理和方法。

二、实验原理

单糖和具有半缩醛羟基的二糖可与 Tollens 试剂、Fehling 试剂、Benedict 试剂发生氧化还原反应，它们是还原糖。无半缩醛羟基的二糖和多糖不能通过开链完成结构互变，不能与碱性弱氧化剂反应，它们是非还原性糖。还原性糖与过量苯肼反应，生成糖脎，单糖与苯肼反应时，都是在 C-1 与 C-2 原子上反应。因此，若单糖的碳原子数相同，除了第一和第二碳原子以外，其他碳原子构型相同的糖可以与苯肼反应生成相同的糖脎。生成糖脎的反应也可以作为一种鉴别糖类的方法。

鉴别糖类的主要反应有 Molish 反应和 Seliwanoff 反应。糖在浓硫酸或浓盐酸的作用下脱水形成糠醛及其衍生物与 α-萘酚作用形成紫红色物质，在糖液和浓硫酸的液面间形成紫环，因此又称紫环反应。该反应可用于糖类和非糖物质的鉴别。四个碳以上的醛糖加入间苯二酚和盐酸能产生红色物质的反应也可以作为鉴别糖类的方法之一。

在酸性条件下，非还原性糖加热水解后生成还原性的单糖。淀粉的水解是逐步进行的，先水解成紫糊精，再水解成红糊精、无色糊精、麦芽糖，最终水解成葡萄糖。用碘液可以检查这种水解过程。用 Benedict 试剂可以验证水解是否进行完全。

三、仪器、试剂及材料

仪器：试管，烧杯，酒精灯，电热套，点滴板，显微镜。

试剂：H_2SO_4（3mol/L，浓），Na_2CO_3（1mol/L），碘溶液，浓盐酸，葡萄糖（0.1mol/L），果糖（0.1mol/L），麦芽糖（0.1mol/L），乳糖（0.1mol/L），蔗糖（0.1mol/L），淀粉（0.2g/L），盐酸苯肼-醋酸钠溶液，Benedict 试剂，Molish 试剂，Seliwanoff 试剂。

材料：pH 试纸。

四、实验步骤

1. 糖的还原性

取 6 支干燥、洁净的试管，分别加入 10 滴 Benedict 试剂，再分别加入 0.1mol/L 葡萄糖、0.1mol/L 果糖、0.1mol/L 麦芽糖、0.1mol/L 乳糖、0.1mol/L 蔗糖、0.2g/L 淀粉各 5 滴，在沸水浴中加热 3～5min，冷却至室温，观察实验现象并记录。

2. 糖脎的生成

取 4 支干燥、洁净的试管，分别加入新配制的盐酸苯肼-醋酸钠溶液 5～10 滴，再分别加入 0.1mol/L 葡萄糖、0.1mol/L 果糖、0.1mol/L 乳糖、0.1mol/L 蔗糖各 5～10 滴，在沸水浴中加热约 20min，取出试管自然冷却至室温，从试管中取少许混合物于表面皿上，将表面皿倾斜使混合物得以展开，用滤纸吸干母液，得到晶体。挑取少量晶体在显微镜下观察不同结晶的形状。

3. 糖的颜色反应

（1）Molish 反应　取 4 支干燥、洁净的试管，分别加入 0.1mol/L 葡萄糖、0.1mol/L 果糖、0.1mol/L 蔗糖、0.2g/L 淀粉各 5～10 滴，再分别加入新配制的 Molish 试剂（α-萘酚的乙醇溶液）各 3～5 滴，混合均匀后，沿管壁缓缓加入 5～10 滴浓硫酸。将试管直立静置观察，硫酸在下层，混合液在上层。观察两层交界处是否有紫红色环出现，若没有出现紫红色环，可在水浴上温热 3～5min 后，再观察实验现象并记录。

（2）Seliwanoff 反应　取 4 支干燥、洁净的试管，分别加入 Seliwanoff 试剂（间苯二酚的盐酸溶液）各 5～10 滴，再分别加入 0.1mol/L 葡萄糖、0.1mol/L 果糖、0.1mol/L 蔗糖、0.1mol/L 麦芽糖、0.2g/L 淀粉各 5～10 滴，混合均匀后，放入沸水浴中加热，观察实验现象，对比各试管中溶液出现红色的先后顺序。

4. 糖的水解

（1）蔗糖的水解　取 1 支干燥、洁净的试管，加入 5～10 滴 0.1mol/L 的蔗糖溶液，再缓缓滴加 3～5 滴 3mol/L 的硫酸溶液，混合均匀后，在沸水浴中加热 15min，取出试管冷却后，用 1mol/L 的 Na_2CO_3 调节溶液的 pH 至碱性，并用 pH 试纸进行检验。加入 5～10 滴 Benedict 试剂，在沸水浴中加热约 5min，冷却至室温，观察实验现象并记录。

（2）淀粉的水解　取 2 支干燥、洁净的试管，分别加入 5～10 滴 0.2g/L 淀粉，往其中 1 支试管中加 1 滴碘液，振荡，混合均匀后观察颜色。将试管在沸水浴中加热，观察实验现象并记录，然后再冷却，观察实验现象有何变化。

向另一支试管中加入 5 滴浓盐酸，在沸水浴中加热约 15min。在加热过程中，每隔 2min 用吸管吸取 1 滴置于点滴板上，加碘液少许，仔细观察颜色变化。待反应液与碘液之间不发生颜色变化时，继续加热 3～5min，自然冷却至室温，用 1mol/L Na_2CO_3 调节其 pH 呈碱性，加入 5～10 滴 Benedict 试剂，在沸水浴中加热约 5min，冷却后观察实验现象并记录。

注：① 实验所用蔗糖必须保证其纯度，不能含有还原性的糖。

② 苯肼盐酸盐与醋酸钠反应生成苯肼醋酸盐，弱酸碱所生成的盐容易发生水解反应。苯肼醋酸盐水解生成苯肼，苯肼毒性较大，操作时应防止试剂溅出或沾到皮肤上。如不慎沾到皮肤上，应立即先用稀醋酸进行清洗，然后再用水清洗。

③ 蔗糖与苯肼反应不会生成糖脎，但经长时间的加热，蔗糖可能水解成葡萄糖和果糖，因而也会有少量糖脎沉淀生成。

五、思考题

1. 如果用蔗糖水解后的溶液来制取糖脎，得到的糖脎是否一样？为什么？

2. 为什么说蔗糖既是葡萄糖苷，又是果糖苷？葡萄糖在化学性质上与麦芽糖有何区别？

3. 淀粉的水解程度可以用哪种实验方法进行快速检验？

实验 38　蛋白质的性质与鉴定

一、实验目的

1. 通过实验掌握蛋白质的主要化学性质。

2. 学习通过蛋白质水解鉴别氨基酸的原理和方法。

二、实验原理

蛋白质是由 α-氨基酸按一定顺序结合形成一条多肽链，再由一条或一条以上的多肽链按照其特定方式结合而成的高分子化合物。蛋白质在酸、碱或酶的作用下发生水解反应，经过多肽，最后得到多种 α-氨基酸。

1. 显色反应

蛋白质中某些氨基酸的特殊基团可以与特定的化学试剂作用呈现出不同的颜色，利用这种显色反应可以对某些蛋白质或氨基酸进行定性检验和定量测定。

（1）茚三酮反应　茚三酮反应是指在加热条件及弱酸环境下，氨基酸或肽与茚三酮反应生成紫蓝色（与天冬酰胺则形成棕色产物，与脯氨酸或羟脯氨酸反应生成黄色产物）化合物罗曼紫（Ruhemann's purple）及相应的醛和二氧化碳的反应。

$$2\ \text{茚三酮} + H_2N-\overset{|}{\underset{R}{CH}}-COOH \longrightarrow \text{罗曼紫} + RCHOH + CO_2\uparrow + 3H_2O$$

茚三酮　　　　　　　　　　　　　　　　　　　　罗曼紫

此反应十分灵敏，根据反应所生成蓝紫色的深浅，用分光光度计在 570nm 波长下进行比色就可测定样品中氨基酸的含量（在一定浓度范围内，显色溶液的吸光度与氨基酸的含量成正比），也可以在分离氨基酸时作为显色剂对氨基酸进行定性或定量分析。

（2）米伦反应　米伦（Millon）反应也是蛋白质颜色反应之一。在蛋白质溶液中加入米伦试剂（亚硝酸汞、硝酸汞及硝酸的混合液），蛋白质首先沉淀，加热则变为红色沉淀，该反应是米伦试剂与含酚羟基蛋白质的颜色反应，可用于鉴别蛋白质中酪氨酸的存在。

（3）蛋白黄反应　蛋白黄反应是带有苯环的蛋白质与浓硝酸混合加热后呈现黄色的反应。反应原理是硝酸对苯环发生硝化作用，生成黄色的芳香硝基化合物，使蛋白质发生变性。浓硝酸滴到皮肤上，过一段时间皮肤就会发黄，数天后死皮褪去，就是因为这个原因。生成的黄色产物冷却后，若再与碱或氨水接触，则颜色转变为橙黄色。此反应可用于鉴别蛋白质中苯环的存在。

除以上各种颜色反应外，还有缩二脲反应、亚硝酰铁氰化钠反应等。常用蛋白质的颜色反应如表 5-1 所列。

表 5-1　蛋白质的颜色反应

反应名称	试剂（成分）	颜色	鉴别基团
缩二脲反应	强碱、稀硫酸铜溶液	紫色或紫红色	多个肽键
茚三酮反应	茚三酮溶液	蓝紫色	氨基
蛋白黄反应	浓硝酸	深黄色或橙红色	苯环
米伦反应	汞或亚汞的硝酸盐	红色	酚羟基
亚硝酰铁氰化钠反应	亚硝酰铁氰化钠溶液	红色	巯基

2. 沉淀反应

由于蛋白质分子末端具有游离的 α-氨基和 α-羧基，因此，蛋白质也具有和氨基酸一样的两性解离和等电点的性质。在等电点状态时，蛋白质颗粒容易聚集以沉淀形式析出；在非等电点状态时，蛋白质分子表面带有一定的同性电荷，电荷之间的相互排斥作用阻止了蛋白质分子的凝聚。蛋白质是高分子化合物，具有溶胶的一些性质，蛋白质分子表面带有许多极性基团，可与水分子结合，在其表面定向排列，形成一层水化膜，从而使得蛋白质颗粒均匀分散在水中难以聚集沉淀。上述两种因素维持着蛋白质溶液的稳定，破坏这两种因素蛋白质就容易以沉淀形式析出。

（1）中性盐沉淀蛋白质　将高浓度的中性盐溶液加入蛋白质溶液中，由于盐离子强水化能力会夺去蛋白质的水分子，从而破坏蛋白质分子表面的水化膜，使蛋白质沉淀，即发生盐析。利用各种蛋白质沉淀所需中性盐浓度的不同，可将蛋白质分阶段沉淀，此操作过程被称为分段盐析。

（2）有机溶剂沉淀蛋白质　利用与水之间具有较强亲和力的一些极性较大的有机溶剂，如乙醇、丙酮和甲醇等，可以破坏蛋白质表面的水化膜，从而使蛋白质沉淀。

（3）重金属离子沉淀蛋白质　某些重金属离子如 Ag^+、Hg^{2+}、Cu^{2+} 和 Pb^{2+}（用 M^+ 表示）可与带负电荷的蛋白质颗粒相结合，形成不溶性盐以沉淀形式析出。反应式如下：

$$\underset{\underset{COO^-}{|}}{\overset{\overset{NH_2}{|}}{P}} + M^+ \longrightarrow \underset{\underset{COOM}{|}}{\overset{\overset{NH_2}{|}}{P}}$$

（4）有机酸沉淀蛋白质　苦味酸、鞣酸、钨酸、二氯乙酸、磺基水杨酸等（用 X^- 表示）可与带正电荷的蛋白质颗粒相结合，形成不溶性盐以沉淀形式析出。反应式如下：

$$\underset{\underset{COOH}{|}}{\overset{\overset{NH_3^+}{|}}{P}} + X^- \longrightarrow \underset{\underset{COOH}{|}}{\overset{\overset{NH_3X}{|}}{P}}$$

三、仪器、试剂及材料

仪器：点滴板，试管，烧杯，离心管，离心机，玻璃棒。

试剂：$Pb(Ac)_2$（0.05mol/L），NaOH（1mol/L），$CuSO_4$（0.2mol/L），饱和 $(NH_4)_2SO_4$，$HgCl_2$（0.1mol/L），$AgNO_3$（0.1mol/L），浓硝酸，无水乙醇，三氯乙酸溶液（0.5mol/L），蛋白质溶液，茚三酮溶液（0.01mol/L），苯酚溶液（0.01mol/L），米伦试剂，蒸馏水。

四、实验步骤

1. 蛋白质的显色反应

（1）缩二脲反应　在点滴板上，滴加蛋白质溶液和 1mol/L NaOH 溶液各 1 滴，再加入 1 滴 0.2mol/L 的 $CuSO_4$ 溶液。观察溶液颜色变化并记录。

（2）茚三酮反应　在干燥、洁净的试管中加入 5 滴蛋白质溶液，再加入 3 滴 0.01mol/L 茚三酮溶液，置于沸水浴中加热 3～5min，观察试管中溶液颜色的变化。

（3）蛋白黄反应　取 2 支干燥、洁净的试管，分别加入 5 滴 0.01mol/L 苯酚溶液和蛋白质溶液，然后再添加 2 滴浓硝酸，注意观察在盛有蛋白质溶液的试管中是否有白色沉淀生成。再将 2 支试管置于沸水浴中加热，观察各试管有何实验现象发生。

（4）米伦反应　取 2 支干燥、洁净的试管，分别加入 3 滴 0.01mol/L 的苯酚溶液和蛋白质溶液，然后各加米伦试剂 3 滴。观察试管中有何实验现象？再将这两支试管置于沸水浴中加热，观察试管中溶液颜色有何变化。

2. 醋酸铅反应

在干燥、洁净的试管中加入 1 滴 0.05mol/L $Pb(Ac)_2$ 溶液，然后再滴加 2 滴 1mol/L NaOH 溶液，混合均匀，再加入 5 滴蛋白质溶液，振荡混合均匀后将试管置于沸水浴中加热 3～5min，注意观察在整个操作过程中试管中溶液会发生怎样的变化。

3. 蛋白质的沉淀反应

（1）中性盐沉淀蛋白质　在干燥、洁净的离心管中加入蛋白质溶液和饱和 $(NH_4)_2SO_4$ 溶液各 5～10 滴。振荡混合后静置 10min，球蛋白以沉淀形式析出。离心后，将上层清液用吸管小心吸出，并转移至另一离心管中，慢慢分次加入 $(NH_4)_2SO_4$ 粉末。每加一次，都要充分振荡，直到粉末不再溶解为止。静置 10min 后，即可见清蛋白沉淀析出。离心后，弃去上层清液。往上述 2 支有沉淀的离心管中各加入 1mL 蒸馏水，并充分振荡，观察沉淀的变化情况并记录。

（2）乙醇沉淀蛋白质　往干燥、洁净的试管中加入 10 滴无水乙醇，然后再沿试管壁滴加 5 滴蛋白质溶液。静置 10min，观察溶液是否出现浑浊。

（3）三氯乙酸沉淀蛋白质　滴加 2 滴蛋白质溶液于点滴板上，再滴加 1 滴 0.5mol/L 三氯乙酸溶液。观察实验现象并记录。

（4）重金属离子沉淀蛋白质　在点滴板的 4 个井穴中各滴加蛋白质溶液 2 滴，再分别滴加 1 滴 0.1mol/L $HgCl_2$ 溶液、0.1mol/L $AgNO_3$ 溶液、0.05mol/L $Pb(Ac)_2$ 溶液、0.2mol/L $CuSO_4$ 溶液。观察各个井穴的实验现象并记录。

（5）加热沉淀蛋白质　在干燥、洁净的试管中加入5~10滴蛋白质溶液，然后将试管置于沸水浴中加热5~10min，观察实验现象并记录。

注：① 有机溶剂用量较少或者浓度较低时，实验现象不太明显，此时可另取一支试管做空白实验进行对照。

② 氯化汞溶液有毒，使用时应注意避免溅出或者沾到皮肤上。

五、思考题

1. 写出双缩脲反应的化学反应方程式。

2. 在本次实验项目中有两次蛋白质与醋酸铅溶液的反应，两次实验现象是否相同？若不同，请简要解释原因。

5.2　基本合成实验

实验 39　溴乙烷的制备（微型实验）

一、实验目的

1. 学习以乙醇为原料制备溴乙烷的原理及合成方法。

2. 学习蒸馏、回流、萃取等基本实验操作和技能。

二、实验原理

用乙醇、溴化钠与硫酸作用是制备溴乙烷常用的方法。

$$NaBr + H_2SO_4 =\!\!=\!\!= HBr + NaHSO_4$$

$$C_2H_5OH + HBr =\!\!=\!\!= C_2H_5Br + H_2O$$

醇和氢卤酸的反应是可逆反应。为了使反应平衡向右移动，通常可以采用增加其中一种反应物的浓度或设法移走生成的卤代烷和水。本实验两种措施并用，以使反应顺利完成。

若 H_2SO_4 浓度太大，实验过程中又会引起一系列副反应。

$$H_2SO_4 + 2HBr =\!\!=\!\!= SO_2 \uparrow + 2H_2O + Br_2$$

$$2C_2H_5OH \xrightarrow[140℃]{\text{浓 } H_2SO_4} C_2H_5OC_2H_5 + H_2O$$

$$C_2H_5OH \xrightarrow[170℃]{\text{浓 } H_2SO_4} CH_2CH_2 + H_2O$$

若反应混合物中水量太少，HBr 气体容易在操作时散逸而使反应不完全。但是由于这个反应是可逆反应，水的用量太大，也不利于反应的完全，所以反应混合物中水的量很重要。

三、仪器、试剂及材料

仪器：圆底烧瓶，直形冷凝管，蒸馏装置，分液漏斗，温度计，锥形瓶，电热套。

试剂：浓硫酸、饱和 $NaHSO_3$、无水溴化钠、无水氯化钙、无水乙醇。

材料：沸石。

四、实验步骤

在 50mL 圆底烧瓶中加入 5mL 冷水和 5mL 无水乙醇，在冷水浴中冷却和充分振荡下，缓缓分几次加入 10mL 浓硫酸，混合均匀，冷却到室温。然后在不断振荡下加入 7.5g 研细的溴化钠。振荡混合均匀后，加入几粒沸石，立即安装成蒸馏装置，在接收瓶内加入少量冰水混合物和饱和亚硫酸氢钠溶液，并将其放在冰水浴中冷却。

用电热套加热，注意控制温度使反应液微微沸腾，防止反应过于剧烈，直至无油状物滴出为止，即可结束反应。随着反应进行，反应混合液中开始有气体出现，此时一定要控制温度，不要造成暴沸，随着反应进行，固体逐渐减少，当固体全部溶解后，反应液变黏稠，然后变成透明油状液体，此时反应已接近终点。

反应结束后，首先应小心地拆下收集产物的接收瓶，然后关闭加热套停止加热，避免倒吸现象的发生。将馏出液倒入分液漏斗中，静置分层，将油状物放入干燥的锥形瓶中，并将其浸在冰水浴中冷却，在不断振荡下加入 10～15 滴浓硫酸，直至上层产物变为透明液体，下层为硫酸层。放出下层浓硫酸，将上层的溴乙烷迅速从上口倒入 50mL 圆底烧瓶中，加入几粒沸石，用水浴加热蒸馏。为避免溴乙烷挥发，将接收瓶浸入冰水浴中冷却，收集 35～40℃馏分（溴乙烷为无色油状液体，沸点 38.4℃）。

注：① 溴化钠应预先研磨成粉末状，并且在振荡下慢慢加入，防止结块从而影响氢溴酸的生成。

② 反应开始时，应缓慢加热。若加热过快，部分溴化氢可能被硫酸氧化，使蒸馏出的物质呈较深的黄色，而且圆底烧瓶中的反应物会有大量气泡产生，有可能冲到冷凝管中。

③ 取下装有溴乙烷的接收瓶时，应立即将瓶口塞紧，防止溴乙烷挥发。

溴乙烷的红外光谱见图 5-1。

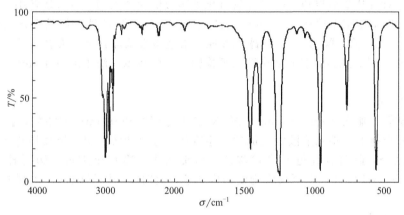

图 5-1　溴乙烷的红外光谱

五、思考题

1. 溴乙烷沸点低（约为 38.4℃），很容易造成损失，实验中可以采取哪些措施减少溴乙烷的损失？

2. 为什么要用浓硫酸对制备的溴乙烷进行洗涤？

实验40　甲基橙的制备（微型实验）

一、实验目的

1. 通过学习甲基橙的制备，了解和掌握重氮盐偶联反应的条件。

2. 进一步练习、巩固过滤、洗涤、重结晶等基本操作技术。

二、实验原理

甲基橙是一种偶氮化合物，由对氨基苯磺酸发生重氮化反应生成重氮盐，制得的重氮盐再与 N,N-二甲基苯胺在酸性介质中发生偶联反应，首先得到的是红色的酸式甲基橙，称为酸性黄，在碱中酸性甲基橙转变为橙黄色的钠盐，即为甲基橙。

重氮化反应：

$$H_2N\!-\!\!\!\bigcirc\!\!\!-SO_3H + NaOH \longrightarrow H_2N\!-\!\!\!\bigcirc\!\!\!-SO_3Na + H_2O$$

$$H_2N-\!\!\!\!\bigcirc\!\!\!\!-SO_3Na \xrightarrow[\text{HCl}]{\text{NaNO}_2} \left[HO_3S-\!\!\!\!\bigcirc\!\!\!\!-\overset{+}{N}=N \right]Cl^-$$

由于重氮盐不稳定，重氮化反应必须在低温和强酸性介质下进行。

偶联反应：

$$\left[HO_3S-\!\!\!\!\bigcirc\!\!\!\!-\overset{+}{N}=N \right]Cl^- \xrightarrow[\text{HAc}]{\text{C}_6\text{H}_5\text{N(CH}_3)_2} \left[HO_3S-\!\!\!\!\bigcirc\!\!\!\!-N=N-\!\!\!\!\bigcirc\!\!\!\!-\overset{+}{\underset{H}{N}}(CH_3)_2 \right]Ac^- \xrightarrow{\text{NaOH}}$$

$$NaO_3S-\!\!\!\!\bigcirc\!\!\!\!-N=N-\!\!\!\!\bigcirc\!\!\!\!-N(CH_3)_2 + NaAc + H_2O$$

三、仪器、试剂及材料

仪器：烧杯，试管，温度计，表面皿，水浴锅，微型减压过滤装置。

试剂：浓盐酸，稀盐酸，NaOH（5％，10％），NaCl(s)，NaNO$_2$(s)，对氨基苯磺酸晶体，N,N-二甲基苯胺，乙醇，乙醚，冰醋酸。

材料：淀粉-碘化钾试纸，冰盐浴。

四、实验内容

1. 重氮盐的制备

将 1.05g 对氨基苯磺酸和 5mL 5％氢氧化钠溶液依次加入到 50mL 烧杯中，然后用热水浴使之溶解。冷却至室温后加入 0.4g 研磨的亚硝酸钠，不断搅拌，使其全部溶解。在不断搅拌下，将 1.3mL 浓盐酸与 6.5mL 冰水配成的溶液缓慢滴加到上述混合溶液中，并控制温度在 5℃以下。滴加完后用淀粉-碘化钾试纸检验。然后在冰盐浴中放置 15min，以保证重氮化反应完全。

2. 偶联反应

取一支试管，加入 0.6g（5mmol）N,N-二甲基苯胺和 0.5mL 冰醋酸，振荡使之混合均匀。在不断搅拌下，将此溶液缓慢加到上述冷却的重氮盐溶液中，继续搅拌 10min，使偶联反应进行完全，此时有红色的浆状酸性黄沉淀析出。冷却至室温，边搅拌边缓慢加入 7.5mL 10％ NaOH 溶液，直至反应物变为橙黄色，此时反应液呈碱性，粗制的甲基橙呈粒状沉淀析出。

3. 盐析、抽滤

将反应物在沸水浴上加热 5min，加入 2.5g 氯化钠，搅拌并于沸水浴中加热 5min，冷却至室温后再在冰水浴中冷却。

甲基橙晶体完全析出后，用微型减压过滤装置抽滤，收集结晶，依次用少量水、乙醇、乙醚洗涤滤饼。

4. 重结晶

若要得到较纯产品，可用溶有少量 NaOH 的沸水进行重结晶，每克粗产物约需 25mL。待结晶析出完全后，抽滤收集。沉淀依次用少量乙醇、乙醚洗涤。干燥后得到橙色的小叶片状甲基橙结晶，称重并计算产率。

溶解少许甲基橙于水中，加几滴稀盐酸溶液，接着用稀 NaOH 溶液中和，观察颜色有何变化。

5. 产品检验

甲基橙的变色范围为 pH＝3.1～4.4，自制一定浓度的酸碱溶液进行检验，观察变色现象是否与理论一致。

注：① 对氨基苯磺酸是两性化合物，酸性略强于碱性，以酸性内盐形式存在，能与碱作用生成盐，而难与酸作用生成盐，所以它能溶于碱中而不溶于酸中。

② 重氮化反应过程中，控制温度很重要，若反应温度高于 5℃，则生成的重氮盐易水解成酚类，降低产率。

③ 若淀粉-碘化钾试纸不显蓝色，表明亚硝酸钠的量不足，则需补充亚硝酸钠。

④ 若反应物中含有未作用的 N,N-二甲基苯胺醋酸盐，加入 NaOH 后，就会有难溶于水的 N,N-二甲基苯胺析出，影响产物的纯度。湿的甲基橙在空气中受光的照射后，颜色很快变深，很容易得到紫红色粗产物。

⑤ 重结晶操作应迅速，否则由于产物呈碱性，在温度高时易使产物变质，颜色变深。用乙醇、乙醚洗涤的目的是使产物迅速干燥。

五、思考题

1. 什么叫偶联反应？偶联反应为什么要在弱酸介质中进行？

2. 对粗产物甲基橙进行重结晶时，为什么要依次用少量水、乙醇和乙醚进行洗涤？

3. 试解释甲基橙在酸碱介质中的变色原因，并用反应式表示。

实验 41　苯胺的制备

一、实验目的

1. 掌握硝基还原为氨基的基本原理。

2. 掌握铁粉还原法制备苯胺的实验步骤。

二、实验原理

胺类化合物的制备方法较多，其中较常用的有以下几种方法：

① 硝基化合物还原。

② 卤代烃的氨解。

③ 腈（RCN）、肟（RCH=N—OH）、酰胺（RCONH₂）化合物的还原均可用催化氢化法或化学还原法（LiAlH₄）将其还原为胺。

④ 羰基化合物的氨化还原法。

⑤ 酰胺的霍夫曼（Hoffmann）降解反应，酰胺在次卤酸钠的作用下失去羰基，生成少一个碳原子的伯胺。

⑥ 盖布瑞尔（Grabriel）合成法制备伯胺。

芳胺的制取不可能用任何方法将—NH₂ 导入芳环上，而是经过间接的方法来制取。芳香族硝基化合物在酸性介质中还原，可以得到相应的芳香族伯胺。常用的还原剂有铁-盐酸、铁-醋酸、锡-盐酸等。工业上用铁粉和 HCl 还原硝基苯制备苯胺，由于使用大量的铁粉会产生大量含苯胺的铁泥，造成环境污染，所以，逐渐改用催化加氢的方法，常用的催化剂有 Ni、Pt、Pd 等。

实验室制备芳胺的常用方法是铁粉还原法。反应方程式为：

$$4 \bigcirc\text{—NO}_2 + 9\text{Fe} + 4\text{H}_2\text{O} \longrightarrow 4 \bigcirc\text{—NH}_2 + 3\text{Fe}_3\text{O}_4$$

三、仪器、试剂及材料

仪器：三颈烧瓶，球形和直形冷凝管，水蒸气发生装置，尾接管，接收瓶。

试剂：硝基苯，铁粉，冰醋酸，NaCl，乙醚，氢氧化钠（s）。

四、实验步骤

将 9g（0.16mol）铁粉、17mL H₂O、1mL 冰醋酸放入 250mL 三颈烧瓶，振荡混匀，装上回流冷凝管（两相互不相容，与铁粉接触机会少，因此充分的振荡反应物是使还原反应顺利进行的操作关键）。小火微微加热煮沸 3～5min（主要为了活化铁粉，冰醋酸与铁作用产生醋酸亚铁，缩短反应时间），冷凝后分几次加入 7mL 硝基苯，用力振荡，混匀（因为该反应强烈放热，足以使溶液沸腾）。加热回流，在回流过程中，经常用力振荡反应混合物，以使反应完全。当观察到回流中黄色油状物消失而变为乳白色油珠，将回流装置改为水蒸气蒸馏装置，直到馏出液澄清，再多收集 5～6mL 清液，分层，水层加入 13g NaCl 后，每次用 7mL 乙醚萃取 3 次，萃取液和有机层用固体 NaOH 干燥，蒸去乙醚，残留物用空气冷凝管蒸馏，收集 180～184℃ 的馏分。

注：由于苯胺的毒性很大，故在操作时一定要注意不要弄到皮肤上。一旦触及皮肤，先要用水冲洗，再用肥皂和温水洗涤。

五、思考题

1. 如果粗产品中含有硝基苯，如何分离提纯？
2. 精制苯胺时，为何用粒状的氢氧化钠作干燥剂而不用硫酸镁或氯化钙？

实验42 乙酸乙酯的制备

一、实验目的

1. 掌握乙酸乙酯的制备原理及方法，掌握可逆反应提高产率的措施。
2. 掌握分馏的原理及分馏柱的作用。
3. 进一步练习并熟练掌握液体产品的纯化方法。

二、实验原理

乙酸乙酯的合成方法很多，例如：可由乙酸或其衍生物与乙醇反应制取，也可由乙酸钠与卤乙烷反应来合成等。其中最常用的方法是在酸催化下由乙酸和乙醇直接酯化法。常用浓硫酸、氯化氢、对甲苯磺酸或强酸性阳离子交换树脂等作催化剂。若用浓硫酸作催化剂，其用量是醇的 0.3% 即可。其反应如下。

主反应：$CH_3COOH + CH_3CH_2OH \underset{}{\overset{H_2SO_4}{\rightleftharpoons}} CH_3COOCH_2CH_3 + H_2O$

副反应：$2CH_3CH_2OH \underset{}{\overset{H_2SO_4}{\rightleftharpoons}} CH_3CH_2OCH_2CH_3 + H_2O$

$CH_3CH_2OH \xrightarrow{H_2SO_4} CH_2 = CH_2 + H_2O$

酯化反应为可逆反应，提高产率的措施为：一方面加入过量的乙醇，另一方面在反应过程中不断蒸出生成的产物和水，促进平衡向生成酯的方向移动。但是，酯和水或乙醇的共沸物沸点与乙醇接近，为了能蒸出生成的酯和水，又尽量使乙醇少蒸出来，本实验采用了较长的分馏柱进行分馏。

三、仪器、试剂及材料

仪器：圆底烧瓶（50mL，100mL），梨形蒸馏瓶（60mL），三颈瓶（100mL），冷凝管，温度计，滴液漏斗，分液漏斗，石棉网，电热套，维氏分馏柱，接引管，铁架台，胶管等。

试剂：冰醋酸，乙醇（95%），浓硫酸（98%），无水 K_2CO_3，饱和 Na_2CO_3 溶液，饱和 NaCl 溶液，饱和 $CaCl_2$ 溶液。

材料：沸石。

四、实验步骤

在 100mL 三颈瓶中，加入 4mL 乙醇，摇动下慢慢加入 5mL 浓硫酸，使其混合均匀，并加入几粒沸石。三颈瓶一侧口插入温度计，另一侧口插入滴液漏斗，漏斗末端应浸入液面以下，中间口安一长的刺形分馏柱。

仪器装好后，制备乙酸乙酯的实验流程，如图 5-2 所示。在滴液漏斗内加入 10mL 乙醇和 8mL 冰醋酸，混合均匀，先向瓶内滴入约 2mL 的混合液，然后，将三颈瓶在石棉网上小火加热到 110～125℃ 左右，这时蒸馏管口应有液体流出，再自滴液漏斗慢慢滴入其余的混合液，控制滴加速度和馏出速度大致相等，并维持反应温度在 110～125℃，滴加完毕后，

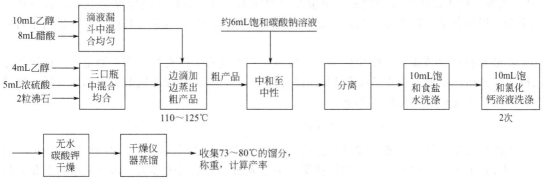

图 5-2 制备乙酸乙酯的实验流程

继续加热 10min，直至温度升高到 130℃ 不再有馏出液为止。

馏出液中含有乙酸乙酯及少量乙醇、乙醚、水和醋酸等，在摇动下，慢慢向粗产品中加入饱和的碳酸钠溶液（约 6mL）至无二氧化碳气体放出，酯层用 pH 试纸检验呈中性。移入分液漏斗中，充分振摇（注意及时放气）后静置，分去下层水相。酯层用 10mL 饱和食盐水洗涤后，再每次用 10mL 饱和氯化钙溶液洗涤两次，弃去下层水相，酯层自漏斗上口倒入干燥的锥形瓶中，用无水碳酸钾干燥。

将干燥好的粗乙酸乙酯小心倾入 60mL 的梨形蒸馏瓶中（不要让干燥剂进入瓶中），加入沸石后在水浴上进行蒸馏，收集 73~80℃ 的馏分。产品 5~8g。

五、注意事项

1. 加料滴管和温度计必须插入反应混合液中，加料滴管的下端离瓶底约 5mm 为宜。

2. 加浓硫酸时，必须慢慢加入并充分振荡烧瓶，使其与乙醇均匀混合，以免在加热时因局部酸过浓引起有机物炭化等副反应。

3. 反应瓶里的反应温度可用滴加速度来控制。温度接近 125℃，适当滴快点；温度落到接近 110℃，可滴慢点；落到 110℃ 停止滴加；待温度升到 110℃ 以上时，再滴加。

4. 本实验酯的干燥用无水碳酸钾，通常至少干燥 30min 以上，最好放置过夜。但在本实验中，为了节省时间，可放置 10min 左右。由于干燥不完全，可能前馏分多些。

六、思考题

1. 为什么使用过量的乙醇？

2. 蒸出的粗乙酸乙酯中主要含有哪些杂质？如何逐一除去？

3. 能否用浓的氢氧化钠溶液代替饱和碳酸钠溶液来洗涤蒸馏液？为什么？

4. 用饱和氯化钙溶液洗涤的目的是什么？为什么先用饱和氯化钠溶液洗涤？是否可用水代替？

5. 如果在洗涤过程中出现了碳酸钙沉淀，如何处理？

实验 43　乙酰苯胺的制备

一、实验目的

1. 掌握乙酰苯胺的制备方法。

2. 进一步掌握分馏装置的安装与操作。

3. 熟练掌握重结晶、趁热过滤和减压过滤等操作技术。

二、实验原理

乙酰苯胺为无色晶体，具有退热镇痛作用，是较早使用的解热镇痛药，因此俗称"退热冰"。乙酰苯胺也是磺胺类药物合成中重要的中间体。由于芳环上的氨基易氧化，在有机合成中为了保护氨基，往往先将其乙酰化转化为乙酰苯胺，然后再进行其他反应，最后水解除去乙酰基。

乙酰苯胺可由苯胺与乙酰化试剂如乙酰氯、乙酐或乙酸等直接作用来制备。反应活性是乙酰氯＞乙酐＞乙酸。由于乙酰氯和乙酐的价格较贵，本实验选用纯的无水乙酸（俗称冰醋酸）作为乙酰化试剂。反应式如下：

$$\text{《》}-NH_2 + CH_3COOH \rightleftharpoons \text{《》}-NHCOCH_3 + H_2O$$

冰醋酸与苯胺的反应速率较慢，且反应是可逆的，为了提高乙酰苯胺的产率，一般采用冰醋酸过量的方法，同时利用分馏柱将反应中生成的水从平衡中移去。由于苯胺易氧化，加入少量锌粉，防止苯胺在反应过程中氧化。

乙酰苯胺在水中的溶解度随温度的变化差异较大（20℃，0.46g/100g H_2O；100℃，5.5g/100g H_2O），因此生成的乙酰苯胺粗品可以用水重结晶进行纯化。

三、仪器、试剂及材料

仪器：圆底烧瓶，分馏柱，直形冷凝管，接液管，量筒，温度计，烧杯，吸滤瓶，布氏漏斗，水泵，保温漏斗，表面皿，电热套。

试剂：苯胺，冰醋酸，锌粉，活性炭。

四、实验步骤

1. 酰化反应

在100mL圆底烧瓶中，加入5mL新蒸馏的苯胺、8.5mL冰醋酸和0.1g锌粉。立即装上分馏柱，在柱顶安装一支温度计，用小量筒收集蒸出的水和乙酸。用电热套缓慢加热至反应物沸腾。调节电压，当温度升至约105℃时开始蒸馏。维持温度在105℃左右约30min，这时反应所生成的水基本蒸出。当温度计的读数不断下降时，则反应达到终点，即可停止加热。

2. 结晶抽滤

在烧杯中加入100mL冷水，将反应液趁热以细流倒入水中，边倒边不断搅拌，此时有细粒状固体析出。冷却后抽滤，并用少量冷水洗涤固体，得到白色或带黄色的乙酰苯胺粗品。

3. 重结晶

将粗产品转移到烧杯中，加入100mL水，在搅拌下加热至沸腾。观察是否有未溶解的油状物，如有则补加水，直到油珠全溶。稍冷后，加入0.5g活性炭，并煮沸10min。在保温漏斗中趁热过滤除去活性炭。滤液倒入热的烧杯中。然后自然冷却至室温，冰水冷却，待结晶完全析出后，进行抽滤。用少量冷水洗涤滤饼两次，压紧抽干。将结晶转移至表面皿中，自然晾干后称量，计算产率。

五、思考题

1. 用乙酸酰化制备乙酰苯胺的方法如何提高产率？
2. 反应温度为什么控制在105℃左右？过高或过低对实验有什么影响？
3. 反应终点时，温度计的温度为什么下降？

实验44 乙酰水杨酸的制备

一、实验目的

1. 通过乙酰水杨酸的制备，初步了解有机合成中乙酰化反应原理及方法。

2. 进一步熟悉减压过滤、重结晶操作技术。

二、实验原理

乙酰水杨酸（阿司匹林）不仅是一种退热止痛药，而且亦可用于预防老年人心血管系统疾病。从药物学角度来看，它是水杨酸的前体药物。早在 18 世纪，人们从柳树皮中提取出具有止痛、退热抗炎的一种化合物——水杨酸，但由于水杨酸严重刺激口腔、食道及胃壁黏膜而使病人不愿使用，为克服这一缺点，在水杨酸中引进乙酰基，获得了副作用小而疗效不减的乙酰水杨酸。

水杨酸分子中含羟基（—OH）、羧基（—COOH），具有双官能团。本实验采用以硫酸（强酸）为催化剂，以乙酐为乙酰化试剂，与水杨酸的酚羟基发生酰化作用形成酯。反应如下：

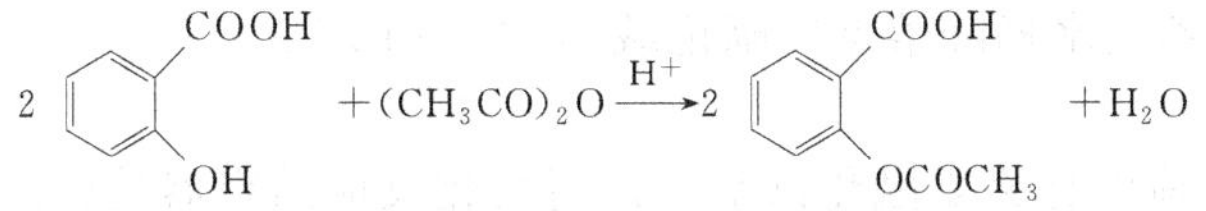

引入酰基的试剂叫酰化试剂，常用的乙酰化试剂有乙酰氯、乙酐、冰醋酸。本实验选用经济合理而反应较快的乙酐作酰化剂。

副反应有：

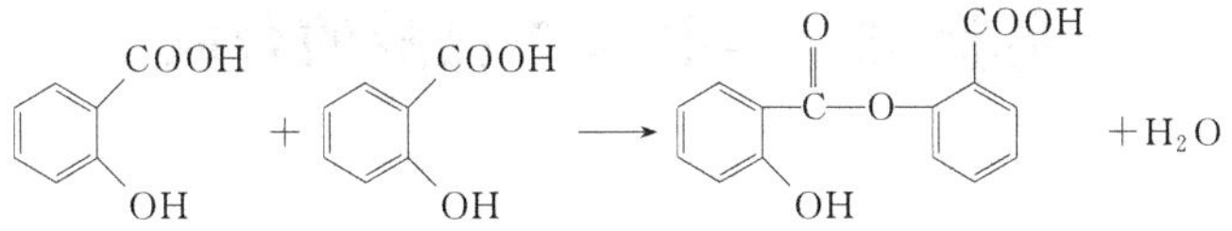

水杨酰水杨酸

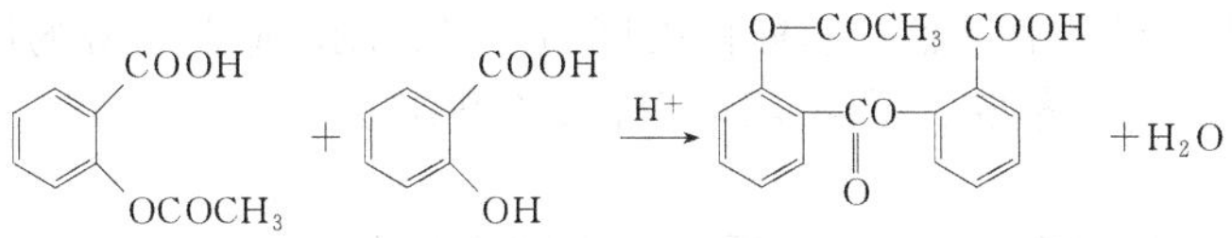

乙酰水杨酰水杨酸

制备的粗产品不纯，除上面两种副产品外，可能还有没有反应的水杨酸等杂质。

本实验用 $FeCl_3$ 检查产品的纯度，此外还可采用测定熔点的方法检测纯度。杂质中有未反应完的酚羟基，遇 $FeCl_3$ 呈紫蓝色。如果在产品中加入一定量的 $FeCl_3$，无颜色变化，则认为纯度基本达到要求。

三、仪器、试剂及材料

仪器：水浴锅，布氏漏斗，抽气瓶，水泵，滤纸，烧杯，温度计，冰水浴，熔点测定仪，试管，玻璃棒，台秤，量筒，锥形瓶等。

试剂：水杨酸（s），乙酐，H_2SO_4（浓），乙醇（95%），$FeCl_3$（1%）。

四、实验步骤

1. 酰化反应

（1）称取 2.0g（约 0.015mol）固体水杨酸，放入 150mL 锥形瓶中，加入 5mL 乙酐，用滴管加入 5 滴浓 H_2SO_4，摇匀，待水杨酸溶解后将锥形瓶放在 60～85℃ 水浴中 30min，经常摇动锥形瓶，使乙酰化反应尽可能完全。

（2）取出锥形瓶，自然降温至室温，观察有无晶体出现。如果无晶体出现，用玻璃棒摩擦锥形瓶内侧（注意别使劲摩擦，否则会把锥形瓶擦破）。当有晶体出现时，置冰水浴中冷却，并加入 50mL 冷水，出现不规则大量白色晶体，继续冷却 5min，让结晶完全。

（3）将锥形瓶中所有物质倒入布氏漏斗中抽气过滤。锥形瓶中用 5mL 冷水洗涤三次，洗涤液倒入布氏漏斗中，继续抽气至干。

（4）按实验步骤 3 检测方法，检测产品纯度。

2. 重结晶

（1）将粗产品转入 150mL 锥形瓶中，加入 5mL 95％乙醇，置水浴中加热溶解，然后冷却，用玻璃棒摩擦锥形瓶内壁，当有晶体出现时，加入 25mL 冷水，并置冰水浴中冷却 5min，使结晶完全。

（2）再次抽气过滤。用冷水 5mL 洗涤锥形瓶两次，洗涤液倒入漏斗中。继续抽滤至干。

（3）将精产品转入表面皿中，干燥，称重，计算产率（以水杨酸为标准）。

3. 产品纯度检验

（1）取少量（约火柴头大小）晶体装入试管中，加 10 滴 95％乙醇，溶解后滴入 1 滴 1％$FeCl_3$ 溶液。观察颜色变化。如果颜色出现变化（红→紫蓝），说明产品不纯，需再次重结晶。若无颜色变化，说明产品比较纯。

（2）测定熔点，乙酰水杨酸熔点文献记载为 135～136℃。

五、思考题

1. 什么是酰化反应？什么是酰化试剂？进行酰化反应的容器是否需要干燥？

2. 重结晶的目的是什么？

3. 前后两次用 $FeCl_3$ 溶液检测，其结果说明什么？

实验 45　2-甲基-2-己醇的合成

一、实验目的

1. 了解格氏试剂的制备和应用。

2. 通过 2-甲基-2-己醇的制备，掌握格氏试剂与醛、酮反应制备醇的原理及操作。

3. 进一步巩固蒸馏、萃取、干燥及蒸馏等实验操作方法。

二、实验原理

卤代烃可以在无水乙醚中与金属镁反应生成烷基卤化镁，生成的烷基卤化镁与丙酮在无水乙醚中反应，并在酸性条件下水解生成醇，具体反应：

$$n\text{-}C_4H_9\text{—}Br + Mg \xrightarrow{\text{无水乙醇}} n\text{-}C_4H_9\text{—}MgBr$$

$$n\text{-}C_4H_9\text{—}MgBr + CH_3COCH_3 \xrightarrow{\text{无水乙醇}} n\text{-}C_4H_9\text{—}\overset{\overset{\displaystyle CH_3}{|}}{\underset{\underset{\displaystyle OMgBr}{|}}{C}}\text{—}CH_3 \xrightarrow[H^+]{H_2O} n\text{-}C_4H_9\text{—}\overset{\overset{\displaystyle CH_3}{|}}{\underset{\underset{\displaystyle OH}{|}}{C}}\text{—}CH_3$$

三、仪器、试剂及材料

仪器：三颈烧瓶，球形冷凝管，搅拌器，滴液漏斗，干燥管，分液漏斗，圆底烧瓶，蒸馏头，接引管，锥形瓶。

试剂：正溴丁烷，镁条，无水乙醚，无水丙酮，乙醚，硫酸（10％），无水氯化钙，无水碳酸钾，碳酸钠（10％），碘。

材料：凡士林，砂纸。

四、实验步骤

1. 正丁基溴化镁的制备

首先，将 0.8g 剪碎的镁条与 4mL 无水乙醚和 1 小粒碘加到三颈烧瓶中，三颈烧瓶口上分别接搅拌器、冷凝管和滴液漏斗，然后将 3mL 左右正溴丁烷-无水乙醚混合液（向滴液漏斗中加入 6mL 无水乙醚和 3.5mL 的正溴丁烷，混合均匀）加入到反应瓶中，数分钟后开始反应，反应液呈灰色并微沸，待反应由激烈转入缓和后，开始滴加正溴丁烷-无水乙醚混合液，注意滴加速度不宜太快，边滴加边搅拌。滴加完毕后，可用温水浴加热回流并搅拌使镁完全反应。

2. 2-甲基-2-己醇的合成

（1）如图 5-3 装置所示，在冷水浴冷却、不断搅拌的条件下，将 3mL 经过干燥处理的无水丙酮和 4mL 无水乙醚的混合液加到制备好的格氏试剂中，注意控制加入速度，保持微沸，加完后继续搅拌振荡 10min，此时，溶液呈黑灰色黏稠状。

（2）将 20mL 10% 的硫酸水溶液加入到恒压滴液漏斗中，在冷水浴并且搅拌条件下，慢慢滴加到反应系统中，使产物分解。加完后，再搅拌 15min 左右，待产物完全分解，将液体转入分液漏斗中，分出乙醚层。水层分别用 5mL 乙醚萃取两次，合并乙醚溶液，并用 10mL 10% 的碳酸钠水溶液洗涤一次，用无水 K_2CO_3 干燥有机相。

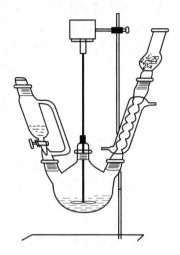

图 5-3　制备 2-甲基-2-己醇的装置

安装乙醚蒸馏装置，先用温水浴蒸出乙醚。然后再改用直接加热蒸馏，收集 139～143℃ 的馏分，产率约为 50%～60%。

纯 2-甲基-2-己醇沸点为 143℃，折射率 n_D^{20} 为 1.4175，其红外光谱如图 5-4 所示。

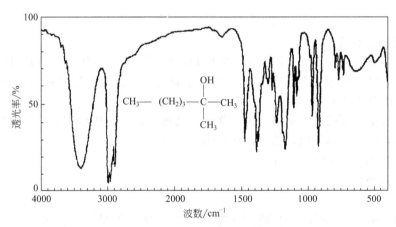

图 5-4　2-甲基-2-己醇的红外光谱

注：① 正溴丁烷和无水乙醚应事先用无水氯化钙干燥，丙酮用无水碳酸钾干燥，必要时应经过蒸馏纯化或无水处理。

② 反应体系在实验过程中，用装有无水氯化钙的干燥管放在球形冷凝管的上端与空气隔绝，实验装置的磨口处需用凡士林进行密封处理。

③ 镁条上的氧化层要用砂纸打磨干净，然后剪成 2mm 左右（越细越好）长的小块备用。

④ 格氏反应有一个引发过程，在反应体系未引发之前，不要搅拌，以免正溴丁烷混合溶液局部浓度太低，使反应难以进行。正溴丁烷-无水乙醚混合溶液最多加入 3mL，以免引发后反应过于剧烈，生成副产物。

⑤ 滴加正溴丁烷速度不能太快，要充分搅拌，避免偶联反应的发生，滴加速度以乙醚自行回流为宜。

⑥ 本实验使用大量的乙醚，要求实验室内绝对无明火和注意通风。

五、思考题

1. 本实验中有哪些副反应可能发生？如何避免？

2. 为什么本实验中使用的仪器、试剂均需保证绝对干燥？

3. 使用乙醚应注意哪些安全问题？

4. 为什么碘能促使反应引发？

5. 卤代烷与格氏试剂反应的活性顺序如何？

6. 本实验中 2-甲基-2-己醇的干燥可用无水氯化钙代替无水碳酸钾吗？为什么？

实验46　环己酮的合成

一、实验目的

1. 学习重铬酸氧化制备环己酮的原理和方法。

2. 通过醇转变为酮的实验，进一步了解醇和酮之间的联系与区别。

3. 进一步巩固蒸馏、干燥、萃取等实验操作。

二、实验原理

仲醇的氧化和脱氢是制备酮的主要方法。环己醇与重铬酸钠或次氯酸钠反应被氧化，可以生成环己酮，其反应式如下：

$$Na_2Cr_2O_7 + H_2SO_4 \longrightarrow 2CrO_3 + Na_2SO_4 + H_2O$$

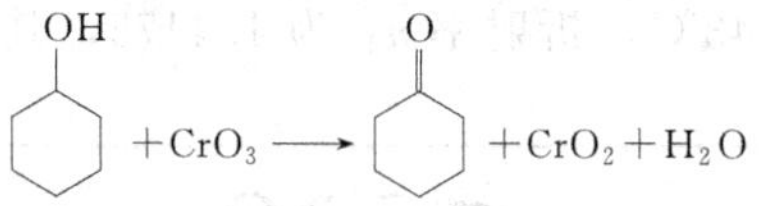

三、仪器、试剂及材料

仪器：三颈烧瓶，搅拌器，温度计，Y 形管，球形冷凝管，恒压滴液漏斗，分液漏斗，移液管，滴管，圆底烧瓶，直形冷凝管，空气冷凝管，蒸馏瓶，接收瓶，离心分液管，烧杯，锥形瓶，微型干燥柱。

试剂：浓硫酸，环己醇，重铬酸钠，草酸，氯化钠，无水碳酸钾，次氯酸钠，冰醋酸，饱和亚硫酸钠，无水三氯化铝，乙醚，碳酸钠（5%）。

材料：淀粉-碘化钾试纸，沸石。

四、实验内容

1. 铬酸氧化法

（1）在 100mL 三颈烧瓶上分别装上搅拌器、温度计及 Y 形管，在 Y 形管上分别装上球形冷凝管和恒压滴液漏斗。

（2）将 30mL 冰水加到反应瓶中，边摇边慢慢滴加 5mL 浓硫酸，充分摇匀，小心加入 5g 环己醇。在恒压滴液漏斗中加入配好的重铬酸钠溶液（将 5.3g 重铬酸钠用 3mL 水进行溶解），待反应瓶内溶液温度降至 30℃以下，开始搅拌，边搅拌边将重铬酸钠水溶液慢慢滴加到反应瓶中。氧化反应开始，混合物变热，橙红色的重铬酸钠溶液变成绿色。当温度达到 50℃时，控制滴加速度，维持温度在 50～60℃，加完后继续搅拌，直至温度自行下降。然后加入少量草酸（约 0.3g），使溶液变成墨绿色，以消耗过量的重铬酸钠。

（3）在反应瓶内加入 25mL 水、2 粒沸石，改为蒸馏装置，将环己酮和水一起蒸出，共沸蒸馏温度为 95℃。直至馏出液不再浑浊，再多蒸出 5～7mL。向馏出液中加入氯化钠使溶液饱和，用分液漏斗分出有机层，用无水碳酸钾干燥，用空气冷凝管进行常压蒸馏，收集 150～156℃的馏分，产率约 60%。

2. 次氯酸氧化法

（1）将 2g 次氯酸钠加到研钵中，逐滴加入水中，边加边研，使之成为均匀糊状物，最后加水总量约 3.5mL，研磨均匀，转移至烧杯中，置于冰水浴中冷却备用。用 1mL 移液管吸取 0.5mL 环己醇，加到 10mL 圆底烧瓶中，然后再加入 3.3mL 冰醋酸，搅拌，将已经制得的糊状次氯酸钠慢慢加入到反应瓶中，用冰水进行冷却，确保加入过程中反应液温度保持在 25～30℃。搅拌 5min 后，用淀粉-碘化钾试纸检验呈蓝色，否则应再加入糊状次氯酸钠 0.1～0.2mL。然后在 55～60℃下反应 25～30min 后，加入约 0.6mL 饱和亚硫酸钠溶液直至反应液对淀粉-碘化钾试纸不显蓝色为止。将反应液转移至 10mL 蒸馏瓶中，加入无水三氯化铝 0.3g，混合均匀，进行简易蒸馏，蒸至无油珠出现为止，用离心分液管收集馏出液。

（2）将离心管静置分液，用滴管将有机层取出。水层用 3mL 乙醚分 3 次萃取，合并有机相。有机相用 5％碳酸钠水溶液洗涤 1 次，用水洗涤 3 次。用滴管将醚层取出，用微型干燥柱进行干燥。最后用少量乙醚淋洗干燥柱，用已称重的干燥锥形瓶收集乙醚溶液。在锥形瓶上装好微型蒸馏装置，用水浴蒸出乙醚。

纯环己酮为无色液体，沸点为 155.6℃，折射率 n_D^{20} 为 1.4507，其红外光谱如图 5-5 所示。

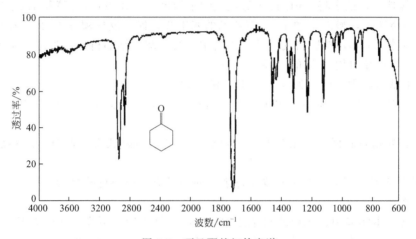

图 5-5　环己酮的红外光谱

注：① 重铬酸钠是强氧化剂且有毒，避免与皮肤接触，反应残余物应放入指定容器中，以免污染环境。

② 水的馏出量不宜过多，否则即使使用盐析仍不可避免少量环己酮溶于水中。

③ 次氯酸法能够避免使用有致癌危险的铬盐。但实验过程中有氯气逸出，操作时应在通风橱中进行。

④ 加入无水三氯化铝的目的是防止蒸馏时发泡。

⑤ 分液时如看不清界面可加入少量的乙醚或水。

⑥ 干燥柱用一只干燥的玻璃管按顺序加入少量棉花、0.05g 石英砂、1g 无水氧化铝、1g 无水硫酸镁、0.05g 石英砂填塞而成，并用无水乙醚湿润柱体。

五、思考题

1. 氧化反应结束后为什么要加入草酸？

2. 重铬酸钠-硫酸混合物为什么要冷却至 30℃ 以下使用？

3. 有机反应中常用的氧化剂有哪些？

实验47　苯亚甲基苯乙酮的合成

一、实验目的

1. 通过苯亚甲基苯乙酮的合成，学习制备 α,β-不饱和醛、酮的原理和方法。

2. 巩固抽滤、重结晶以及熔点测定等基本实验操作。

二、实验原理

苯亚甲基苯乙酮是一类植物色素的母体化合物。苯甲醛与苯乙酮在氢氧化钠的作用下缩合制得苯亚甲基苯乙酮。反应如下：

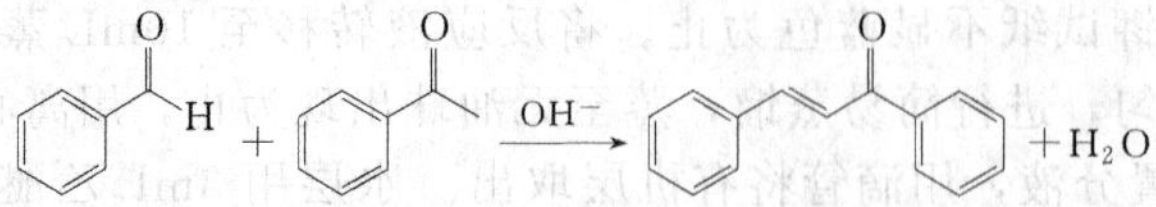

三、仪器、试剂及材料

仪器：三颈烧瓶，恒压滴液漏斗，电磁搅拌器。

试剂：苯乙酮，苯甲醛，氢氧化钠溶液（10%），乙醇（95%）。

四、实验步骤

在20℃搅拌下，依次将5mL 10%氢氧化钠水溶液、5mL 95%乙醇和1.3g苯乙酮加入到50mL三颈烧瓶中，慢慢滴加1.2g新蒸馏的苯甲醛，保持反应温度在20~25℃。滴加完毕后，继续搅拌45min，然后将反应液在水浴中进行冷却，结晶析出，过滤，用少量水洗涤产品至中性。粗产品可用95%的乙醇重结晶。

纯苯亚甲基苯乙酮，熔点为55~57℃，沸点为208℃。

注：① 保持反应温度在20~25℃，反应温度高于30℃或低于15℃时，均不利于反应的进行。

② 由于产物熔点较低，重结晶时产品可能会呈现出熔融状态，此时，应补加溶剂使其呈均相。

③ 苯亚甲基苯乙酮可能会引起皮肤过敏，使用时应避免与皮肤接触。

五、思考题

1. 试解释在本实验中，苯甲醛与苯乙酮加成后产物为什么不稳定并会立即失水？

2. 本实验中可能有哪些副反应发生，如何避免这些副反应的发生？

5.3 高级合成实验

实验48 乙酰基二茂铁和二乙酰基二茂铁的合成及柱色谱分离

一、实验目的

1. 掌握二茂铁乙酰化的实验原理及方法，并了解影响二茂铁乙酰化的因素。

2. 学习薄层色谱跟踪实验反应进程的方法。

3. 学习利用柱色谱分离混合物的原理、方法及技巧。

二、实验原理

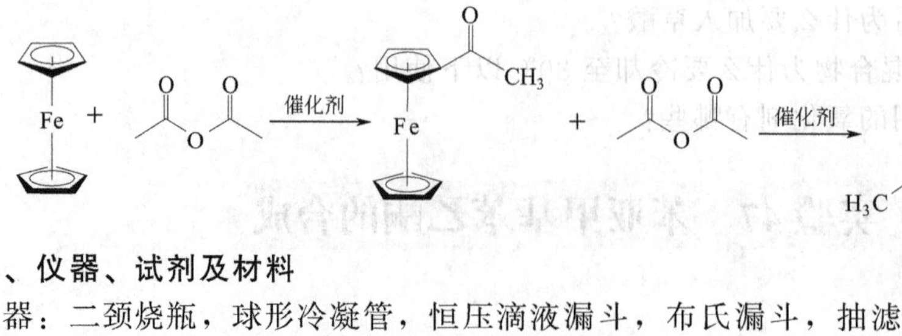

三、仪器、试剂及材料

仪器：二颈烧瓶，球形冷凝管，恒压滴液漏斗，布氏漏斗，抽滤瓶，烧杯，圆底烧瓶，红外灯，培养皿，电磁搅拌器。

试剂：二茂铁，乙酸酐，苯，磷酸（85%），中性氧化铝，石油醚，碎冰，碳酸氢钠溶液。

四、实验步骤

1. 合成部分

将带有干燥剂的球形冷凝管和恒压滴液漏斗安装在 50mL 二颈烧瓶上。然后将 1g 二茂铁和 3mL 乙酸酐加到反应瓶中。搅拌使溶液混合均匀，慢慢滴加 1mL 85％的磷酸，加热回流约 5min，观察反应进行情况，当发现没有原料点或原料点很浅时，即可停止反应。待反应液冷却后，将反应液倒入 100mL 的烧杯中，并加入 10g 碎冰，搅拌使冰全部溶化，然后加入 $NaHCO_3$ 中和反应液，调节反应液 pH 约为 7，在此过程中有 CO_2 冒出，在冷水浴条件下搅拌反应 15min，抽滤，用水洗涤滤饼，烘干，即得粗产品。

2. 柱色谱法分离纯化产品

用约 25g 中性氧化铝及石油醚湿法装柱。

将 0.1g 粗品溶于 1～2mL 苯中，上样后先用石油醚淋洗，分离出二茂铁色带，再用石油醚与乙醚体积比为 3∶1 的混合溶剂淋洗，当橙色的乙酰基二茂铁色带清晰分出后，可继续淋洗直到乙酰基二茂铁色带全部洗出，然后改用纯乙醚作淋洗剂，可淋洗到橙棕色固体二乙酰基二茂铁。分别用圆底烧瓶收集产物，蒸除溶剂，当残液剩约 1mL 时，倒在培养皿中，在通风橱中用红外灯烘去少量溶剂，可得到针状晶体。

纯乙酰基二茂铁熔点为 81～83℃，沸点为 160～163℃（3.004mmHg），其红外光谱如图 5-6 所示。

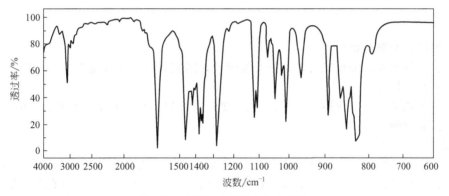

图 5-6　乙酰基二茂铁的红外光谱

纯二乙酰基二茂铁熔点为 130～131℃。

注：① 小心加入 $NaHCO_3$ 直至无气泡冒出时，即可认为反应液已为中性，不可用试纸检验反应液是否呈中性，因反应液有时呈橙色有时呈暗棕色，用试纸难以正确判定。

② 展开剂可以用石油醚和乙醚的混合液，学生自己调配比例。

五、思考题

1. 用 $NaHCO_3$ 中和反应液的目的是什么？

2. 为什么乙酰基二茂铁进一步酰化时，第二个酰基进入异环而不是进入同环？

3. 在上述柱色谱中，二茂铁与乙酰基二茂铁，哪一个被 Al_2O_3 吸附得更强一些？为什么？

4. 柱色谱法分离纯化产品时，分离效果与柱色谱操作中哪些因素有关？

实验49　高分子聚合物——聚苯乙烯的制备

一、实验目的

1. 掌握实验室制备简单聚合物的实验原理及方法。

2. 学习自由基聚合反应的反应历程，了解常见的自由基引发剂。

二、实验原理

聚苯乙烯（polystyrene）是一种热塑性树脂，由于其价格低廉且易加工成型，因此得以广泛应用，是重要的高分子化工产品。由苯乙烯通过热或自由基引发剂合成聚苯乙烯的过程是典型的自由基链式反应，其机理与烃类自由基的卤化反应相类似。本实验采用叔丁基过氧化苯甲酰热引发剂分解来启动反应。当加热时，该化合物分解产生两个自由基。如果用 In· 表示该类自由基，苯乙烯链式聚合的过程可表示如下。

链引发：

$$(CH_3)_3CO—OCOC_6H_5 \xrightarrow{\text{热}} (CH_3)_3CO\cdot + \cdot OCOC_6H_5$$

$$H_2C=CH—Ph \longrightarrow In—CH_2—\overset{\cdot}{C}H_2—Ph$$

链增长：

$$In—CH_2—\overset{\cdot}{C}H_2—Ph + nH_2C=CH—Ph \longrightarrow In \overset{}{(}CH_2CH\overset{}{)_n} CH_2\overset{\cdot}{C}H$$
$$\qquad\qquad Ph \qquad\quad Ph$$

链终止：

$$2In\overset{}{(}CH_2CH\overset{}{)_n}CH_2\overset{\cdot}{C}H \longrightarrow In\overset{}{(}CH_2CH\overset{}{)_n}CH_2CH—CHCH_2\overset{}{(}CHCH_2\overset{}{)_n}In +$$
$$\quad\quad\quad Ph \quad\quad Ph \qquad\qquad\quad Ph \quad\quad Ph \quad Ph \quad\quad Ph$$

$$In\overset{}{(}CH_2\overset{}{)_n}CH_2CH_2Ph + In\overset{}{(}CH_2CH\overset{}{)_n}CH=CHPh$$
$$\quad\quad Ph \qquad\qquad\qquad\qquad Ph$$

三、仪器、试剂及材料

仪器：分液漏斗，玻璃试管，滴管，温度计，圆底烧瓶，电磁搅拌器，回流冷凝管，电热套，表面皿，烧杯。

试剂：苯乙烯，氢氧化钠（10%），无水氯化钙，叔丁基过氧化苯甲酰，二甲苯，甲醇。

四、实验步骤

1. 苯乙烯的解聚

为了防止苯乙烯的自聚，常常在苯乙烯中加入一些酚类化合物作为自由基聚合的阻聚剂，在聚合实验进行前需要将其除去。具体除去的方法是：将约 10mL 的苯乙烯置于分液漏斗中，加入 10mL 10% 的氢氧化钠溶液，充分振荡混合物，分去水层，然后再用水洗涤有机层 3 次，每次加入约 10mL 水，除去水层，将苯乙烯倾入锥形瓶用少量无水氯化钙进行干燥，并缓缓摇动锥形瓶，干燥 20min 后，弃去干燥剂，干燥后的苯乙烯用于后续的聚合反应。

2. 苯乙烯的本体聚合反应

在干燥、洁净的玻璃试管中加入 2~3mL 干燥的苯乙烯，再加入 2~3 滴叔丁基过氧化苯甲酰。将试管在加热器上进行加热，试管内插一温度计，水银球触及液面。当温度达到 140℃ 时暂时移去热源，使体系保持微沸。随着反应的进行，可以观察到沸腾的速度剧增。

聚合反应开始后反应体系温度可达 180~190℃，高于苯乙烯的沸点。反应期间液体的黏度将迅速增加，当体系的温度开始下降时，取出温度计。移出温度计时可以观察到生成的聚合物纤维。聚苯乙烯的固化速度取决于所用引发剂的量、反应温度和反应加热的时间。

3. 苯乙烯的溶液聚合反应

在 25mL 圆底烧瓶中加入 2~3mL 干燥苯乙烯和 5mL 二甲苯，然后用滴管缓缓滴加 7~8 滴叔丁基过氧化苯甲酰。加热回流 20~30min 后，将溶液冷却至室温，将其中 1/2 倾入 25mL 甲醇中使其沉淀，将固、液分离。在强烈的搅拌下使得到的聚苯乙烯在新鲜甲醇中再悬浮，过滤、收集聚苯乙烯并在通风橱中进行干燥。

将另一半聚苯乙烯溶液倒入表面皿或烧杯中，置于通风橱中使溶剂挥发，可以得到透明的聚苯乙烯薄膜。称重所得的聚合物，计算转化率。

五、思考题

1. 试写出叔丁基邻苯二酚（TBC）与链自由基反应的反应产物和可能的反应机理。

2. 醇类（如环己醇）能否作为自由基聚合的捕获剂，为什么？

3. 写出氢氧化钠水溶液从苯乙烯中萃取除去叔丁基邻苯二酚的反应历程？

4. 在反应温度不变的条件下，减少引发剂的用量会对聚苯乙烯的相对分子质量产生什么影响？

实验 50　离子液体——溴化 N-十六烷基-N'-甲基咪唑的合成

一、实验目的

1. 了解离子液体的基本知识和合成方法。

2. 学习利用微波进行反应的实验方法。

二、实验原理

溴化 N-十六烷基-N'-甲基咪唑是一种很好的离子液体，在水溶液中可以形成带正电荷的胶束，被广泛作为表面活性剂使用，也是很好的制备孔型材料的有机原料。溴化 N-十六烷基-N'-甲基咪唑是由 N-甲基咪唑和溴代十六烷，在加热回流或微波作用下合成的。其反应式如下：

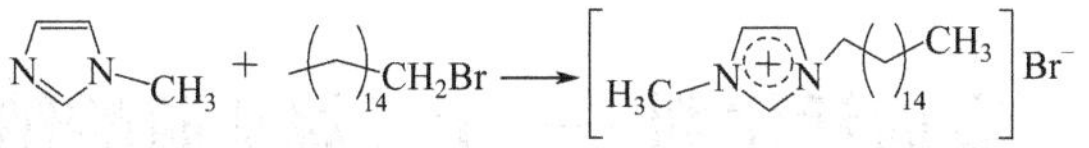

传统采用在溶剂中加热回流的制备方法需要使用大量有机溶剂，并且反应时间长达 10h。本实验采用无溶剂间歇式微波反应法合成，与常规加热回流法相比不但节约了溶剂，而且还大大缩短了反应时间，提高了产率，使实验操作更加简便易行。

三、仪器、试剂及材料

仪器：圆底烧瓶，球形冷凝管，温度计，烧杯，量筒（5mL，10mL，50mL），电热套，搅拌器，真空干燥箱，电子天平，布氏漏斗，抽滤瓶，真空泵，微波反应器。

试剂：N-甲基咪唑，溴代十六烷，四氢呋喃。

四、实验内容

将 1.6mL N-甲基咪唑和 6.3mL 溴代十六烷加到 50mL 圆底烧瓶中，充分搅拌将溶液混合均匀。然后将烧瓶置于微波反应器中，接好冷凝装置，微波功率选择低火，加热 30s，停止加热。从微波反应器中取出反应瓶对混合物进行充分搅拌，使反应物分散均匀，搅拌时间 1min，重复上述操作 6 次。

反应结束后，冷却至室温，得到黄色黏稠液体，即溴化 N-十六烷基-N'-甲基咪唑离子液体粗产物。将得到的粗产物用 25mL 四氢呋喃溶解。然后用冰水浴进行冷却结晶。抽滤得到离子液体的固体产物，再用 8mL 四氢呋喃洗涤两次。在 50℃ 条件下进行干燥，即可制得纯净的溴化 N-十六烷基-N'-甲基咪唑离子液体的晶体，称重，计算产率。溴化 N-十六烷基-N'-甲基咪唑红外光谱如图 5-7 所示。

注：① 在使用微波反应器加热反应物时，开始应选择低火，以免液体冲出反应体系。

② 在室温下搅拌反应物时，由于反应体系呈黏稠状胶体，可以进行适当加热。加热时，最好在圆底烧瓶上放上球形冷凝管。

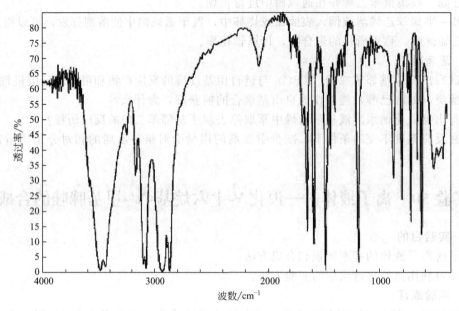

图 5-7　溴化 N-十六烷基-N'-甲基咪唑红外光谱

五、思考题

1. 请举例说明离子液体有哪些性质与用途。
2. 试写出离子液体合成的反应机理。

实验 51　表面活化剂——十二烷基硫酸钠的合成

一、实验目的

1. 掌握高级醇硫酸酯盐型阴离子表面活性剂的合成原理和合成方法。
2. 了解高级醇硫酸酯盐型阴离子表面活性剂的主要性质和用途。

二、实验原理

十二烷基硫酸钠是硫酸酯盐型阴离子表面活性剂的典型代表。是一种白色或淡黄色微黏物，工业上常用于洗涤剂和纺织工业。易溶于水，具有良好的乳化、发泡、渗透、去污和分散性能，广泛用于牙膏、香波、洗发膏、洗发香波、洗衣粉、洗液、化妆品和塑料脱模（润滑）以及制药、造纸、建材、化工等行业。

十二烷基硫酸钠是用月桂醇与氯磺酸反应，再加碱中和而成的，是一个有机分子硫酸化的过程，即在有机分子中引入—SO_3H 基，生成 C—O—S 键。其反应式如下：

$$n\text{-}C_{12}H_{25}OH + ClSO_3H \longrightarrow n\text{-}C_{12}H_{25}OSO_3H + HCl$$

$$n\text{-}C_{12}H_{25}OSO_3H + NaOH \longrightarrow n\text{-}C_{12}H_{25}OSO_3Na + H_2O$$

三、仪器、试剂及材料

仪器：三颈烧瓶，磁力搅拌器，滴液漏斗，球形冷凝管，烧杯，温度计，气体吸收装置，界面张力仪，泡沫测定仪等。

试剂：月桂醇，氯磺酸，氢氧化钠（30%），双氧水（30%）。

四、实验内容

在 50mL 三颈烧瓶中加入 9.3g 月桂醇，装上滴液漏斗、温度计和带有气体吸收装置的球形冷凝管。边搅拌边于室温下，通过恒压滴液漏斗慢慢滴加 6.4g 氯磺酸。滴加完毕后，在 40～45℃下反应约 2h。停止搅拌，冷却反应液至 25℃左右，再慢慢滴加 30％的氢氧化钠水溶液，直到反应物呈中性为止。将反应液倒入烧杯中，边搅拌边滴加 50mL 30％的双氧水，继续搅拌反应 30min 得到十二烷基硫酸钠黏稠液体。测定其含量、表面张力和泡沫性能。

注：① 因氯磺酸遇水会分解，所用玻璃仪器必须干燥。

② 氯磺酸为腐蚀性很强的酸，使用时必须戴好防护用具，并在通风橱内量取。

③ 氯化氢吸收装置的密封性要好。

五、思考题

1. 举出几种常见的阴离子表面活性剂，并写出其结构。

2. 高级醇硫酸酯盐有哪些特性和用途？

3. 滴加氯磺酸时，为什么要控制温度在室温下进行？

实验 52　从橙皮中提取柠檬烯

一、实验目的

1. 了解水蒸气蒸馏的基本原理、使用范围和被蒸馏物应具备的条件。

2. 熟练掌握常量水蒸气蒸馏仪器的组装和使用方法。

3. 利用水蒸气蒸馏法从橙皮中提取柠檬烯。

二、实验原理

橙皮中含有多种有效成分，主要有橙皮苷、果胶、天然色素、香精油等，香精油（橙皮精油）的主要成分是一种无色透明、具有诱人橘香味的萜类烯烃——柠檬烯。工业上经常用水蒸气蒸馏的方法来收集精油，柠檬、橙子和柚子等水果果皮通过水蒸气蒸馏得到一种精油，其成分 90％以上是柠檬烯。柠檬烯是一种有效的天然溶剂，也可作强力灭虱剂，还可作饮料、食品、牙膏、肥皂等的香料。随着橙皮种类和季节的不同，香精油中柠檬烯的含量可在 52.2％～96.2％，柠檬烯是一环单萜类化合物，分子中有一个手性中心。其 S-（－）-异构体存在于松针油、薄荷油中；R-（＋）-异构体存在于柠檬油、橙皮油中；外消旋体存在于香茅油中。结构式如下：

根据道尔顿分压定律，两种互不相溶的液体混合物的蒸气压等于两液体单独存在时的蒸气压之和。因为当组成混合物的两液体的蒸气压之和等于大气压力时混合物就开始沸腾（此时的温度为共沸点）。所以互不相溶的液体混合物的沸点，要比每一物质单独存在时的沸点低。因此，在不溶于水的有机物质中，进行水蒸气蒸馏时，在比该物质的沸点低得多的温度，而且比 100℃还要低的温度就可使该物质和水一起蒸馏出来。

三、仪器、试剂及材料

仪器：水蒸气发生器，直形冷凝管，T 形管，圆底烧瓶，分液漏斗，水泵头，锥形瓶。

试剂：二氯甲烷，无水硫酸钠。

材料：新鲜橙子皮。

四、实验步骤

1. 投料与提取

该实验的实验装置如图 5-8 所示。将 2~3 个新鲜橙子皮剪成极小碎片后，放入 500mL 圆底烧瓶中，加入 200mL 水，直接进行水蒸气蒸馏，待馏液达 80mL 时即可停止。这时可观察到馏出液水面上浮着一层薄薄的油层。

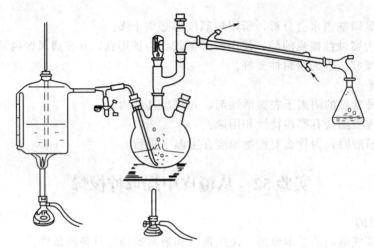

图 5-8　从橙皮中提取柠檬烯的实验装置

2. 萃取

将馏出液倒入分液漏斗中，每次用 10mL 二氯甲烷萃取，萃取三次。将萃取液合并，放在 50mL 锥形瓶中，用无水硫酸钠干燥。

3. 蒸除溶剂

用普通蒸馏方法水浴蒸去二氯甲烷。待二氯甲烷基本蒸完后，再用水泵减压抽去残余的二氯甲烷，瓶中留下少量橙黄色液体即为橙油。

4. 测定折射率及柠檬烯含量

测定橙油的折射率，并用气相色谱法测定橙油中柠檬烯的含量。

注：纯粹的柠檬烯沸点为 176℃；n_D^0 1.4727；$[\alpha]_D^{20}$ +125.6。

五、注意事项

1. 蒸馏烧瓶的容量应保证混合物的体积不超过其 1/3，导入蒸汽的玻璃管下端应垂直地正对瓶底中央，并伸到接近瓶底。安装时要倾斜一定的角度，通常为 45℃左右。

2. 水蒸气发生器上的安全管（平衡管）不宜太短，其下端应接近器底，盛水量通常为其容量的 1/2，最多不超过 2/3，最好在水蒸气发生器中加进沸石起助沸作用。

3. 应尽量缩短水蒸气发生器与蒸馏烧瓶之间的距离，以减少水汽的冷凝。

4. 开始蒸馏前应把 T 形管上的止水夹打开，当 T 形管的支管有水蒸气冲出时，接通冷凝水，开始通水蒸气，进行蒸馏。

5. 为使水蒸气不致在烧瓶中冷凝过多而增加混合物的体积。在通水蒸气时，可在烧瓶下用小火加热。

6. 在蒸馏过程中，要经常检查安全管中的水位是否合适，如发现其突然升高，意味着有堵塞现象，应立即打开止水夹，移去热源，使水蒸气发生器与大气相通，避免发生事故（如倒吸），待故障排除后再行蒸馏。如发现 T 形管支管处水积聚过多，超过支管部分，也应打开止水夹，将水放掉，否则将影响水蒸气通过。

7. 当馏出液澄清透明，不含有油珠状的有机物时，即可停止蒸馏，这时也应首先打开夹子，然后移去热源。

8. 如果随水蒸气挥发馏出的物质熔点较高，在冷凝管中易凝成固体堵塞冷凝管，可考虑改用空气冷凝管。

六、思考题

1. 进行水蒸气蒸馏时，蒸汽导入管的末端为什么要插入到接近于容器的底部？

2. 在水蒸气蒸馏过程中，经常要检查什么事项？若安全管中水位上升很高说明什么问题，如何处理才能解决呢？

实验53　绿色植物中色素的提取和分离

一、实验目的

1. 学习从绿色植物中提取各种色素的方法和基本原理。

2. 学习用薄层色谱法寻找合适的分离条件。

3. 学习用柱色谱分离有机化合物的操作方法及实验技巧。

二、实验原理

提取原理：本实验采用浸取法提取绿色植物中的各种色素。根据相似相溶原理，在需要分离的固体样品中加入合适的溶剂，如极性物质选择极性溶剂，非极性物质选择非极性溶剂。利用样品中各组分在溶剂中的溶解度和分配系数不同，通过研磨、萃取等方法，使样品中易溶组分溶解到溶剂中，与植物纤维分离。

柱色谱分离原理：柱色谱一般有吸附色谱和分配色谱两种。实验室最常用的是吸附色谱法，色谱体系包含两个相，一个是固定相，一个是流动相，其原理是利用混合物中各组分，在不相混溶的两相（即流动相和固定相）中吸附和解吸的能力不同，也可以说在两相中的分配不同，当混合物随流动相流过固定相时，发生反复多次的吸附和解吸过程，从而使混合物分离成两种或多种单一的纯组分。

三、仪器、试剂及材料

仪器：研钵，布氏漏斗，吸滤瓶，分液漏斗，滴管，量筒，锥形瓶，圆底烧瓶，旋转蒸发仪，载玻片，烧瓶，薄层硅胶板，展开缸，色谱柱，接收瓶。

试剂：新鲜的菠菜，乙醇（95％），石油醚，无水硫酸钠，羧甲基纤维素钠，丙酮，中性氧化铝（100～200目），乙酸乙酯，正丁醇。

材料：棉花，石英砂。

四、实验步骤

1. 菠菜中色素的提取

称取10g干净、晾干的新鲜菠菜叶，用剪刀剪碎并与25mL乙醇混合拌匀。在研钵中研磨5～10min，抽滤将溶剂除去。

将研磨处理好的菠菜放回研钵中，用10mL体积比为3：2的石油醚：乙醇的混合液萃取2次，每次需研磨5min左右，并且每次都把抽滤溶剂分离出来。合并抽滤出来的深绿色萃取液，将其转移至分液漏斗中，分别用10mL水洗涤2次，以除去萃取液中的乙醇。洗涤时，为防止乳化，要轻轻振摇。分出水层，将有机层放入洁净、干燥的锥形瓶中，用无水硫酸钠干燥约10min，然后除去硫酸钠，将滤液置于洁净、干燥的圆底烧瓶中。用旋转蒸发仪浓缩滤液，直至滤液剩余约1mL为止。

2. 柱色谱分离化合物

（1）色谱柱的制备　在100mL烧瓶中加入约20g 100～200目中性氧化铝和30mL石油醚，搅拌使氧化铝浸在石油醚中。依次在色谱柱底部加入少量棉花、约5mm厚的石英砂，再加入约2/3高度的石油醚，边搅拌边将浸润在石油醚中的氧化铝迅速倾入色谱柱中，然后在上面铺约5mm厚的石英砂。

（2）上样　当洗脱剂石油醚全部进入石英砂下面时，关闭活塞，停止排液。将准备好的菠菜色素浓缩液用滴管小心加到色谱柱顶部，加完后打开下端活塞，放出溶剂，使上层液面下降到柱内填装物以下 1mm 左右，关闭活塞，加入少量石油醚，重新打开活塞，排液。此过程重复数次，使有色物质全部进入柱体内。

（3）色带淋洗　用体积比为 9∶1 的石油醚∶丙酮洗脱剂进行洗脱，保持以均匀速度流出。当第一个黄色物质流出时，换一个接收瓶接收，直到这个色带全部流出。得到的橙黄色溶液就是胡萝卜素。然后用体积比为 7∶3 的石油醚∶丙酮继续进行洗脱，分出第二个黄色带，即为叶黄素。再用体积比为 3∶1∶1 的正丁醇∶乙醇∶水进行洗脱，可以得到蓝绿色的叶绿素 a 和黄绿色的叶绿素 b。

将上述带颜色的溶液经过浓缩、干燥待用。

3. 薄层色谱分析

（1）薄板制备　取 4 块载玻片，将硅胶 G 用 0.07%～0.1% 的羧甲基纤维素钠水溶液调制成糊状，均匀后铺板，晾干后于 110℃活化 1h。

（2）点样及展开　配制体积比为 4∶1 的石油醚∶丙酮和体积比为 3∶2 的石油醚∶乙酸乙酯为展开剂 a 和 b。取少量浓缩干燥后的混合液，在薄板上点样后，小心放入加有展开剂的展开缸中，待展开剂上升至规定高度时，取出薄层板，在空气中晾干，用铅笔作出标记。分别用展开剂 a 和 b 展开，比较不同展开剂的展开效果，注意在更换展开剂时，应干燥展开缸，不允许将前一种展开剂带入后一展开剂系统中。观察斑点在板上的位置并按 R_f 值的大小顺序排列胡萝卜素、叶绿素和叶黄素。

将分离得到的 4 种物质，用配比较好的展开剂分别进行薄层分析，测定 R_f 值，与前面薄层色谱的结果进行比较。

注：① 在色素提取过程中，绿色植物应与溶剂充分接触，确保提取充分，以免影响后面的分离。

② 薄板最好在实验前制备好，晾干待用，实验前再进行活化。

③ 在装柱过程中，应边装边敲打色谱柱，使其填装均匀，但是不要过于用力，以免填装太紧溶剂流出速度太慢。

④ 从嫩绿的菠菜中得到的提取液，其叶黄素的含量很少，不容易分离出来。有时洗脱条件控制不好会造成叶黄素 a 与叶绿素 b 分不开。因此应严格控制洗脱剂的配比和注意微量水对洗脱过程的影响。

五、思考题

1. 比较叶绿素、叶黄素和胡萝卜素的极性，为什么胡萝卜素在柱色谱中移动得最快？

2. 薄层色谱中的 R_f 值有何意义？

3. 叶绿素、叶黄素和胡萝卜素相比较，哪一个的 R_f 值大？为什么？

实验 54　从中草药黄连中提取黄连素

一、实验目的

1. 学习从中草药提取生物碱的原理和方法。

2. 学习运用索氏提取器进行液固提取的操作方法。

二、实验原理

本实验采用浸取法或用索氏提取器采用连续提取法，从中草药黄连中提取黄连素。黄连素呈黄色针状，微溶于冷水和乙醇，但是在热水和热乙醇中溶解度较大，几乎不溶于乙醚，黄连素存在 3 种互变异构体，一般以较为稳定的季铵碱结构式为主。其结构式如下：

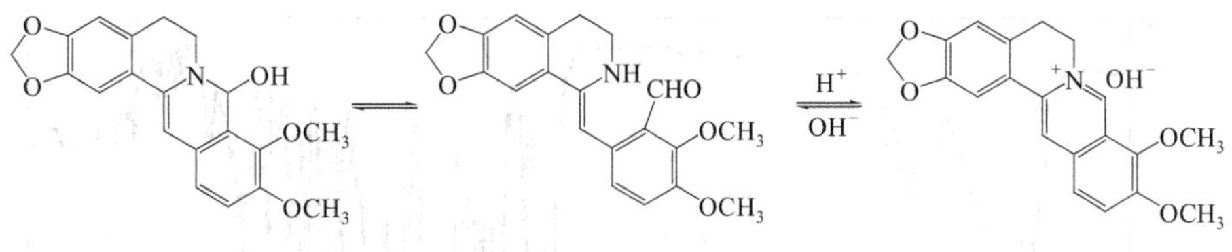

醇式　　　　　　　　　醛式　　　　　　　　季铵碱式

在自然界中黄连素多以带两个结晶水的季铵盐形式存在，其结构式：

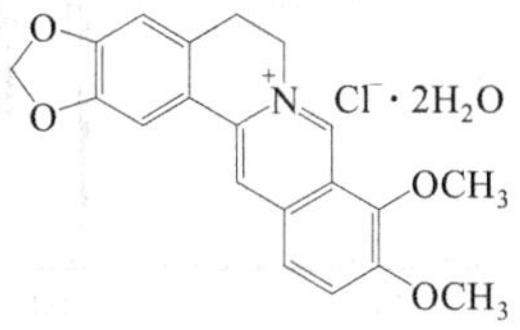

黄连素的盐酸盐、氢碘酸盐、硫酸盐、硝酸盐均难溶于冷水，易溶于热水，故可用水对其进行重结晶，从而使其达到纯化。

三、仪器、试剂及材料

仪器：圆底烧瓶，直形冷凝管，旋转蒸发仪，布氏漏斗，抽滤瓶，烧杯，滤纸，索氏提取器，回收瓶。

试剂：黄连，乙醇（95％），浓盐酸，醋酸（1％），丙酮，石灰乳。

四、实验步骤

1. 浸取法

称取 5g 中药黄连切碎、研细，放入 50mL 圆底烧瓶中，加入 20mL 乙醇，在热水浴中加热回流 30min，冷却并静置浸泡 30min，抽滤。将滤渣重新放入圆底烧瓶中，加入 10mL 乙醇重复上述操作 2 次。合并 3 次所得的滤液，进行减压蒸馏蒸出乙醇（或用旋转蒸发仪将乙醇蒸出），再加入约 10mL 1％的醋酸溶液，加热溶解，趁热抽滤，除去不溶物，然后在滤液中滴加浓盐酸直至溶液浑浊为止，放置冷却，即有黄色针状晶体析出，抽滤，并用冰水洗涤两次，再用丙酮洗涤一次，干燥后称重。

将得到的粗品加入热水刚好溶解，然后煮沸，用石灰乳调节 pH 约为 9，冷却后除去杂质，滤液继续冷却至室温以下，即有针状体的黄连素析出，抽滤，将结晶在 50～60℃下干燥，即得到纯化后的黄连素。

2. 索氏提取器连续提取法

称取 5g 中药黄连切碎、研细，将黄连倒入滤纸卷成的套筒中包好，注意勿使黄连从滤纸缝中漏出。将滤纸筒装入索式提取器中，从索式提取器上口加入 95％的乙醇，当发生虹吸溢流时，停止加入，液体停止流动时，再多加 20mL 过量的乙醇。加热回流，直到溢流液颜色很淡或无色时，停止加入，将提取器筒中的乙醇倒入回收瓶中。将下部烧瓶中的提取液减压蒸馏，除去乙醇，直到溶液为棕红色糖浆状。再加入约 10mL 1％的醋酸溶液，加热溶解，抽滤，除去不溶物，然后将清液倒入烧杯中，边搅拌边滴加约 10mL 浓盐酸，直至溶液浑浊为止，放置冷却，即有黄色针状的黄连素盐酸盐析出，抽滤，晶体用冰水洗涤两次，再用丙酮洗涤一次，干燥，得到粗品。

然后将粗品加热水至刚好溶解煮沸，用石灰乳调节 pH 约为 9，冷却，过滤除杂质，继续冷却至室温以下，即有黄连素结晶析出，抽滤，得到纯化的黄连素晶体，干燥后称重。

纯黄连素的熔点为 145℃，黄连素的红外光谱如图 5-9 所示。

五、思考题

1. 黄连素为哪种生物碱类的化合物？

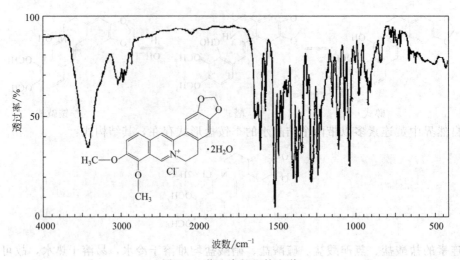

图 5-9 黄连素的红外光谱

2. 为何要用石灰乳来调节 pH，用氢氧化钾或氢氧化钠行不行？为什么？

下篇　开放综合性实验

第6章 | 化学与环境保护

实验55　水中溶解氧、高锰酸盐指数（即化学需氧量）的测定

一、实验目的

1. 掌握用碘量法测定水中溶解氧的实验原理和方法。

2. 了解水中高锰酸盐指数的含义，并学习其测定方法。

二、实验原理

溶解在水中的分子态氧称为溶解氧，单位是 mg/L。天然水的溶解氧含量取决于水体与大气中氧的平衡。溶解氧的饱和含量和空气中氧的分压、大气压力、水温有密切关系。清洁地表水的溶解氧一般接近饱和。由于藻类的生长，因其光合作用，溶解氧可能过饱和。水体受有机、无机还原性物质污染时溶解氧降低。当大气中的氧来不及补充时，水中溶解氧逐渐降低，以至趋近于零，此时厌氧菌繁殖，水质恶化，导致鱼虾死亡。高锰酸盐指数是指在一定条件下，用高锰酸钾处理水样时消耗的量，用氧的含量 mg/L 表示，它反映了有机物和无机物中的可氧化物对水体的污染程度，所以水中溶解氧和高锰酸盐指数的测定是水质和环境评价的重要指标。其测定原理如下。

1. 溶解氧的测定

水样中加入硫酸锰和碘化钾，水中溶解氧将低价锰氧化成高价锰，生成四价锰的氢氧化物棕色沉淀。加酸后，氢氧化物沉淀溶解并与碘离子反应释放出游离碘。以淀粉作指示剂，用硫代硫酸钠滴定释放出的碘，可计算溶解氧的含量。反应过程如下。

碱性条件下，生成白色沉淀：

$$Mn^{2+} + 2OH^- \rightleftharpoons Mn(OH)_2 \downarrow$$

水中溶解氧与 $Mn(OH)_2$ 作用生成 $Mn(\mathrm{III})$ 和 $Mn(\mathrm{IV})$：

$$2Mn(OH)_2 + O_2 \rightleftharpoons 2H_2MnO_3$$

$$4Mn(OH)_2 + O_2 + 2H_2O \rightleftharpoons 4Mn(OH)_3$$

在酸性条件下，$Mn(\mathrm{III})$ 和 $Mn(\mathrm{IV})$ 氧化 I^- 为 I_2：

$$H_2MnO_3 + 4H^+ + 2I^- \rightleftharpoons Mn^{2+} + I_2 + 3H_2O$$

$$2Mn(OH)_3 + 6H^+ + 2I^- \Longrightarrow 2Mn^{2+} + I_2 + 6H_2O$$

用硫代硫酸钠滴定定量生成的碘：

$$I_2 + 2S_2O_3^{2-} \Longrightarrow 2I^- + S_4O_6^{2-}$$

从反应的定量关系可得：$n_{O_2} : n_{I_2} = 1 : 2$，而 $n_{I_2} : n_{S_2O_3^{2-}} = 1 : 2$，所以 $n_{O_2} : n_{S_2O_3^{2-}} = 1 : 4$，由此计算出水中溶解氧。

2. 水中高锰酸钾指数的测定

在水中加入一定量的高锰酸钾标准溶液和 H_2SO_4，煮沸 30min，使水中有机物完全氧化，加入过量的草酸钠标准溶液，使过量的高锰酸钾与草酸作用，最后用高锰酸钾标准溶液反滴定多余的草酸钠（红色出现时为终点，自身指示剂），根据用去的高锰酸钾量计算出耗氧量即高锰酸盐指数。有关反应如下：

$$4MnO_4^- + 12H^+ \Longrightarrow 4Mn^{2+} + 5O_2\uparrow + 6H_2O$$
（过量）

$$5C_2O_4^{2-} + 2MnO_4^- + 16H^+ \Longrightarrow 2Mn^{2+} + 10CO_2\uparrow + 8H_2O$$
（过量）　（剩余）

$$5C_2O_4^{2-} + 2MnO_4^- + 16H^+ \Longrightarrow 2Mn^{2+} + 10CO_2\uparrow + 8H_2O$$
（剩余）

三、仪器、试剂及材料

仪器：磨口塞玻璃瓶，碘量瓶，容量瓶，取样桶，移液管，锥形瓶，滴定管。

试剂：重铬酸钾，硫代硫酸钠标准溶液（0.01mol/L），淀粉溶液（1%），硫酸锰溶液，碘化钾（s），碱性碘化钾混合溶液，H_2SO_4 溶液（1mol/L，1:1，1:3），草酸钠标准溶液（0.01mol/L），高锰酸钾标准溶液（0.1mol/L，0.01mol/L），I_2 溶液（0.005mol/L），含 4g/L 游离氯的 NaClO 溶液 HCl（2mol/L）。

四、实验步骤

1. 重铬酸钾（基准物）标定硫代硫酸钠标准溶液

吸取浓度为 c（约 0.016mol/L）的 $K_2Cr_2O_7$ 25.00mL 于碘量瓶中，加入 1g 左右固体碘化钾和 15mL 2mol/L HCl。加盖后置于暗处 5min，待 KI 完全溶解。取出加蒸馏水 50mL，用标准溶液滴定至浅黄色，加 2mL 1% 淀粉溶液，继续滴定至蓝色消失为终点，记录所消耗 $Na_2S_2O_3$ 体积（V），用下式计算 $Na_2S_2O_3$ 标准溶液浓度 $c(S_2O_3^{2-})$：

$$c(S_2O_3^{2-}) = 6 \times 25c/V \ (mol/L)$$

在 250mL 容量瓶中加入上述 $Na_2S_2O_3$ 标准溶液 25.00mL，用蒸馏水定容，即得浓度约为 0.01mol/L 的 $Na_2S_2O_3$ 标准溶液。

2. 溶解氧的固定

将洁净、干燥的取样瓶置于取样桶内。将两根水样胶管插入两个取样瓶内至瓶底，调节水流速约 50L/min，使水样从两瓶内溢出并超过瓶口 150mm 后，轻轻抽出胶管。

立即用移液管在水面下往第一瓶内加 $MnSO_4$ 溶液 1mL，往第二瓶内加 1:1 H_2SO_4 溶液 5mL。

用滴定管在水面下往两瓶中各加 3mL 碱性碘化钾混合溶液。盖紧瓶塞后，取出摇匀，再放入桶内水中。

3. 溶解氧的测定

（1）计算溶解氧含量　待沉淀物下沉后，在水面下用移液管往第一瓶中加 5mL 1:1 H_2SO_4，往第二瓶加 1mL $MnSO_4$。盖好瓶塞，从桶内取出摇匀。

保持水温低于 15℃，分别取水样 200~250mL，记为 V_0，注入 500mL 锥形瓶中，并立即用硫代硫酸钠标准溶液滴定至浅黄色。加 1mL 淀粉溶液后，继续滴至蓝色消失为终点。

记下第一瓶水样消耗的 $Na_2S_2O_3$ 标准溶液体积 V_1 和第二瓶水样消耗的 $Na_2S_2O_3$ 标准溶液体积 V_2。

用下式计算水样中溶解氧含量：

$$溶解氧 = \frac{\frac{1}{4}(V_1 - V_2)c \times 32.00}{V_0} \times 1000 \ (mg/L)$$

式中，V_1 和 V_2 分别为第一瓶和第二瓶水样所消耗 $Na_2S_2O_3$ 标准溶液的体积，mL；c 为 $Na_2S_2O_3$ 标准溶液的浓度，mol/L；V_0 为所取水样体积，mL（两瓶水样所取的体积应相同）；32.00 为氧气摩尔质量；1/4 为 O_2 与 $Na_2S_2O_3$ 的化学计量系数比。

（2）干扰物质的检验　移取水样 50.00mL 于锥形瓶中，加入 0.5mL 1mol/L H_2SO_4、0.5g KI、3 滴淀粉指示剂，混合均匀后，若溶液变蓝，表示存在氧化性干扰物质；若溶液不变蓝，则再加入 2mL I_2 溶液，混匀 30s 后，若蓝色消失，表示存在还原性干扰物质。

（3）对干扰的校正　氧化性干扰：移取 200mL 水样于锥形瓶中，加入 1:1 H_2SO_4、2.0mL 碱性碘化钾混合溶液、1.0mL $MnSO_4$ 溶液，摇匀后放置 5min，用 $Na_2S_2O_3$ 标准溶液滴定。将结果换算为氧的浓度（mg/L），从溶解氧测定结果中扣除。

还原性干扰：移取 2 份水样，分别于水面以下 2～3mm 加入 1.0mL NaClO 溶液，立即盖上瓶塞，混合均匀。其中一份样品按照溶解氧的固定和测定步骤进行测定，另一份样品按照对氧化性干扰的校正步骤进行测定，平行测定 2～3 次，两种结果的差值即水样中溶解氧的浓度。

4. 高锰酸盐指数的测定

准确移取水样 100mL 于锥形瓶中，加入 5mL 1:3 H_2SO_4，用滴定管准确加入 0.01mol/L $KMnO_4$ 标准溶液约 10mL 记为 V_1，置于沸水浴中加热（加热 15min 后，此时，若红色消失，说明有机物太多，需另取水样稀释后再做），趁热准确加入 0.01mol/L $Na_2C_2O_4$ 标准溶液 10.00mL 记为 V_2，摇匀后立即用 $KMnO_4$ 标准溶液滴定至微红色，消耗体积记为 V_3，平行测定 2～3 次，计算公式如下：

$$高锰酸盐指数(mgO_2/L) = \frac{[5c_{KMnO_4}(V_1 + V_3) - 2c_{Na_2C_2O_4}V_2] \times 8 \times 1000}{V_水}$$

五、思考题

在本实验中，第一瓶与第二瓶差别在哪里？为什么加的试剂一样，结果却不一样？

实验 56　化学实验中含铬废液的处理

一、实验目的

1. 了解含铬废液的处理方法。
2. 进一步练习可见分光光度计的操作。

二、实验原理

铬是高毒性的元素之一。铬污染主要来源于电镀、制革及印染等工业废水的排放。其中 Cr(Ⅵ) 毒性大，对人体的危害很大，能引起皮肤溃疡、贫血、肾炎及神经炎。而 Cr(Ⅲ) 的毒性远比 Cr(Ⅵ) 小，所以可用硫酸亚铁石灰法来处理含铬废液，使 Cr(Ⅵ) 转化为 Cr(Ⅲ) 难溶物除去。

Cr(Ⅵ) 与二苯碳酰二肼作用生成紫红色配合物，可进行比色测定，确定溶液中 Cr(Ⅵ) 的含量。Fe(Ⅲ) 浓度超过 1mg/L 时，能与显色剂二苯碳酰二肼生成黄色化合物而产生干扰，可以加入 H_3PO_4 而排除干扰。

三、仪器、试剂及材料

仪器：移液管，滴定管，容量瓶，紫外-可见分光光度计，比色皿。

试剂：H_2SO_4（1:1），H_3PO_4（1:1），二苯碳酰二肼，$FeSO_4 \cdot 7H_2O(s)$，$CaO(s)$ 或 $NaOH(s)$，H_2O_2（30%），蒸馏水。

四、实验步骤

首先，将 H_2SO_4 溶液逐滴加到预先准备好的含 $Cr(Ⅵ)$ 废液中，使含 $Cr(Ⅵ)$ 废液呈酸性，然后加入一定量的 $FeSO_4 \cdot 7H_2O$。$FeSO_4 \cdot 7H_2O$ 的加入量可视废液 $Cr(Ⅵ)$ 的含量而定，可以在正式实验前取少量进行预试验。充分搅拌上述混合液，使溶液中 $Cr(Ⅵ)$ 完全转化为 $Cr(Ⅲ)$。加入 CaO 或 $NaOH$，将溶液的 pH 调至 9 左右，此时可过滤除去生成的 $Cr(OH)_3$ 和 $Fe(OH)_3$ 沉淀。

将除去 $Cr(OH)_3$ 沉淀的滤液，在碱性条件下加入 H_2O_2，使溶液中残留的 $Cr(Ⅲ)$ 转化为 $Cr(Ⅵ)$。然后除去过量的 H_2O_2。

配制 $Cr(Ⅵ)$ 标准溶液：用移液管量取 10mL 的 $Cr(Ⅵ)$ 标准溶液〔配制方法：准确称取重铬酸钾 0.2829g 于小烧杯中，溶解后转入 1000mL 容量瓶中，用水稀释至刻度，即 1mL 含 $Cr(Ⅵ)$ 0.100mg〕，放入 1000mL 容量瓶中，用蒸馏水稀释至刻度，摇匀备用。

用移液管分别移取 1.00mL、2.00mL、4.00mL、6.00mL、8.00mL、10.00mL 上面配制的 $Cr(Ⅵ)$ 标准溶液，分别放入 6 个 25.00mL 的容量瓶中，再用移液管移取 20.00mL 制备的样品液放入另一个 25.00mL 容量瓶中。

分别往上面 7 份溶液中各加入 5 滴 1:1 H_2SO_4 和 5 滴 1:1 H_3PO_4，摇匀后用移液管各加入 1.50mL 二苯碳酰二肼溶液，用蒸馏水稀释至刻度，定容，混合均匀。在 540nm 波长下，用紫外-可见分光光度计测定各溶液的吸光度。

五、数据记录及处理

序号	1	2	3	4	5	6	含铬废液
标准溶液体积/mL	1.00	2.00	4.00	6.00	8.00	10.00	20.00
吸光度 A							

（1）绘制 V-A 标准曲线。

（2）从曲线中查出含铬废液中 $Cr(Ⅵ)$ 的含量（μg）。

（3）求算废液中 $Cr(Ⅵ)$ 的含量，以 μg/mL 表示。

六、思考题

1. 在实验过程中，加入 CaO 或 $NaOH$ 固体后，首先生成的是哪种沉淀？

2. 请查阅相关资料，列举含铬废水的其他处理方法。

实验 57　用废锌皮制取硫酸锌晶体

一、实验目的

1. 学习用废锌皮制备硫酸锌的方法，并了解硫酸锌的性质。

2. 学习利用控制 pH 值进行沉淀分离的原理和方法。

二、实验原理

锌锰干电池上的锌皮既是电池的负极又是电池的壳体，当电池报废后，若将其锌皮回收利用，既能节约资源，又能减少对环境的污染。锌与酸的反应较快，本实验采用稀硫酸溶解回收锌皮以制取硫酸锌。

$$Zn + H_2SO_4 \longrightarrow ZnSO_4 + H_2 \uparrow$$

此时，锌皮中含有的少量杂质铁也同时溶解生成硫酸亚铁：

$$Fe + H_2SO_4 \xrightarrow{\hspace{1cm}} FeSO_4 + H_2\uparrow$$

因此在所得的硫酸锌溶液中先用双氧水将亚铁离子氧化成三价铁离子：

$$2FeSO_4 + H_2O_2 + H_2SO_4 \xrightarrow{\hspace{1cm}} Fe_2(SO_4)_3 + 2H_2O$$

然后用 NaOH 调节溶液的 pH 至 8 左右，使 Zn^{2+}、Fe^{3+} 生成氢氧化物沉淀：

$$ZnSO_4 + 2NaOH \xrightarrow{\hspace{1cm}} Zn(OH)_2\downarrow + Na_2SO_4$$

$$Fe_2(SO_4)_3 + 6NaOH \xrightarrow{\hspace{1cm}} 2Fe(OH)_3\downarrow + 3Na_2SO_4$$

再加入稀硫酸，调节溶液 pH 至 4 左右，此时氢氧化锌溶解而氢氧化铁不溶解，过滤除去氢氧化铁沉淀，然后将滤液酸化、蒸发浓缩、结晶，即可得到 $ZnSO_4 \cdot 7H_2O$ 晶体。

三、仪器、试剂及材料

仪器：电子天平，磁力加热搅拌器，烧杯，玻璃棒，漏斗，铁架台，酒精灯，蒸发皿，表面皿。

试剂：H_2SO_4（1mol/L，2mol/L），HNO_3（2mol/L，稀），HCl（2mol/L），NaOH（2mol/L），KSCN（0.5mol/L），$AgNO_3$（0.1mol/L），$CuSO_4$（0.1mol/L），H_2O_2（3%）。

材料：干电池锌皮，滤纸，pH 试纸，砂纸。

四、实验步骤

首先用砂纸打磨去除干电池锌皮表面的杂质，剪成小块，然后称取约 5g 已处理过的锌片小块，记录其质量为 W_1。将已称量过的小块锌片放入 100mL 烧杯中，然后依次加入 20mL 1mol/L H_2SO_4，5 滴 0.1mol/L $CuSO_4$ 溶液。用表面皿盖上烧杯口，用磁力加热搅拌器搅拌，并适当加热，保持反应进行 30min 左右，过滤，将未反应的锌片从溶液中分离出来。将剩余锌片用少量水冲洗干净，晾干后用电子天平称量，其质量记录为 W_2。称量后的锌片放入指定的回收容器中回收。

将滤液盛在 200mL 的烧杯中，加热近沸，滴加 3% 的 H_2O_2 溶液约 10 滴，然后在不断搅拌下滴加约 10mL 2mol/L NaOH 溶液，逐渐有大量白色 $Zn(OH)_2$ 沉淀生成，加水至溶液体积至 100mL 左右，充分搅匀，在不断搅拌下，继续滴加 2mol/L NaOH 溶液调节溶液 pH 至 8 左右为止，过滤，用蒸馏水洗涤沉淀。取滤液约 1mL，加入几滴稀硝酸酸化，再加入 1~2 滴 0.1mol/L $AgNO_3$ 溶液，充分振荡试管，观察现象，如有浑浊，说明沉淀中含有 Cl^-，需继续用蒸馏水淋洗，直至滤液中不含 Cl^- 为止，弃去滤液。将沉淀转移至烧杯中，另取 2mol/L H_2SO_4 溶液滴加到沉淀中，并不断搅拌，当沉淀溶解时，用小火加热，并继续滴加硫酸，调节溶液 pH 至 4 左右，将溶液加热至沸，使 Fe^{3+} 水解完全，生成 $Fe(OH)_3$ 沉淀，趁热过滤，弃去沉淀。

在除铁后的滤液中，滴加 1mol/L H_2SO_4 溶液，调节溶液 pH 至 2 左右，将滤液转入蒸发皿中，在水浴上蒸发、浓缩至溶液出现晶膜，停止加热，自然冷却后过滤，将滤渣放在两层滤纸间吸干，称量为 W_3 并按下式计算产率。

$$ZnSO_4 \cdot 7H_2O \text{ 产率}(\%) = \frac{W_3 \times 65}{(W_1 - W_2) \times 287} \times 100\%$$

产品检验：取少量已制备的硫酸锌晶体，用蒸馏水溶解，将其分装于两支试管中。进行下述实验。

（1）Cl^- 的检验：在一支试管中加入 2mol/L HNO_3 溶液 2 滴和 0.1mol/L $AgNO_3$ 溶液 2 滴，摇匀，观察现象并与实验室提供的硫酸锌试剂（三级品）进行比较。

（2）Fe^{3+} 的检验：在另一支试管中加入 2mol/L HCl 溶液 5 滴和 0.5mol/L KSCN 溶液 2 滴，摇匀，观察现象并与实验室提供的硫酸锌试剂（三级品）进行比较。

根据上述检验比较的结果，评定制备的产品中 Cl$^-$、Fe^{3+} 的含量是否达到三级品试剂标准。

五、思考题

1. 在沉淀 Zn(OH)$_2$ 时，为什么要控制溶液的 pH 在 8 左右？在除去 Fe^{3+} 的操作中，为什么要控制溶液 pH 在 4 左右？

2. 加热蒸发溶液时为什么要边加热边搅拌？待蒸发溶液析出晶膜时，为什么要停止加热？

3. 在制备硫酸锌晶体时，在常温下进行蒸发结晶与加热蒸发冷却结晶，哪种方法析出的晶体颗粒更大些？

实验 58　废干电池的综合利用

一、实验目的

1. 了解废干电池中有效成分的回收利用方法。

2. 熟悉无机物的实验室制备、提纯、分析等方法与技能。

3. 分析废干电池黑色粉体中二氧化锰、氯化锌、氯化铵、二氯化锰、炭粉的含量并分析锌片纯度。

4. 利用黑色粉体制备二氧化锰、氯化铵，用废锌片制备七水硫酸锌。

5. 分析氯化铵、二氧化锰、七水硫酸锌的产率和纯度。

二、实验原理

锌锰电池的构造见图 6-1。

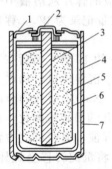

图 6-1　锌锰电池构造

1—火漆；2—黄铜帽；3—石墨；
4—锌筒；5—去极剂；6—电解
液＋淀粉；7—厚纸壳

日常生活中所用的干电池为锌锰电池。其负极为电池壳体的锌电池，正极是被二氧化锰（为增强导电性，填充有炭粉）包围的石墨电极，电解质是氯化锌及氯化铵的糊状物。

电池反应为：

$$Zn+2NH_4Cl+2MnO_2 \longrightarrow Zn(NH_3)_2Cl_2+2MnOOH$$

在使用过程中，锌皮消耗最多，二氧化锰只起氧化作用，氯化铵作为电解质没有消耗，炭粉为填料，电池里黑色物质为二氧化锰、炭粉、氯化铵、氯化锌、氯化锰的混合物，使其混合物溶于水，滤液为 NH$_4$Cl、ZnCl$_2$、MnCl$_2$ 的混合物，滤渣为二氧化锰、炭粉及其他少数有机物，加热可除去炭粉和其他少数有机物，加酸溶解可分离出炭粉。

锌皮可以与 H$_2$SO$_4$ 反应：

$$Zn+H_2SO_4 \longrightarrow ZnSO_4+H_2$$

将溶液用 NaOH 调节 pH＝8 使 Zn^{2+} 完全沉淀，以达沉淀最大量，再加入稀硫酸，控制 pH＝4，此时 Zn(OH)$_2$ 溶解，最后将滤液酸化，蒸发浓缩，结晶，即得 ZnSO$_4\cdot$7H$_2$O。

$$ZnSO_4+2NaOH \longrightarrow Zn(OH)_2+Na_2SO_4$$

$$ZnSO_4+7H_2O \longrightarrow ZnSO_4\cdot7H_2O$$

依靠 NH$_4$Cl 和 ZnCl$_2$ 混合溶液溶解度的不同（表 6-1），可以从中回收 NH$_4$Cl。

表 6-1　NH$_4$Cl 和 ZnCl$_2$ 各温度下的溶解度　　　　　单位：g/100g H$_2$O

温度/K	273	283	293	303	313	333	353	363	373
氯化铵	29.4	33.2	37.2	31.4	45.8	55.3	65.6	71.2	77.3
氯化锌	342	363	359	437	452	488	541	—	614

NH$_4$Cl 在 100℃挥发，338℃开始分解，350℃升华。利用氯化铵溶解度的特点，通过反复抽提来提纯产品纯度。

氯化铵与甲醛作用生成六亚甲基四胺和盐酸，后者用 NaOH 标准溶液滴定，便可求出产品中 NH$_4$Cl 的含量，反应式为：

$$4NH_4Cl + 6HCHO \longrightarrow (CH_2)_6N_4 + 4HCl + 6H_2O$$

测定结果可以按下式计算：

$$w(氯化铵) = \frac{CVM}{m} \times 100\%$$

在二氧化锰产品中加入一定过量草酸，在硫酸的作用下在沸水浴中溶解，用高锰酸钾滴定多余的草酸到终点为粉红色，即可间接测定二氧化锰含量。反应式为：

$$MnO_2 + H_2C_2O_4 + 2H^+ \longrightarrow Mn^{2+} + 2CO_2 \uparrow + 2H_2O$$

$$2MnO_4^- + 5H_2C_2O_4 + 6H^+ \longrightarrow 2Mn^{2+} + 10CO_2 \uparrow + 8H_2O$$

本实验流程如图 6-2 所示。

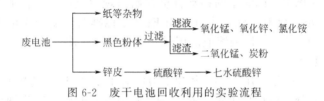

图 6-2 废干电池回收利用的实验流程

三、仪器、试剂及材料

仪器：电子天平，烧杯，抽滤装置，容量瓶，蒸发皿，滤纸，普通漏斗，酒精灯，酸度计，电炉装置，玻璃棒，三脚架，坩埚钳，坩埚，移液管，锥形瓶。

试剂：硫酸（2mol/L，浓），盐酸（2mol/L，1∶1），氢氧化钠（2mol/L，0.1mol/L），氨水（1∶1），NH$_3$·H$_2$O-NH$_4$Cl 缓冲溶液，蒸馏水，双氧水（3%），甲醛（50%），酚酞指示剂，铬黑 T 指示剂，高锰酸钾标准溶液，EDTA 标准溶液，二甲基酚橙指示剂，H$_2$C$_2$O$_4$ 等。

材料：2 个废电池。

四、实验步骤

1. 处理电池

剪开电池，取下塑料垫圈和铜帽，剪下锌皮，其黑色粉末置于烧杯中称重待用，用蒸馏水冲洗干净碳棒和锌皮上的黑色粉末。

2. 制备混合物

取 20g 黑色粉末放入 200mL 烧杯中，加入 50mL 蒸馏水加热溶解，然后用抽滤装置抽滤并水洗 3 次，滤液放到烧杯中用酒精灯加热浓缩到有晶体液膜（在加热到溶液只有一半的时候改用小火加热），抽滤得氯化铵、氯化锌、氯化锰混合物，称量，待用来分析各含量。

3. 二氧化锰的制备

将滤渣蒸干并称量，取 2g 滤渣灼烧以除去炭粉，直到没有火星冒出时停止加热。冷却所得黑色粉末为二氧化锰，称重。

4. 炭粉的制备

取 2g 滤渣溶于 2mol/L 盐酸中，反应完毕后抽滤，所得的不溶物即为炭粉，干燥，称重。

5. 七水硫酸锌的制备

称量 2g 锌片用水清洗干净，转入 100mL 烧杯中，加适量 2mol/L 硫酸将其溶解。过滤，将得到的滤液加热近沸，加 3％双氧水 10 滴，在不断搅拌的情况下滴加 2mol/L NaOH 溶液直到溶液 pH＝8。抽滤，将得到的白色滤渣转入 500mL 烧杯中加水搅拌，再抽滤，反复 3 次。将白色沉淀转入 300ml/L 烧杯中边搅拌边滴加 2mol/L 硫酸，白色沉淀会逐渐溶解，滴加 2mol/L 硫酸直到溶液 pH＝4，加热至沸，然后趁热过滤。将滤液转入蒸发皿中用酒精灯加热蒸发，直到有晶体膜析出，停止加热，自然冷却后得到的白色针状晶体为七水硫酸锌。用滤纸吸干，称量。

6. 氯化铵的制备

将氯化铵、氯化锌、氯化锰混合物溶解后转入蒸发皿中，用蒸汽浴蒸发，待蒸发皿底部有晶体析出且只剩余少量液体时停止蒸发，将其抽滤。所得滤渣继续用蒸汽浴蒸发，反复抽滤、蒸发，最后得到白色晶体即为氯化氨。

7. EDTA 的标定

准确取 ZnO 0.6g 于 500mL 烧杯中，加水润湿，然后逐滴加入 1∶1 的 HCl，边加边搅拌至完全溶解，然后定容 250mL。用 25mL 移液管吸取 Zn^{2+} 标准溶液置于 250mL 的锥形瓶中，逐滴加入 1∶1 的氨水，同时不断摇动直至开始出现白色沉淀。再加 5mL $NH_3 \cdot H_2O$-NH_4Cl 缓冲溶液、50mL 水和 3 滴铬黑 T，用 EDTA 标准溶液滴定至溶液由红色变为纯蓝色即为滴定终点。记下 EDTA 标准溶液的用量。平行滴定 3 次。

8. 氯化氨的纯度分析

称取 0.20g NH_4Cl 产品，用 10mL 蒸馏水溶解后于 250mL 容量瓶中定容，取 10mL 加入 3mL 50％甲醛，充分反应后以酚酞为指示剂，用 0.1mol/L 氢氧化钠标准溶液滴定至溶液变成淡红，平行滴定 3 次。

9. 七水硫酸锌的纯度分析

取 0.2g $ZnSO_4 \cdot 7H_2O$ 用 100mL 蒸馏水溶解，用氨水调 pH＝10，以铬黑 T 为指示剂，用 EDTA 标准溶液滴定其锌含量。

10. 二氧化锰的纯度分析

取 0.2g MnO_2 溶于浓硫酸中，加入一定过量的 $H_2C_2O_4$，待二氧化锰与 $C_2O_4^{2-}$ 作用完毕后，用高锰酸钾标准溶液滴定过量的 $C_2O_4^{2-}$，即可算出二氧化锰含量。

五、注意事项

1. 滴定时速度不能太快，以免滴定过量；当有颜色变化时要等颜色稳定后再判断终点。
2. 注意各种仪器使用过程的操作规范。
3. 使用电炉时注意用电安全。

第7章 化学与人类健康

实验59 无铅松花蛋的制作及其卫生指标检测

一、实验目的

1. 掌握无铅松花蛋的制备方法及条件。

2. 学习 pH 酸度计、原子吸收分光光度计的操作方法。

二、实验原理

我国传统生产的松花蛋有 2 类,即硬心松花蛋和溏心松花蛋。溏心松花蛋生产中常用 PbO,使市场上此产品的 Pb 含量高达 $35\mu g/g$ 左右,大大地超过了我国国家标准规定的 Pb<$3\mu g/g$ 的产品质量标准,从而影响了消费者的身心健康。本实验采用 $ZnSO_4$、$CuSO_4$ 来替代 PbO,取得良好的效果。采用对人体有益的 $CuSO_4$ 和 $ZnSO_4$ 替代传统方法中的 PbO 制作松花蛋,消除 Pb 对人体健康的危害,缓解消费者的顾虑。通过松花蛋的外部感官和内部感官初步鉴别松花蛋的优劣,并用 pH 酸度计和原子吸收光谱对松花蛋皮的部分生理指标(pH、Zn、Cu)进行检测。

(1) 鲜蛋转化为松花蛋的过程中,起主导作用的是一定浓度的 NaOH。制作过程中所使用的生石灰和食用碱混合后,加入适量的水,反应生成氢氧化钠,其反应式如下:

$$CaO+H_2O =\!\!=\!\!= Ca(OH)_2$$

$$Ca(OH)_2+Na_2CO_3 =\!\!=\!\!= 2NaOH+CaCO_3 \downarrow$$

将鲜蛋浸在一定浓度 NaOH 料液中,料液由蛋壳逐步渗透到蛋黄内部,使蛋白和蛋黄中的蛋白质依次凝结成胶体状态产生弹性,进而出现色泽,形成松花。

(2) 待测溶液中氢离子与玻璃电极的膜电位成一定的函数变化关系,可直接从酸度计上读取被测溶液的 pH。

(3) 原子吸收光谱的定量分析公式为:

$$A=\lg(I_0/I)=kLN_0$$

上述关系式称为朗伯-比尔定律。式中,A 为吸光度;k 为吸光系数;L 为火焰宽度;N_0 为基态原子浓度;I_0 为入射光强度;I 为投射光强度。

固定实验条件时,则:

$$A=K'c$$

式中,K' 为常数;c 为试样浓度。用 A-c 标准曲线法,可以求算出元素的含量。

三、仪器、试剂及材料

仪器:pH 酸度计,玻璃电极,磁力搅拌器,组织捣碎机,原子吸收分光光度计,锌的空心阴极灯,铜的空心阴极灯,容量瓶,移液管。

试剂及材料:鸭蛋,茶叶,纯碱,生石灰,食盐,$CuSO_4$,$ZnSO_4$,锌标准溶液,铜标准溶液。

四、实验步骤

查阅文献,然后拟定实验方案。

(1) 无铅松花蛋的制作。

（2）松花蛋的简易理化检验：外/内部感官检验；pH 的测定。

（3）原子吸收光谱法测定松花蛋中的微量锌和铜。

五、思考题

1. 在制作松花蛋的时候，要注意哪些实验条件？

2. 用原子吸收光谱分析法测定不同的元素时，对光源有什么要求？

3. 为什么要配制锌、铜标准溶液？所配制的锌、铜系列标准溶液可以放置到第二天使用吗？为什么？

实验 60　从茶叶中提取咖啡因

一、实验目的

1. 学习微量生物碱的提取方法。

2. 学习索氏提取器的作用和使用方法。

3. 进一步熟练掌握过滤、蒸馏、升华、熔点测定等实验操作技术。

二、实验原理

茶叶的化学成分是由 3.5%～7.0% 的无机物和 93%～96.5% 的有机物组成，茶叶中的无机矿质元素约有 27 种，包括钾、硫、镁、铝、钙、钠、铜、锌等。茶叶中的有机化合物主要有蛋白质、脂质、碳水化合物、氨基酸、生物碱、茶多酚、有机酸、色素、香气成分、维生素、皂苷、甾醇等。

茶叶中含有 1%～5% 咖啡因，咖啡因是一种弱碱性化合物，又称咖啡碱，是杂环化合物嘌呤的衍生物，是一种生物碱，可溶于氯仿、丙醇、乙醇和热水中。纯品熔点 235～236℃，含结晶水的咖啡因呈无色针状晶体，在 100℃ 时即失去结晶水，并开始升华，在 120℃ 时升华显著，178℃ 时迅速升华。利用这一性质可纯化咖啡因。咖啡因的结构式为：

$$\text{咖啡因的结构式}$$

咖啡因（1,3,7-三甲基-2,6-二氧嘌呤）

索氏提取器是利用溶剂回流和虹吸原理，使固体物质连续不断地被纯溶剂所萃取的仪器。溶剂沸腾时，其蒸气通过侧管上升，被冷凝管冷凝成液体，滴入套筒中，浸润固体物质，使之溶于溶剂中，当套筒内溶剂液面超过虹吸管的最高处时，即发生虹吸，流入烧瓶中。通过反复的回流和虹吸，从而将固体物质中的可溶物富集在烧瓶中。将提取液进行浓缩除去溶剂后，即可得到产物。

三、仪器、试剂及材料

仪器：索氏提取器，圆底烧瓶（25mL），微型直形冷凝管，微型锥形瓶，微量升华管，水浴锅，砂浴锅，滤纸套筒，滤纸，温度计，玻璃漏斗，蒸发皿，石棉网。

试剂：茶叶粉末，乙醇（95%），生石灰。

材料：脱脂棉，沸石。

四、实验步骤

1. 咖啡因的提取

称取 2.0g 茶叶，研细，用滤纸包好，放入索氏提取器（图 7-1）的套筒中，压平实，筒上口盖一片滤纸或脱脂棉，置于提取器中。在 25mL 圆底烧瓶内加入 12mL 95% 乙醇和 1 粒沸石，水浴加热，连续抽提1h。待冷凝液刚好发生虹吸后，立即停止加热。稍冷后，把装置改为微型蒸馏装置，蒸出大部分乙醇并回收。趁热将残余物倾入蒸发皿中，拌入1.5g研细的生石灰，使残余物成糊状。在蒸汽浴下加热，不断搅拌并蒸干。将蒸发皿放在石棉网上，压碎块状物，小火焙炒，除尽全部水分，冷却后擦去沾在蒸发皿边沿的粉末，以免升华时污染产物。

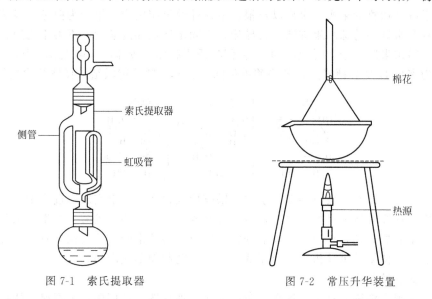

图 7-1 索氏提取器   图 7-2 常压升华装置

2. 咖啡因的纯化

安装常压升华装置（图7-2）。用一张大小合适的滤纸罩在蒸发皿上，并在滤纸上扎一些小孔，再罩上口径合适的玻璃漏斗，漏斗的颈部疏松地塞上一小团棉花。用砂浴小心地加热蒸发皿，进行初次升华。当纸上出现白色针状结晶时，暂停加热，冷却至100℃左右，揭开漏斗和滤纸，用小刀仔细地将吸附于滤纸以及漏斗上的咖啡因刮入表面皿中。

将残渣搅拌后，升高温度，再进行一次升华。合并两次升华所收集的咖啡因于表面皿中。如产品中仍有杂质，可以用少量热水重结晶提纯或放入微量升华管中再升华一次。

3. 检验

称重后测定熔点。纯净咖啡因熔点为235～236℃。

注：① 在安装索氏提取装置的过程中要小心，特别是虹吸管极易折断。

② 茶叶粉须包严实，防止茶叶粉末漏出堵塞虹吸管；滤纸包尺寸要合适，既能紧贴套管内壁，又能方便取放。

③ 生石灰要均匀，生石灰的作用除吸水外，还可中和除去部分酸性杂质（如鞣酸）。

④ 升华纯化过程中要控制好温度。若温度太低，升华速度较慢，若温度太高，会造成产物分解发黄。

五、思考题

1. 本实验中使用生石灰的作用是什么？

2. 为什么要将茶叶研磨成粉末状？

3. 除可用乙醇萃取咖啡因外，还可采用哪些溶剂萃取？

实验 61　从果皮中提取果胶

一、实验目的

1. 学习从果皮中提取果胶的基本原理和方法，了解果胶的一般性质。

2. 掌握提取有机物的原理和方法。

3. 进一步熟悉萃取、蒸馏、升华等基本操作。

二、实验原理

果胶是一种高分子聚合物，存在于植物组织内，一般以原果胶、果胶酯酸和果胶酸 3 种形式存在于各种植物的果实、果皮以及根、茎、叶的组织之中。果胶为白色、浅黄色到黄色的粉末，有非常好的特殊水果香味，无异味，无固定熔点和溶解度，不溶于乙醇、甲醇等有机溶剂中。粉末果胶溶于 20 倍水中形成黏稠状透明胶体，胶体的等电点 pH 为 3.5。果胶的主要成分为多聚 D-半乳糖醛酸，各醛酸单位间经 α-1,4-糖苷键联结，具体结构式如下：

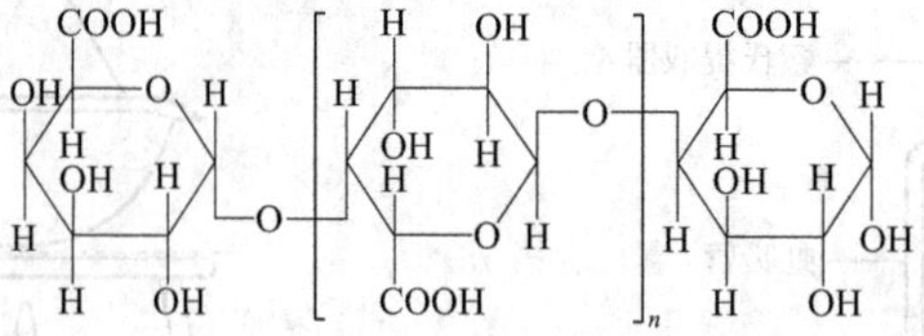

在植物体中，果胶一般以不溶于水的原果胶形式存在。在果实成熟过程中，原果胶在果胶酶的作用下逐渐分解为可溶性果胶，最后分解成不溶于水的果胶酸。在生产果胶时，原料经酸、碱或果胶酶处理，在一定条件下分解，形成可溶性果胶，然后在果胶液中加入乙醇或多价金属盐类，使果胶沉淀析出，经漂洗、干燥、精制而形成产品。

三、仪器、试剂及材料

仪器：恒温水浴锅，真空干燥箱，布氏漏斗，抽滤瓶，玻璃棒，表面皿，烧杯，电子天平，真空泵。

试剂：干柑橘皮，稀盐酸，乙醇（95%），活性炭。

材料：精密 pH 试纸。

四、实验步骤

1. 柑橘皮的预处理

称取干柑橘皮 20g，将其浸泡在温水中（60～70℃）约 30min，使其充分吸水软化，并除掉可溶性糖、有机酸、苦味和色素等；把柑橘皮沥干浸入沸水 5min 进行灭酶，防止果胶分解；然后用剪刀将柑橘皮剪成 2～3 mm 的颗粒；再将剪碎后的柑橘皮置于流水中漂洗，进一步除去色素、苦味和糖分等，漂洗至沥液近无色为止，最后甩干。

2. 酸提取

根据果胶在稀酸下加热可以变成水溶性果胶的原理，把已处理好的柑橘皮放入水中，控制温度，用稀盐酸调整 pH 进行提取，过滤得果胶提取液。

3. 脱色

将提取液装入 250mL 烧杯中，加入脱色剂活性炭；适当加热并搅拌 20min，然后过滤除掉脱色剂。

4. 真空浓缩

将滤液于沸水浴中浓缩至原液的 10% 为止，以减少乙醇用量。

5. 乙醇沉淀

将浓缩液用适量（约为浓缩后滤液体积的 1.5 倍）的 95% 乙醇沉淀约 30min，减压过滤后用稀乙醇洗涤，然后用水洗涤得果胶。

6. 真空干燥

将所得的果胶置于表面皿内，放在真空干燥箱里，调温至 50℃ 左右，真空干燥约 12h，取出并称量所得产品。

五、思考题

1. 除了本实验探索的因素外，还有哪些因素也可能影响果胶的提取？
2. 脱色时除了使用活性炭，还可以使用哪些吸附剂？
3. 沉淀果胶时，除使用乙醇外，还可以用其他试剂吗？

实验62　紫外分光光度法测定鱼肝油中维生素A的含量

一、实验目的

1. 掌握运用紫外光谱法进行物质定性、定量分析的基本原理。
2. 进一步巩固紫外-可见分光光度计的使用方法。

二、实验原理

维生素 A 的异丙醇溶液在 325nm 波长处有最大吸收峰，其吸光度与维生素 A 的含量成正比。

三、仪器、试剂及材料

仪器：紫外-可见分光光度计，比色皿（1cm），烧杯（50mL），分液漏斗，三角瓶，容量瓶，试管，吸量管，电热板，移液管。

试剂：维生素 A 标准溶液（100mg/L），苯酚标准溶液（1mg/L），鱼肝油，无水脱醛乙醇，酚酞溶液，氢氧化钾（1∶1，0.5mol/L），无水乙醚（不含过氧化物），蒸馏水，无水硫酸钠，视黄醇（85％），异丙醇。

四、实验步骤

1. 维生素 A 溶液的标定

取维生素 A 溶液若干，用脱醛乙醇稀释 3.00mL，在 325nm 处测定吸光度，用此吸光度计算出维生素 A 的浓度。

$$c=\frac{A}{E}\times\frac{1}{100}\times\frac{3.00}{S\times100}$$

式中，c 为维生素 A 的浓度，g/mL；A 为维生素 A 的平均吸光度值；S 为加入的维生素 A 溶液量，μL；E 为 1％ 维生素 A 的比吸光系数。

2. 定性分析

（1）分析溶液的配制　用移液管依次准确量取 1.0mL、2.0mL、3.0mL、4.0mL、5.0mL 浓度为 100mg/L 的维生素 A 标准溶液，分别加入到 25.0mL 的容量瓶中，用去离子水稀释，摇匀。

（2）最大吸收波长的确定　取稀释后浓度为 1mg/L 的苯酚标准溶液，在紫外-可见分光光度计上，用去离子水作为参比溶液，在 200～330nm 波长范围内进行扫描，绘制苯酚的吸收曲线，在曲线上找出 λ_{max1} 和 λ_{max2}。

3. 定量分析

（1）样品处理

皂化：称取 1～5g 充分混匀的鱼肝油于洁净的三角瓶中，加入 10mL 氢氧化钾（1∶1）及 20～40mL 乙醇，用电热板加热回流 30min。然后加入 10mL 蒸馏水，稍稍振摇，溶液若出现浑浊现象，表示皂化完全。

提取：将皂化液小心转入分液漏斗，先用 30mL 蒸馏水分两次洗涤皂化瓶（若有渣，可用脱脂棉进行过滤），再用 50mL 乙醚分两次洗涤皂化瓶，所有洗液并入分液漏斗中，充分振摇，静置分层后，将水层放入到第二分液漏斗中。皂化瓶再用 30mL 乙醚洗涤两次，洗液倒入第二分液漏斗，振摇后静置分层，再将水层放入第三分液漏斗中，醚层并入第一分液漏斗。重复操作 3 次。

洗涤：向第一分液漏斗的醚液中加入 30mL 蒸馏水，轻轻振摇，静置分层后放出水层。再加 15～20mL 浓度为 0.5mol/L 的氢氧化钾溶液，轻轻振摇，静置分层后放出碱液。重复上述操作至洗液不再使酚酞变红为止。将醚液静置 10～20min 后，小心放掉析出的水。

浓缩：在醚液中加入适量无水硫酸钠，过滤到三角瓶中，用约 25mL 乙醚洗涤分液漏斗和硫酸钠 2 次，洗液并入三角瓶中。将溶液转入烧瓶中用水浴装置进行蒸馏，待烧瓶中剩余约 5mL 乙醚时，停止蒸馏，减压抽干，立即用异丙醇溶解并转入 50mL 容量瓶中，用异丙醇定容。

（2）绘制标准曲线　分别取维生素 A 标准使用液 0.00mL、1.00mL、2.00mL、3.00mL、4.00mL、5.00mL 于 10mL 容量瓶中用异丙醇定容。以零管调零后，在 325nm 处分别测定样品的吸光度，记录数据，绘制标准曲线。

（3）样品测定　取浓缩后的定容液，在 325nm 处测溶液的吸光度，通过吸光度的值从标准曲线上查出维生素 A 的含量。

$$维生素\ A(IU/100g) = \frac{cV}{m} \times 100$$

式中，c 为测出的样品浓缩后的定容液的维生素 A 的含量，IU/mL；V 为浓缩后定容液的体积，mL；m 为样品的质量，g。

注：① 维生素 A 标准溶液：85%视黄醇（或视黄醇乙酸酯 90%）经皂化处理后使用。称取一定量的标准品，用脱醛乙醇溶解使其浓度大约为 1mg/mL。临用前需进行标定。取标定后的维生素 A 标准溶液配制成 10IU/mL 的标准使用液。

② 无水脱醛乙醇：取 2g 硝酸银溶入少量水中。取 4g 氢氧化钠溶于温乙醇中。将两者倾入盛有 1L 乙醇的试剂瓶中，振摇后，暗处放置两天（不时摇动促进反应）。取上层清液蒸馏，弃去初馏液 50mL。

③ 酚酞：用 95%乙醇配制成 1%的溶液。

五、思考题

1. 为什么要在醚液中加入无水硫酸钠？

2. 在蒸馏过程中要注意哪些操作？

实验 63　　油脂酸值的测定

一、实验目的

1. 学习油脂酸值的检测方法。

2. 进一步巩固电子天平、酸碱滴定等基础实验操作。

二、实验原理

油脂包括油和脂肪。在常温下为液态的油脂叫做油，例如大豆油、花生油、菜籽油等；在常温下为固态或半固态的油脂称为脂肪，如猪油、牛油等。

油脂在储存期间，可被空气氧化成过氧化物、醛、酮、羧酸等，并产生难闻的酸臭味，通常称为油脂的氧化酸败。油脂中不饱和酸的碳碳双键受到空气中氧气作用，生成过氧化物，过氧化物继续分解或氧化产生具有特殊气味的醛和羧酸。光、热或湿气会加速油脂的酸败。饱和脂肪酸及其酯不易发生氧化反应，但在光照、加热等条件下也能缓慢地产生过氧化物，并可进一步转化为醛类或羟基酸等，存在于酸败的油脂中。

油脂酸败的程度是以酸值来衡量的。酸值是指中和 1g 油脂中游离脂肪酸所需氢氧化钾的质量（mg），用 mg/g 表示。酸值的大小反映了油脂中游离酸含量的多少。

三、仪器、试剂及材料

仪器：电子天平，碱式滴定管，试剂瓶，水浴箱，锥形瓶。

试剂：蓖麻油，无水乙醇，KOH-乙醇标准溶液（0.05mol/L），酚酞指示剂。

四、实验步骤

（1）取样　将蓖麻油样品放入 50mL 带滴管的试剂瓶中，用减量法在电子天平上称取两份样品，每份 2~3g，然后将称量好的样品直接放入 250mL 锥形瓶中。

（2）样品溶解　在每个锥形瓶中加入 30mL 无水乙醇，充分摇荡使蓖麻油溶解。如溶解不完全，可在水浴上微热。

（3）滴定分析　在锥形瓶中加入 3~4 滴酚酞溶液，用 KOH-乙醇标准溶液进行滴定，当溶液由无色变为浅粉红色，30s 不褪色即为终点。记录消耗 KOH-乙醇标准溶液的体积。重复滴定一次，记录消耗 KOH-乙醇溶液的体积。两次滴定数据相差应不大于 0.2mL。

（4）计算酸值

$$S = \frac{VcM}{m}$$

式中，S 为酸值，mg/g；m 为蓖麻油质量，g；V 为 KOH-乙醇溶液的体积，mL；c 为 KOH-乙醇溶液的浓度，mol/L；M 为氢氧化钾的摩尔质量，g/mol。

五、思考题

1. 酸值的定义是什么？
2. 如何精确标定 KOH-乙醇溶液的浓度？

第8章 化学与材料

实验64 有机胶黏剂与涂料的制备

一、实验目的

1. 学习有机胶黏剂——聚乙烯醇缩甲醛的制备原理、工艺和操作方法。
2. 了解涂料制备的简单知识。
3. 学会有机合成实验仪器、设备的安装、操作和控制方法。

二、实验原理

胶黏剂是通过界面的黏附和内聚等作用，能使两种或两种以上的制件或材料连接在一起的天然的或合成的、有机的或无机的一类物质，又叫黏合剂，习惯上简称为胶。简而言之，胶黏剂就是通过黏合作用，能使被黏物结合在一起的物质。胶黏剂的分类方法很多，按应用方法可分为热固型、热熔型、室温固化型、压敏型等；按应用对象分为结构型、非构型或特种胶；接形态可分为水溶型、水乳型、溶剂型以及各种固态型等。合成化学工作者常喜欢将胶黏剂按黏料的化学成分来分类。

聚乙烯醇（PVA）是白色粉末状物质，其分子中含有的亲水基（—OH）使它具有很好的水溶性，但耐水性差。使 PVA 与甲醛（醛类）发生缩合反应，合成聚乙烯醇缩甲醛（PVF），会因 PVF 缩醛化程度的不同，性质和用途大有区别。若控制 PVF 缩醛度（含缩醛基的量）在较低水平，使分子中含有的羟基量适宜，则 PVF 既具有一定的水溶性，又具有一定的耐水性，俗称胶水的水溶性胶黏剂就制成了。

合成聚乙烯醇缩甲醛（PVF）的化学反应式如下：

$$\sim\!\!\sim\!\!CH_2CHCH_2CH\!\!\sim\!\!\sim + HCHO \xrightarrow{HCl} \sim\!\!\sim\!\!CH_2CHCH_2\!-\!CH\!\!\sim\!\!\sim + H_2O$$

反应过程中高分子链上的羟基部分进行缩醛化反应，还有部分羟基残留。如果反应过快，会造成局部高缩醛度，有时反应中出现成团的不溶性物质就是这个缘故，影响胶黏剂的质量，甚至导致失败。因此在实验过程中应该特别注意控制反应条件。该反应温度约90℃，以盐酸为催化剂。当反应结束时，用 NaOH 溶液中和酸性，消除催化剂，减缓反应速率，控制缩醛度，保证胶黏剂的质量。

三、仪器、试剂及材料

仪器：水浴装置，搅拌器，三颈烧瓶，冷凝管，温度计，电子天平，三角瓶，量筒，长滴管，铁架台，玻璃棒。

试剂：PVA，盐酸（6mol/L），氢氧化钠溶液（6mol/L），甲醛溶液（36%），滑石粉，钛白粉，立德粉，轻质碳酸钙。

材料：pH 试纸。

四、实验步骤

1. 有机胶黏剂的制备

准备好实验药品，装配好仪器（如图 8-1 所示）。注意调节好加热装置、三颈烧瓶位置、冷凝管的固定、搅拌棒高度、温度计的高度等。用手轻轻转动搅拌棒进行试搅拌，装配合适后固定装置，加热水浴至 80～85℃，用电子天平称取 PVA 4.5g，加入三颈烧瓶中，再加入去离子水 50mL。开启搅拌器，由小到大缓慢调节转速至适当。调节水浴温度至三颈烧瓶内温度为90℃左右，不断搅拌至 PVA 全部溶解。

向三角瓶内滴加数滴 6mol/L HCl 溶液，用玻璃棒蘸取瓶内溶液，用 pH 试纸检验，调至 pH 为 2。量取 1.8mL 36％的甲醛溶液，用滴管少量多次滴入三颈烧瓶中。继续搅拌 25～30min。停止加热，向三颈烧瓶中滴加 6mol/L NaOH 溶液至胶黏剂 pH 为 7，注意检验方法。

根据加入反应器中的各种物质的质量，计算胶黏剂的理论产量。停止搅拌，切断搅拌器电源；取出温度计，卸开搅拌棒，取出三颈烧瓶。用自来水淋洗三颈烧瓶外壁，将瓶内胶黏剂冷却至室温。称量三颈烧瓶和胶黏剂的质量为 m_1，将胶黏剂倾倒至清洁干燥的容器中，清洗三颈烧瓶并干燥，再称量质量为 m_2。计算合成胶黏剂的质量：m（胶黏剂）＝m_1－m_2，计算胶黏剂的损耗率。

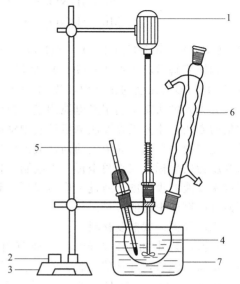

图 8-1　制备胶黏剂反应装置
1—电机；2—调速器；3—搅拌器座；
4—三口瓶；5—温度计；6—冷凝管；
7—水浴箱（或电热套）

2. 胶黏剂的质量观察

制备出的胶黏剂外观应为透明或半透明，游离甲醛含量少于 2.5％，pH＝6.54～7.5，黏度（涂氏黏度计测，25℃）30～40s。

3. 胶黏剂的黏合作用

取少量胶黏剂，分别黏合纸张、玻璃、塑料等，观察其黏合效果。

4. 墙体涂料的制备

称取 20g 胶黏剂于烧杯中，搅拌下依次加入滑石粉 1g、钛白粉 1g、立德粉 0.8g、轻质碳酸钙 5g，搅拌均匀。必要时可加水调节黏度，即可作为墙体涂料使用。

五、思考题

1. 合成反应过程中应控制哪些条件？

2. 怎样才能更合理地、科学地控制实验？有何建议？

实验 65　钢中锰含量的测定

一、实验目的

1. 通过对钢中锰含量的测定，了解用分光光度法测定金属样品中微量元素的方法。

2. 进一步熟悉紫外-可见分光光度计、移液管及容量瓶的正确使用。

二、实验原理

铁是工业应用中最普遍的一种典型金属元素。钢铁素有"工业的粮食"之称。钢是由多种元素组成的合金，其中含有元素的成分和多少直接影响钢的各种性能。在实际生产中，钢往往根据用途的不同含有不同的合金元素，比如：锰、镍、钒等。

钢中锰含量测定的化学反应原理为：将已知质量的钢样品（后简称钢样）用硝酸、硫酸和磷酸配成的混合酸溶解，再用过硫酸铵使溶于酸中的锰氧化成具有特征颜色的高锰酸。为了加速反应的进行，常加入硝酸银做催化剂。化学反应式如下：

$$Fe+6HNO_3 \Longrightarrow Fe(NO_3)_3+3NO_2\uparrow+3H_2O$$

$$Mn+4HNO_3 \Longrightarrow Mn(NO_3)_2+2NO_2\uparrow+2H_2O$$

$$2Mn(NO_3)_2+5(NH_4)_2S_2O_8+8H_2O \xrightarrow{AgNO_3} 2HMnO_4+5(NH_4)_2SO_4+5H_2SO_4+4HNO_3$$

钢样溶解后产生的 $Fe(NO_3)_3$ 呈褐色，会影响比色的进行。混合酸中的 H_3PO_4 可与 $Fe(NO_3)_3$ 形成无色的化合物，故 H_3PO_4 在此反应中称作掩蔽剂。

分光光度法是指利用光电池测量有色溶液对某一波长光的吸收程度，从而求得被测物质含量的方法。用分光光度法测定试液中锰的浓度，首先要做工作曲线。绘制工作曲线的方法是：先配制一系列不同浓度的高锰酸钾标准溶液，分别测定其吸光度。以吸光度为纵坐标，以浓度为横坐标，在直角坐标系上绘制工作曲线，此线应该是一条经过坐标原点的直线。再测定未知液的吸光度。通过工作曲线可查到样品溶液的吸光度所对应的高锰酸的浓度，进而可换算出钢样中锰的含量。

三、仪器、试剂及材料

仪器：紫外-可见分光光度计，煤气灯，铁架台，铁圈，石棉网，容量瓶，吸量管，烧杯，量筒，洗瓶，洗耳球，滴管，电子天平，比色皿。

试剂：$KMnO_4$ 标准溶液（Mn 含量约 0.1mg/mL），钢样，过硫酸铵溶液（15%），硝酸银溶液，硫酸（2mol/L，浓），亚硝酸钠溶液（0.5%），H_3PO_4（浓），HNO_3（浓）。

四、实验步骤

1. 标准 $KMnO_4$ 系列溶液的配制

将所用的容量瓶、吸量管和烧杯洗净。用少量去离子水润洗 2～3 次。10mL 吸量管和 50mL 烧杯分别用少量 $KMnO_4$ 标准溶液润洗 2～3 次，待用。

用 50mL 烧杯取约 40mL $KMnO_4$ 标准溶液，往洁净的 50mL 容量瓶中，分别用 10mL 的吸量管加入 2.00mL、4.00mL、6.00mL、8.00mL、10.00mL 配置好的 $KMnO_4$ 标准溶液。然后加入去离子水稀释至刻度，盖上瓶塞，摇动混合均匀。按具体所给 $KMnO_4$ 标准溶液换算出每个容量瓶 50mL 溶液中的锰含量。

2. 待测样品的配制

用电子天平称取 10～40mg 钢样，放入 100mL 烧杯中，加入混合酸 15mL，在通风橱中小心加热至样品全部溶解，至不再有棕红色的二氧化氮气体产生时取下。冷至室温，再加入 10mL 去离子水、5mL $AgNO_3$ 溶液和 10mL $(NH_4)_2S_2O_8$ 溶液，加热至沸腾，溶液转变为紫红色，继续煮沸 1min 后取下，冷却至室温。将全部溶液转入 50mL 容量瓶中。用少量去离子水洗涤烧杯 3～4 次，将洗涤液一并转入容量瓶中。用去离子水稀释至刻度，盖上塞子，摇匀。

3. 空白溶液的配制

用量筒量取约 3mL 待测样品于 50mL 小烧杯中，加 1～2 滴 2mol/L 的 H_2SO_4 溶液，加 $NaNO_2$ 溶液直至溶液的紫红色刚好褪去，此溶液可作为空白液。

4. 比色、绘制标准曲线

用 1cm 的比色皿，以空白液做对照，在 530nm 波长下依次测定与待测液的吸光度。

根据 5 种 $KMnO_4$ 系列标准溶液的吸光度作出吸光度与浓度的标准关系曲线。然后根据待测液的吸光度，从标准曲线上查出样品溶液的吸光度所对应的高锰酸的浓度，进而可换算出钢样中锰的含量。

5. 计算钢样中锰的质量分数

$$w_B(Mn)=\frac{m(Mn)}{m(钢样)}$$

注：将 4mL 浓 H_2SO_4 小心倾入水中，加入 5mL 浓 H_3PO_4，5mL 浓 HNO_3，用去离

子水稀释至 100mL 配成混合酸。

五、思考题

1. 实验过程中绘制标准 $KMnO_4$ 系列溶液工作曲线的目的是什么？

2. 使用移液管、容量瓶配制溶液的操作中，应注意哪些方面？

3. 如何根据钢样溶液中 MnO_4^- 的浓度计算钢样中锰的含量？

实验 66　水泥熟料中 SiO_2 的测定

一、实验目的

1. 学习氟硅酸钾容量法测定水泥熟料中 SiO_2 的含量。

2. 进一步熟悉滴定分析的正确操作方法。

二、实验原理

水泥是粉状水硬性无机胶凝材料。加水搅拌后成浆体，能在空气中硬化或者在水中更好地硬化，并能把砂、石等材料牢固地胶结在一起。水泥按其组成成分分类有：普通硅酸盐水泥、矿渣硅酸盐水泥、火山灰质硅酸盐水泥、粉煤灰专用水泥、铝酸盐水泥、硫酸盐水泥、氟铝酸盐水泥、铁铝酸盐水泥等。长期以来，水泥作为一种重要的胶凝材料，广泛应用于工业建筑、民用建筑、道路、桥梁、水利工程、地下工程、国防工程中。

水泥的原料和生产过程决定了它的成分。将黏土、石灰石和氧化铁粉等按比例混合磨细成为水泥生料，再将水泥生料送进回转窑里煅烧。生料从窑的上端进窑，从窑的下端喷入燃料。随着窑的转动，生料从上端逐渐下移。窑中温度最高为 $1400 \sim 1500℃$，不同温度下水泥生料发生不同的化学反应：

$$CaCO_3 \xrightarrow{750 \sim 1000℃} CaO + CO_2$$

$$2CaO + SiO_2 \xrightarrow{1000 \sim 1300℃} 2CaO \cdot SiO_2$$

$$3CaO + Al_2O_3 \xrightarrow{1000 \sim 1300℃} 3CaO \cdot Al_2O_3$$

$$4CaO + Al_2O_3 + Fe_2O_3 \xrightarrow{1000 \sim 1300℃} 4CaO \cdot Al_2O_3 \cdot Fe_2O_3$$

$$2CaO \cdot SiO_2 + CaO \xrightarrow{1300 \sim 1400℃} 3CaO \cdot SiO_2$$

烧结成块状的水泥熟料从窑的下端出来，磨成细粉后加入少量石膏即成为硅酸盐水泥。石膏的作用是调节施工时水泥的硬化时间。

水泥熟料中主要成分为：硅酸三钙、钙盐和铝酸三钙、铁铝酸四钙盐。碱性氧化物占 60%，其化学性质之一是易被酸分解成硅酸和可溶性盐。

水泥熟料用硝酸分解生成水溶性硅酸和硝酸盐：

$$CaO \cdot SiO_2 + 2HNO_3 =\!=\!= H_2SiO_3 + Ca(NO_3)_2$$

$$CaO \cdot SiO_2 + 2HNO_3 =\!=\!= H_2SiO_3 + Ca(NO_3)_2$$

$$CaO \cdot Al_2O_3 + 8HNO_3 =\!=\!= Ca(NO_3)_2 + 2Al(NO_3)_3 + 4H_2O$$

$$CaO \cdot Al_2O_3 \cdot Fe_2O_3 + 14HNO_3 =\!=\!= Ca(NO_3)_2 + 2Al(NO_3)_3 + 2Fe(NO_3)_3 + 7H_2O$$

反应产物硅酸在有过量钾离子存在的强酸性溶液中与氟离子反应：

$$SiO_3^{2-} + 6F^- + 6H^+ =\!=\!= SiF_6^{2-} + 3H_2O$$

生成的氟硅酸根离子进一步与钾离子反应：

$$SiF_6^{2-} + 2K^+ =\!=\!= K_2SiF_6 \downarrow$$

将沉淀的 K_2SiF_6 过滤、洗涤、中和后，加沸水使之与水反应生成定量的 HF：

$$K_2SiF_6 + 3H_2O =\!=\!= 2KF + H_2SiO_3 + 4HF$$

以酚酞为指示剂，用 NaOH 标准溶液滴定 HF：

$$HF + NaOH \longrightarrow NaF + H_2O$$

H_2SiO_3 酸性比 HF 弱得多，因此不会干扰滴定。

根据 NaOH 标准溶液的浓度和滴定消耗的体积，以及反应方程式之间物质的量的关系，即可计算出样品中 SiO_2 的含量。

三、仪器、试剂及材料

仪器：塑料烧杯，碱式滴定管，塑料棒，漏斗，漏斗架，量筒，电子天平，滤纸。

试剂：水泥熟料，KCl-乙醇溶液（5%），KF 溶液（10%），HNO_3（浓），KCl 溶液（5%），KCl(s)，酚酞溶液（1%），NaOH 标准溶液（0.1mol/mL）。

材料：滤纸。

四、实验步骤

准确称取 0.200～0.300g 水泥熟料样品置于干燥的塑料烧杯中，加 20mL 去离子水，用塑料棒搅拌至散开。用量筒加入 10mL 10% 的 KF 溶液和 10mL 浓 HNO_3，充分搅拌至样品完全溶解（无黑色颗粒），冷却至室温。然后，用电子天平称量 4.5g KCl 晶体加入上述烧杯中，不断搅拌，使之溶解并反应，这时应观察到有 KCl 晶体颗粒残留，意味着 KCl 达饱和。若发现未达饱和，再补加少量 KCl 晶体并搅拌，放置 10min。用滤纸过滤，塑料烧杯和沉淀用 5% 的 KCl 溶液洗涤 2～3 次（每次用 3～5mL）。将带沉淀的滤纸展开，有沉淀的一面向上平放于杯底，沿杯壁加入 10mL 5% 的 KCl-乙醇溶液及 10 滴 1% 的酚酞指示剂。用 0.1mol/mL 的 NaOH 标准溶液中和未洗尽的游离酸至溶液呈现微红色。将煮沸的去离子水用 NaOH 溶液中和至酚酞微红，取 200mL 加入到塑料烧杯中，以促进水解。再用 0.1mol/mL 的 NaOH 标准溶液滴定。开始滴定时滤纸贴于烧杯内壁上，边滴定边搅动溶液，待溶液出现红色后，将滤纸浸入溶液中，继续滴定溶液呈淡红色即达终点。记录滴定所用 NaOH 标准溶液的体积。

水泥中 SiO_2 含量计算如下：

$$w_B = \frac{cVM}{4000m}$$

式中，w_B 为水泥中 SiO_2 含量（质量分数）；c 为 NaOH 标准溶液浓度，mol/mL；V 为消耗 NaOH 标准溶液的体积，mL；M 为 SiO_2 的摩尔质量，60g/mol；m 为水泥样品质量，g。

五、思考题

1. 为什么在加 KCl 晶体时，要求溶液要达到饱和？
2. 滴定所用 NaOH 标准溶液的体积如何计算？
3. 如果滴定过量，计算出的 SiO_2 含量偏大还是偏小？

实验 67 溶胶-凝胶法制备纳米复合催化剂及光催化活性

一、实验目的

1. 了解溶胶-凝胶法制备无机纳米材料的原理及方法。
2. 了解半导体氧化物催化剂在光催化反应中的应用。

二、实验原理

溶胶-凝胶法是一种条件温和的材料制备方法，属于"软化学"合成方法之一，其反应条件温和，符合绿色化学的原则，是制备无机纳米材料的一种重要方法。近年来，将该法应用于制备各种纳米粉体的研究报道日益增多。这种方法通常包含从溶液过渡到固体材料的多个物理、化学过程，如水解、聚合，经历成胶、干燥脱水、煅烧脱水等步骤。该方法的优点是：反应在较温和的溶液中进行；可获得均相多成分体系；利用溶胶或凝胶的流变性在其他固体材料上涂膜，制备薄膜材料等。

本实验采用溶胶-凝胶法制备纳米 SnO_2 凝胶，再与 TiO_2 粉体复合，制备 SnO_2/TiO_2 复合催化剂，该催化剂作为一种光反应催化剂，应用于催化光降解废水中的有机物，具有催化效率高、成本低、重复性好的特点，比单纯 TiO_2 催化剂效率高 3 倍左右。

实验中用染料配制模拟废水，紫外线降解染料效果明显。

三、仪器、试剂及材料

仪器：磁力搅拌器，真空干燥箱，马弗炉，紫外光源（160W 反射型荧光高压汞灯，274nm），可见光分光光度计（721 型或 722E 型），低速离心分离器，搪瓷盘，筛（180 目），坩埚。

试剂：四氯化锡（$SnCl_4 \cdot 5H_2O$），氨水（稀），二氧化钛（锐钛型），活性艳红染料。

四、实验步骤

1. 催化剂的制备

催化剂的制备流程如图 8-2 所示。

图 8-2　催化剂的制备流程

（1）水解　取 10g 四氯化锡，溶于水配成 0.25mol/L 溶液，搅拌，稀氨水水解，注意控制滴加速度，如果出现白色沉淀，应停止滴加，并加强搅拌至沉淀溶解后继续滴加氨水，保持溶液处于均匀透明状态，待滴加至溶液变浑浊，且不再溶解时，停止滴加氨水（溶液的pH 为 3~4）。

（2）复合　取 5g 锐钛型二氧化钛，加入到上述水解得到的溶胶中，搅拌至分散良好，静置后倾去上层清液，并用水洗涤使溶液的 pH 为 6~7，再强力搅拌，形成乳液。

（3）干燥　将上述乳液铺于搪瓷盘中，在 120℃ 以下的干燥箱内烘干，最好用真空干燥。

（4）煅烧　将干燥好的物料研碎，过 180 目筛，置于坩埚中，在马弗炉中煅烧，煅烧温度为 400℃，煅烧时间 2h。取出冷却，称重，计算产率。

2. 催化光降解染料废水

模拟染料废水的配制：取 0.5g 活性艳红染料，配制成 100mg/L 的活性艳红的溶液，用于测定溶液的工作曲线；另将其稀释至 40mg/L，用于光降解实验。

染料浓度测定工作曲线：分别取100mg/L 的活性艳红的溶液 0mL、1.0mL、2.0mL、3.0mL、4.0mL、5.0mL、6.0mL稀释至 10mL，用可见光分光光度计在540nm 下测定其吸光度，用吸光度对浓度作曲线，得到如图 8-3 所示的染料浓度测定工作曲线。

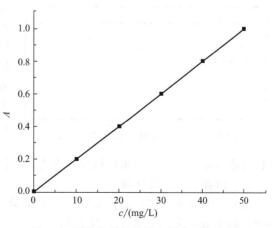

图 8-3　活性艳红染料浓度测定工作曲线

3. 催化光降解实验

取 40mg/L 的模拟染料废水 500mL，加入 1.0g 复合催化剂，进行光降解实验，紫外线照射的同时，进行搅拌保持催化剂处于悬浮态。每间隔 10min 取样一次，样品经离心分离后，测定吸光度，计算染料浓度。

结果处理：以活性艳红的浓度对时间作图，得到降解曲线，可以按照一级反应动力学，求该反应的动力学常数，计算反应的半衰期，与用二氧化钛作催化剂的降解情况进行对比，以此评价催化剂对降解反应的催化效率。

五、思考题

1. 简述溶胶-凝胶法制备纳米材料的优缺点。
2. 查阅相关文献，简要解释半导体氧化物催化剂对光反应的催化原理。
3. 应用紫外灯光源时，怎样注意安全防护？

实验68 膜反应法制备Sb掺杂SnO₂纳米半导体材料

一、实验目的

1. 了解膜反应法制备无机纳米材料的原理及方法。
2. 了解纳米材料的表征方法。
3. 了解半导体氧化物材料的应用。

二、实验原理

锑掺杂氧化锡（antimony-doped tin oxide，ATO）是一种新型多功能材料，具有耐高温、耐腐蚀、力学稳定性好等特点，作为导电填料，可用于材料的抗静电，其效果优于传统的炭黑、金属粉体，用于电致变色材料，可以替代现在普遍采用的 WO_3 材料，还可作为气敏材料用以检测还原性可燃气体，其灵敏度和选择性均有较大提高。

ATO 常采用溶胶-凝胶法、共沉淀法或水热法进行制备，存在的问题是难于实现 Sb 对 Sn 的均匀掺杂，由于 Sb^{3+} 和 Sn^{4+} 水解不同步，用常规的溶胶-凝胶法制备的 ATO 实际上可能是两种氧化物的混合物，Sb 并没有进入 SnO_2 晶格。

本实验采用膜反应法可以容易地实现两者的均匀掺杂，得到性能优良的半导体氧化物材料。

膜反应法的原理如下：配制含 Sb^{3+} 和 Sn^{4+} 的均匀水溶液，以膜介质作为化学反应界面，控制水解反应，制备高性能的溶胶。膜反应法制备无机凝胶利用了膜的分隔功能和分离功能，首先向反应体系控制输入一种反应物，由于膜具有选择性透过能力，使生成的溶胶不向膜外扩散，而其他小分子副产物可透过膜而被除去。由于膜控制输入反应物是完全均匀的加料方式，避免了普通溶胶-凝胶法加料所引起的局部反应物的不均匀，造成沉淀或溶胶浑浊。在生成溶胶的同时，通过膜分离副产物和杂质，从而制得优良的凝胶。膜反应原理如图 8-4 所示。

图8-4 膜反应法制备无机凝胶原理

可以选择物质透过膜的推动力（膜两边反应物的浓度差、压力差）和物料流速作为参数控制反应的进程。

三、仪器、试剂及材料

仪器：磁力搅拌器，旋转蒸发仪，干燥箱，烧瓶，马弗炉，高分子透析膜（分子量为4000，$\phi10cm$），数字万用表，压片机。

试剂：$SnCl_4 \cdot 5H_2O$（分析纯），$SbCl_3$（分析纯），盐酸（分析纯），乙醇。

四、实验步骤

1. ATO 材料制备

ATO 材料的制备流程如图 8-5 所示。

图 8-5 ATO 材料的制备流程

（1）**膜反应法制备凝胶** 称取 7.20g $SnCl_4 \cdot 5H_2O$，按掺杂比（Sb 与 Sn 摩尔之比）为 2％的比例称取 $SbCl_3$，用 35mL 浓盐酸溶解，再加入 165mL 水，搅拌均匀，制成掺杂溶液。将溶液装入高分子透析膜内，膜外为不断更换的水，进行膜反应数小时，得到上部为黄色、下部为白色的溶胶。再用适量盐酸使其溶解，得到黄色透明溶液，继续水解数小时，得到均匀、透明的黄色凝胶。以同样方法制备掺杂比为 0、5％、11％、16％和 30％的凝胶。

（2）**干燥** 采用溶剂共沸减压蒸馏干燥法、冷冻干燥法或喷雾干燥法进行干燥。以溶剂共沸减压蒸馏干燥法为例：凝胶中加入适量乙醇，装入烧瓶中，用旋转蒸发仪减压蒸馏，保持水浴温度低于 80℃，蒸馏至干，得到黄色粉末。

（3）**煅烧** 将干燥的黄色粉末在马弗炉中于 600℃下煅烧 2～3h，得到随掺杂比的增加颜色由淡青逐渐加深至深黑色的粉末材料。

2．ATO 的导电性能测试

将制得的 Sb 掺杂 SnO_2 纳米半导体粉末材料，用压片机加压 0.2MPa 压成薄片，用数字万用表测量两膜片间的电阻，当电阻基本不变时即为材料的阻值。

记录并以图表形式表示不同掺杂比时，材料的导电性能，其参考值见表 8-1。

表 8-1 不同掺杂比材料的电阻值

掺杂比/％	0	2	5	11	16	30
电阻/Ω	18	10	1.6	1.4	1.8	2.9

3．ATO 的其他表征方法

ATO 纳米材料通常的表征方法有 X 射线衍射分析（XRD）、扫描电镜（SEM）、透射镜（TEM）等方法。图 8-6 给出了 ATO 的 XRD 结果，可以分别找出 Sb 和 Sn 的氧化物的特征衍射峰，同时图谱中各衍射峰均呈现加宽现象，这是由于纳米材料的尺寸效应所致，纳米粒子越小，该现象越明显。

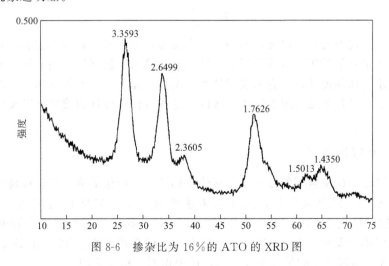

图 8-6 掺杂比为 16％的 ATO 的 XRD 图

五、思考题

1．膜反应法与常用的溶胶-凝胶法相比有何优点？

2．为什么掺杂氧化物材料的电学性能会发生变化？

附　　录

附录1 | 常用仪器使用简介

附录1.1 温度测量仪

温度是表征体系中物质内部大量分子、原子平均动能的一个宏观物理量。物体内部分子、原子平均动能的增加或减少，表现为物体温度的升高或降低。物质的物理化学特性，都与温度有密切的关系，温度是确定物体状态的一个基本参量，因此准确测量和控制温度，在科学实验中十分重要。

1848年开尔文（Kelvin）提出热力学温标，它是建立在卡诺循环的基础上的，与测温物质性质无关。

$$T_2 = \frac{Q_1}{Q_2} T_1$$

开尔文建议用此原理定义温标，称为热力学温标，通常也叫作绝对温标，以开（K）表示。理想气体在定容下的压力（或定压下的体积）与热力学温度呈严格的线性函数关系。因此，国际上选定气体温度计，用它来实现热力学温标。氦、氢、氮等气体在温度较高、压强不太大的条件下，其行为接近理想气体。所以，这种气体温度计的读数可以校正成为热力学温标。

附录1.1.1 水银温度计

水银温度计是实验室常用的温度计。它的结构简单，价格低廉，具有较高的精确度，直接读数，使用方便；但是易损坏，损坏后无法修理。水银温度计适用范围为238.15～633.15K（水银的熔点为234.45K，沸点为629.85K），如果用石英玻璃作管壁，充入氮气或氩气，最高使用温度可达到1073.15K。常用的水银温度计刻度间隔有2K、1K、0.5K、0.2K、0.1K等，与温度计的量程范围有关，可根据测定精度选用。

（1）水银温度计的种类和使用范围

① 一般使用−5～105℃、150℃、250℃、360℃等，每分度1℃或0.5℃。

② 供量热使用有 9～15℃、12～18℃、15～21℃、18～24℃、20～30℃等，每分

度 0.01℃。

③ 测温差的贝克曼（Beckmann）温度计，是一种移液式的内标温度计，测量范围 -20~ +150℃，专用于测量温差。

④ 电接点温度计，可以在某一温度点上接通或断开，与电子继电器等装置配套，可以用来控制温度。

⑤ 分段温度计，从 -10~220℃，共有 23 只。每支温度范围 10℃，每分度 0.1℃，另外有 -40~400℃，每隔 50℃ 1 支，每分度 0.1℃。

（2）水银温度计的读数误差来源

① 水银膨胀不均匀。此项较小，一般情况下可忽略不计。

② 玻璃球体积的改变。一支精细的温度计，每隔一段时间要作定点校正，以作为温度计本身的误差。

③ 压力效应。通常温度计读数指外界压力为 $10^5 Pa$ 而言的，故当压力改变时，应对压力产生的影响进行校正。对于直径为 5~7mm 的水银球，压力系数的数量级约为 $0.1℃/10^5 Pa$。

④ 露颈误差。水银温度计有全浸式与非全浸式两种。全浸式指测量温度时，只有温度计全部水银柱浸在介质内时，所示温度才正确。非全浸式指温度计的水银球及部分毛细管浸在加热介质中。如果一支温度计原来全浸没标定刻度而在使用时未完全浸没的话，则由于器外温度与被测体温度的不同，必然会引起误差。

⑤ 其他误差。如延迟误差，由于温度计水银球与被测介质达到热平衡时需要一定的时间，因此在快速测量时，时间太短容易引起误差。此外，还有辐射误差以及刻度不均匀、水银附着、毛细现象等引起的误差。

（3）水银温度计的校正　大部分水银温度计是全浸式的，使用时应将其完全置于被测体系中，使两者完全达到热平衡。但实际使用时往往做不到这一点，所以在较精密的测量中需作校正。

露颈较正：全浸式水银温度计如有部分露在被测体系之外，则读数准确性将受两方面的影响，一是露出部分的水银和玻璃的温度与浸入部分不同，且受环境温度的影响；二是露出部分长短不同受到的影响也不同。为了保证示值的准确，必须对露出部分引起的误差进行校正。其方法如图附录-1 所示，用一支辅助温度计靠近测量温度计，其水银球置于测量温度计露颈高度的中部，校正公式如下：

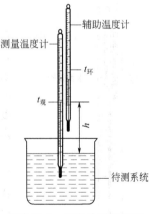

图附录-1　温度计露颈校正

$$\Delta t_{露颈} = kh(t_{观} - t_{环})$$

式中，k 为校正系数，为 0.00016；h 为露颈长度；$t_{观}$ 为测量温度计读数；$t_{环}$ 为辅助温度计读数。

测量系统的正确温度为：

$$t = t_{观} + \Delta t_{露颈}$$

例如，测得某液体的 $t_{观} = 183℃$，其液面在温度计 29℃ 上，则 $h = 183 - 29 = 154$，而 $t_{环} = 64℃$，则

$$T = 0.00016 \times 154 \times (183 - 64) = 2.9（℃）$$

故该液体的真实温度为：

$$t = 183 + 2.9 = 185.9（℃）$$

由此可见，体系的温度越高，校正值越大。在 300℃ 时，其校正值可达 10℃ 左右。

非全浸式温度计，在水银球上端不远处有一标志线，测量时只要将线下部分放入待测体

系中，便无需进行露出部分的校正。

（4）温度计刻度的校正

① 以纯化合物的熔点为标准来校正。其步骤为：选用数种已知熔点的纯化合物，如表附录-1所示，用该温度计测定它们的熔点，以实测熔点温度为纵坐标，实测熔点与已知熔点的差值为横坐标，画出校正曲线。这样，凡是用这支温度计测得的温度均可在曲线找到校正数值。

表附录-1　校正温度计常用的标注样品及熔点

标准样品	熔点/℃	标准样品	熔点/℃
冰-水	0	尿素	132.7
3-苯基丙酸	48.6	二苯基羟基乙酸	151
乙酰胺	82.3	水杨酸	159
间二硝基苯	90.02	对苯二酚	173～174
二苯乙二酮	95～96	3,5-二硝基苯甲酸	205
乙酰苯胺	114.3	酚酞	262～263
苯甲酸	122.4	蒽醌	286

② 与标准温度计比较来校正。其步骤为：将标准温度计与待校正的温度计平行放在热溶液中，缓慢均匀加热，每隔5℃分别记录两支温度计读数，求出偏差值 Δt。

$$\Delta t = 待校正的温度计的温度 - 标准温度计的温度$$

以待校正的温度计的温度为纵坐标，Δt 为横坐标，画出校正曲线。这样温度计测得的温度均可由该曲线找到校正数值。

附录1.1.2　贝克曼温度计

贝克曼（Beckmann）温度计是精密测量温度差值的温度计，其构造如图附录-2所示。水银球与储汞槽由均匀的毛细管连通，其中除水银外是真空。刻度尺上的刻度一般只有5℃

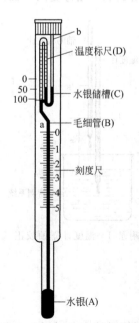

图附录-2　贝克曼温度计
a—最高刻度；b—毛细管末端

或6℃，最小刻度为0.01，可以估计到0.001℃。储汞槽是用来调节水银球内的水银量的。借助储汞槽调节，可用于测量介质温度在−20～+155℃范围内变化不超过5℃或6℃的温度差。储汞槽背后的温度标尺只是粗略地表示温度数值，即储汞槽中的水银与水银球中的水银相连时，储汞槽中水银面所在的刻度就表示温度的粗略值。因为水银球中的水银量是可以调节的，因此贝克曼温度计不能用来准确测量温度的绝对值。例如，刻度尺上1°并不一定是1℃，可能代表5℃、74℃等。

贝克曼温度计的刻度有两种标法：一种是最小读数刻在刻度尺的上端，最大读数刻在下端，用来测量温度下降值，称为下降式贝克曼温度计；另一种正好相反，最大读数刻在刻度尺上端，最小读数刻在下端，称为上升式贝克曼温度计。现在还有更灵敏的贝克曼温度计，刻度标尺总共为1℃或2℃，最小的刻度为0.002℃。

（1）贝克曼温度计的主要特点

① 它的最小刻度为0.01℃，用放大镜可以读准到0.002℃，测量精度较高；还有一种最小刻度为0.002℃，可以估计读准到0.0004℃。

② 一般只有 5℃量程，0.002℃刻度的贝克曼温度计量程只有 1℃。为了使用于不同用途，其刻度方式有两种：一种是 0℃刻在下端，另一种是 0℃刻在上端。

③ 其结构（见图附录-2）与普通温度计不同，在它的毛细管 B 上端，加装了一个水银储槽 C，用来调节水银球 A 中的水银量。因此虽然量程只有 5℃，却可以在不同范围内使用。一般可以在 −6～120℃使用。

④ 由于水银球 A 中的水银量是可变的，因此水银柱的刻度值不是温度的绝对值，只是在量程范围内的温度变化值。

（2）使用方法　首先根据实验的要求确定选用哪一类型的贝克曼温度计。使用时需经过以下步骤。

① 测定贝克曼温度计的 R 值。贝克曼温度计最上部刻度处 a 到毛细管末端 b 处所相当的温度值称为 R 值。将贝克曼温度计与一支普通温度计（最小刻度 0.1℃）同时插入盛水或其他液体的烧杯中加热，贝克曼温度计的水银柱就会上升，由普通温度计读出从 a 到 b 段相当的温度值，称为 R 值。一般取几次测量值的平均值。

② 水银球 A 中水银量的调节。在使用贝克曼温度计时，首先应当将它插入一杯与待测体系温度相同的水中，达到热平衡以后，如果毛细管内水银面在所要求的合适刻度附近，说明水银球 A 中的水银量合适，不必进行调节。否则，就应当调节水银球中的水银量。若球内水银过多，毛细管水银量超过 b 点，就应当左手握贝克曼温度计中部，将温度计倒置，右手轻击左手手腕，使水银储槽 C 内水银与 b 点处水银相连接，再将温度计轻轻倒转放置在温度为 t' 的水中，平衡后用左手握住温度计的顶部，迅速取出，离开水面和实验台，立即用右手轻击左手手腕，使水银储槽 C 内水银在 b 点处断开。此步骤要特别小心，切勿使温度计与硬物碰撞，以免损坏温度计。温度 t' 的选择可以按照下式计算：

$$t' = t + R + (5 - x)$$

式中，t 为实验温度；x 为 t℃时贝克曼温度计的设定读数。

若水银球 A 中的水银量过少时，左手握住贝克曼温度计中部，将温度计倒置，右手轻击左手腕，水银就会在毛细管中向下流动，待水银储槽 C 内水银与 b 点处水银相连接后，再按上述方法调节。

调节后，将贝克曼温度计放在实验温度 t℃的水中，观察温度计水银柱是否在所要求的刻度 x 附近，如相差太大，再重新调节。

（3）注意事项

① 贝克曼温度计由薄玻璃组成，易被损坏，一般只能放置三处：安装在使用仪器上；放在温度计盒内；握在手中。不准随意放置在其他地方。

② 调节时，应当注意防止骤冷或骤热，还应避免重击。

③ 已经调节好的温度计，注意不要使毛细管中水银再与 C 中水银相连接。

④ 使用夹子固定温度计时，必须垫有橡胶垫，不能用铁夹直接夹温度计。

附录 1.1.3　电阻温度计

电阻温度计是利用物质的电阻随温度变化的特性制成的测温仪器。任何物体的电阻都与温度有关，因此都可以用来测量温度。但是，能满足实际要求的并不多。在实际应用中，不仅要求有较高的灵敏度，而且要求有较高的稳定性和重现性。目前，按感温元件的材料来分有金属导体和半导体两大类。金属导体有铂、铜、镍、铁和铑铁合金。目前大量使用的材料为铂、铜和镍。铂制成的为铂电阻温度计，铜制成的为铜电阻温度计，都属于定型产品。半导体有锗、碳和热敏电阻（氧化物）等。

（1）铂电阻温度计　铂容易提纯，化学稳定性高，电阻温度系数稳定且重现性很好。所以，铂电阻与专用精密电桥或电位差计组成的铂电阻温度计，有极高的精确度，被选定为 13.81～903.89K 温度范围的标准温度计。

铂电阻温度计用的纯铂丝，必须经 933.35K 退火处理，绕在交叉的云母片上，密封在硬质玻璃管中，内充干燥的氮气，成为感温元件，用电桥法测定铂丝电阻。

在 273K 时，铂电阻每欧姆温度系数大约为 $0.00392\Omega/K$。此温度下电阻为 25Ω 的铂电阻温度计，温度系数大约为 $0.1\Omega/K$，欲使所测温度能准确到 0.001K，测得的电阻值必须精确到 $\pm 10^4\Omega$ 以内。

（2）**热敏电阻温度计**　热敏电阻的电阻值，会随着温度的变化而发生显著的变化，它是一个对温度变化极其敏感的元件。它对温度的灵敏度比铂电阻、热电偶等其他感温元件高得多。目前，常用的热敏电阻由金属氧化物半导体材料制成，能直接将温度变化转换成电性能，如电压或电流的变化，测量电性能变化就可得到温度变化结果。

热敏电阻与温度之间并非线性关系，但当测量温度范围较小时，可近似为线性关系。实验证明，其测定温差的精度足以和贝克曼温度计相比，而且还具有热容量小、响应快、便于自动记录等优点。根据电阻-温度特性可将热敏电阻器分为以下两类。

① 具有正温度系数的热敏电阻器（positive temperature coefficient，PTC）。

② 具有负温度系数的热敏电阻器（negative temperature coefficient，NTC）。

热敏电阻器可以做成各种形状，图附录-3 是珠形热敏电阻器的构造。在实验中可将其作为电桥的一臂，其余三臂为纯电阻（图附录-4）。其中，R_1、R_2 是固定电阻，R_3 是可变电阻，R_r 为热敏电阻，E 为电源。当在某一温度下将电桥调节平衡，记录仪中无电压信号输入，当温度发生变化时，记录笔记录下电压变化，只要标定出记录笔对应单位温度变化时的走纸距离，就能很容易地求得所测温度。实验时应避免热敏电阻的引线受潮漏电，否则将影响测量结果和记录仪的稳定性。

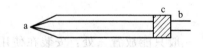
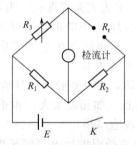

图附录-3　珠形热敏电阻器
a—用热敏材料做的热敏元；b—引线；c—壳体

图附录-4　热敏电阻测温简图

附录 1.1.4　热电偶温度计

（1）**热电偶温度计原理**　热电偶测温的基本原理是两种不同成分的材质导体组成闭合回路，当两端存在温度梯度时，回路中就会有电流通过，此时两端之间就存在电动势——热电动势，这就是所谓的塞贝克效应。两种不同成分的均质导体为热电极，温度较高的一端为工作端，温度较低的一端为自由端，自由端通常处于某个恒定的温度下。根据热电动势与温度的函数关系，制成热电偶分度表；分度表是自由端温度在 0℃ 时的条件下得到的，不同的热电偶具有不同的分度表。在热电偶回路中接入第三种金属材料时，只要该材料两个接点的温度相同，热电偶所产生的热电势将保持不变，即不受第三种金属接入回路中的影响。因此，在热电偶测温时，可接入测量仪表，测得热电动势后，即可知道被测介质的温度。

（2）分类　常用热电偶可分为标准热电偶和非标准热电偶两大类。所谓标准热电偶是指国家标准规定了其热电势与温度的关系、允许误差、并有统一的标准分度表的热电偶，它有与其配套的显示仪表可供选用。非标准化热电偶在使用范围或数量级上均不及标准化热电偶，一般也没有统一的分度表，主要用于某些特殊场合的测量。标准化热电偶我国从1988年1月1日起，热电偶和热电阻全部按 IEC 国际标准生产，并指定 S、B、E、K、R、J、T 七种标准化热电偶为我国统一设计型热电偶。热电偶根据材质可分为廉价金属、贵金属、难熔金属和非金属四种，其具体材质、对应组成、使用温度及热电势系数见表附录-2。

表附录-2　热电偶基本参数

热电偶类别	材质及组成	新分度号	旧分度号	使用范围/℃	热电势系数/mV⁻¹
廉价金属	铁-康铜（CuNi40）		FK	0～+800	0.0540
	铜-康铜		CK	−200～+300	0.0428
	镍铬₁₀-考铜（CuNi43）	T	EA-2	0～+800	0.0695
	镍铬-考铜		NK	0～+800	
	镍铬-镍硅	K	EU-2	0～+1300	0.0410
	镍铬-镍铝（NiAl2Si1Mg2）			0～+1100	0.0410
	铂-铂铑₁₀				
贵金属	铂铑₃₀-铂铑₆	S	LB-3	0～+1600	0.0064
	钨铼₅-钨铼₂₀	B	LL-2	0～+1800	0.00034
难熔金属			WR	0～+200	

（3）使用及注意的问题　热电偶的两根材质不同的偶丝，需要在氧焰或电弧中熔接。为了避免短路，需将电偶丝穿在绝缘套管中。

热电偶实际上是一种能量转换器，它将热能转换为电能，用所产生的热电势测量温度，对于热电偶的热电势，应注意如下几个问题：

① 热电偶的热电势是热电偶两端温度函数的差，而不是热电偶两端温度差的函数；

② 热电偶所产生的热电势的大小，当热电偶的材料是均匀时，与热电偶的长度和直径无关，只与热电偶材料的成分和两端的温差有关；

③ 当热电偶的两个热电偶丝材料成分确定后，热电偶热电势的大小，只与热电偶的温度差有关；若热电偶冷端的温度保持一定，这时热电偶的热电势仅是工作端温度的单值函数。

附录1.2　电子分析天平

电子分析天平外形结构如图附录-5所示。

电子分析天平的使用方法如下。

（1）检查天平的指示是否在水平状态，用水平脚调整水平。

（2）接通电源，预热60min，轻按"on/off"键，开启显示器。

（3）天平校准。按住"cal"控直到屏幕显示"cal"字样松开，此时所需的校准砝码值200.0000mg 会在显示屏上闪烁，放上校准砝码，当出现"0.0000g"闪烁时，取下砝码，显示屏出现"0.0000g"，天平校准结束。天平回到称量状态，可以进行称量。

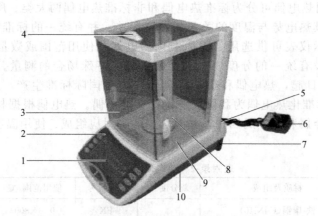

图附录-5　电子分析天平

1—显示屏；2—软触面板；3—风罩；4—移门执手；5—水准器；6—电源适配器；

7—水平调节脚；8—秤盘；9—工作台面；10—底座

（4）称量。将样品轻放在秤盘上，等待稳定状态探测符"0"消失，天平显示称量值不变时，读取称量结果，记录。

（5）关机。称量完毕后，长按"on/off"键直到显示屏出现"off"字样松开，此时关闭的是显示屏，天平并没有关闭。电子天平如果经常使用，可以不关闭天平。如果连续 5 天以上不用天平，可以切断电源，关闭天平。

附录 1.3　酸度计

酸度计也称 pH 计，它是用来测量溶液 pH 的仪器。下面主要介绍雷磁 pHS-25 型数字酸度计和 pHS-3C 型精密 pH 计。它们的结构略有差别，但原理相同。酸度计的型号较多，精度不同，使用方法也不同，应参照仪器使用使明书进行操作。

附录 1.3.1　基本原理

酸度计测 pH 的方法是电位测定法，它除了测量溶液的酸度外，还可以测量电池电动势（mV）。酸度计主要是由电极和电计两部分组成。电极部分包括指示电极和参比电极，常用玻璃电极作指示电极，饱和甘汞电极或银-氯化银电极作参比电极。

将指示电极和参比电极组装在一起就构成复合电极，测定 pH 使用的复合电极通常由玻璃电极-Ag/AgCl 电极或玻璃电极-饱和甘汞电极组合而成。复合电极的优点在于使用方便，并且测定值稳定。

饱和甘汞电极由金属汞、Hg_2Cl_2 和饱和 KCl 溶液组成，构造如图附录-6 所示。电极反应为：

$$Hg_2Cl_2 + 2e^- \Longrightarrow 2Hg + 2Cl^-$$

298.15K 时，饱和甘汞电极的电极电势为：

$$E_甘 = E_甘^\ominus + \frac{0.0592}{2}\lg\frac{1}{[Cl^-]^2} = E_甘^\ominus - 0.0592[Cl^-]$$

由于 KCl 溶液为饱和溶液，且 $E_甘$ 不随溶液的 pH 变化而变化，故 298.15K 时 $E_甘$ 是一定值，即 $E_甘 = 0.2412V$。

玻璃电极的构造如图附录-7 所示。玻璃电极中，玻璃管的下端接有半球形玻璃膜（该膜是一种特殊的敏感玻璃薄膜），膜内装有一定浓度的盐酸溶液。在该盐酸溶液中插入一根镀有 AgCl 的 Ag 丝，构成银-氯化银电极，作为玻璃电极的内参比电极。将玻璃电极插入待测溶液中，由于玻璃膜内 H^+ 浓度稳定不变，氯化银电极的电极电势也一定（因溶液中 Cl^- 浓度一定），故玻璃电极的电极电势取决于膜外待测溶液的 H^+ 浓度，即待测溶液的 pH 在 298.15K 时，玻璃电极的电极电势为：

$$E_玻 = E_玻^\ominus + 0.0592\lg[H^+] = E_玻^\ominus - 0.0592pH$$

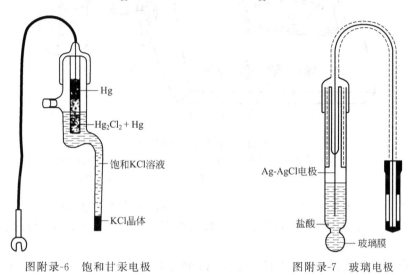

图附录-6 饱和甘汞电极   图附录-7 玻璃电极

将玻璃电极和饱和甘汞电极一起插入待测溶液中组成原电池，并连接电计，即可测定出电池电动势 ε。在 298.15 时：

$$\varepsilon = E_正 - E_负 = E_甘 - E_玻 = 0.2412 - E_玻^\ominus + 0.0592pH$$

当温度一定时，每个玻璃电极的 $E_玻^\ominus$ 都是一个定值。实际测定时，不需要知道 $E_玻^\ominus$ 值，通过两次测量可消去式中的 $E_玻^\ominus$，得到不含 $E_玻^\ominus$ 项的 pH 计算公式。

先将玻璃电极和饱和甘汞电极同时插入已知 pH 为 pH_s 的标准缓冲溶液中组成原电池，测出电动势 ε_s，则：

$$\varepsilon_s = 0.2412 - E_玻^\ominus + 0.0592pH_s$$

然后将标准缓冲溶液换成待测溶液，测出电动势 ε，则：

$$\varepsilon = 0.2412 - E_玻^\ominus + 0.0592pH$$

将两式相减得：

$$\varepsilon - \varepsilon_s = 0.0592pH - 0.0592pH_s$$

从而

$$pH = pH_s + \frac{\varepsilon - \varepsilon_s}{0.0592}$$

酸度计的主体是电计，用来测量电池的电动势。为了节省计算手续，酸度计把测得的电动势直接用 pH 刻度值表示出来，因此可以直接从酸度计上读出溶液的 pH。

附录 1.3.2   pHS-25 型酸度计

（1）仪器构造   pHS-25 型酸度计的基本构造如图附录-8 所示。本仪器的电极部分是由玻璃电极和银-氯化银电极组成的复合电极。电计部分实际上是一高输入阻抗的毫伏计。

（2）使用方法

① 酸度计的检查   通过下列操作方法，可初步判断仪器是否正常。

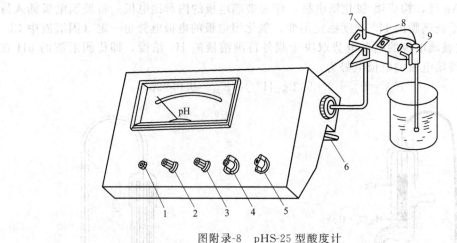

图附录-8　pHS-25型酸度计

1—电源指示灯；2—温度补偿器；3—定位调节器；4—功能选择器；
5—量程选择器；6,7—仪器支架；8—电极夹；9—复合电极

a. 将"选择"开关置于"＋mV"或"－mV"挡，短路插入电极插座。

b. 把"范围"开关置于中间位置，打开仪器电源开关，此时电源指示灯亮。表针位于开机时的位置。

c. 将"范围"开关置"0～7"挡，指示电表的示值应为0mV（±10mV）位置。

d. 将"选择"开关置"pH"挡，调节"定位"开关，电表示值应能调至pH＜6。

e. 将"范围"开关置"7～14"挡。调节"定位"开关，电表示值应能调至pH＞8。

当仪器经过以上方法检验，都能符合要求后，则表示仪器的工作基本正常。

② 酸度计的标定　复合电极在使用前必须在蒸馏水中浸泡24h以上。用前使复合电极的参比电极加液小孔露出，甩去玻璃电极下端气泡，将仪器的电极插座上短路插拔去，然后插入复合电极。

仪器在使用之前，即测定未知溶液pH之前，先要标定，但这并不是说每次使用前都要标定，一般来说，每天标定一次已能达到要求。

仪器的标定可按如下步骤进行：

（a）将pH电极与酸度计连接，打开电源开关，将仪器预热30min。

（b）选择包括预期试样范围的pH＝4.00和pH＝6.86、pH＝6.86和pH＝9.18缓冲液。

（c）按上下键改变温度，使显示温度与溶液的温度一致。

（d）把用蒸馏水清洗过的电极插入pH＝6.86的标准缓冲溶液中，按"标定"键，此时显示实测的mV值，待读数稳定后，按"确认"键（此时显示实测的mV值对应的该温度下标准缓冲溶液的标称值），然后再按"确认"键，仪器转入"斜率"标定状态。

（e）仪器在"斜率"状态下，把用蒸馏水清洗过的电极插入pH＝4.00（或9.18）的标准缓冲溶液中，此时显示实测的mV值，待读数稳定后，按"确认"键，然后再按"确认"键，仪器自动进入pH测量状态。

（f）用蒸馏水清洗过的电极用滤纸擦干后即可对被测溶液进行测量。

③ 注意事项

（a）使用酸度计之前要仔细阅读使用说明书。

（b）使用甘汞电极作参比电极，首先要检查KCl溶液的量，如果液面太低要补充，并

且将电极底部和侧口的胶帽去掉，备用。

(c) 使用新的玻璃电极时，应先用纯水浸泡 48h 以上，不用时也将其泡在纯水中。使用时注意要使玻璃电极略高于甘汞电极，以免碰破玻璃电极。

(d) 如果在标定过程中操作失误或按键错误而使仪器测量不正常，可关闭电源，然后按住"确认"键后再开启电源，使仪器恢复初始状态。然后重新标定。

(e) 标定的缓冲溶液一般第一次用 pH＝6.86 的标准缓冲溶液，第二次用接近待测液 pH 的标准缓冲溶液。如待测液为酸性，选用 pH＝4.00 的标准缓冲溶液；如待测液为碱性，选用 pH＝9.18 的标准缓冲溶液。

(f) 校正好的仪器在使用中一般 24h 内不用再标定。

(g) 将电极放入待测液，轻轻晃动盛待测液的烧杯，以使溶液均匀，测定数值稳定。

(h) 每次测量完后要用洗瓶冲洗电极，将玻璃电极泡在纯水中。测量完毕后冲洗电极，整理仪器。

标定所选用的 pH 标准缓冲溶液应同被测样品的 pH 接近，这样能减小测量误差。

经上述标定后的仪器，"定位"旋钮不应再有任何变动。在一般情况下，24h 之内，无论电源是连续地开或是间隔地开，仪器都不需要再标定。在使用过程中更换电极或使用中需要其他标定的情况下，仪器使用前务必先行标定。

(3) 样品 pH 测定 经过 pH 标定的仪器，即可用来测定样品的 pH。测定步骤如下。

(a) 用蒸馏水清洗电极，用滤纸擦干，然后将电极插入盛有待测溶液的烧杯中。轻轻摇动烧杯，缩短电极响应时间。

(b) 调节温度补偿器与待测溶液温度一致。

(c) 置"选择"开关于"pH"挡。

(d) 置"范围"开关于待测溶液可能的 pH 范围。此时仪器指针所示 pH 即是待测溶液的 pH。

(4) 测量电极电势 酸度计在测量电极电势时，温度补偿器和定位调节器均不起作用。只要根据电极电势的极性置"选择"开关，当"选择"开关置"＋mV"挡，仪器所指示的电极电势值的极性与仪器后面板上的标识相同；当"选择"开关置"－mV"挡，仪器所指示的电极电势值的极性与仪器后面板上的标识相反。

当"范围"置于"0～7"挡时，测量范围为 0～±700mV。当"范围"置于"7～14"挡时，测量范围为 ±700～±1400mV。

附录 1.3.3 pHS-3C 型精密酸度计

(1) 仪器构造 pHS-3C 型酸度计示意如图附录-9 所示。其显示屏见图附录-9(a)，操作界面见图附录-9(b)，后界面见图附录-9(c)。

(2) 使用方法

① 仪器的标定 仪器使用前先要标定。一般情况下仪器在连续使用时，每天要标定一次。

(a) 接通电源，按电源键启动仪器电源，预热 30min。

(b) 按菜单键进入手动温度补偿状态。用温度计测量标准缓冲溶液的温度，按增量键或减量键调节，使仪器显示所测量温度值。

(c) 按菜单键进入零点（STAND）标定状态。将清洗擦干的电极（pH 传感器）置于 pH 为 6.86 的标准缓冲溶液中。稍等片刻按增量键或减量键使仪器显示 6.86，并使之稳定约 4～6s。

(d) 按菜单键进入斜率（SLOPE）校正状态，从 pH 为 6.86 的标准缓冲溶液中取出电

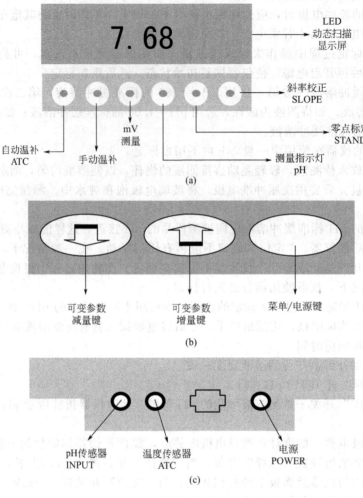

图附录-9 pHS-3C 型酸度计

极，清洗擦干后，再将其置入 pH 为 4.00 的标准缓冲溶液中，稍等片刻按增量键或减量键使仪器显示 4.00。并使之稳定约 4～6s。

在进行零点标定和斜率校正时，切记：一定要先按菜单键切换至下一个状态，方可取出电极。原因是，pHS-3C 在软件设计上采用自动读取数值、记忆并输入自动编程系统。如果先取出电极清洗后置入斜率校正液中，再按菜单键，而这一过程的数据变化有可能影响仪器的读数采样和编程质量，进而影响测量的真实性。

② 样品的测量

（a）拉菜单键进入手动温度补偿状态。用温度计测量待测溶液的温度，按增量键或减量键调节，使仪器显示所测量温度值。

（b）按菜单键进入测量 pH 状态，将待用电极置入待测溶液中，充分搅拌，使电极的感应球泡与被测溶液充分接触。当显示屏上显示值稳定后，便可读取数值。

③ 温度补偿 手动温度补偿的步骤如下。

将精密温度测量计在 pHS-3C 的标定→校正→测量的顺序中依次分别测量出标定液、校正液和被测溶液的当前实际温度，并依次按菜单键在"℃"功能状态下依次按上下键输入各自的当前实际温度。

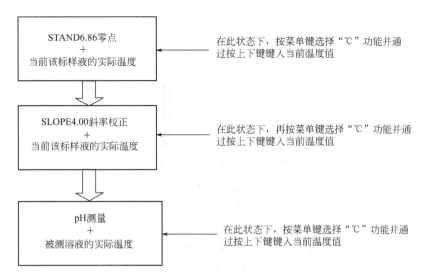

STAND6.86零点 + 当前该标样液的实际温度	←	在此状态下，按菜单键选择"℃"功能并通过按上下键键入当前温度值
SLOPE4.00斜率校正 + 当前该标样液的实际温度	←	在此状态下，再按菜单键选择"℃"功能并通过按上下键键入当前温度值
pH测量 + 被测溶液的实际温度	←	在此状态下，按菜单键选择"℃"功能并通过按上下键键入当前温度值

将温度传感器（ST）正确连接于 pHS-3C，"ATC"功能指示灯会自动启动，表示 pHS-3C 已经进入自动温度补偿状态。此时可将温度传感器（ST）与 pH 传感器（电极）→并依次进行标定→校正→测量的每一步骤，而 pHS-3C 将会自动输入各自的温度实施补偿。

④ 电极电位（mV 值）的测量　把离子选择电极（或金属电极）和参比电极夹在电极板上，用蒸馏水清洗电极头部，再用被测溶液清洗三次；把离子电极的插头插入测量电极插座处，把参比电极接入仪器后部的参比电极接口处，把两种电极插在被测溶液内，将溶液搅拌均匀后，即可在显示屏上读出该离子选择电极的电极电位（mV 值），还可自动显示正负极性；如果被测信号超出仪器的测量范围，仪器将显示"Err"字样。

⑤ 维护规程及注意事项

（a）取下电极护套后，应避免电极的敏感玻璃泡与硬物接触，因为任何破损或擦毛都会使电极失效。

（b）复合电极的外参比补充液为 3mol/L 氯化钾溶液，补充液可以从电极上端小孔加入，复合电极不使用时，拉上橡皮套，防止补充液干涸。

（c）电极应避免长期浸在蒸馏水、蛋白质溶液和酸性氟化物溶液中。

（d）电极避免与有机硅油接触。

（e）电极经长期使用后，如发现斜率略有降低，则可把电极下端浸泡在 4% HF（氢氟酸）中 3～5s，用蒸馏水洗净，然后在 0.1mol/L 盐酸溶液中浸泡，使之复新。

（f）被测溶液中如含有易污染敏感球泡或堵塞液接界的物质而使电极钝化，会出现斜率降低，显示读数不准的现象。如发生该现象，则应根据污染物质的性质，用适当溶液清洗，使电极复新。

附录 1.4　分光光度计

分光光度计是利用分光光度法对物质进行定性和定量分析的仪器。分光光度法则是基于物质对不同波长的光波具有选择性吸收能力而建立起来的分析方法。

分光光度计的基本工作原理是由一光源产生的连续辐射光经单色器分光后照射到样品池上，经过池中样品时会产生特定波长的吸收，使光能量减弱（见图附录-10），再通过检测透射光的强度和波长对吸光物质进行分析。其中，特定吸收波长的光能量减弱的程度和物质的浓度符合比色原理——朗格-比尔定律。

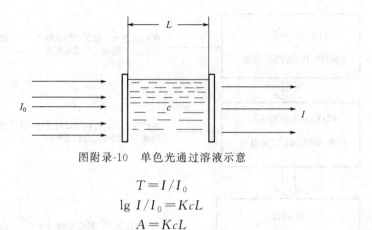

图附录-10 单色光通过溶液示意

$$T = I/I_0$$
$$\lg I/I_0 = KcL$$
$$A = KcL$$

式中，T 为透光率；I_0 为入射光强度；I 为透射光/出射光强度；A 为吸光度；K 为吸光系数；L 为溶液的光径长度；c 为溶液的浓度。

从以上公式可以看出，当入射光强度、吸光度和溶液的光径长度不变时，透过光的强度反映了溶液的浓度。据此，可以通过测定溶液的吸光度间接测定溶液的浓度。也可通过特征吸收波长推测吸光物质的结构特点。

按工作波长范围分类，分光光度计一般可分为紫外分光光度计、可见光光度计、紫外-可见分光光度计、红外分光光度计等。其中紫外-可见分光光度计使用得最多，主要应用于无机物和有机物含量的测定。分光光度计还可分为单光束和双光束两类。目前在教学中常用的有 721 型、721B 型、722 型光栅分光光度计、普析通用 T6 型紫外-可见分光光度计和7220 型微电脑分光光度计。

下面对化学实验室常用的 722 型光栅分光光度计和普析通用 T6 型紫外-可见分光光度计做简要介绍。

附录 1.4.1　722 型光栅分光光度计

722 型光栅分光光度计采用自准式色散系统和单光束结构，色散元件为衍射光栅，使用波长为 330～800nm，数字显示读数，还可以直接测定溶液的浓度。其外形如图附录-11所示。

(1) 主要技术指标及规格　波长范围：330～800nm；波长精度：±2nm；浓度直读范围：0～2000mol/L；吸光度测量范围：0～1.999；透光率测量范围：0～100%；光谱带宽：6nm；噪声：0.5%（在 550nm 处）。

(2) 外部结构　722 型分光光度计仪器结构见图附录-11。

(3) 操作步骤

① 在接通电源前，应对仪器的安全性进行检查，电源线接线应牢固，各个调节旋钮的起始位置应该正确，然后再接通电源。

② 将灵敏度旋钮调至"1"挡（放大倍率最小），波长调节器调至所需波长。

③ 开启电源开关，指示灯亮。选择开关置于"T"，调节透光率"100%"旋钮显示"100.0"左右，预热 20min。

④ 打开吸收池暗室盖（光门自动关闭）。调节"0"旋钮，使数字显示为"0.00"。盖上吸收池盖，将参比溶液置于光路，使光电管受光。调节透光度"100%"旋钮，使数字显示为"100.0"。

⑤ 如果显示不到"100"，则可适当增加电流放大器灵敏度挡数，但应尽可能使用低挡

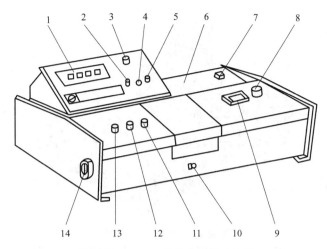

图附录-11 722型分光光度计仪器

1—数字显示器；2—吸光度调零旋钮；3—选择开关；4—吸光度调斜率电位器；5—浓度旋钮；

6—光源室；7—电源开关；8—波长手轮；9—波长刻度窗；10—试样架拉手；

11—100％T旋钮；12—0％T旋钮；13—灵敏度调节旋钮；14—干燥器

数，这样仪器将有更高的稳定性。当改变灵敏度后必须按④重新校正"0"和"100"。

⑥ 按④连续几次调整"0.00"和"100"后，将选择开关置于"A"，调节吸光度调节旋钮，使数字显示为"0.00"。然后将待测溶液推入光路，显示值即为待测样品的吸光度值 A。

⑦ 浓度 c 的测量。选择开关由"A"旋至"C"，将标准溶液推入光路，调节浓度旋钮。使得数字显示值为已知标准溶液浓度数值。将待测样品溶液推入光路，即可读出待测样品的浓度值。

⑧ 如果大幅度改变测试波长时，在调整"0.00"和"100"后稍等片刻（因光能量变化急剧，光电管受光后响应缓慢，需一段光响应平衡时间），当稳定后，重新调整"0.00"和"100"，即可工作。

（4）注意事项

① 使用前，使用者应该首先了解本仪器的结构和原理，以及各个旋钮的功能。

② 仪器接地要良好，否则显示数字不稳定。

③ 仪器左侧下角有一只干燥剂筒，应保持其干燥，发现干燥剂变色应立即更新或烘干后再用。

④ 当仪器停止工作时，切断电源，仪器开关同时关闭，并罩好仪器。

附录1.4.2 普析通用T6型紫外-可见分光光度计

（1）主要技术指标及规格 波长范围：190～1100nm；波长准确度：±1.0nm；波长重复性：≤0.2nm；光谱带宽：±0.3％；光度重复性：≤0.15％；杂散光：≤0.05％；基线平直度：±0.002A；噪声：0％时，±0.05％；100％时，≤0.15％。

漂移：≤0.001A/h；测光范围：吸光度为-0.3～3，透过率为0～200％。

（2）外部结构 T6主机结构见图附录-12、图附录-13。

（3）操作准备

① 使用本仪器前，使用者应该首先了解本仪器的结构和工作原理。在未接通电源之前，应该对仪器的安全性进行检查，电源接线应牢固，通地要良好，各个调节旋钮的起始位置应

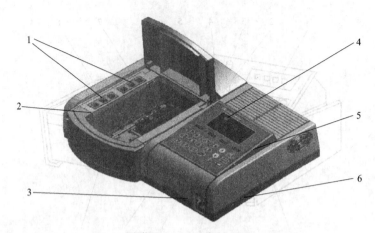

图附录-12 T6主机正面

1—比色皿架；2—样品室；3—功能扩展卡接口；4—LCD装置；5—键盘；6—备用接口

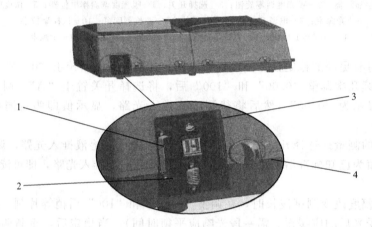

图附录-13 T6主机后面

1—打印机接口；2—RS232接口；3—对比度调节旋钮；4—预留扩展口

该正确，然后再接通电源开关。

② 将仪器的电源开关接通，打开比色器暗箱盖，选择需用的单色波长，灵敏度选择请参照附录1.4.1中（3）操作步骤⑤，调节"0"电位器使电表指"0"，然后将比色器暗箱盖合上，仪器预热约20min。

③ 预热后连续几次调整"0"和"100％"，仪器即可以进行测定工作。

（4）基本操作

① 开机自检：依次打开打印机、仪器主机电源，仪器开始初始化；约3min初始化完成，初始化完成后仪器进入主菜单界面。

② 进入光度测量状态：按"ENTER"键进入光度测量主界面。

③ 进入测量界面：按"START/STOP"键进入样品测定界面。

④ 设置测量波长：按"GOTOλ"键，在界面中输入测量的波长，例如需要在460nm测量，输入460，按"ENTER"键确认，仪器将自动调整波长。

⑤ 进入设置参数：这个步骤中主要设置样品池。按"SET"键进入参数设定界面，按"↓"键使光标移动到"试样设定"。按"ENTER"键确认，进入设定界面。

⑥ 设定使用样品池个数：按"↓"键使光标移动到"使用样池数"，按"ENTER"键

循环选择需要使用的样品池个数（主要根据使用比色皿数量确定，比如使用 2 个比色皿，则修改为 2）。

⑦ 样品测量：按 "RETURN" 键返回到参数设定界面，再按 "RETURN" 键返回到光度测量界面。在 1 号样品池内放入空白溶液，2 号池内放入待测样品。关闭好样品池盖后按 "ZERO" 键进行空白校正，再按 "START/STOP" 键进行样品测量。"100％" 后稍等片刻，当指针稳定后，重新调整 "0" 和 "100％" 即可工作。

a. 如需要测量下一个样品，取出比色皿，更换为下一个测量的样品按 "START/STOP" 键即可读数。

b. 如需更换波长，可直接按 "GOTOλ" 键调整波长。注意更换波长后必须重新按 "ZERO" 进行空白校正。如果每次使用的比色皿数量是固定个数，下一次使用仪器可以跳过第⑤、⑥步骤直接进入样品测量。

⑧ 结束测量：测量完成后按 "PRINT" 键打印数据，如果没有打印机请记录数据。退出程序或关闭仪器后测量数据将消失。确保已从样品池中取走所有比色皿，清洗干净以便下一次使用。按 "RETURN" 键直接返回到仪器主菜单界面后再关闭仪器电源。

附录 1.5 电导率仪

电导率仪是测定液体电导率的仪器，这种仪器是直读式的，测量范围广，操作简便。若配上自动平衡记录仪，可以自动记录电导率值的变化情况。下面介绍 HI2314 型数显电导率仪的工作原理和使用方法。

附录 1.5.1 测量原理

引起离子在被测溶液中运动的电场是由与溶液直接接触的两个电极产生的。此对测量电极必须由抗化学腐蚀的材料制成，实际中经常用到的材料有钛等。由两个电极组成的测量电极被称为尔劳施（Kohlrausch）电极。

电导率的测量需要弄清两方面问题：一个是溶液的电导，另一个是溶液中 $1/A$ 的几何关系，电导可以通过电流、电压的测量得到。这一测量原理在当今直接显示测量仪表中得到应用。

而 $$K = L/A$$

式中，A 为测量电极的有效极板；L 为两极板的距离；K 为电极常数。

在电极间存在均匀电场的情况下，电极常数可以通过几何尺寸算出。当两个面积为 $1cm^2$ 的方形极板之间相隔 1cm 组成电极时，此电极的常数 $K = 1cm^{-1}$。如果用此对电极测得电导值 $G = 1000\mu S$，则被测溶液的电导率 $K = 1000\mu S/cm$。

一般情况下，电极常形成部分非均匀电场。此时，电极常数必须用标准溶液进行确定。标准溶液一般都使用 KCl 溶液，这是因为 KCl 的电导率在不同的温度和浓度情况下非常稳定、准确。0.1mol/L 的 KCl 溶液在 25℃ 时电导率为 12.88mS/cm。所谓非均匀电场（也称作杂散场、漏泄场）没有常数，而是与离子的种类和浓度有关。因此，一个纯杂散场电极是最糟糕的电极，它通过一次校准不能满足宽的测量范围的需要。

附录 1.5.2 使用方法

（1）外部结构 见图附录-14。

（2）仪器校准 当测量 mS 范围时，用 H17030 电导液（12.88mS、25℃）或 H17034 电导校正液（80mS、25℃）。

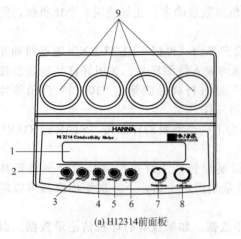

(a) H12314前面板

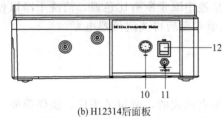

(b) H12314后面板

图附录-14　仪器结构

1—LCD；2—选择199.9μS键；3—选择1999μS键；
4—选择199.9mS键；5—选择199.9mS键；
6—EC/℃键，选择电导读数或手动温度补偿；
7—手动温度补偿键；8—电导率校准钮；
9—样品台；10—电极插口；11—电源
插座；12—ON/OFF键

当测量μS范围时（即当校准在0～1999μS或0～199.9μS时），用H17031电导液（1413μS、25℃）或H17033电导液（84μS、25℃）。

选择电导溶液要与被测溶液浓度相近，将探头放入蒸馏水中清洗，以使校准液的污染达到最小化，确保更高的准确性。如果可能，用塑料容器降低EMS干扰。校准步骤如下。

① 将少许电导液倒入塑料容器，例如H17030。

② 将探头浸入液体中，要将套上面的小孔浸入到液体中，将探头轻轻触容器底部以排出套内的气泡。

③ 用体温计或玻璃温度计测溶液的温度。

④ 按"EC/℃"键来选择电导读数选择合适的测量范围。

⑤ 通过旋转"TEMPERATURE"钮在屏幕上显示溶液温度。

注意：如果显示"1"则超出测量范围，选择更高的测量范围。

⑥ 在读数后，停几分钟来稳定，旋转"CALIBRATION"键读出25℃缓冲液的值。例如12.88mS/cm。所有随后的测量都是在25℃下进行的。

⑦ 参考20℃的测量，旋转"CALIBRATION"钮来读20℃下缓冲液的值。

⑧ 例如11.67mS/cm，看电导率值和温度对照换算表。校准一旦完成，仪器即可使用。

（3）使用方法

① 用一个体温计或温度计测溶液温度。

② 按"ON/OFF"键开关仪器。

③ 将电导电极插入样品内，注意电极上的小孔也浸没在溶液内。

④ 把电极轻轻触容器底部，排出PVC套内可能产生的气泡。

⑤ 按EC/℃键来选择温度设置。

⑥ 调整"TEMPERATURE"钮在LCD上显示溶液温度。

⑦ 选择适当的测量范围。

⑧ 按"EC/℃"键选择电导读数。

附录1.6　超声波清洗仪

超声波清洗是利用超声波在液体中的空化作用来完成的。超声波发生器产生的电信号，通过换能器传入清洗液中，会连续不断地迅速形成和迅速闭合无数的微小气泡，这种过程所产生的强大机械力，不断冲击物件表面，加之超声波在液体中有加速溶解和乳化作用，使物件表面及缝隙中的污垢迅速剥落，从而达到清洗目的。超声波清洗仪广泛应用于金属、电镀、塑胶、电子、机械、汽车等各工业部门以及医药、大专院校和各实验室等。

超声空化效应与超声波的声强、声压、频率，清洗液的表面张力、蒸气压、黏度以及被洗工件的声学特征有关，声强愈高，空化愈强烈，愈有利于清洗。空化阈值和频率有密切关系。目前超声波清洗仪的工作频率根据清洗对象大致分为三个频段；低频超声清洗（20～45kHz），高频超声清洗（50～200kHz）和兆赫超声清洗（700～1MHz以上）。

低频超声清洗适用于大部件表面或者污物和清洗件表面结合强度高的场合。频率的低端，空化强度高，易腐蚀清洗件表面，不适宜清洗表面光洁度高的部件，而且空化噪声大。60kHz左右的频率，穿透力较强，宜清洗表面形状复杂或有盲孔的工件，空化噪声较小，但空化强度较低，适合清洗表面污物与清洗件表面结合力较弱的场合。

高频超声清洗适用于计算机、微电子元件的精细清洗，如磁盘、驱动器、读写头、液晶玻璃及平面显示器，微组件和抛光金属件等的清洗。这些清洗对象要求在清洗过程中不能受到空化腐蚀，并能洗掉微米级的污物。

兆赫超声清洗适用于集成电路芯片、硅片及薄膜等的清洗。能去除微米、亚微米级的污物而对清洗件没有任何损伤。因为此时不产生空化，其清洗机理主要是声压梯度、粒子速度和声流的作用。

清洗剂的选择可从污物的性质、有利于超声清洗两个方面考虑。

附录 1.7　阿贝折射仪

附录 1.7.1　构造原理

阿贝折射仪是根据光的全反射原理设计的仪器，它利用全反射临界角的测定方法测定未知物质的折射率，可定量地分析溶液中的某些成分，检验物质的纯度。

众所周知，光从一种介质进入另一种介质时，在界面上将发生折射，对任何两种介质，在一定波长和一定外界条件下，光的入射角（α）和折射角（β）的正弦值之比等于两种介质的折射率之比的倒数，即：

$$\frac{\sin\alpha}{\sin\beta} = \frac{n_B}{n_A}$$

式中，n_A 和 n_B 分别为 A 与 B 两介质的折射率。如果 $n_A > n_B$，则折射角（β）必大于入射角（α）[图附录-15(a)]。若 $\alpha = \alpha_0$，$\beta = 90°$ 达到最大，此时光沿界面方向前进 [图附录-15(b)]。若 $\alpha > \alpha_0$，则光线不能进入介质 B，而从界面反射 [图附录-15(c)]。此现象称为"全反射"，α_0 叫做临界角。

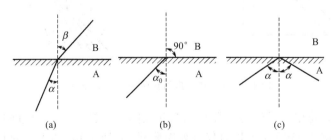

(a)　　　　　　　(b)　　　　　　　(c)

图附录-15　光的折射

以上海光学仪器厂生产的 2W 型阿贝折射仪为例（如图附录-16 所示）。该仪器由望远系统和读数系统两部分组成，分别由测量镜筒和读数镜筒进行观察，属于双镜筒折射仪。在测量系统中，主要部件是两块直角棱镜，上面一块表面光滑，为折射棱镜，下面一块是磨砂面的，为进光棱镜（辅助棱镜）。两块棱镜可以启开与闭合，当两棱镜对角线平面叠合时，两

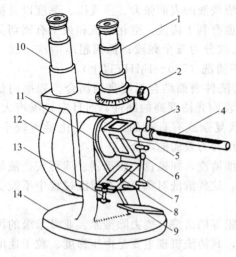

图附录-16 阿贝折射仪构造

1—测量镜筒；2—阿米西棱镜手轮；3—恒温器
接头；4—温度计；5—测量棱镜；6—铰链；
7—辅助棱镜；8—加样品孔；9—反射镜；
10—读数镜筒；11—转轴；12—刻度盘罩；
13—棱镜锁紧扳手；14—底座

镜之间有一细缝，将待测溶液注入细缝中，便形成一薄层液。当光由反射镜入射而透过表面粗糙的棱镜时，光在此毛玻璃面产生漫射，以不同的入射角进入液体层，然后到达表面光滑的棱镜，光线在液体与棱镜界面上发生折射。

因为棱镜的折射率比液体折射率大，因此光的入射角（α）大于折射角（β）[图附录-17(a)]，所有的入射线全部能进入棱镜 E 中，光线透出棱镜时又会发生折射，其入射角为 S，折射角为 γ。根据入射角、折射角与两种介质折射率之间的关系，从图附录-17(a) 中可以推导出，在棱镜的 ϕ 角及折射率固定的情况下，如果每次测量均用同样的 α，则 γ 的大小只和液体的折射率 n 有关。通过测定 γ，便可求得 n 值。α 的选择就是利用了全反射原理，将入射角 α 调至 $\alpha_0 = 90°$，此时折射角 θ 为最大，即临界角。因此在其左面不会有光，是黑暗部分；而另一面则是明亮部分。透过棱镜的光线经过消色散棱镜和会聚透镜，最后在目镜中便呈现了一个

清晰的明暗各半的图像。如图附录-17(b) 所示。测量时，要将明暗界线调到目镜中十字线的交叉点上，以保证镜筒的轴与入射光线平行。读数指针是和棱镜连在一起转动的，阿贝折射仪已将 γ 换算成 n，故在标尺上读得的是折射率数值。

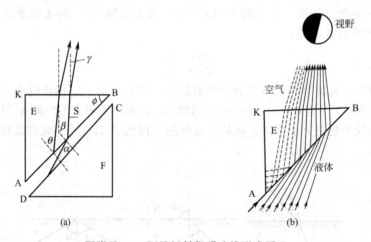

图附录-17 阿贝折射仪明暗线形成原理

另一类折射仪是将望远系统与读数系统合并在同一个镜筒内，通过同一目镜进行观察，属单镜筒折射仪。例如 2WA-J 型折射仪（如图附录-18 所示），其工作原理与 2W 型折射仪相似。

附录 1.7.2 使用方法

（1）2W 型阿贝折射仪操作方法

① 准备工作 将折射仪与恒温水浴连接（不必要时，可不用恒温水），调节所需的温

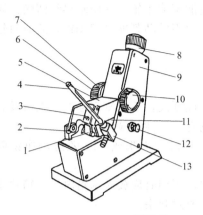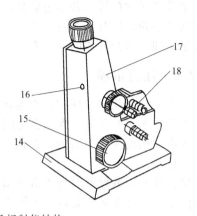

图附录-18　2WA-J阿贝折射仪结构

1—反射镜；2—转轴折射棱镜；3—遮光板；4—温度计；5—进光棱镜；6—色散调节手轮；
7—色散值刻度圈；8—目镜；9—盖板；10—棱镜锁紧手轮；11—折射棱镜座；12—照明
刻度盘聚光镜；13—温度计座；14—底座；15—折射率刻度调节手轮；16—调节物镜
螺丝孔；17—仪器外壳；18—恒温器接头

度（一般恒温在 $20.0℃±0.2℃$），同时检查保温套的温度计是否准确。打开直角棱镜，用丝绢或擦镜纸沾少量 95％乙醇或丙酮轻轻擦洗上、下镜面，注意只可单向擦而不可来回擦，待晾干后方可使用。

② 仪器校准　使用之前应用重蒸馏水或已知折射率的标准折射玻璃块来校正标尺刻度。如果使用标准折射玻璃块来校正，先拉开下面棱镜，用一滴 1-溴代萘把标准玻璃块贴在折射棱镜下，旋转棱镜转动手轮（在刻度盘罩一侧），使读数镜内的刻度值等于标准玻璃块上的折射率，然后用附件方孔调节扳手转动示值调节螺钉（该螺钉处于测量镜筒中部），使明暗界线和十字线交点相合。如果使用重蒸馏水作为标准样品，只要把水滴在下面棱镜的毛玻璃面上，并合上两棱镜，旋转棱镜转动手轮，使读数镜内刻度值等于水的折射率，然后重复操作，使明暗界线和十字线交点相合。

③ 样品测量　阿贝折射仪的量程为 1.3000～1.7000，精密度为 ±0.0001。测量时，用洁净的长滴管将待测样品液体 2～3 滴均匀地置于下面棱镜的毛玻璃面上。此时应注意切勿使滴管尖端直接接触镜面，以免造成划痕。关紧棱镜，调节反射镜，使光线射入样品，然后轻轻转动棱镜手轮，并在望远镜筒中找到明暗分界线。若出现彩带，则调节阿米西棱镜手轮，消除色散，使明暗界线清晰。再调节棱镜调节手轮，使分界线对准十字线交点。记录读数及温度，重复测定 1～2 次。如果是挥发性很强的样品，可把样品液体由棱镜之间的小槽滴入，快速进行测定。

测定完后，立即用 95％乙醇或丙酮擦洗上、下棱镜，晾干后再关闭。

（2）2WA-J 阿贝折射仪的操作方法

① 准备工作　参照 2W 型阿贝折射仪的操作方法。

② 仪器校准　对折射棱镜的抛光面加 1～2 滴溴代萘，把标准玻璃块贴在折射棱镜抛光面上，当读数视场指示于标准玻璃块上的折射率时，观察望远镜内明暗分界线是否在十字线中间，若有偏差，则用螺丝刀微量旋转物镜调节螺丝孔（图附录-18 中 16）中的螺丝。使分界线和十字线交点相合。

③ 样品测量　将被测液体用干净滴管滴加在折射镜表面，并将进光棱镜盖上，用棱镜锁紧手轮（图附录-18 中 10）锁紧，要求液层均匀，充满视场，无气泡。打开遮光板，合上反射镜，调节目镜视度，使十字线成像清晰，此时旋转折射率刻度调节手轮，并在目镜视场

中找到明暗分界线的位置。若出现彩带，则旋转色散调节手轮，使明暗界线清晰。再调节折射率刻度调节手轮，使分界线对准十字线交点。再适当转动刻度盘聚光镜，此时目镜视场下方显示的示值即为被测液体的折射率。

附录 1.7.3　注意事项

（1）折射棱镜必须注意保护，不能在镜面上造成划痕，不能测定强酸、强碱及有腐蚀性的液体，也不能测定对棱镜、保温套之间的黏合剂有溶解性的液体。

（2）每次使用前应洗净镜面；在使用完毕后，也应用丙酮或 95% 乙醇洗净镜面，待晾干后再关上棱镜。

（3）仪器在使用或储藏时均不得暴露在日光中，不用时应放入木箱内，木箱置于干燥地方。放入前应注意将金属夹套内的水倒干净，管口要封起来。

（4）测量时应注意恒温温度是否正确。如欲测准至 ±0.0001，则温度变化应控制在 ±0.1℃ 的范围内。若测量精度要求不是很高，则可放宽温度范围或不使用恒温水。

附录 1.8　旋光仪

物质的旋光性是指某一物质在一束平面偏振光通过时能使其偏振方向旋转一个角度的性质，这个角度被称为旋光度。使偏振光的振动面向左旋的物质称为左旋物质，向右旋的称为右旋物质。用来测定物质旋光度的仪器称为旋光仪。旋光仪的主要用途有两个方面：一是研究有机物的结构；二是定量测定旋光物质的浓度，特别是可以精确测定溶液中有非旋光性杂质存在时旋光物质的含量。

附录 1.8.1　旋光度与物质浓度之间的关系

旋光物质的旋光度，除了取决于旋光物质的本性外，还与测定温度、光经过物质的厚度、光源的波长等因素有关，若被测物质是溶液，当光源波长、温度、厚度恒定时，其旋光度与溶液的浓度成正比。

（1）测定旋光物质的浓度　配制一系列已知浓度的样品，分别测出其旋光度，作浓度-旋光度曲线，然后测出未知样品的旋光度，从曲线上查出该样品的浓度。

（2）根据物质的比旋光度，测出物质的浓度　旋光度可以因实验条件的不同而有很大的差异，所以又提出了"比旋光度"的概念，规定：以钠光 D 线作为光源，温度为 20℃ 时，一根 10cm 长的样品管中，每厘米溶液中含有 1g 旋光物质时所产生的旋光度，即为该物质的比旋光度，用符号 [α] 表示。

$$[\alpha] = \frac{10\alpha}{lc}$$

式中，α 为测量所得的旋光度值；l 为样品的管长，cm；c 为浓度，g/cm^3。

比旋光度 [α] 是度量旋光物质旋光能力的一个常数，可由手册查出，这样测出未知浓度的样品的旋光度，代入上式可计算出浓度 c。

附录 1.8.2　旋光仪的结构原理

测定旋光度的仪器叫旋光仪，物理化学实验中常用 WXG-4 型旋光仪测定旋光物质旋光度的大小，从而定量测定旋光物质的浓度，其光学系统见图附录-19。

旋光仪主要由起偏器和检偏器两部分构成。起偏器是由尼科尔棱镜构成，固定在仪器的前端，用来产生偏振光。检偏器也是由一块尼科尔棱镜组成，由偏振片固定在两保护玻璃之

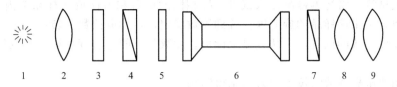

图附录-19　旋光仪的光学系统

1—钠光灯；2—透镜；3—滤光片；4—起偏镜；5—石英片；6—样品管；7—检偏镜；8,9—望远镜

间，并随刻度盘同轴转动，用来测量偏振面的转动角度。

旋光仪就是利用检偏镜来测定旋光度的。如调节检偏镜使其透光的轴向角度与起偏镜的透光轴向角度互相垂直，则在检偏镜前观察到的视场呈黑暗，再在起偏镜与检偏镜之间放入一个盛满旋光物的样品管，则由于物质的旋光作用，使原来由起偏镜出来的偏振光转过了一个角度 α，这样视物不呈黑暗，必须将检偏镜也相应地转过一个 α 角度，视野才能重又恢复黑暗。因此检偏镜由第一次黑暗到第二次黑暗的角度差，即为被测物质的旋光度。

如果没有比较，要判断视场的黑暗程度是困难的，为此设计了三分视野法，以提高测量准确度。即在起偏镜后中部装一狭长的石英片，其宽度约为视野的 1/3，因为石英也具有旋光性，故在目镜中出现三分视野。如图附录-20 所示。当三分视野消失时，即可测得被测物质的旋光度。

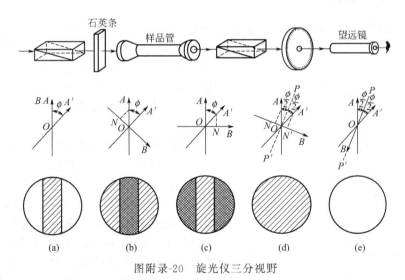

图附录-20　旋光仪三分视野

附录 1.8.3　WXG-4 圆盘旋光仪的使用方法

（1）将仪器电源插头插入 220V 交流电源，并将接地靠地。

（2）按下电源开关，这时钠光灯应点亮，使钠光灯内的钠充分蒸发，发光稳定需 15min 预热。

（3）按下光源开关，则钠光灯在直流下点亮（若光源开关按下后，钠光灯熄灭，则再将光源开关重复按下 1～2 次）。

（4）按下测量开关，机器处于自动平衡状态。按复测 1～2 次，再按清零按钮清零。

（5）将装有蒸馏水或其他空白试管放入样品室，盖上箱盖，待小数稳定后，按清零按钮清零。试管通光面两端的雾状水滴，应用软布擦拭。试管螺帽不宜旋得过紧，以免产生应力，影响读数。试管安放时应注意标记的位置和方向。

（6）取出试管，将待测样品注入试管，按相同的位置和方向放入样品室内，盖好箱盖。仪器读数窗将显示出该样品的旋光度。等到测数稳定，再读取读数。转动转盘、检偏镜，在视场中觅得亮度一致的位置，再从度盘上读值。度数是正的为右旋物质，度数是负的为左旋物质。

（7）采用双游标读数法按下列公式求得结果：

$$Q = \frac{A + B}{2}$$

式中，A 和 B 分别为两游标窗度值。

如果 $A = B$，而且度盘转到任意位置都符合等式，则说明仪器没有偏心差，可以不用对顶读数法。

（8）仪器使用完毕后，应依次关闭测量、光源、电源开关。

附录 1.9　熔点测定仪

根据物理化学的定义，物质的熔点是指该物质从固态变为液态时的温度。在有机化学领域中，熔点测定是辨认物质本性的基本手段，也是纯度测定的重要方法之一。

附录 1.9.1　工作原理

物质在结晶状态时反射光线，在熔化状态时透射光线。因此，物质在熔化过程中随着温度的升高会产生透光度的跃变。图附录-21 是典型的熔化曲线，图中 A 点所对应的温度 T_a 称为初熔点；B 点所对应的温度 T_b 称为终熔点或全熔点；AB 称为熔距（即熔化间隔或熔化范围）。

本仪器采用光电方式自动检测熔化过程。当温度达到初熔点 T_a 和终熔点 T_b 时，显示初熔温度及终熔温度，并保存至检测下一样品。仪器的原理如图附录-22 所示。自白炽灯源发出的光，经聚光镜穿过电热炉和毛细管座的透光孔会聚在毛细管中，透过被测样品的光，由硅光电池接收。所得的光信号经零点补偿、电压放大及 A/D 转换后送 CPU 处理，温度检测采用直接插入毛细管座底部的铂电阻作探头，所得的测温信号经非线性校正、电压放大及 A/D 转换后送至机内 CPU 显示温度。同时 CPU 由键盘输入起始温度、升温速率等信息，经处理后与测温单元所得的温度模拟电压一同送入加法器，其输出的偏差信号经调节器驱动控温执行器。当炉子实际温度高于 D/A 转换的模拟温度或超过设定的起始温度时，冷却风机被打开，炉子开始降温。当实际温度低于 D/A 转换的模拟温度时或未达到设定的起始温度时，加热器的电热丝接通或电流加大。通过这样一个闭环系统及软件实现炉子温度的跟随，并由 CPU 控制实现炉子全速升降温及线性升温的功能。

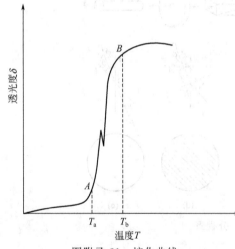

图附录-21　熔化曲线

附录 1.9.2　使用方法

（1）外部结构　熔点测定仪外部结构见图附录-23。

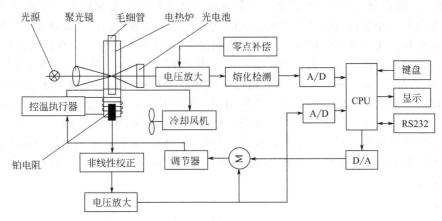

图附录-22　熔点测定仪原理

（2）操作方法

① 开启电源开关，稳定 20min。此时，保温灯、初熔灯亮，电表偏向右方。

② 通过起始温度按钮，设定起始温度，此时预置灯亮。

③ 选择升温速率，将波段开关调至需要位置。

④ 预置灯熄灭时，起始温度设定完毕，可插入样品毛细管。此时电表基本指零，初熔灯熄灭。

⑤ 调零，使电表完全指零。

⑥ 按下升温钮，升温指示灯亮，当忘记插入带有样品的毛细管按升温钮时，读数屏将出现随机数提示纠正操作。

图附录-23　熔点测定仪外部结构

⑦ 数分钟后，初熔灯先闪亮，然后出现终熔读数显示，欲知初熔读数，按初熔钮即得。

⑧ 只要电源未切断，上述读数值将一直保留至测下一个样品。

⑨ 用 R232 电缆连接熔点仪与计算机，将随机软盘插入计算机，执行 WRS 程序。

附录 1.10　气相色谱仪

气相色谱法是 20 世纪 50 年代出现的一项重大科学技术成就。这是一种新的分离、分析技术，它在工业、农业、国防、建设、科学研究中都得到了广泛应用。气相色谱可分为气固色谱和气液色谱。气固色谱的"气"字指流动相是气体，"固"字指固定相是固体物质。例如活性炭、硅胶等。气液色谱的"气"字指流动相是气体，"液"字指固定相是液体。例如在惰性材料硅藻土涂上一层角鲨烷，可以分离、测定纯乙烯中的微量甲烷、乙炔、丙烯、丙烷等杂质。

附录 1.10.1　工作原理

色谱分析是一种多组分混合物的分离、分析工具。它主要利用物质的物理性质对混合物进行分离，测定混合物的各组分。并对混合物中的各组分进行定量、定性分析。

气相色谱仪（气相色谱仪的结构及工作流程见图附录-24）是以气体作为流动相（载

气）。色谱法是因物质在两相中的溶解度不同从而产生不同分配的物理化学分离和分析方法。目前，大部分的气相色谱是以液体为固定相的气液色谱。气液色谱法的流动相为气体，固定相是在一多孔性、化学惰性的固体（担体）表面涂上一层很薄的高沸点有机化合物的液膜，这种有机化合物称为固定液。惰性固体是不参与固定作用而用来支持固定液的，因此，这种惰性固体称为担体。将这种固定相填充到色谱柱中，分析的样品（气体或液体汽化后的蒸气）在流速恒定的惰性气体（称为载气或流动相）的带动下，进入色谱柱中，根据样品中各组分在流动相和固定相中的分配不同，在色谱柱中把各组分分离成单一组分，并以一定的先后次序从色谱柱中流出，进入检测器转换成电信号，再经放大后，由记录仪记录图谱，即得色谱图（见图附录-25）。根据色谱图中的色谱峰的位置和峰高或峰面积，就可以进行样品的定性和定量分析。

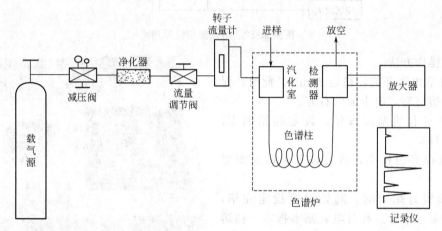

图附录-24　气相色谱仪结构

附录 1.10.2　气相色谱法的特点

（1）分离效能高。对物理化学性能很接近的复杂混合物质都能很好地分离，进行定性、定量检测。有时在一次分析时可同时解决几十甚至上百个组分的分离测定。

（2）灵敏度高。能检测出微米级甚至纳米级的杂质含量。

（3）分析速度快。一般在几分钟或几十分钟内可以完成一个样品的测定。

（4）应用范围广。气相色谱法可以分析气体、易挥发的液体和固体样品。就有机物分析而言，应用最为广泛，可以分析约 20% 的有机物。此外，某些无机物通过转化也可以进行分析。

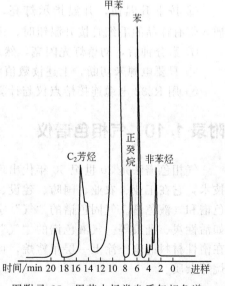

图附录-25　甲苯中烃类杂质气相色谱

附录 1.10.3　仪器操作及注意事项

由于气相色谱仪的品牌、型号的不同，操作系统的设置和操作方法各有差异。对于仪器的操作要严格地按照仪器使用说明书进行。但是，各种型号的气相色谱仪的主体结构大同小异，有些基本操作和注意事项是基本相同的，主要由气路系统、进样系统、分离系统、温控系统、检测记录系统五大系统组成。

（1）仪器操作

① 打开稳压电源；

② 打开氮气阀，打开净化器上的载气开关阀，然后检查是否漏气，保证气密性良好；

③ 调节总流量为适当值（根据刻度的流量表测得）；

④ 调节分流阀，使分流流量为实验所需的流量（用皂膜流量计在气路系统面板上实际测量），柱流量即为总流量减去分流量；

⑤ 打开空气、氢气开关阀，调节空气、氢气流量为适当值；

⑥ 根据实验需要设置柱温、进样口温度和 FID 检测器温度；

⑦ 打开计算机与工作站；

⑧ FID 检测器温度达到 150℃以上，按 FIRE 键点燃 FID 检测器火焰；

⑨ 设置 FID 检测器灵敏度和输出信号衰减，待所设参数达到设置时，即可进样分析；

⑩ 实验完毕后，先关闭氢气与空气，用氮气将色谱柱吹净后关机。

（2）注意事项

① 氢气发生器液位不得过高或过低；

② 空气源每次使用后必须进行放水操作；

③ 进样操作要迅速，每次操作要保持一致；

④ 使用完毕后须在记录本上记录使用情况。

附录2 | 常用理化数据

附录2.1 元素的标准原子量

原子	元素	名称	相对原子质量	原子	元素	名称	相对原子质量
1	H	氢	1.00794(7)	37	Rb	铷	85.4678(3)
2	He	氦	4.002602(2)	38	Sr	锶	87.62(1)
3	Li	锂	6.941(2)	39	Y	钇	88.90585(2)
4	Be	铍	9.012182(3)	40	Zr	锆	91.224(2)
5	B	硼	10.811(7)	41	Nb	铌	92.90638(2)
6	C	碳	12.0107(8)	42	Mo	钼	95.96(2)
7	N	氮	14.0067(2)	43	Tc	锝	[97.9072]
8	O	氧	15.9994(3)	44	RU	钌	101.07(2)
9	F	氟	18.9984032(5)	45	Rh	铑	102.90550(2)
10	Ne	氖	20.1797(6)	46	Pd	钯	106.42(1)
11	Na	钠	22.98976928(2)	47	Ag	银	107.8682(2)
12	Mg	镁	24.3050(6)	48	Cd	镉	112.411(8)
13	Al	铝	26.9815386(8)	49	In	铟	114.818(3)
14	Si	硅	28.0855(3)	50	Sn	锡	118.710(7)
15	P	磷	30.973762(2)	51	Sb	锑	121.760(1)
16	S	硫	32.065(5)	52	Te	碲	127.60(3)
17	Cl	氯	35.453(2)	53	I	碘	126.90447(3)
18	Ar	氩	39.948(1)	54	Xe	氙	131.293(6)
19	K	钾	39.0983(1)	55	Cs	铯	132.9054519(2)
20	Ca	钙	40.078(3)	56	Ba	钡	137.327(7)
21	Sc	钪	44.955912(6)	57	La	镧	138.90547(7)
22	Ti	钛	47.867(1)	58	Ce	铈	140.116(1)
23	V	钒	50.9415(1)	59	Pr	镨	140.90765(2)
24	Cr	铬	51.9961(6)	60	Nd	钕	144.242(3)
25	Mn	锰	54.938045(5)	61	Pm	钷	[145]
26	Fe	铁	55.845(2)	62	Sm	钐	150.36(2)
27	Co	钴	58.933195(5)	63	Eu	铕	151.964(1)
28	Ni	镍	58.6934(3)	64	Gd	钆	157.25(3)
29	Cu	铜	63.546(3)	65	Tb	铽	158.92535(2)
30	Zn	锌	65.38(2)	66	Dy	镝	162.500(1)
31	Ga	镓	69.723(1)	67	Ho	钬	164.93032(2)
32	Ge	锗	72.64(1)	68	Er	铒	167.259(3)
33	As	砷	74.92160(2)	69	Tm	铥	168.93421(2)
34	Se	硒	78.96(3)	70	Yb	镱	173.054(5)
35	Br	溴	79.904(1)	71	Lu	镥	174.9668(1)
36	Kr	氪	83.798(2)	72	Hf	铪	178.49(2)

续表

原子	元素	名称	相对原子质量	原子	元素	名称	相对原子质量
73	Ta	钽	180.94788(2)	96	Cm	锔	[247]
74	W	钨	183.84(1)	97	Bk	锫	[247]
75	Re	铼	186.207(1)	98	Cf	锎	[251]
76	Os	锇	190.23(3)	99	Es	锿	[252]
77	Ir	铱	192.217(3)	100	Fm	镄	[257]
78	Pt	铂	195.084(9)	101	Md	钔	[258]
79	Au	金	196.966569(3)	102	No	锘	[259]
80	Hg	汞	200.59(2)	103	Lr	铹	[262]
81	Tl	铊	204.3833(2)	104	Rf	𬭖	[261]
82	Pb	铅	207.2(1)	105	Db	𬭳	[262]
83	Bi	铋	208.98040(1)	106	Sg	𬭶	[266]
84	Po	钋	[208.9824]	107	Bh	𬭛	[264]
85	At	砹	[209.9871]	108	Hs	𬭾	[277]
86	Rn	氡	[222.0176]	109	Mt	鿏	[268]
87	Fr	钫	[223]	110	Ds	𫟼	[271]
88	Re	镭	[226]	111	Rg	𬬭	[272]
89	Ac	锕	[227]	112	Uub		[285]
90	Th	钍	232.03806(2)	113	Uut		[284]
91	Pa	镤	231.03558(2)	114	Uuq		[289]
92	U	铀	238.02891(3)	115	Uup		[288]
93	Np	镎	[237]	116	Uirh		[292]
94	Pu	钚	[244]	117	Uus		[291]
95	Am	镅	[243]	118	Uuo		[293]

注：1. 本相对原子质量表按照原子序数排列。

2. 本表数据源自 2007 年 IUPAC 元素周期表（IUPAC 2007 standard atomic weights），以 $^{12}C=12$ 为标准。

3. 本表 [ ] 内的相对原子质量为放射性元素的半衰期最长的同位素质量数。

4. 相对原子质量末位数的不确定度加注在其后的 （ ） 内，比如 8 号氧元素的相对原子质量 15.9994（3）是 15.9994± 0.00003 的简写。

5. 112～118 号元素数据未被 IUPAC 确定。

附录 2.2 常用酸碱浓度和常用缓冲溶液的配制

（1）常用酸碱浓度

试剂名称	相对分子质量	含量(质量分数)/%	相对密度	浓度/(mol/L)
冰醋酸	60.05	99.5	1.05(约)	17(CH_3COOH)
乙酸	60.05	36	1.04	6.3(CH_3COOH)
甲酸	46.02	90	1.20	23(HCOOH)
盐酸	36.5	36～38	1.18(约)	12(HCl)
硝酸	63.02	65～68	1.4	16(HNO_3)
高氯酸	100.5	70	1.67	12($HClO_4$)
磷酸	98.0	85	1.70	15(H_3PO_4)
硫酸	98.1	96～98	1.84(约)	18(H_2SO_4)
氨水	17.0	25～28	0.8～8(约)	15($NH_3 \cdot H_2O$)

注：表中数据录自 John A. Dean. Lange's Handbook of Chemistry. 13th Ed.，1985，11-27.

（2）常用缓冲溶液的配制

缓冲溶液	pH	缓冲溶液的配制方法
$NH_4Ac-HAc$	4.5	取 NH_4Ac 77g 溶于 200mL 水中，加冰 HAc 59mL，稀释至 1L
NaAc-HAc	4.7	取无水 NaAc 83g 溶于水中，加冰 HAc 60mL，稀释至 1L
$NH_4Ac-HAc$	5.0	取 NH_4Ac 250g 溶于水中，加冰 HAc 25mL，稀释至 1L
$NH_4Ac-HAc$	6.0	取 NH_4Ac 600g 溶于水中，加冰 HAc 20mL，稀释至 1L
$NaAc-H_3PO_4$ 盐	8.0	取无水 NaAc 50g 和 $Na_2HPO_4 \cdot 12H_2O$ 50g 溶于水，稀释至 1L
NH_3-NH_4Cl	9.2	取 NH_4Cl 54g 溶于水中，加浓氨水 63mL，稀释至 1L
NH_3-NH_4Cl	9.5	取 NH_4Cl 54g 溶于水中，加浓氨水 126mL，稀释至 1L
NH_3-NH_4Cl	10.0	取 NH_4Cl 54g 溶于水中，加浓氨水 350mL，稀释至 1L
$NaOH-Na_2B_4O_7$	12.6	10g NaOH 和 10g $Na_2B_4O_7$ 溶于水，稀释至 1L

注：1. 缓冲液配制后可用 pH 试纸检查。如 pH 不对，可用共轭酸或碱调节。
2. 若需增加或减少缓冲液的缓冲容量，可相应增加或减少共轭酸碱对物质的量。

附录 2.3　常用酸碱指示剂

指示剂	变色范围	颜色		$pK_a(HIn)$	组成	用量/(滴/10mL 试液)
		酸色	碱色			
百里酚蓝	1.2~2.8	红	黄	1.65	1g/L 的酒精溶液	1~2
甲基黄	2.9~4.0	红	黄	3.25	1g/L 的 90%酒精溶液	1
甲基橙	3.1~4.4	红	黄	3.45	1g/L 的水溶液	1
溴酚蓝	3.0~4.6	黄	紫	4.1	0.4g/L 的酒精溶液或其钠盐水溶液	1
溴甲酚绿	3.8~5.4	黄	蓝	4.9	1g/L 酒精溶液或 1g/L 水溶液加 0.05mol/L NaOH 溶液 2.9mL	1~3
甲基红	4.4~6.2	红	黄	5.0	酒精溶液或其钠盐水溶液	1
溴酚蓝	6.2~7.6	黄	蓝	7.3	1g/L 的 20%酒精溶液或其钠盐的水溶液	1
中性红	6.8~8.0	红	黄橙	7.4	1g/L 的 60%酒精溶液	1
酚红	6.8~8.0	黄	红	8.0	1g/L 的 60%酒精溶液或其钠盐水溶液	1~3
酚酞	8.0~10.0	无色	红	9.1	10g/L 的酒精溶液	1~3
百里酚酞	9.4~10.6	无色	蓝	10.0	1g/L 的酒精溶液	1~2

附录 2.4　常用基准物质的干燥条件和应用

基准物质		干燥后的组成	干燥条件/℃	标定对象
名称	分子式			
碳酸氢钠	$NaHCO_3$	$NaHCO_3$	270~300	酸
碳酸钠	$Na_2CO_3 \cdot 10H_2O$	$Na_2CO_3 \cdot 10H_2O$	270~300	酸
硼砂	$Na_2B_4O_7 \cdot 10H_2O$	$Na_2B_4O_7 \cdot 10H_2O$	放在装有氯化钠和饱和蔗糖溶液的密闭器皿中	酸

基准物质		干燥后的组成	干燥条件/℃	标定对象
名称	分子式			
碳酸氢钾	$KHCO_3$	$KHCO_3$	$270\sim300$	酸
二水合草酸	$H_2C_2O_4 \cdot 2H_2O$	$H_2C_2O_4 \cdot 2H_2O$	室温空气干燥	碱或 $KMnO_4$
邻苯二甲酸氢钾	$KHC_8H_4O_4$	$KHC_8H_4O_4$	$110\sim120$	碱
重铬酸钾	$K_2Cr_2O_7$	$K_2Cr_2O_7$	$140\sim150$	还原剂
溴酸钾	$KBrO_3$	$KBrO_3$	130	还原剂
碘酸钾	KIO_3	KIO_3	130	还原剂
铜	Cu	Cu	室温干燥器中保存	还原剂
三氧化二砷	As_2O_3	As_2O_3	室温干燥器中保存	氧化剂
草酸钠	$Na_2C_2O_4$	$Na_2C_2O_4$	130	氧化剂
碳酸钙	$CaCO_3$	$CaCO_3$	110	EDTA
锌	Zn	Zn	室温干燥器中保存	EDTA
氧化锌	ZnO	ZnO	$900\sim1000$	EDTA
氯化钠	$NaCl$	$NaCl$	$500\sim600$	$AgNO_3$
氯化钾	KCl	KCl	$500\sim600$	$AgNO_3$
硝酸银	$AgNO_3$	$AgNO_3$	$220\sim250$	氯化物
氨基磺酸	$HOSO_2NH_2$	$HOSO_2NH_2$	在真空 H_2SO_4 干燥中保存 48h	碱
氟化钠	NaF	NaF	铂坩埚中 $500\sim550$℃下保存 $40\sim50min$ 后，H_2SO_4 干燥器中冷却	

附录2.5　常用有机溶剂的性质

名称	化学式	相对分子质量	熔点/℃	沸点/℃	溶解性
甲醇	CH_3OH	32.04	-97.8	64.7	溶于水、乙醇、乙醚、苯等
乙醇	C_2H_5OH	46.07	-114.10	78.50	能与水、苯、醚等许多有机溶剂相混溶。与水混溶后体积缩小，并释放热量
乙醇	C_2H_5OH	46.07	-114.10	78.50	能与水、苯、醚等许多有机溶剂相混溶。与水混溶后体积缩小，并释放热量
丙醇	C_3H_7OH	60.09	-127.0	97.20	与水、乙醇、乙醚等混溶
丙三醇（甘油）	$C_3H_8O_3$			180	易溶于水，在乙醇等中溶解度较小，不溶于醚、苯和氯仿
丙酮	C_3H_6O	58.08	-94.0	56.5	与水、乙醇、氯仿、乙醚及多种油类混溶
乙醚	$C_4H_{10}O$	74.12	-116.3	34.6	微溶于水，易溶于浓盐酸，与醇、苯、氯仿、石油醚及脂肪溶剂混溶
乙酸乙酯	$C_4H_9O_2$	88.1	-83.0	77.0	能与水、乙醇、乙醚、丙酮及氯仿等混溶
苯	C_6H_6	78.11	5.5（固）	80.1	微溶于水和醇，能与乙醚、氯仿及油等混溶
甲苯	C_7H_8	92.12	-95	110.6	不溶于水，能与多种有机溶剂混溶

名称	化学式	相对分子质量	熔点/℃	沸点/℃	溶解性
二甲苯	C_8H_{10}	106.16		137~140	不溶于水,与无水乙醇、乙醚、三氯甲烷等混溶
苯酚	C_6H_5OH	94.11	42	182.0	溶于热水,易溶于乙醇等有机溶剂。不溶于冷水和石油醚
氯仿	$CHCl_3$	119.39	−63.5	61.2	微溶于水,能与醇、醚、苯等有机溶剂及油类混溶
氯化碳	CCl_4	153.84	−23(固)	76.7	不溶于水,能与乙醇、苯、氯仿等混溶
二硫化碳	CS_2	76.14	−111.6	46.5	难溶于水,能与乙醇等有机溶剂混溶
吐温 80				30~70	不溶于水,能与多种有机溶剂混溶

注:表中数据摘自 John A. Dean. Lange's Handbook of Chemistry. 15th Ed.,1998,(1):76-343.

附录 2.6　几种常用液体的折射率

物质	温度/℃		$\dfrac{dn_D}{dt}$
	15	20	
苯	1.50439	1.50110	−0.00066
丙酮	1.33175	1.35911	−0.00049
甲苯	1.4998	1.4968	−0.00055
乙酸	1.3776	1.3717	−0.00038
氯苯	1.52748	1.52460	−0.00053
氯仿	1.44853	1.4455	−0.00059
四氯化碳	1.46305	1.46044	−0.00052
乙醇	1.36330	1.36139	−0.00038
环己烷	1.42900	—	
硝基苯	1.5547	1.55524	−0.00046
正丁醇	—	1.39909	—
二硫化碳	1.62935	1.62546	−0.00078

附录 2.7　水的饱和蒸气压

温度 t/℃	饱和蒸气压/×10³ Pa	温度 t/℃	饱和蒸气压/×10³ Pa	温度 t/℃	饱和蒸气压/×10³ Pa
0	0.61129	8	1.0730	16	1.8185
1	0.65716	9	1.1482	17	1.9380
2	0.70605	10	1.2281	18	2.0644
3	0.75813	11	1.3129	19	2.1978
4	0.81359	12	1.4027	20	2.3388
5	0.87260	13	1.4979	21	2.4877
6	0.93537	14	1.5988	22	2.6447
7	1.0021	15	1.7056	23	2.8104

温度 $t/\text{℃}$	饱和蒸气压/$\times 10^3 \text{Pa}$	温度 $t/\text{℃}$	饱和蒸气压/$\times 10^3 \text{Pa}$	温度 $t/\text{℃}$	饱和蒸气压/$\times 10^3 \text{Pa}$
24	2.9850	50	12.344	76	40.205
25	3.1690	51	12.970	77	41.905
26	3.3629	52	13.623	78	43.665
27	3.5670	53	14.303	79	45.487
28	3.7818	54	15.012	80	47.373
29	4.0078	55	15.752	81	49.324
30	4.2455	56	16.522	82	51.342
31	4.4953	57	17.324	83	53.428
32	4.7578	58	18.159	84	55.585
33	5.0335	59	19.028	85	57.815
34	5.3229	60	19.932	86	60.119
35	5.6267	61	20.873	87	62.499
36	5.9453	62	21.851	88	64.958
37	6.2795	63	22.868	89	67.496
38	6.6298	64	23.925	90	70.117
39	6.9969	65	25.022	91	72.823
40	7.3814	66	26.163	92	75.614
41	7.7840	67	27.347	93	78.494
42	8.2054	68	28.576	94	81.465
43	8.6463	69	29.852	95	84.529
44	9.1075	70	31.176	96	87.688
45	9.5898	71	32.549	97	90.945
46	10.094	72	33.972	98	94.301
47	10.620	73	35.448	99	97.759
48	11.171	74	36.978	100	101.32
49	11.745	75	38.563		

附录 2.8 常见共沸混合物

（1）常见有机溶剂间的共沸混合物

共沸混合物	组分的沸点/℃	共沸物的组成（质量分数）/%	共沸物的沸点/℃
乙醇-乙酸乙酯	78.3,78.0	30:70	72.0
乙醇-苯	78.3,80.6	32:68	68.2
乙醇-氯仿	78.3,61.2	7:93	59.4
乙醇-四氯化碳	78.3,77.0	16:84	64.9
乙酸乙酯-四氯化碳	78.0,77.0	43:57	75.0
甲醇-四氯化碳	64.7,77.0	21:79	55.7
甲醇-苯	64.7,80.4	39:61	48.3
氯仿-丙酮	61.2,56.4	80:20	64.7
甲苯-乙酸	101.5,118.5	72:28	105.4
乙醇-苯-水	78.3,80.6,100	19:74:7	64.9

（2）与水形成的二元共沸物（水沸点100℃）

溶剂	沸点/℃	共沸点/℃	含水量/%	溶剂	沸点/℃	共沸点/℃	含水量/%
氯仿	61.2	56.1	2.5	甲苯	110.5	85.0	20
四氯化碳	77.0	66.0	4.0	正丙醇	97.2	87.7	28.8
苯	80.4	69.2	8.8	异丁醇	108.4	89.9	88.2
丙烯腈	78.0	70.0	13.0	二甲苯	137~40.5	92.0	37.5
二氯乙烷	83.7	72.0	19.5	正丁醇	117.7	92.2	37.5
乙腈	82.0	76.0	16.0	吡啶	115.5	94.0	42
乙醇	78.3	78.1	4.4	异戊醇	131.0	95.1	49.6
乙酸乙酯	77.1	70.4	8.0	正戊醇	138.3	95.4	44.7
异丙醇	82.4	80.4	12.1	氯乙醇	129.0	97.8	59.0
乙醚	35	34	1.0	二硫化碳	46	44	2.0
甲酸	101	107	26				

附录 2.9　溶解度

（1）常见无机化合物在水中的溶解度

化学式	0℃	20℃	40℃	60℃	80℃	100℃
$AgNO_3$	122	216	311	440	585	733
Ag_2SO_4	0.57	0.8	0.98	1.15	1.3	1.41
$AlCl_3$	43.9	45.8	47.3	48.1	48.6	49
$Al(NO_3)_3$	60	73.9	88.7	106	132	160
$Al_2(SO_4)_3$	31.2	36.4	45.8	59.2	73	89
$BaCl_2 \cdot 2H_2O$	31.2	35.8	40.8	46.2	52.5	59.4
$Ba(OH)_2$	1.67	3.89	8.22	20.94	101.4	—
$CaCl_2 \cdot 6H_2O$	59.5	74.5	128	137	147	159
$Ca(NO_3)_2 \cdot 4H_2O$	102	129	191	—	358	363
$Ca(OH)_2$	0.189	0.173	0.141	0.121	0.094	0.076
$CoCl_2$	43.5	52.9	69.5	93.8	97.6	106
$CuCl_2$	68.6	73	87.6	96.5	104	120
$Cu(NO_3)_2$	83.5	125	163	182	208	247
$CuSO_4 \cdot 5H_2O$	23.1	32	44.6	61.8	83.8	114
$FeCl_3 \cdot 6H_2O$	74.4	91.8			525.8	535.7
$Fe(NO_3)_2 \cdot 6H_2O$	113	—	—	266	—	—
$FeSO_4 \cdot 7H_2O$	28.8	48	73.3	100.7	79.9	57.8
H_3BO_3	2.67	5.04	8.72	14.81	23.62	40.25
HCl[①]	82.3	72.6	63.3	56.1	—	—
$H_2C_2O_4$	3.54	9.52	21.52	44.32	84.5	—
$HgCl_2$	3.63	6.57	10.2	16.3	30	61.3
I_2	0.014	0.029	0.052	0.1	0.225	0.445
KBr	53.5	65.3	75.4	85.5	95	104
$KBrO_3$	3.09	6.91	13.1	22.7	34.1	49.9

化学式	0℃	20℃	40℃	60℃	80℃	100℃
$K_2C_2O_4$	25.5	36.4	43.8	53.2	63.6	75.3
KCl	28	34.2	40.1	45.8	51.3	56.3
$KClO_3$	3.3	7.3	13.9	23.8	37.6	56.3
$KClO_4$	0.76	1.68	3.73	7.3	13.4	22.3
KSCN	177	224	289	372	492	675
K_2CO_3	105	111	117	127	140	156
K_2CrO_4	56.3	63.7	67.8	70.1	72.1	75.6
$K_2Cr_2O_7$	4.7	12.3	26.3	45.6	73	80
$K_4Fe(CN)_6$	14.3	28.2	41.4	54.8	66.9	74.2
$KHC_4H_4O_6$	0.231	0.523	—	—	—	—
$KHCO_3$	22.5	33.7	47.5	65.6	—	—
$KHSO_4$	36.2	48.6	61	76.4	96.1	122
KI	128	144	162	176	192	208
KIO_3	4.6	8.08	12.6	18.3	24.8	32.3
KI	128	144	162	176	192	208
KIO_3	4.6	8.08	12.6	18.3	24.8	32.3
$KMnO_4$	2.83	6.34	12.6	22.1	—	—
KNO_2	279	306	329	348	376	410
KNO_3	13.9	31.6	61.3	106	167	245
KOH	95.7	112	134	154	—	178
$MgCl_2$	52.9	54.6	57.5	61	66.1	73.3
$MnCl_2$	63.4	73.9	88.5	109	113	115
$Mn(NO_3)_2$	102	139	—	—	—	—
MnC_2O_4	0.02	0.028	—	—	—	—
$MnSO_4$	52.9	62.9	60	53.6	45.6	35.3
NH_4Cl	29.4	37.2	45.8	55.3	65.6	77.3
$Na_2B_4O_7$	1.11	2.56	6.67	19	31.4	52.5
$Na_2C_2O_4$	2.69	3.41	4.18	4.93	5.71	6.5
NaCl	35.7	35.9	36.4	37.1	38	39.2
Na_2CO_3	7	21.5	49	46	43.9	—
$NaHCO_3$	7	9.6	12.7	16	—	—
NaH_2PO_4	56.5	86.9	133	172	211	—
Na_2HPO_4	1.68	7.83	55.3	82.8	92.3	104
$NaNO_3$	73	87.6	102	122	148	180
$NaNO_2$	71.2	80.8	94.9	111	133	160
NaOH	—	109	129	174	—	—
Na_3PO_4	4.5	12.1	20.2	29.9	60	77
Na_2SO_3	14.4	26.3	37.2	32.6	29.4	—
Na_2SO_4	4.9	19.5	48.8	45.3	43.7	42.5
$Na_2SO_4 \cdot 7H_2O$	19.5	44.1	—	—	—	—
$Na_2S_2O_3 \cdot 5H_2O$	50.2	70.1	104	—	—	—
$NaVO_3$	—	19.3	26.3	33	40.8	—
$PbCl_2$	0.67	1	1.42	1.94	2.54	3.2
PbI_2	0.044	0.069	0.124	0.193	0.294	0.42

化学式	0℃	20℃	40℃	60℃	80℃	100℃
$Pb(NO_2)_2$	37.5	54.3	72.1	91.6	111	133
$SnCl_2$	83.9	259.8(288)	—	—	—	—
$SrCl_2$	43.5	52.9	65.3	81.8	90.5	101
$Zn(NO_3)_2$	98	118.3	211	—	—	—
$ZnSO_4$	41.6	53.8	70.5	75.4	71.1	60.5

① 表示在压力 $1.01325 \times 10^5 Pa$ 下。

注：1. 摘自 John A. Dean. Lange's Handbook of Chemistry. 13th ed.，1985.

2. 表中括号内数据指温度（K）。

（2）气体在水中的溶解度

气体	0℃	10℃	20℃	30℃	40℃	60℃
Br_2	42.9	24.8	14.9	9.5	6.3	2.9
Cl_2	—	0.9972	0.7293	0.5723	0.4590	0.3295
CO	0.004397	0.003479	0.002838	0.002405	0.002075	0.001522
CO_2	0.3346	0.2318	0.1688	0.1257	0.0973	0.0576
H_2	0.0001922	0.0001740	0.0001603	0.0001474	0.0001384	0.0001178
H_2S	0.7066	0.5112	0.3846	0.2938	0.2361	0.1480
N_2	0.002942	0.002312	0.001901	0.001624	0.001391	0.001052
NH_3	89.5	68.4	52.9	41.0	31.6	16.8
NO	0.009833	0.007560	0.006173	0.005165	0.004394	0.003237
O_2	0.006945	0.005368	0.004339	0.003588	0.003082	0.002274
SO_2	22.83	16.21	11.28	7.80	5.41	—

注：1. 气体在水中的溶解度，表示在一定温度（℃）下，当给定化学式的气体压力加水的蒸气压为 101.3kPa 时，该气体在 100g H_2O 中溶解的克数，单位为 g/100g H_2O。

2. 摘自 John A. Dean. Lange's Handbook of Chemistry. 15th Ed.，1998，5：3-8.

附录 2.10　常见离子鉴定方法

（1）常见阳离子的鉴定方法

阳离子	鉴定方法	条件及干扰
Na^+	取 2 滴 Na^+ 试液,加 8 滴醋酸铀酰锌试剂,放置数分钟。用玻璃棒摩擦器壁,有淡黄色的晶状沉淀出现,表示有 Na^+ : $3UO_2^{2+}+Zn^{2+}+Na^++9Ac^-+9H_2O \Longrightarrow$ $3UO_2(Ac)_2 \cdot Zn(Ac)_2 \cdot NaAc \cdot 9H_2O$	1. 在中性或醋酸酸性溶液中进行,强酸强碱均能使试剂分解。需加入大量试剂,用玻璃棒摩擦器壁 2. 大量 K^+ 存在时,可能生成 $KAc \cdot UO_2(Ac)_2$ 的针状结晶。如试液中有大量 K^+ 时用水冲稀 3 倍后试验。Ag^+、Hg^{2+}、Sb^{3+} 有干扰,PO_4^{3-}、AsO_4^{3-} 能使试剂分解,应预先除去
K^+	取 2 滴 K^+ 试液,加 3 滴六硝基合钴酸钠 {$Na_3[Co(NO_2)_6]$} 溶液,放置片刻,有黄色的 $K_2Na[Co(NO_2)_6]$ 沉淀析出,表示有 K^+ : $2K^++Na^++[Co(NO_2)_6]^{3-} \Longrightarrow$ $K_2Na[Co(NO_2)_6] \downarrow$	1. 鉴定宜在中性微酸性溶液中进行,因酸碱都能分解试剂中的 $[Co(NO_2)_6]^{3-}$ 2. NH_4^+ 与试剂生成橙色沉淀 $(NH_4)_2Na[Co(NO_2)_6]$ 而干扰,但在沸水中加热 1～2min 后 $(NH_4)_2Na[Co(NO_2)_6]$ 完全分解,$K_2Na[Co(NO_2)_6]$ 无变化,故可在 NH_4^+ 浓度大于 K^+ 浓度 100 倍时,鉴定 K^+

阳离子	鉴定方法	条件及干扰
NH_4^+	气室法:用干燥、洁净的表面皿两块(一大一小)。在大的一块表面皿中心放 3 滴 NH_4^+ 试液,再加 3 滴 6mol/L NaOH 溶液,混合均匀。在小的一块表面皿中心黏附一小条潮湿的酚酞试纸,盖在大的表面皿上做成气室。将此气室放在水浴上微热 2min,酚酞试纸变红,表示有 NH_4^+	这是 NH_4^+ 的特征反应
Mg^{2+}	取 2 滴 Mg^{2+} 试液,加 2 滴 2mol/L NaOH 溶液,1 滴镁试剂(I),沉淀呈天蓝色,表示有 Mg^{2+}。对硝基苯偶氮苯二酚俗称镁试剂(I),在碱性环境下呈红色或红紫色,被 $Mg(OH)_2$ 吸附后则呈天蓝色	1. 反应必须在碱性溶液中进行,如[NH_4^+]过大,由于它降低了[OH^-],因而妨碍 Mg^{2+} 的检出,故在鉴定前需加碱煮沸,以除去大量的 NH_4^+ 2. Ag^+、Hg_2^{2+}、Hg^{2+}、Cu^{2+}、Co^{2+}、Ni^{2+}、Mn^{2+}、Cr^{3+}、Fe^{3+} 及大量 Ca^{2+} 干扰反应,应预先除去
Ca^{2+}	取 2 滴 Ca^{2+} 试液,滴加饱和(NH_4)$_2C_2O_4$ 溶液,有白色的 CaC_2O_4 沉淀形成,表示有 Ca^{2+}	1. 反应在 HAc 酸性、中性、碱性中进行 2. Mg^{2+}、Sr^{2+}、Ba^{2+} 有干扰,但 MgC_2O_4 溶于醋酸,CaC_2O_4 不溶,Sr^{2+}、Ba^{2+} 在鉴定前应除去
Ba^{2+}	取 2 滴 Ba^{2+} 试液,加 1 滴 0.1mol/L K_2CrO_4 溶液,有 $BaCrO_4$ 黄色沉淀生成,表示有 Ba^{2+}	在 HAc-NH_4Ac 缓冲溶液中进行反应
Al^{3+}	取 1 滴 Al^{3+} 试液,加 2~3 滴水,加 2 滴 3mol/L NH_4Ac,2 滴铝试剂,搅拌,微热片刻,加 6mol/L 氨水至碱性,红色沉淀不消失,表示有 Al^{3+}	1. 在 HAc-NH_4Ac 的缓冲溶液中进行 2. Cr^{3+}、Fe^{3+}、Bi^{3+}、Cu^{2+}、Ca^{2+} 等离子在 HAc 缓冲溶液中也能与铝试剂生成红色化合物而干扰,但加入氨水碱化后,Cr^{3+}、Cu^{2+} 的化合物即分解,加入(NH_4)$_2CO_3$,可使 Ca^{2+} 的化合物生成 $CaCO_3$ 而分解,Fe^{3+}、Bi^{3+}(包括 Cu^{2+})可预先加 NaOH 形成沉淀而分离
Cr^{3+}	取 3 滴 Cr^{3+} 试液,加 6mol/L NaOH 溶液直到生成的沉淀溶解,搅动后加 4 滴 3% 的 H_2O_2,水浴加热,溶液颜色由绿变黄,继续加热直至剩余的 H_2O_2 分解完,冷却,加 6mol/L HAc 酸化,加 2 滴 0.1mol/L $Pb(NO_3)_2$ 溶液,生成黄色 $PbCrO_4$ 沉淀,表示有 Cr^{3+}, $Cr^{3+}+4OH^- \Longrightarrow CrO_2^-+2H_2O$ $2CrO_2^-+3H_2O_2+2OH^- \Longrightarrow 2CrO_4^{2-}+4H_2O$ $Pb^{2+}+CrO_4^{2-} \Longrightarrow PbCrO_4 \downarrow$	1. 在强碱性介质中,H_2O_2 将 Cr^{3+} 氧化为 CrO_4^{2-} 2. 形成 $PbCrO_4$ 的反应必须在弱酸性(HAc)溶液中进行
Fe^{3+}	取 1 滴 Fe^{3+} 试液放在白滴板上,加 1 滴 K_4[$Fe(CN)_6$] 溶液,生成蓝色沉淀,表示有 Fe^{3+}	1. K_4[$Fe(CN)_6$] 不溶于强酸,但被强碱分解生成氢氧化物,故反应在酸性溶液中进行 2. 其他阳离子与试剂生成的有色化合物的颜色不及 Fe^{3+} 的鲜明,故可在其他离子存在时鉴定 Fe^{3+},如大量存在 Cu^{2+}、Co^{2+}、Ni^{2+} 等离子,也有干扰,分离后再作鉴定
Fe^{2+}	取 1 滴 Fe^{2+} 试液在白滴板上,加 1 滴 K_3[$Fe(CN)_6$] 溶液,出现蓝色沉淀,表示有 Fe^{2+}	1. 本法灵敏度、选择性都很高,仅在大量重金属离子存在而[Fe^{2+}]很低时,现象不明显 2. 反应在酸性溶液中进行
Mn^{2+}	取 1 滴 Mn^{2+} 试液,加 10 滴水,5 滴 2mol/L HNO_3 溶液,然后加固体 $NaBiO_3$,搅拌,水浴加热,形成紫色溶液,表示有 Mn^{2+}	1. 在 HNO_3 或 H_2SO_4 酸性溶液中进行 2. 本组其他离子无干扰 3. 还原剂(Cl^-、Br^-、I^-、H_2O_2 等)有干扰

阳离子	鉴定方法	条件及干扰
Zn^{2+}	取 2 滴 Zn^{2+} 试液,用 2mol/L HAc 酸化,加等体积 $(NH_4)_2Hg(SCN)_4$ 溶液,摩擦器壁,生成白色沉淀,表示有 Zn^{2+}: $Zn^{2+}+Hg(SCN)_4^{2-} \!=\!\!=\!\! ZnHg(SCN)_4 \downarrow$ 或在极稀的 $CuSO_4$ 溶液($<0.2g/L$)中,加 $(NH_4)_2Hg(SCN)_4$ 溶液,加 Zn^{2+} 试液,摩擦器壁,若迅速得到紫色混晶,表示有 Zn^{2+} 也可用极稀的 $CoCl_2$($<0.2g/L$)溶液代替 Cu^{2+} 溶液,则得蓝色混晶	1. 在中性或微酸性溶液中进行 2. Cu^{2+} 形成 $CuHg(SCN)_4$ 黄绿色沉淀,少量 Cu^{2+} 存在时,形成铜锌紫色混晶更有利于观察 3. 少量 Co^{2+} 存在时,形成钴锌蓝色混晶,有利于观察 4. Cu^{2+}、Co^{2+} 含量大时干扰,Fe^{3+} 有干扰
Co^{2+}	取 1～2 滴 Co^{2+} 试液,加饱和 NH_4SCN 溶液,加 5～6 滴戊醇溶液,振荡,静置,有机层呈蓝绿色,表示有 Co^{2+}	1. 配合物在水中解离度大,故用浓 NH_4SCN 溶液,并用有机溶剂萃取,增加它的稳定性 2. Fe^{3+} 有干扰,加 NaF 掩蔽。大量 Cu^{2+} 也干扰。大量 Ni^{2+} 存在时溶液呈浅蓝色,干扰反应
Ni^{2+}	取 1 滴 Ni^{2+} 试液放在白滴板上,加 1 滴 6mol/L 氨水,加 1 滴丁二酮肟,稍等片刻,在凹槽四周形成红色沉淀表示有 Ni^{2+}	1. 在氨性溶液中进行,但氨不宜太多。沉淀溶于酸、强碱,故合适的酸度 pH=5～10 2. Fe^{2+}、Pd^{2+}、Cu^{2+}、Co^{2+}、Fe^{3+}、Cr^{3+}、Mn^{2+} 等干扰,可事先把 Fe^{2+} 氧化成 Fe^{3+},加柠檬酸或酒石酸掩蔽 Fe^{3+} 和其他离子
Cu^{2+}	取 1 滴 Cu^{2+} 试液,加 1 滴 6mol/L HAc 酸化,加 1 滴 $K_4[Fe(CN)_6]$ 溶液,红棕色沉淀出现,表示有 Cu^{2+} $2Cu^{2+}+[Fe(CN)_6]^{4-} \!=\!\!=\!\! Cu_2[Fe(CN)_6] \downarrow$	1. 在中性或弱酸性溶液中进行。如试液为强酸性,则用 3mol/L NaAc 调至弱酸性后进行。沉淀不溶于稀酸,溶于氨水,生成 $Cu(NH_3)_4^{2+}$,与强碱生成 $Cu(OH)_2$ 2. Fe^{3+} 以及大量的 Co^{2+}、Ni^{2+} 会干扰
Pb^{2+}	取 2 滴 Pb^{2+} 试液,加 2 滴 0.1mol/L K_2CrO_4 溶液,生成黄色沉淀,表示有 Pb^{2+}	1. 在 HAc 溶液中进行,沉淀溶于强酸,溶于碱则生成 PbO_2^{2-} 2. Ba^{2+}、Bi^{3+}、Hg^{2+}、Ag^+ 等干扰
Hg^{2+}	取 1 滴 Hg^{2+} 试液,加 1mol/L KI 溶液,使生成沉淀后又溶解,加 2 滴 $KI-Na_2SO_3$ 溶液,2～3 滴 Cu^{2+} 溶液,生成橘黄色沉淀,表示有 Hg^{2+}: $Hg^{2+}+4I^- \!=\!\!=\!\! HgI_4^{2-}$ $2Cu^{2+}+4I^- \!=\!\!=\!\! 2CuI \downarrow +I_2$ $2CuI+HgI_4^{2-} \!=\!\!=\!\! Cu_2HgI_4+2I^-$ 反应生成的 I_2 由 Na_2SO_3 除去	1. Pd^{2+} 因有下面的反应而干扰: $2CuI+Pd^{2+} \!=\!\!=\!\! PdI_2+2Cu^+$ 产生的 PdI_2 使 CuI 变黑 2. CuI 是还原剂,须考虑到氧化剂的干扰(Ag^+、Hg^{2+}、Au^{3+}、Pt^{4+}、Fe^{3+}、Ce^{4+} 等)。钼酸盐和钨酸盐与 CuI 反应生成低氧化物(钼蓝、钨蓝)而干扰
Sn^{4+}, Sn^{2+}	取 2～3 滴 Sn^{4+} 试液,加镁片 2～3 片,不断搅拌,待反应完全后加 2 滴 6mol/L HCl,微热,此时 Sn^{4+} 还原为 Sn^{2+},鉴定时取 2 滴 Sn^{2+} 试液,加 1 滴 0.1mol/L $HgCl_2$ 溶液,生成白色沉淀,表示有 Sn^{2+}	反应的特效性较好
Ag^+	取 2 滴 Ag^+ 试液,加 2 滴 2mol/L HCl,搅动,水浴加热,离心分离。在沉淀上加 4 滴 6mol/L 氨水,微热,沉淀溶解,再加 6mol/L HNO_3 酸化,白色沉淀重又出现,表示有 Ag^+	

(2) 常见阴离子鉴定方法

阴离子	鉴定方法	条件及干扰
SO_4^{2-}	试液用 6mol/L HCl 酸化,加 2 滴 0.5mol/L $BaCl_2$ 溶液,白色沉淀析出,表示有 SO_4^{2-}	
SO_3^{2-}	取 1 滴 $ZnSO_4$ 饱和溶液,加 1 滴 $K_4[Fe(CN)_6]$ 于白滴板中,即有白色 $Zn_2[Fe(CN)_6]$ 沉淀产生,继续加入 1 滴 $Na_2[Fe(CN)_5NO]$,1 滴 SO_3^{2-} 试液(中性),则白色沉淀转化为红色 $Zn_2[Fe(CN)_5NOSO_3]$ 沉淀,表示有 SO_3^{2-}	1. 酸能使沉淀消失,故酸性溶液必须以氨水中和 2. S^{2-} 有干扰,必须除去
$S_2O_3^{2-}$	取 2 滴试液,加 2 滴 2mol/L HCl 溶液,加热,白色浑浊出现,表示有 $S_2O_3^{2-}$	
S^{2-}	取 3 滴 S^{2-} 试液,加稀 H_2SO_4 酸化,用 $Pb(Ac)_2$ 试纸检验放出的气体,试纸变黑,表示有 S^{2-}	
CO_3^{2-}	浓度较大的 CO_3^{2-} 溶液,用 6mol/L HCl 酸化,产生的 CO_2 气体使澄清的石灰水或 $Ba(OH)_2$ 溶液变浑浊,表示有 CO_3^{2-}	1. 当过量的 CO_2 存在时,$BaCO_3$ 沉淀可能转化为可溶性的酸式碳酸盐 2. $Ba(OH)_2$ 极易吸收空气中的 CO_2 而变浑浊,故须用澄清溶液,迅速操作,得到较浓厚的沉淀方可判断 CO_3^{2-} 存在,初学者可作空白试验对照 3. SO_3^{2-}、$S_2O_3^{2-}$ 妨碍鉴定,可预先加入 H_2O_2 或 $KMnO_4$ 等氧化剂,使 SO_3^{2-}、$S_2O_3^{2-}$ 氧化成 SO_4^{2-},再作鉴定
PO_4^{3-}	取 3 滴 PO_4^{3-} 试液,加氨水至呈碱性,加入过量镁铵试剂,如果没有立即生成沉淀,用玻璃棒摩擦器壁,放置片刻,析出白色晶状沉淀 $MgNH_4PO_4$,表示有 PO_4^{3-}	1. 在 $NH_3 \cdot H_2O$-NH_4Cl 缓冲溶液中进行,沉淀能溶于酸,但碱性太强可能生成 $Mg(OH)_2$ 沉淀 2. AsO_4^{3-} 生成相似的沉淀($MgNH_4AsO_4$),浓度不太大时不生成
Cl^-	取 2 滴 Cl^- 试液,加 6mol/L HNO_3 酸化,加 0.1mol/L $AgNO_3$ 至沉淀完全,离心分离。在沉淀上加 5～8 滴银氨溶液,搅动,加热,沉淀溶解,再加 6mol/L HNO_3 酸化,白色沉淀重又出现,表示有 Cl^-	
Br^-	取 2 滴 Br^- 试液,加入数滴 CCl_4,滴入氯水,振荡,有机层显红棕色或金黄色,表示有 Br^-	如氯水过量,生成 BrCl,使有机层显淡黄色
I^-	取 2 滴 I^- 试液,加入数滴 CCl_4,滴加氯水,振荡,有机层显紫色,表示有 I^-	1. 在弱碱性、中性或酸性溶液中,氯水将 $I^- \longrightarrow I_2$ 2. 过量氯水将 $I_2 \longrightarrow IO_3^-$,有机层紫色褪去
NO_2^-	取 1 滴 NO_2^- 试液,加 6mol/L HAc 酸化,加 1 滴对氨基苯磺酸,1 滴 α-萘胺,溶液显红紫色,表示有 NO_2^-	1. 反应的灵敏度高,选择性好; 2. NO_2^- 浓度大时,红紫色很快褪去,生成褐色沉淀或黄色溶液
NO_3^-	当 NO_2^- 不存在时,取 3 滴 NO_3^- 试液,用 6mol/L HAc 酸化,再加 2 滴,加少许镁片搅动,NO_3^- 被还原为 NO_2^-,取 2 滴上层溶液,按照 NO_2^- 的鉴定方法进行鉴定	

附录 2.11　弱酸、弱碱的解离常数

（1）无机酸在水溶液中的解离常数（25℃）

名称	化学式	K_a	pK_a
偏铝酸	$HAlO_2$	6.3×10^{-13}	12.2
亚砷酸	H_3AsO_3	6.0×10^{-10}	9.22
砷酸	H_3AsO_4	$6.3 \times 10^{-3}(K_1)$	2.2
		$1.05 \times 10^{-7}(K_2)$	6.98
		$3.2 \times 10^{-12}(K_3)$	11.5
硼酸	H_3BO_3	$5.8 \times 10^{-10}(K_1)$	9.24
		$1.8 \times 10^{-13}(K_2)$	12.74
		$1.6 \times 10^{-14}(K_3)$	13.8
次溴酸	$HBrO$	2.4×10^{-9}	8.62
氢氰酸	HCN	6.2×10^{-10}	9.21
碳酸	H_2CO_3	$4.2 \times 10^{-7}(K_1)$	6.38
		$5.6 \times 10^{-11}(K_2)$	10.25
次氯酸	$HClO$	3.2×10^{-8}	7.5
氢氟酸	HF	6.61×10^{-4}	3.18
锗酸	H_2GeO_3	$1.7 \times 10^{-9}(K_1)$	8.78
		$1.9 \times 10^{-13}(K_2)$	12.72
高碘酸	HIO_4	2.8×10^{-2}	1.56
亚硝酸	HNO_2	5.1×10^{-4}	3.29
次磷酸	H_3PO_2	5.9×10^{-2}	1.23
亚磷酸	H_3PO_3	$5.0 \times 10^{-2}(K_1)$	1.3
		$2.5 \times 10^{-7}(K_2)$	6.6
磷酸	H_3PO_4	$7.52 \times 10^{-3}(K_1)$	2.12
		$6.31 \times 10^{-8}(K_2)$	7.2
		$4.4 \times 10^{-13}(K_3)$	12.36
焦磷酸	$H_4P_2O_7$	$3.0 \times 10^{-2}(K_1)$	1.52
		$4.4 \times 10^{-3}(K_2)$	2.36
		$2.5 \times 10^{-7}(K_3)$	6.6
		$5.6 \times 10^{-10}(K_4)$	9.25
氢硫酸	H_2S	$1.3 \times 10^{-7}(K_1)$	6.88
		$7.1 \times 10^{-15}(K_2)$	14.15
亚硫酸	H_2SO_3	$1.23 \times 10^{-2}(K_1)$	1.91
		$6.6 \times 10^{-8}(K_2)$	7.18
硫酸	H_2SO_4	$1.0 \times 10^{3}(K_1)$	-3
		$1.02 \times 10^{-2}(K_2)$	1.99
硫代硫酸	$H_2S_2O_3$	$2.52 \times 10^{-1}(K_1)$	0.6
		$1.9 \times 10^{-2}(K_2)$	1.72
氢硒酸	H_2Se	$1.3 \times 10^{-4}(K_1)$	3.89
		$1.0 \times 10^{-11}(K_2)$	11

名称	化学式	K_a	pK_a
亚硒酸	H_2SeO_3	$2.7 \times 10^{-3}(K_1)$	2.57
		$2.5 \times 10^{-7}(K_2)$	6.6
硒酸	H_2SeO_4	$1 \times 10^3(K_1)$	-3
		$1.2 \times 10^{-2}(K_2)$	1.92
硅酸	H_2SiO_3	$1.7 \times 10^{-10}(K_1)$	9.77
		$1.6 \times 10^{-12}(K_2)$	11.8
亚碲酸	H_2TeO_3	$2.7 \times 10^{-3}(K_1)$	2.57
		$1.8 \times 10^{-8}(K_2)$	7.74

（2）无机碱在水溶液中的解离常数（25℃）

名称	化学式	K_b	pK_b
氢氧化铝	$Al(OH)_3$	$1.38 \times 10^{-9}(K_3)$	8.86
氢氧化银	$AgOH$	1.10×10^{-4}	3.96
氢氧化钙	$Ca(OH)_2$	3.72×10^{-3}	2.43
		3.98×10^{-2}	1.4
氨水	$NH_3 + H_2O$	1.78×10^{-5}	4.75
肼(联氨)	$N_2H_4 + H_2O$	$9.55 \times 10^{-7}(K_1)$	6.02
		$1.26 \times 10^{-15}(K_2)$	14.9
羟氨	$NH_2OH + H_2O$	9.12×10^{-9}	8.04
氢氧化铅	$Pb(OH)_2$	$9.55 \times 10^{-4}(K_1)$	3.02
		$3.0 \times 10^{-8}(K_2)$	7.52
氢氧化锌	$Zn(OH)_2$	9.55×10^{-4}	3.02

（3）有机碱在水溶液中的解离常数（25℃）

名称	化学式	K_b	pK_b
甲胺	CH_3NH_2	4.17×10^{-4}	3.38
尿素(脲)	$CO(NH_2)_2$	1.5×10^{-14}	13.82
乙胺	$CH_3CH_2NH_2$	4.27×10^{-4}	3.37
乙醇胺	$H_2N(CH_2)_2OH$	3.16×10^{-5}	4.5
乙二胺	$H_2N(CH_2)_2NH_2$	$8.51 \times 10^{-5}(K_1)$	4.07
		$7.08 \times 10^{-8}(K_2)$	7.15
二甲胺	$(CH_3)_2NH$	5.89×10^{-4}	3.23
三甲胺	$(CH_3)_3N$	6.31×10^{-5}	4.2
三乙胺	$(C_2H_5)_3N$	5.25×10^{-4}	3.28
丙胺	$C_3H_7NH_2$	3.70×10^{-4}	3.432
异丙胺	$i\text{-}C_3H_7NH_2$	4.37×10^{-4}	3.36
1,3-丙二胺	$NH_2(CH_2)_3NH_2$	$2.95 \times 10^{-4}(K_1)$	3.53
		$3.09 \times 10^{-6}(K_2)$	5.51
1,2-丙二胺	$CH_3CH(NH_2)CH_2NH_2$	$5.25 \times 10^{-5}(K_1)$	4.28
		$4.05 \times 10^{-8}(K_2)$	7.393

名称	化学式	K_b	pK_b
三丙胺	$(CH_3CH_2CH_2)_3N$	4.57×10^{-4}	3.34
三乙醇胺	$(HOCH_2CH_2)_3N$	5.75×10^{-7}	6.24
丁胺	$C_4H_9NH_2$	4.37×10^{-4}	3.36
异丁胺	$C_4H_9NH_2$	2.57×10^{-4}	3.59
叔丁胺	$C_4H_9NH_2$	4.84×10^{-4}	3.315
己胺	$H(CH_2)_6NH_2$	4.37×10^{-4}	3.36
辛胺	$H(CH_2)_8NH_2$	4.47×10^{-4}	3.35
苯胺	$C_6H_5NH_2$	3.98×10^{-10}	9.4
苄胺	C_7H_9N	2.24×10^{-5}	4.65
环己胺	$C_6H_{11}NH_2$	4.37×10^{-4}	3.36
吡啶	C_5H_5N	1.48×10^{-9}	8.83
六亚甲基四胺	$(CH_2)_6N_4$	1.35×10^{-9}	8.87
2-氯酚	C_6H_5ClO	3.55×10^{-6}	5.45
3-氯酚	C_6H_5ClO	1.26×10^{-5}	4.9
4-氯酚	C_6H_5ClO	2.69×10^{-5}	4.57
邻氨基苯酚	$(o)H_2NC_6H_4OH$	5.2×10^{-5} 1.9×10^{-5}	4.28 4.72
间氨基苯酚	$(m)H_2NC_6H_4OH$	7.4×10^{-5} 6.8×10^{-5}	4.13 4.17
对氨基苯酚	$(p)H_2NC_6H_4OH$	2.0×10^{-4} 3.2×10^{-6}	3.7 5.5
邻甲苯胺	$(o)CH_3C_6H_4NH_2$	2.82×10^{-10}	9.55
间甲苯胺	$(m)CH_3C_6H_4NH_2$	5.13×10^{-10}	9.29
对甲苯胺	$(p)CH_3C_6H_4NH_2$	1.20×10^{-9}	8.92
8-羟基喹啉(20℃)	$8-HOC_9H_6N$	6.5×10^{-5}	4.19
二苯胺	$(C_6H_5)_2NH$	7.94×10^{-14}	13.1
联苯胺	$H_2NC_6H_4C_6H_4NH_2$	$5.01\times10^{-10}(K_1)$ $4.27\times10^{-11}(K_2)$	9.3 10.37

附录 2.12　溶度积常数

化合物	溶度积	化合物	溶度积	化合物	溶度积
醋酸盐		卤化物		卤化物	
$AgAc^②$	1.94×10^{-3}	$CaF_2^①$	5.3×10^{-9}	HgI_2	2.9×10^{-29}
卤化物		$CuBr^①$	5.3×10^{-9}	$PbBr_2$	6.60×10^{-6}
$AgBr^①$	5.0×10^{-13}	$CuCl^①$	1.2×10^{-6}	$PbCl_2^①$	1.6×10^{-5}
$AgCl^①$	1.8×10^{-10}	$CuI^①$	1.1×10^{-12}	PbF_2	3.3×10^{-8}
$AgI^①$	8.3×10^{-17}	$Hg_2Cl_2^①$	1.3×10^{-18}	$PbI_2^①$	7.1×10^{-9}
BaF_2	1.84×10^{-7}	$Hg_2I_2^①$	4.5×10^{-29}	SrF_2	4.33×10^{-9}

化合物	溶度积	化合物	溶度积	化合物	溶度积
碳酸盐		**氢氧化物**		**硫化物**	
Ag_2CO_3	8.45×10^{-12}	$Mg(OH)_2$[1]	1.8×10^{-11}	MnS(晶形)[1]	2.5×10^{-13}
$BaCO_3$[1]	5.1×10^{-9}	$Mn(OH)_2$[1]	1.9×10^{-13}	NiS[2]	1.07×10^{-21}
$CaCO_3$	3.36×10^{-9}	$Ni(OH)_2$(新制备)[1]	2.0×10^{-15}	PbS[1]	8.0×10^{-28}
$CdCO_3$	1.0×10^{-12}	$Pb(OH)_2$[1]	1.2×10^{-15}	SnS[1]	1×10^{-25}
$CuCO_3$[1]	1.4×10^{-10}	$Sn(OH)_2$[1]	1.4×10^{-28}	SnS_2[2]	2×10^{-27}
$FeCO_3$	3.13×10^{-11}	$Sr(OH)_2$[1]	9×10^{-4}	ZnS[2]	2.93×10^{-25}
Hg_2CO_3	3.6×10^{-17}	$Zn(OH)_2$[1]	1.2×10^{-17}	**磷酸盐**	
$MgCO_3$	6.82×10^{-6}	**草酸盐**		Ag_3PO_4[1]	1.4×10^{-16}
$MnCO_3$	2.24×10^{-11}	$Ag_2C_2O_4$	5.4×10^{-12}	$AlPO_4$[1]	6.3×10^{-19}
$NiCO_3$	1.42×10^{-7}	BaC_2O_4[1]	1.6×10^{-7}	$CaHPO_4$[1]	1×10^{-7}
$PbCO_3$[1]	7.4×10^{-14}	$CaC_2O_4\cdot H_2O$[1]	4×10^{-9}	$Ca_3(PO_4)_2$[1]	2.0×10^{-29}
$SrCO_3$	5.6×10^{-10}	CuC_2O_4	4.43×10^{-10}	$Cd_3(PO_4)_2$[2]	2.53×10^{-33}
$ZnCO_3$	1.46×10^{-10}	$FeC_2O_4\cdot2H_2O$[1]	3.2×10^{-7}	$Cu_3(PO_4)_2$	1.40×10^{-37}
铬酸盐		$Hg_2C_2O_4$	1.75×10^{-13}	$FePO_4\cdot2H_2O$	9.91×10^{-16}
Ag_2CrO_4	1.12×10^{-12}	$MgC_2O_4\cdot2H_2O$	4.83×10^{-6}	$MgNH_4PO_4$[1]	2.5×10^{-13}
$Ag_2Cr_2O_7$[1]	2.0×10^{-7}	$MnC_2O_4\cdot2H_2O$	1.70×10^{-7}	$Mg_3(PO_4)_2$	1.04×10^{-24}
$BaCrO_4$[1]	1.2×10^{-10}	PbC_2O_4[2]	8.51×10^{-10}	$Pb_3(PO_4)_2$[1]	8.0×10^{-43}
$CaCrO_4$[1]	7.1×10^{-4}	$SrC_2O_4\cdot H_2O$[1]	1.6×10^{-7}	$Zn_3(PO_4)_2$[1]	9.0×10^{-33}
$CuCrO_4$[1]	3.6×10^{-6}	$ZnC_2O_4\cdot2H_2O$	1.38×10^{-9}	**其他盐**	
Hg_2CrO_4[1]	2.0×10^{-9}	**硫酸盐**		$[Ag^+][Ag(CN)_2^-]$[1]	7.2×10^{-11}
$PbCrO_4$[1]	2.8×10^{-13}	Ag_2SO_4[1]	1.4×10^{-5}	$Ag_4[Fe(CN)_6]$[1]	1.6×10^{-41}
$SrCrO_4$[1]	2.2×10^{-5}	$BaSO_4$[1]	1.1×10^{-10}	$Cu_2[Fe(CN)_6]$[1]	1.3×10^{-16}
氢氧化物		$CaSO_4$[1]	9.1×10^{-6}	$AgSCN$	1.03×10^{-12}
$AgOH$[1]	2.0×10^{-8}	Hg_2SO_4	6.5×10^{-7}	$CuSCN$	4.8×10^{-15}
$Al(OH)_3$(无定形)[1]	1.3×10^{-33}	$PbSO_4$[1]	1.6×10^{-8}	$AgBrO_3$[1]	5.3×10^{-5}
$Be(OH)_2$(无定形)[1]	1.6×10^{-22}	$SrSO_4$[1]	3.2×10^{-7}	$AgIO_3$[1]	3.0×10^{-8}
$Ca(OH)_2$[1]	5.5×10^{-6}	**硫化物**		$Cu(IO_3)_2\cdot H_2O$	7.4×10^{-8}
$Cd(OH)_2$[1]	5.27×10^{-15}	Ag_2S[1]	6.3×10^{-50}	$KHC_4H_4O_6$(酒石酸氢钾)[2]	3×10^{-4}
$Co(OH)_2$(粉红色)[2]	1.09×10^{-15}	CdS[1]	8.0×10^{-27}		
$Co(OH)_2$(蓝色)[2]	5.92×10^{-15}	CoS(α-型)[1]	4.0×10^{-21}	Al(8-羟基喹啉)$_3$[2]	5×10^{-33}
$Co(OH)_3$[2]	1.6×10^{-44}	CoS(β-型)[1]	2.0×10^{-25}	$K_2Na[Co(NO_2)_6]\cdot H_2O$[1]	2.2×10^{-11}
$Cr(OH)_2$[1]	2×10^{-16}	Cu_2S[1]	2.5×10^{-48}		
$Cr(OH)_3$[1]	6.3×10^{-31}	CuS[1]	6.3×10^{-36}	$Na(NH_4)_2[Co(NO_2)_6]$[1]	4×10^{-12}
$Cu(OH)_2$[1]	2.2×10^{-20}	FeS[1]	6.3×10^{-18}	Ni(丁二酮肟)$_2$[2]	4×10^{-24}
$Fe(OH)_2$[1]	8.0×10^{-16}	HgS(黑色)[1]	1.6×10^{-52}	Mg(8-羟基喹啉)$_2$[2]	4×10^{-16}
$Fe(OH)_3$[1]	4×10^{-38}	HgS(红色)[1]	4×10^{-53}	Zn(8-羟基喹啉)$_2$[2]	5×10^{-25}

① 摘自 J. A. Dean. Lange's Handbook of Chemistry. 13th. edition 1985.

② 摘自 David R. Lide. Handbook of Chemistry and Physics. 78th. edition，1997-1998.

附录 2.13 标准电极电势（298.16K）

（1）在酸性溶液中

电极反应	$E^{\ominus}/V$	电极反应	$E^{\ominus}/V$
$Ag^+ + e^- \Longrightarrow Ag$	0.7996	$ClO_2 + H^+ + e^- \Longrightarrow HClO_2$	1.277
$Ag^{2+} + e^- \Longrightarrow Ag^+$	1.980	$HClO_2 + 2H^+ + 2e^- \Longrightarrow HClO + H_2O$	1.645
$AgAc + e^- \Longrightarrow Ag + Ac^-$	0.643	$HClO_2 + 3H^+ + 3e^- \Longrightarrow 1/2Cl_2 + 2H_2O$	1.628
$AgBr + e^- \Longrightarrow Ag + Br^-$	0.07133	$HClO_2 + 3H^+ + 4e^- \Longrightarrow Cl^- + 2H_2O$	1.570
$Ag_2BrO_3 + e^- \Longrightarrow 2Ag + BrO_3^-$	0.546	$ClO_3^- + 2H^+ + e^- \Longrightarrow ClO_2 + H_2O$	1.152
$Ag_2C_2O_4 + 2e^- \Longrightarrow 2Ag + C_2O_4^{2-}$	0.4647	$ClO_3^- + 3H^+ + 2e^- \Longrightarrow HClO_2 + H_2O$	1.214
$AgCl + e^- \Longrightarrow Ag + Cl^-$	0.22233	$ClO_3^- + 6H^+ + 5e^- \Longrightarrow 1/2Cl_2 + 3H_2O$	1.47
$Ag_2CO_3 + 2e^- \Longrightarrow 2Ag + CO_3^{2-}$	0.47	$ClO_3^- + 6H^+ + 6e^- \Longrightarrow Cl^- + 3H_2O$	1.451
$Ag_2CrO_4 + 2e^- \Longrightarrow 2Ag + CrO_4^{2-}$	0.4470	$ClO_4^- + 2H^+ + 2e^- \Longrightarrow ClO_3^- + H_2O$	1.189
$AgF + e^- \Longrightarrow Ag + F^-$	0.779	$ClO_4^- + 8H^+ + 7e^- \Longrightarrow 1/2Cl_2 + 4H_2O$	1.39
$AgI + e^- \Longrightarrow Ag + I^-$	-0.15224	$ClO_4^- + 8H^+ + 8e^- \Longrightarrow Cl^- + 4H_2O$	1.389
$Ag_2S + 2H + 2e^- \Longrightarrow 2Ag + H_2S$	-0.0366	$Co^{2+} + 2e^- \Longrightarrow Co$	-0.28
$AgSCN + e^- \Longrightarrow Ag + SCN^-$	0.08951	$Co^{3+} + e^- \Longrightarrow Co^{2+}(2mol/L\ H_2SO_4)$	1.83
$Ag_2SO_4 + 2e^- \Longrightarrow 2Ag + SO_4^{2-}$	0.654	$CO_2 + 2H^+ + 2e^- \Longrightarrow HCOOH$	-0.199
$Al^{3+} + 3e^- \Longrightarrow Al$	-1.662	$Cr^{2+} + 2e^- \Longrightarrow Cr$	-0.913
$AlF_6^{3-} + 3e^- = Al + 6F^-$	-2.069	$Cr^{3+} + e^- \Longrightarrow Cr^{2+}$	-0.407
$As_2O_3 + 6H^+ + 6e^- \Longrightarrow 2As + 3H_2O$	0.234	$H_3BO_3 + 3H^+ + 3e^- \Longrightarrow B + 3H_2O$	-0.8698
$HAsO_2 + 3H^+ + 3e^- \Longrightarrow As + 2H_2O$	0.248	$Ba^{2+} + 2e^- \Longrightarrow Ba$	-2.912
$H_3AsO_4 + 2H^+ + 2e^- = HAsO_2 + 2H_2O$	0.560	$Ba^{2+} + 2e^- \Longrightarrow Ba(Hg)$	-1.570
$Au^+ + e^- \Longrightarrow Au$	1.692	$Be^{2+} + 2e^- \Longrightarrow Be$	-1.847
$Au^{3+} + 3e^- \Longrightarrow Au$	1.498	$BiCl_4^- + 3e^- \Longrightarrow Bi + 4Cl^-$	0.16
$AuCl_4^- + 3e^- \Longrightarrow Au + 4Cl^-$	1.002	$Bi_2O_4 + 4H^+ + 2e^- \Longrightarrow 2BiO^+ + 2H_2O$	1.593
$Au^{3+} + 2e^- \Longrightarrow Au^+$	1.401	$BiO^+ + 2H^+ + 3e^- \Longrightarrow Bi + H_2O$	0.320
$Cd^{2+} + 2e^- \Longrightarrow Cd(Hg)$	-0.3521	$BiOCl + 2H^+ + 3e^- \Longrightarrow Bi + Cl^- + H_2O$	0.1583
$Ce^{3+} + 3e^- \Longrightarrow Ce$	-2.483	$Br_2(aq) + 2e^- \Longrightarrow 2Br^-$	1.0873
$Cl_2(g) + 2e^- \Longrightarrow 2Cl^-$	1.35827	$Br_2(l) + 2e^- \Longrightarrow 2Br^-$	1.066
$HClO + H^+ + e^- \Longrightarrow 1/2Cl_2 + H_2O$	1.611	$HBrO + H^+ + 2e^- \Longrightarrow Br^- + H_2O$	1.331
$HClO + H^+ + 2e^- \Longrightarrow Cl^- + H_2O$	1.482	$HBrO + H^+ + e^- \Longrightarrow 1/2Br_2(aq) + H_2O$	1.574
$HBrO + H^+ + e^- \Longrightarrow 1/2Br_2(l) + H_2O$	1.596	$O_2 + 4H^+ + 4e^- \Longrightarrow 2H_2O$	1.229
$BrO_3^- + 6H^+ + 5e^- \Longrightarrow 1/2Br_2 + 3H_2O$	1.482	$O(g) + 2H^+ + 2e^- \Longrightarrow H_2O$	2.421
$BrO_3^- + 6H^+ + 6e^- \Longrightarrow Br^- + 3H_2O$	1.423	$O_3 + 2H^+ + 2e^- \Longrightarrow O_2 + H_2O$	2.076
$Ca^{2+} + 2e^- \Longrightarrow Ca$	-2.868	$P(red) + 3H^+ + 3e^- \Longrightarrow PH_3(g)$	-0.111
$Cd^{2+} + 2e^- \Longrightarrow Cd$	-0.4030	$P(white) + 3H^+ + 3e^- \Longrightarrow PH_3(g)$	-0.063
$CdSO_4 + 2e^- \Longrightarrow Cd + SO_4^{2-}$	-0.246	$H_3PO_2 + H^+ + e^- \Longrightarrow P + 2H_2O$	-0.508
$H_2O_2 + 2H^+ + 2e^- \Longrightarrow 2H_2O$	1.776	$H_3PO_3 + 2H^+ + 2e^- \Longrightarrow H_3PO_2 + H_2O$	-0.499
$Hg^{2+} + 2e^- \Longrightarrow Hg$	0.851	$H_3PO_3 + 3H^+ + 3e^- \Longrightarrow P + 3H_2O$	-0.454
$2Hg^{2+} + 2e^- \Longrightarrow Hg_2^{2+}$	0.920	$H_3PO_4 + 2H^+ + 2e^- \Longrightarrow H_3PO_3 + H_2O$	-0.276
$Hg_2^{2+} + 2e^- \Longrightarrow 2Hg$	0.7973	$I_3^- + 2e^- \Longrightarrow 3I^-$	0.536
$Hg_2Br_2 + 2e^- \Longrightarrow 2Hg + 2Br^-$	0.13923	$H_5IO_6 + H^+ + 2e^- \Longrightarrow IO_3^- + 3H_2O$	1.601
$Hg_2Cl_2 + 2e^- \Longrightarrow 2Hg + 2Cl^-$	0.26808	$2HIO + 2H^+ + 2e^- \Longrightarrow I_2 + 2H_2O$	1.439

电极反应	$E^{\ominus}/V$	电极反应	$E^{\ominus}/V$
$Hg_2I_2+2e^-\Longrightarrow 2Hg+2I^-$	-0.0405	$HIO+H^++2e^-\Longrightarrow I^-+H_2O$	0.987
$Hg_2SO_4+2e^-\Longrightarrow 2Hg+SO_4^{2-}$	0.6125	$2IO_3^-+12H^++10e^-\Longrightarrow I_2+6H_2O$	1.195
$I_2+2e^-\Longrightarrow 2I^-$	0.5355	$IO_3^-+6H^++6e^-\Longrightarrow I^-+3H_2O$	1.085
$Cr^{3+}+3e^-\Longrightarrow Cr$	-0.744	$In^{3+}+2e^-\Longrightarrow In^+$	-0.443
$Cr_2O_7^{2-}+14H^++6e^-\Longrightarrow 2Cr^{3+}+7H_2O$	1.232	$In^{3+}+3e^-\Longrightarrow In$	-0.3382
$HCrO_4^-+7H^++3e^-\Longrightarrow Cr^{3+}+4H_2O$	1.350	$Ir^{3+}+3e^-\Longrightarrow Ir$	1.159
$Cu^++e^-\Longrightarrow Cu$	0.521	$K^++e^-\Longrightarrow K$	-2.931
$Cu^{2+}+e^-\Longrightarrow Cu^+$	0.153	$La^{3+}+3e^-\Longrightarrow La$	-2.522
$Cu^{2+}+2e^-\Longrightarrow Cu$	0.3419	$Li^++e^-\Longrightarrow Li$	-3.0401
$CuCl+e^-\Longrightarrow Cu+Cl^-$	0.124	$Mg^{2+}+2e^-\Longrightarrow Mg$	-2.372
$F_2+2H^++2e^-\Longrightarrow 2HF$	3.053	$Mn^{2+}+2e^-\Longrightarrow Mn$	-1.185
$F_2+2e^-\Longrightarrow 2F^-$	2.866	$Mn^{3+}+e^-\Longrightarrow Mn^{2+}$	1.5415
$Fe^{2+}+2e^-\Longrightarrow Fe$	-0.447	$MnO_2+4H^++2e^-\Longrightarrow Mn^{2+}+2H_2O$	1.224
$Fe^{3+}+3e^-\Longrightarrow Fe$	-0.037	$MnO_4^-+e^-\Longrightarrow MnO_4^{2-}$	0.558
$Fe^{3+}+e^-\Longrightarrow Fe^{2+}$	0.771	$MnO_4^-+4H^++3e^-\Longrightarrow MnO_2+2H_2O$	1.679
$[Fe(CN)_6]^{3-}+e^-\Longrightarrow [Fe(CN)_6]^{4-}$	0.358	$MnO_4^-+8H^++5e^-\Longrightarrow Mn^{2+}+4H_2O$	1.507
$FeO_4^{2-}+8H^++3e^-\Longrightarrow Fe^{3+}+4H_2O$	2.20	$MO^{3+}+3e^-\Longrightarrow MO$	-0.200
$Ga^{3+}+3e^-\Longrightarrow Ga$	-0.560	$N_2+2H_2O+6H^++6e^-\Longrightarrow 2NH_4OH$	0.092
$2H^++2e^-\Longrightarrow H_2$	0.0000	$1.5N_2+H^++e^-\Longrightarrow HN_3(aq)$	-3.09
$H_2(g)+2e^-\Longrightarrow 2H^-$	-2.23	$N_2O+2H^++2e^-\Longrightarrow N_2+H_2O$	1.766
$HO_2+H^++e^-\Longrightarrow H_2O_2$	1.495	$N_2O_4+2e^-\Longrightarrow 2NO_2^-$	0.867
$N_2O_4+2H^++2e^-\Longrightarrow 2HNO_2$	1.065	$S_2O_8^{2-}+2e^-\Longrightarrow 2SO_4^{2-}$	2.010
$N_2O_4+4H^++4e^-\Longrightarrow 2NO+2H_2O$	1.035	$S_2O_8^{2-}+2H^++2e^-\Longrightarrow 2HSO_4^-$	2.123
$2NO+2H^++2e^-\Longrightarrow N_2O+H_2O$	1.591	$2SO_3^{2-}+6H^++4e^-\Longrightarrow S_2O_3^{2-}+3H_2O$	-0.056
$HNO_2+H^++e^-\Longrightarrow NO+H_2O$	0.983	$H_2SO_3+4H^++4e^-\Longrightarrow S+3H_2O$	0.449
$2HNO_2+4H^++4e^-\Longrightarrow N_2O+3H_2O$	1.297	$SO_4^{2-}+4H^++2e^-\Longrightarrow H_2SO_3+H_2O$	0.172
$NO_3^-+3H^++2e^-\Longrightarrow HNO_2+H_2O$	0.934	$2SO_4^{2-}+4H^++2e^-\Longrightarrow S_2O_6^{2-}+2H_2O$	-0.22
$NO_3^-+4H^++3e^-\Longrightarrow NO+2H_2O$	0.957	$Sb+3H^++3e^-\Longrightarrow SbH_3$	-0.510
$2NO_3^-+4H^++2e^-\Longrightarrow N_2O_4+2H_2O$	0.803	$Sb_2O_3+6H^++6e^-\Longrightarrow 2Sb+3H_2O$	0.152
$Pb^{2+}+2e^-\Longrightarrow Pb$	-0.1262	$Sb_2O_5+6H^++4e^-\Longrightarrow 2SbO^++3H_2O$	0.581
$PbBr_2+2e^-\Longrightarrow Pb+2Br^-$	-0.284	$SbO^++2H^++3e^-\Longrightarrow Sb+H_2O$	0.212
$PbCl_2+2e^-\Longrightarrow Pb+2Cl^-$	-0.2675	$Sc^{3+}+3e^-\Longrightarrow Sc$	-2.077
$PbF_2+2e^-\Longrightarrow Pb+2F^-$	-0.3444	$Se+2H^++2e^-\Longrightarrow H_2Se(aq)$	-0.399
$PbI_2+2e^-\Longrightarrow Pb+2I^-$	-0.365	$H_2SeO_3+4H^++4e^-\Longrightarrow Se+3H_2O$	0.74
$PbO_2+4H^++2e^-\Longrightarrow Pb^{2+}+2H_2O$	1.455	$SeO_4^{2-}+4H^++2e^-\Longrightarrow H_2SeO_3+H_2O$	1.151
$PbO_2+SO_4^{2-}+4H^++2e^-\Longrightarrow PbSO_4+2H_2O$	1.6913	$SiF_6^{2-}+4e^-\Longrightarrow Si+6F^-$	-1.24
$PbSO_4+2e^-\Longrightarrow Pb+SO_4^{2-}$	-0.3588	$SiO_2(石英)+4H^++4e^-\Longrightarrow Si+2H_2O$	0.857
$Pd^{2+}+2e^-\Longrightarrow Pd$	0.951	$Sn^{2+}+2e^-\Longrightarrow Sn$	-0.1375
$PdCl_4^{2-}+2e^-\Longrightarrow Pd+4Cl^-$	0.591	$Na^++e^-\Longrightarrow Na$	-2.71
$Pt^{2+}+2e^-\Longrightarrow Pt$	1.118	$Sn^{4+}+2e^-\Longrightarrow Sn^{2+}$	0.151
$Rb^++e^-\Longrightarrow Rb$	-2.98	$Nb^{3+}+3e^-\Longrightarrow Nb$	-1.1
$Re^{3+}+3e^-\Longrightarrow Re$	0.300	$Ni^{2+}+2e^-\Longrightarrow Ni$	-0.257
$S+2H^++2e^-\Longrightarrow H_2S(aq)$	0.142	$NiO_2+4H^++2e^-\Longrightarrow Ni^{2+}+2H_2O$	1.678
$S_2O_6^{2-}+4H^++2e^-\Longrightarrow 2H_2SO_3$	0.564	$O_2+2H^++2e^-\Longrightarrow H_2O_2$	0.695

（2）在碱性溶液中

电极反应	$E^{\ominus}$/V	电极反应	$E^{\ominus}$/V
$AgCN+e^-\longrightarrow Ag+CN^-$	-0.017	$Cu(OH)_2+2e^-\longrightarrow Cu+2OH^-$	-0.222
$[Ag(CN)_2]^-+e^-\longrightarrow Ag+2CN^-$	-0.31	$2Cu(OH)_2+2e^-\longrightarrow Cu_2O+2OH^-+H_2O$	-0.080
$Ag_2O+H_2O+2e^-\longrightarrow 2Ag+2OH^-$	0.342	$[Fe(CN)_6]^{3-}+e^-\longrightarrow[Fe(CN)_6]^{4-}$	0.358
$2AgO+H_2O+2e^-\longrightarrow Ag_2O+2OH^-$	0.607	$Fe(OH)_3+e^-\longrightarrow Fe(OH)_2+OH^-$	-0.56
$Ag_2S+2e^-\longrightarrow 2Ag+S^{2-}$	-0.691	$H_2GaO_3^-+H_2O+3e^-\longrightarrow Ga+4OH^-$	-1.219
$H_2AlO_3^-+H_2O+3e^-\longrightarrow Al+4OH^-$	-2.33	$2H_2O+2e^-\longrightarrow H_2+2OH^-$	-0.8277
$AsO_2^-+2H_2O+3e^-\longrightarrow As+4OH^-$	-0.68	$Hg_2O+H_2O+2e^-\longrightarrow 2Hg+2OH^-$	0.123
$AsO_4^{3-}+2H_2O+2e^-\longrightarrow AsO_2^-+4OH^-$	-0.71	$HgO+H_2O+2e^-\longrightarrow Hg+2OH^-$	0.0977
$H_2BO_3^-+5H_2O+8e^-\longrightarrow BH_4^-+8OH^-$	-1.24	$H_3IO_6^{2-}+2e^-\longrightarrow IO_3^-+3OH^-$	0.7
$H_2BO_3^-+H_2O+3e^-\longrightarrow B+4OH^-$	-1.79	$IO^-+H_2O+2e^-\longrightarrow I^-+2OH^-$	0.485
$Ba(OH)_2+2e^-\longrightarrow Ba+2OH^-$	-2.99	$IO_3^-+2H_2O+4e^-\longrightarrow IO^-+4OH^-$	0.15
$Be_2O_3^{2-}+3H_2O+4e^-\longrightarrow 2Be+6OH^-$	-2.63	$IO_3^-+3H_2O+6e^-\longrightarrow I^-+6OH^-$	0.26
$Bi_2O_3+3H_2O+6e^-\longrightarrow 2Bi+6OH^-$	-0.46	$Ir_2O_3+3H_2O+6e^-\longrightarrow 2Ir+6OH^-$	0.098
$BrO^-+H_2O+2e^-\longrightarrow Br^-+2OH^-$	0.761	$La(OH)_3+3e^-\longrightarrow La+3OH^-$	-2.90
$BrO_3^-+3H_2O+6e^-\longrightarrow Br^-+6OH^-$	0.61	$Mg(OH)_2+2e^-\longrightarrow Mg+2OH^-$	-2.690
$Ca(OH)_2+2e^-\longrightarrow Ca+2OH^-$	-3.02	$MnO_4^-+2H_2O+3e^-\longrightarrow MnO_2+4OH^-$	0.595
$Ca(OH)_2+2e^-\longrightarrow Ca(Hg)+2OH^-$	-0.809	$MnO_4^{2-}+2H_2O+2e^-\longrightarrow MnO_2+4OH^-$	0.60
$ClO^-+H_2O+2e^-\longrightarrow Cl^-+2OH^-$	0.81	$Mn(OH)_2+2e^-\longrightarrow Mn+2OH^-$	-1.56
$ClO_2^-+H_2O+2e^-\longrightarrow ClO^-+2OH^-$	0.66	$Mn(OH)_3+e^-\longrightarrow Mn(OH)_2+OH^-$	0.15
$ClO_2^-+2H_2O+4e^-\longrightarrow Cl^-+4OH^-$	0.76	$2NO+H_2O+2e^-\longrightarrow N_2O+2OH^-$	0.76
$ClO_3^-+H_2O+2e^-\longrightarrow ClO_2^-+2OH^-$	0.33	$NO_2^-+H_2O+e^-\longrightarrow NO+2OH^-$	-0.46
$ClO_3^-+3H_2O+6e^-\longrightarrow Cl^-+6OH^-$	0.62	$NO_3^-+4H^++3e^-\longrightarrow NO+2H_2O$	0.957
$ClO_4^-+H_2O+2e^-\longrightarrow ClO_3^-+2OH^-$	0.36	$2NO_2^-+3H_2O+4e^-\longrightarrow N_2O+6OH^-$	0.15
$[Co(NH_3)_6]^{3+}+e^-\longrightarrow[Co(NH_3)_6]^{2+}$	0.108	$NO_3^-+H_2O+2e^-\longrightarrow NO_2^-+2OH^-$	0.01
$Co(OH)_2+2e^-\longrightarrow Co+2OH^-$	-0.73	$2NO_3^-+2H_2O+2e^-\longrightarrow N_2O_4+4OH^-$	-0.85
$Co(OH)_3+e^-\longrightarrow Co(OH)_2+OH^-$	0.17	$Ni(OH)_2+2e^-\longrightarrow Ni+2OH^-$	-0.72
$CrO_2^-+2H_2O+3e^-\longrightarrow Cr+4OH^-$	-1.2	$NiO_2+2H_2O+2e^-\longrightarrow Ni(OH)_2+2OH^-$	-0.490
$CrO_4^{2-}+4H_2O+3e^-\longrightarrow Cr(OH)_3+5OH^-$	-0.13	$O_2+H_2O+2e^-\longrightarrow HO_2^-+OH^-$	-0.076
$Cr(OH)_3+3e^-\longrightarrow Cr+3OH^-$	-1.48	$O_2+2H_2O+2e^-\longrightarrow H_2O_2+2OH^-$	-0.146
$Cu^{2+}+2CN^-+e^-\longrightarrow[Cu(CN)_2]^-$	1.103	$O_2+2H_2O+4e^-\longrightarrow 4OH^-$	0.401
$[Cu(CN)_2]^-+e^-\longrightarrow Cu+2CN^-$	-0.429	$O_3+H_2O+2e^-\longrightarrow O_2+2OH^-$	1.24
$Cu_2O+H_2O+2e^-\longrightarrow 2Cu+2OH^-$	-0.360	$HO_2^-+H_2O+2e^-\longrightarrow 3OH^-$	0.878
$P+3H_2O+3e^-\longrightarrow PH_3(g)+3OH^-$	-0.87	$2SO_3^{2-}+3H_2O+4e^-\longrightarrow S_2O_3^{2-}+6OH^-$	-0.571
$H_2PO_2^-+e^-\longrightarrow P+2OH^-$	-1.82	$SO_4^{2-}+H_2O+2e^-\longrightarrow SO_3^{2-}+2OH^-$	-0.93
$HPO_3^{2-}+2H_2O+2e^-\longrightarrow H_2PO_2^-+3OH^-$	-1.65	$SbO_2^-+2H_2O+3e^-\longrightarrow Sb+4OH^-$	-0.66
$HPO_3^{2-}+2H_2O+3e^-\longrightarrow P+5OH^-$	-1.71	$SbO_3^-+H_2O+2e^-\longrightarrow SbO_2^-+2OH^-$	-0.59
$PO_4^{3-}+2H_2O+2e^-\longrightarrow HPO_3^{2-}+3OH^-$	-1.05	$SeO_3^{2-}+3H_2O+4e^-\longrightarrow Se+6OH^-$	-0.366
$PbO+H_2O+2e^-\longrightarrow Pb+2OH^-$	-0.580	$SeO_4^{2-}+H_2O+2e^-\longrightarrow SeO_3^{2-}+2OH^-$	0.05
$HPbO_2^-+H_2O+2e^-\longrightarrow Pb+3OH^-$	-0.537	$SiO_3^{2-}+3H_2O+4e^-\longrightarrow Si+6OH^-$	-1.697
$PbO_2+H_2O+2e^-\longrightarrow PbO+2OH^-$	0.247	$HSnO_2^-+H_2O+2e^-\longrightarrow Sn+3OH^-$	-0.909
$Pd(OH)_2+2e^-\longrightarrow Pd+2OH^-$	0.07	$[Sn(OH)_6]^{2-}+2e^-\longrightarrow HSnO_2^-+3OH^-+H_2O$	-0.93
$Pt(OH)_2+2e^-\longrightarrow Pt+2OH^-$	0.14	$Sr(OH)_2+2e^-\longrightarrow Sr+2OH^-$	-2.88
$ReO_4^-+4H_2O+7e^-\longrightarrow Re+8OH^-$	-0.584	$Te+2e^-\longrightarrow Te^{2-}$	-1.143
$S+2e^-\longrightarrow S^{2-}$	-0.47627	$TeO_3^{2-}+3H_2O+4e^-\longrightarrow Te+6OH^-$	-0.57

电极反应	$E^\ominus/V$	电极反应	$E^\ominus/V$
$S+H_2O+2e^- \Longrightarrow HS^-+OH^-$	-0.478	$Th(OH)_4+4e^- \Longrightarrow Th+4OH^-$	-2.48
$2S+2e^- \Longrightarrow S_2^{2-}$	-0.42836	$Tl_2O_3+3H_2O+3e^- \Longrightarrow 2Tl^++6OH^-$	0.02
$S_4O_6^{2-}+2e^- \Longrightarrow 2S_2O_3^{2-}$	0.08	$ZnO_2^{2-}+2H_2O+2e^- \Longrightarrow Zn+4OH^-$	-1.215
$2SO_3^{2-}+2H_2O+2e^- \Longrightarrow S_2O_4^{2-}+4OH^-$	-1.12		

注：摘自 R. C. Weast. Handbook of Chemistry and Physics. 70th ed. 1989-1990，151.

附录 2.14　配合物的稳定常数

络合反应的平衡常数用配合物稳定常数表示，又称配合物形成常数。此常数值越大，说明形成的配合物越稳定。其倒数用来表示配合物的解离程度，称为配合物的不稳定常数。以下表格中，表（1）是在 25℃ 下，离子强度 $I=0$；表（2）中离子强度都是在有限的范围内，$I\approx0$。表中 β_n 表示累积稳定常数。

（1）金属-配位体配合物的稳定常数

配位体	金属离子	配位体数目 n	$\lg\beta_n$
NH₃	Ag^+	1,2	3.24,7.05
	Au^{3+}	4	10.3
	Cd^{2+}	1,2,3,4,5,6	2.65,4.75,6.19,7.12,6.80,5.14
	Co^{2+}	1,2,3,4,5,6	2.11,3.74,4.79,5.55,5.73,5.11
	Co^{3+}	1,2,3,4,5,6	6.7,14.0,20.1,25.7,30.8,35.2
	Cu^+	1,2	5.93,10.86
	Cu^{2+}	1,2,3,4,5	4.31,7.98,11.02,13.32,12.86
	Fe^{2+}	1,2	1.4,2.2
	Hg^{2+}	1,2,3,4	8.8,17.5,18.5,19.28
	Mn^{2+}	1,2	0.8,1.3
	Ni^{2+}	1,2,3,4,5,6	2.80,5.04,6.77,7.96,8.71,8.74
	Pd^{2+}	1,2,3,4	9.6,18.5,26.0,32.8
	Pt^{2+}	6	35.3
	Zn^{2+}	1,2,3,4	2.37,4.81,7.31,9.46
Br⁻	Ag^+	1,2,3,4	4.38,7.33,8.00,8.73
	Bi^{3+}	1,2,3,4,5,6	2.37,4.20,5.90,7.30,8.20,8.30
	Cd^{2+}	1,2,3,4	1.75,2.34,3.32,3.70,
	Ce^{3+}	1	0.42
	Cu^+	2	5.89
	Cu^{2+}	1	0.3
	Hg^{2+}	1,2,3,4	9.05,17.32,19.74,21.00
	In^{3+}	1,2	1.30,1.88
	Pb^{2+}	1,2,3,4	1.77,2.60,3.00,2.30
	Pd^{2+}	1,2,3,4	5.17,9.42,12.70,14.90
	Rh^{3+}	2,3,4,5,6	14.3,16.3,17.6,18.4,17.2
	Sc^{3+}	1,2	2.08,3.08
	Sn^{2+}	1,2,3	1.11,1.81,1.46
	Tl^{3+}	1,2,3,4,5,6	9.7,16.6,21.2,23.9,29.2,31.6
	U^{4+}	1	0.18
	Y^{3+}	1	1.32

配位体	金属离子	配位体数目 n	$\lg\beta_n$
	Ag^+	1,2,4	3.04,5.04,5.30
	Bi^{3+}	1,2,3,4	2.44,4.7,5.0,5.6
	Cd^{2+}	1,2,3,4	1.95,2.50,2.60,2.80
	Co^{3+}	1	1.42
	Cu^+	2,3	5.5,5.7
	Fe^{2+}	1	1.17
	Fe^{3+}	2	9.8
	Hg^{2+}	1,2,3,4	6.74,13.22,14.07,15.07
	In^{3+}	1,2,3,4	1.62,2.44,1.70,1.60
Cl^-	Pb^{2+}	1,2,3	1.42,2.23,3.23
	Pd^{2+}	1,2,3,4	6.1,10.7,13.1,15.7
	Pt^{2+}	2,3,4	11.5,14.5,16.0
	Sb^{3+}	1,2,3,4	2.26,3.49,4.18,4.72
	Sn^{2+}	1,2,3,4	1.51,2.24,2.03,1.48
	Tl^{3+}	1,2,3,4	8.14,13.60,15.78,18.00
	Th^{4+}	1,2	1.38,0.38
	Zn^{2+}	1,2,3,4	0.43,0.61,0.53,0.20
	Zr^{4+}	1,2,3,4	0.9,1.3,1.5,1.2
	Ag^+	2,3,4	21.1,21.7,20.6
	Au^+	2	38.3
	Cd^{2+}	1,2,3,4	5.48,10.60,15.23,18.78
	Cu^+	2,3,4	24.0,28.59,30.30
CN^-	Fe^{2+}	6	35
	Fe^{3+}	6	42
	Hg^{2+}	4	41.4
	Ni^{2+}	4	31.3
	Zn^{2+}	1,2,3,4	5.3,11.70,16.70,21.60
	Al^{3+}	1,2,3,4,5,6	6.11,11.12,15.00,18.00,19.40,19.80
	Be^{2+}	1,2,3,4	4.99,8.80,11.60,13.10
	Bi^{3+}	1	1.42
	Co^{2+}	1	0.4
	Cr^{3+}	1,2,3	4.36,8.70,11.20
	Cu^{2+}	1	0.9
	Fe^{2+}	1	0.8
	Fe^{3+}	1,2,3,5	5.28,9.30,12.06,15.77
	Ga^{3+}	1,2,3	4.49,8.00,10.50
F^-	Hf^{4+}	1,2,3,4,5,6	9.0,16.5,23.1,28.8,34.0,38.0
	Hg^{2+}	1	1.03
	In^{3+}	1,2,3,4	3.70,6.40,8.60,9.80
	Mg^{2+}	1	1.3
	Mn^{2+}	1	5.48
	Ni^{2+}	1	0.5
	Pb^{2+}	1,2	1.44,2.54
	Sb^{3+}	1,2,3,4	3.0,5.7,8.3,10.9
	Sn^{2+}	1,2,3	4.08,6.68,9.50

配位体	金属离子	配位体数目 n	$\lg\beta_n$
F⁻	Th^{4+}	1,2,3,4	8.44,15.08,19.80,23.20
	TiO^{2+}	1,2,3,4	5.4,9.8,13.7,18.0
	Zn^{2+}	1	0.78
	Zr^{4+}	1,2,3,4,5,6	9.4,17.2,23.7,29.5,33.5,38.3
I⁻	Ag^+	1,2,3	6.58,11.74,13.68
	Bi^{3+}	1,4,5,6	3.63,14.95,16.80,18.80
	Cd^{2+}	1,2,3,4	2.10,3.43,4.49,5.41
	Cu^+	2	8.85
	Fe^{3+}	1	1.88
	Hg^{2+}	1,2,3,4	12.87,23.82,27.60,29.83
	Pb^{2+}	1,2,3,4	2.00,3.15,3.92,4.47
	Pd^{2+}	4	24.5
	Tl^+	1,2,3	0.72,0.90,1.08
	Tl^{3+}	1,2,3,4	11.41,20.88,27.60,31.82
OH⁻	Ag^+	1,2	2.0,3.99
	Al^{3+}	1,4	9.27,33.03
	As^{3+}	1,2,3,4	14.33,18.73,20.60,21.20
	Be^{2+}	1,2,3	9.7,14.0,15.2
	Bi^{3+}	1,2,4	12.7,15.8,35.2
	Ca^{2+}	1	1.3
	Cd^{2+}	1,2,3,4	4.17,8.33,9.02,8.62
	Ce^{3+}	1	4.6
	Ce^{4+}	1,2	13.28,26.46
	Co^{2+}	1,2,3,4	4.3,8.4,9.7,10.2
	Cr^{3+}	1,2,4	10.1,17.8,29.9
	Cu^{2+}	1,2,3,4	7.0,13.68,17.00,18.5
	Fe^{2+}	1,2,3,4	5.56,9.77,9.67,8.58
	Fe^{3+}	1,2,3	11.87,21.17,29.67
	Hg^{2+}	1,2,3	10.6,21.8,20.9
	In^{3+}	1,2,3,4	10.0,20.2,29.6,38.9
	Mg^{2+}	1	2.58
	Mn^{2+}	1,3	3.9,8.3
	Ni^{2+}	1,2,3	4.97,8.55,11.33
	Pa^{4+}	1,2,3,4	14.04,27.84,40.7,51.4
	Pb^{2+}	1,2,3	7.82,10.85,14.58
	Pd^{2+}	1,2	13.0,25.8
	Sb^{3+}	2,3,4	24.3,36.7,38.3
	Sc^{3+}	1	8.9
	Sn^{2+}	1	10.4
	Th^{3+}	1,2	12.86,25.37
	Ti^{3+}	1	12.71
	Zn^{2+}	1,2,3,4	4.40,11.30,14.14,17.66
	Zr^{4+}	1,2,3,4	14.3,28.3,41.9,55.3

配位体	金属离子	配位体数目 n	$\lg\beta_n$
NO_3^-	Ba^{2+}	1	0.92
	Bi^{3+}	1	1.26
	Ca^{2+}	1	0.28
	Cd^{2+}	1	0.4
	Fe^{3+}	1	1
	Hg^{2+}	1	0.35
	Pb^{2+}	1	1.18
	Tl^+	1	0.33
	Tl^{3+}	1	0.92
$P_2O_7^{4-}$	Ba^{2+}	1	4.6
	Ca^{2+}	1	4.6
	Cd^{3+}	1	5.6
	Co^{2+}	1	6.1
	Cu^{2+}	1,2	6.7,9.0
	Hg^{2+}	2	12.38
	Mg^{2+}	1	5.7
	Ni^{2+}	1,2	5.8,7.4
	Pb^{2+}	1,2	7.3,10.15
	Zn^{2+}	1,2	8.7,11.0
SCN^-	Ag^+	1,2,3,4	4.6,7.57,9.08,10.08
	Bi^{3+}	1,2,3,4,5,6	1.67,3.00,4.00,4.80,5.50,6.10
	Cd^{2+}	1,2,3,4	1.39,1.98,2.58,3.6
	Cr^{3+}	1,2	1.87,2.98
	Cu^+	1,2	12.11,5.18
	Cu^{2+}	1,2	1.90,3.00
	Fe^{3+}	1,2,3,4,5,6	2.21,3.64,5.00,6.30,6.20,6.10
	Hg^{2+}	1,2,3,4	9.08,16.86,19.70,21.70
	Ni^{2+}	1,2,3	1.18,1.64,1.81
	Pb^{2+}	1,2,3	0.78,0.99,1.00
	Sn^{2+}	1,2,3	1.17,1.77,1.74
	Th^{4+}	1,2	1.08,1.78
	Zn^{2+}	1,2,3,4	1.33,1.91,2.00,1.60
$S_2O_3^{2-}$	Ag^+	1,2	8.82,13.46
	Cd^{2+}	1,2	3.92,6.44
	Cu^+	1,2,3	10.27,12.22,13.84
	Fe^{3+}	1	2.1
	Hg^{2+}	2,3,4	29.44,31.90,33.24
	Pb^{2+}	2,3	5.13,6.35
SO_4^{2-}	Ag^+	1	1.3
	Ba^{2+}	1	2.7
	Bi^{3+}	1,2,3,4,5	1.98,3.41,4.08,4.34,4.60
	Fe^{3+}	1,2	4.04,5.38
	Hg^{2+}	1,2	1.34,2.40
	In^{3+}	1,2,3	1.78,1.88,2.36
	Ni^{2+}	1	2.4
	Pb^{2+}	1	2.75
	Pr^{3+}	1,2	3.62,4.92
	Th^{4+}	1,2	3.32,5.50
	Zr^{4+}	1,2,3	3.79,6.64,7.77

（2）金属-有机配位体配合物的稳定常数

配位体	金属离子	配位体数目 n	$\lg\beta_n$	配位体	金属离子	配位体数目 n	$\lg\beta_n$
	Ag^+	1	7.32	乙酸	Sn^{2+}	1,2,3	3.3,6.0,7.3
	Al^{3+}	1	16.11		Tl^{3+}	1,2,3,4	6.17,11.28, 15.10,18.3
	Ba^{2+}	1	7.78				
	Be^{2+}	1	9.3		Zn^{2+}	1	1.5
	Ca^{2+}	1	11		Al^{3+}(30℃)	1,2	8.6,15.5
	Cd^{2+}	1	16.4		Cd^{2+}	1,2	3.84,6.66
	Co^{2+}	1	16.31		Co^{2+}	1,2	5.40,9.54
	Co^{3+}	1	36		Cr^{2+}	1,2	5.96,11.7
	Cr^{3+}	1	23		Cu^{2+}	1,2	8.27,16.34
	Cu^{2+}	1	18.7		Fe^{2+}	1,2	5.07,8.67
	Fe^{2+}	1	14.83		Fe^{3+}	1,2,3	11.4,22.1,26.7
	Fe^{3+}	1	24.23		Hg^{2+}	2	21.5
	Ga^{3+}	1	20.25		Mg^{2+}	1,2	3.65,6.27
	Hg^{2+}	1	21.8	乙酰丙酮	Mn^{2+}	1,2	4.24,7.35
	In^{3+}	1	24.95		Mn^{3+}	3	3.86
	Li^+	1	2.79		Ni^{2+}(20℃)	1,2,3	6.06,10.77,13.09
乙二胺四乙酸	Mg^{2+}	1	8.64		Pb^{2+}	2	6.32
	Mn^{2+}	1	13.8		Pd^{2+}(30℃)	1,2	16.2,27.1
	Mo^{5+}	1	6.36		Th^{4+}	1,2,3,4	8.8,16.2,22.5,26.7
	Na^+	1	1.66		Ti^{3+}	1,2,3	10.43,18.82,24.90
	Ni^{2+}	1	18.56		V^{2+}	1,2,3	5.4,10.2,14.7
	Pb^{2+}	1	18.3		Zn^{2+}(30℃)	1,2	4.98,8.81
	Pd^{2+}	1	18.5		Zr^{4+}	1,2,3,4	8.4,16.0,23.2,30.1
	Sc^{2+}	1	23.1		Ag^+	1	2.41
	Sn^{2+}	1	22.1		Al^{3+}	1,2,3	7.26,13.0,16.3
	Sr^{2+}	1	8.8		Ba^{2+}	1	2.31
	Th^{4+}	1	23.2		Ca^{2+}	1	3
	TiO^{2+}	1	17.3		Cd^{2+}	1,2	3.52,5.77
	Tl^{3+}	1	22.5		Co^{2+}	1,2,3	4.79,6.7,9.7
	U^{4+}	1	17.5		Cu^{2+}	1,2	6.23,10.27
	VO^{2+}	1	18		Fe^{2+}	1,2,3	2.9,4.52,5.22
	Y^{3+}	1	18.32		Fe^{3+}	1,2,3	9.4,16.2,20.2
	Zn^{2+}	1	16.4		Hg^{2+}	1	9.66
	Zr^{4+}	1	19.4	草酸	Hg_2^{2+}	2	6.98
	Ag^+	1,2	0.73,0.64		Mg^{2+}	1,2	3.43,4.38
	Ba^{2+}	1	0.41		Mn^{2+}	1,2	3.97,5.80
	Ca^{2+}	1	0.6		Mn^{3+}	1,2,3	9.98,16.57,19.42
	Cd^{2+}	1,2,3	1.5,2.3,2.4		Ni^{2+}	1,2,3	5.3,7.64,~8.5
	Ce^{3+}	1,2,3,4	1.68,2.69,3.13,3.18		Pb^{2+}	1,2	4.91,6.76
	Co^{2+}	1,2	1.5,1.9		Sc^{3+}	1,2,3,4	6.86,11.31, 14.32,16.70
	Cr^{3+}	1,2,3	4.63,7.08,9.60				
乙酸	Cu^{2+}(20℃)	1,2	2.16,3.20		Th^{4+}	4	24.48
	In^{3+}	1,2,3,4	3.50,5.95,7.90,9.08		Zn^{2+}	1,2,3	4.89,7.60,8.15
	Mn^{2+}	1,2	9.84,2.06		Zr^{4+}	1,2,3,4	9.80,17.14, 20.86,21.15
	Ni^{2+}	1,2	1.12,1.81				
	Pb^{2+}	1,2,3,4	2.52,4.0,6.4,8.5				

续表

配位体	金属离子	配位体数目 n	$\lg\beta_n$	配位体	金属离子	配位体数目 n	$\lg\beta_n$
乳酸	Ba^{2+}	1	0.64	酒石酸	Ba^{2+}	2	1.62
	Ca^{2+}	1	1.42		Bi^{3+}	3	8.3
	Cd^{2+}	1	1.7		Ca^{2+}	1,2	2.98,9.01
	Co^{2+}	1	1.9		Cd^{2+}	1	2.8
	Cu^{2+}	1,2	3.02,4.85		Co^{2+}	1	2.1
	Fe^{3+}	1	7.1		Cu^{2+}	1,2,3,4	3.2,5.11,4.78,6.51
	Mg^{2+}	1	1.37		Fe^{3+}	1	7.49
	Mn^{2+}	1	1.43		Hg^{2+}	1	7
	Ni^{2+}	1	2.22		Mg^{2+}	2	1.36
	Pb^{2+}	1,2	2.40,3.80		Mn^{2+}	1	2.49
	Sc^{2+}	1	5.2		Ni^{2+}	1	2.06
	Th^{4+}	1	5.5		Pb^{2+}	1,3	3.78,4.7
	Zn^{2+}	1,2	2.20,3.75		Sn^{2+}	1	5.2
水杨酸	Al^{3+}	1	14.11		Zn^{2+}	1,2	2.68,8.32
	Cd^{2+}	1	5.55	丁二酸	Ba^{2+}	1	2.08
	Co^{2+}	1,2	6.72,11.42		Be^{2+}	1	3.08
	Cr^{2+}	1,2	8.4,15.3		Ca^{2+}	1	2
	Cu^{2+}	1,2	10.60,18.45		Cd^{2+}	1	2.2
	Fe^{2+}	1,2	6.55,11.25		Co^{2+}	1	2.22
	Mn^{2+}	1,2	5.90,9.80		Cu^{2+}	1	3.33
	Ni^{2+}	1,2	6.95,11.75		Fe^{3+}	1	7.49
	Th^{4+}	1,2,3,4	4.25,7.60,10.05,11.60		Hg^{2+}	2	7.28
	TiO^{2+}	1	6.09		Mg^{2+}	1	1.2
	V^{2+}	1	6.3		Mn^{2+}	1	2.26
	Zn^{2+}	1	6.85		Ni^{2+}	1	2.36
磺基水杨酸	Al^{3+} (0.1mol/L)	1,2,3	13.20,22.83,28.89		Pb^{2+}	1	2.8
	Be^{2+} (0.1mol/L)	1,2	11.71,20.81		Zn^{2+}	1	1.6
	Cd^{2+} (0.1mol/L)	1,2	16.68,29.08	硫脲	Ag^{+}	1,2	7.4,13.1
	Co^{2+} (0.1mol/L)	1,2	6.13,9.82		Bi^{3+}	6	11.9
	Cr^{3+} (0.1mol/L)	1	9.56		Cd^{2+}	1,2,3,4	0.6,1.6,2.6,4.6
	Cu^{2+} (0.1mol/L)	1,2	9.52,16.45		Cu^{+}	3,4	13.0,15.4
	Fe^{2+} (0.1mol/L)	1,2	5.9,9.9		Hg^{2+}	2,3,4	22.1,24.7,26.8
	Fe^{3+} (0.1mol/L)	1,2,3	14.64,25.18,32.12		Pb^{2+}	1,2,3,4	1.4,3.1,4.7,8.3
	Mn^{2+} (0.1mol/L)	1,2	5.24,8.24	乙二胺	Ag^{+}	1,2	4.70,7.70
	Ni^{2+} (0.1mol/L)	1,2	6.42,10.24		Cd^{2+}(20℃)	1,2,3	5.47,10.09,12.09
	Zn^{2+} (0.1mol/L)	1,2	6.05,10.65		Co^{2+}	1,2,3	5.91,10.64,13.94
					Co^{3+}	1,2,3	18.7,34.9,48.69
					Cr^{2+}	1,2	5.15,9.19
					Cu^{+}	2	10.8
					Cu^{2+}	1,2,3	10.67,20.0,21.0
					Fe^{2+}	1,2,3	4.34,7.65,9.70
					Hg^{2+}	1,2	14.3,23.3
					Mg^{2+}	1	0.37
					Mn^{2+}	1,2,3	2.73,4.79,5.67
					Ni^{2+}	1,2,3	7.52,13.84,18.33
					Pd^{2+}	2	26.9
					V^{2+}	1,2	4.6,7.5
					Zn^{2+}	1,2,3	5.77,10.83,14.11

配位体	金属离子	配位体数目 n	$\lg\beta_n$	配位体	金属离子	配位体数目 n	$\lg\beta_n$
吡啶	Ag^+	1,2	1.97,4.35	甘氨酸	Mg^{2+}	1,2	3.44,6.46
	Cd^{2+}	1,2,3,4	1.40,1.95,2.27,2.50		Mn^{2+}	1,2	3.6,6.6
	Co^{2+}	1,2	1.14,1.54		Ni^{2+}	1,2,3	6.18,11.14,15.0
	Cu^{2+}	1,2,3,4	2.59,4.33,5.93,6.54		Pb^{2+}	1,2	5.47,8.92
	Fe^{2+}	1	0.71		Pd^{2+}	1,2	9.12,17.55
	Hg^{2+}	1,2,3	5.1,10.0,10.4		Zn^{2+}	1,2	5.52,9.96
	Mn^{2+}	1,2,3,4	1.92,2.77,3.37,3.50	2-甲基-8-羟基喹啉	Cd^{2+}	1,2,3	9.00,9.00,16.60
	Zn^{2+}	1,2,3,4	1.41,1.11,1.61,1.93		Ce^{3+}	1	7.71
甘氨酸	Ag^+	1,2	3.41,6.89		Co^{2+}	1,2	9.63,18.50
	Ba^{2+}	1	0.77		Cu^{2+}	1,2	12.48,24.00
	Ca^{2+}	1	1.38		Fe^{2+}	1,2	8.75,17.10
	Cd^{2+}	1,2	4.74,8.60		Mg^{2+}	1,2	5.24,9.64
	Co^{2+}	1,2,3	5.23,9.25,10.76		Mn^{2+}	1,2	7.44,13.99
	Cu^{2+}	1,2,3	8.60,15.54,16.27		Ni^{2+}	1,2	9.41,17.76
	Fe^{2+}(20℃)	1,2	4.3,7.8		Pb^{2+}	1,2	10.30,18.50
	Hg^{2+}	1,2	10.3,19.2		UO_2^{2+}	1,2	9.4,17.0
					Zn^{2+}	1,2	9.82,18.72

注：乙二胺四乙酸（EDTA）$[(HOOCCH_2)_2NCH_2]_2$，乙酸（acetic acid）CH_3COOH，乙酰丙酮（acetyl acetone）$CH_3COCH_2CH_3$，草酸（oxalic acid）$HOOCCOOH$，乳酸（lactic acid）$CH_3CHOHCOOH$，水杨酸（salicylic acid）$C_6H_4(OH)COOH$，磺基水杨酸（5-sulfosalicylic acid）$HO_3SC_6H_3(OH)COOH$，酒石酸（tartaric acid）$(HOOCCHOH)_2$，丁二酸（butanedioic acid）$HOOCCH_2CH_2COOH$，硫脲（thiourea）$H_2NC(=S)NH_2$，乙二胺（ethylenediamine）$H_2NCH_2CH_2NH_2$，吡啶（pyridine）C_5H_5N，甘氨酸（glycin）H_2NCH_2COOH，2-甲基-8-羟基喹啉（50%二噁烷）（8-hydroxy-2-methyl quinoline）。

（3）EDTA 的 $\lg\alpha_{Y(H)}$ 值

pH	$\lg\alpha_{Y(H)}$	pH	$\lg\alpha_{Y(H)}$	pH	$\lg\alpha_{Y(H)}$	pH	$\lg\alpha_{Y(H)}$	pH	$\lg\alpha_{Y(H)}$
0	23.64	1.5	15.55	3	10.6	4.5	7.44	6	4.65
0.1	23.06	1.6	15.11	3.1	10.37	4.6	7.24	6.1	4.49
0.2	22.47	1.7	14.68	3.2	10.14	4.7	7.04	6.2	4.34
0.3	21.89	1.8	14.27	3.3	9.92	4.8	6.84	6.3	4.2
0.4	21.32	1.9	13.88	3.4	9.7	4.9	6.65	6.4	4.06
0.5	20.75	2	13.51	3.5	9.48	5	6.45	6.5	3.92
0.6	20.18	2.1	13.16	3.6	9.27	5.1	6.26	6.6	3.79
0.7	19.62	2.2	12.82	3.7	9.06	5.2	6.07	6.7	3.67
0.8	19.08	2.3	12.5	3.8	8.85	5.3	5.88	6.8	3.55
0.9	18.54	2.4	12.19	3.9	8.65	5.4	5.69	6.9	3.43
1	18.01	2.5	11.9	4	8.44	5.5	5.51	7	3.32
1.1	17.49	2.6	11.62	4.1	8.24	5.6	5.33	7.1	3.21
1.2	16.98	2.7	11.35	4.2	8.04	5.7	5.15	7.2	3.1
1.3	16.49	2.8	11.09	4.3	7.84	5.8	4.98	7.3	2.99
1.4	16.02	2.9	10.84	4.4	7.64	5.9	4.81	7.4	2.88

pH	$\lg \alpha_{Y(H)}$	pH	$\lg \alpha_{Y(H)}$	pH	$\lg \alpha_{Y(H)}$	pH	$\lg \alpha_{Y(H)}$	pH	$\lg \alpha_{Y(H)}$
7.5	2.78	8.5	1.77	9.5	0.83	10.5	0.2	11.5	0.02
7.6	2.68	8.6	1.67	9.6	0.75	10.6	0.16	11.6	0.02
7.7	2.57	8.7	1.57	9.7	0.67	10.7	0.13	11.7	0.02
7.8	2.47	8.8	1.48	9.8	0.59	10.8	0.11	11.8	0.01
7.9	2.37	8.9	1.38	9.9	0.52	10.9	0.09	11.9	0.01
8	2.27	9	1.28	10	0.45	11	0.07	12	0.01
8.1	2.17	9.1	1.19	10.1	0.39	11.1	0.06	12.1	0.01
8.2	2.07	9.2	1.1	10.2	0.33	11.2	0.05	12.2	0.005
8.3	1.97	9.3	1.01	10.3	0.28	11.3	0.04	13	0.0008
8.4	1.87	9.4	0.92	10.4	0.24	11.4	0.03	13.9	0.0001

参考文献

[1] 庄京，林金明．基础分析化学实验．北京：高等教育出版社，2007.

[2] 应金香．基础有机化学实验．北京：清华大学出版社，2010.

[3] 廖家耀．普通化学实验．北京：科学出版社，2012.

[4] 大连理工大学普通化学课程组．大学普通化学实验．第 2 版．北京：高等教育出版社，2006.

[5] 北京大学化学与分子工程学院普通化学实验教学组．普通化学实验．第 3 版．北京：北京大学出版社，2012.

[6] 大连理工大学无机化学教研室．无机化学实验．第 2 版．北京：高等教育出版社，2004.

[7] 李聚源．普通化学实验．北京：化学工业出版社，2011.

[8] 崔爱莉．基础无机化学实验．北京：高等教育出版社，2007.

[9] 李春秀，王红云．普通化学实验．北京：中国环境科学出版社，2008.

[10] 李强国．基础化学实验．南京：南京大学出版社，2012.

[11] 南京大学《无机及分析化学实验》编写组．无机及分析化学实验．第 4 版．北京：高等教育出版社，2001.

[12] 武汉大学．分析化学实验．第 4 版．北京：高等教育出版社，2001.

[13] 郭秀玲，姚素梅．无机与基础化学实验．开封：河南大学出版社，2003.

[14] 周志高，蒋鹏举．有机化学实验．北京：化学工业出版社，2005.

[15] 刘晓薇．实验化学基础．北京：国防工业出版社，2005.

[16] 马军营．有机化学实验．北京：化学工业出版社，2007.

[17] 蔡炳新．基础化学实验．北京：科学出版社，2001.